中国碳捕集利用与封存技术评估报告

主　编　黄　晶

副主编　陈其针　仲　平　张　贤

科　学　出　版　社

北　京

内 容 简 介

本报告根据近年来碳捕集利用与封存（CCUS）政策与技术发展趋势和特点，从技术成熟度、技术经济性、环境与安全等方面对现有二氧化碳（CO_2）捕集技术、CO_2运输技术、CO_2化学和生物利用技术及CO_2地质利用与封存技术等进行了全方位、多角度的分析与评估，并对各技术的发展趋势和减排潜力进行了预测。从整个能源大系统的角度出发，从单一排放源与CCUS技术开展全链集成和CCUS技术与能源-化工行业大系统集成两个层面，针对捕集、压缩、运输、注入、封存与利用等全链集成技术单元之间的兼容性和集成优化两个关键问题，详细评估了CCUS技术面临的问题、机遇和挑战。此外，本报告通过CCUS技术的竞争性成本分析，对整体CCUS成本与效益开展科学、客观、系统的评估分析，并对促进CCUS发展的商业模式进行了探讨分析。

本报告可供从事应对气候变化、碳减排政策与技术领域的教学和科研人员参考，也可供相关行业的管理人员及关心CCUS技术发展的人士阅读。

审图号：GS(2021)2757号

图书在版编目(CIP)数据

中国碳捕集利用与封存技术评估报告／黄晶主编．—北京：科学出版社，2021.8

ISBN 978-7-03-068442-4

Ⅰ.①中…　Ⅱ.①黄…　Ⅲ.①二氧化碳-收集-研究报告-中国②二氧化碳-保藏-研究报告-中国　Ⅳ.①X701.7

中国版本图书馆CIP数据核字（2021）第050199号

责任编辑：王　倩／责任校对：樊雅琼

责任印制：吴兆东／封面设计：无极书装

科学出版社 出版

北京东黄城根北街16号

邮政编码：100717

http://www.sciencep.com

北京建宏印刷有限公司 印刷

科学出版社发行　各地新华书店经销

*

2021年8月第　一　版　开本：787×1092　1/16

2022年4月第二次印刷　印张：16 1/2

字数：386 000

定价：198.00元

（如有印装质量问题，我社负责调换）

报告作者

主　　　编　黄　晶

副　主　编　陈其针　仲　平　张　贤

执行副主编　贾　莉　王　涛　李小春　孙楠楠　樊静丽

章节首席作者　第一章　张　贤　李小春

第二章　王　涛　秦昌雷　韩　龙　李　超

第三章　喻健良　陆诗建

第四章　魏　伟　孙楠楠

第五章　李小春　彭　勃　刁玉杰

第六章　高　林　樊静丽

第七章　张　贤　朱　磊　贾　莉

第八章　陈其针　仲　平　刘家琰

编写委员会核心成员(按姓名拼音排序)

常世彦　陈　健　程　军　方梦祥　付晶莹

姜大林　蒋　秀　金红光　李　佳　李　强

李会泉　李鹏春　梁　斌　梁　希　林千果

刘　琦　刘桂臻　刘家琰　刘兰翠　刘练波

柳朝晖　鲁厚芳　马　乔　彭雪婷　秦积舜

沈来宏　史明威　史翔翔　王　锐　王　志

王高峰　王利国　王晓龙　魏　凤　魏　宁

魏一鸣　谢凌志　徐　冬　杨　扬　张剑锋

张九天　张力为

序

2020年9月22日，习近平主席在第七十五届联合国大会一般性辩论上郑重宣布，“中国将提高国家自主贡献力度，采取更加有力的政策和措施，二氧化碳排放力争于2030年前达到峰值，努力争取2060年前实现碳中和。”碳中和目标的提出是党中央国务院经过深思熟虑作出的重大战略决策，事关中华民族永续发展和构建人类命运共同体，彰显了中国应对气候变化的坚定决心，对全球积极应对气候变化起到重要推动作用。

实现碳达峰、碳中和，科技支撑是关键。作为全球最大的发展中国家，我国碳排放总量大、强度高，减排时间紧，低碳转型任务艰巨，能源、工业、建筑、交通等经济社会各领域都需要在长期战略指导下，以科技创新为核心支撑，从多方向、多角度探索碳中和实现路径。经过持续的科研投入，我国对关键减排技术的研究逐渐深入，支撑能源结构清洁化、能源利用高效化、能源消费电气化的技术体系不断完善，工业部门技术升级与绿色转型初见成效，应对气候变化科技支撑能力显著提升。面对具有挑战性的碳达峰碳中和目标，只有进一步强化科技创新，针对能源、工业等重点排放领域开展低碳/零碳排放技术及负排放技术的研究与示范，才能满足科技支撑碳达峰碳中和目标的需求。

二氧化碳捕集利用与封存（CCUS）技术作为我国实现碳中和目标技术组合不可或缺的重要构成部分，是现阶段实现化石能源大规模低碳利用的主要技术手段，可在满足社会发展所必须的能源需求基础上实现二氧化碳以及其他污染物的大规模减排，在碳约束条件下增强电力系统灵活性，保障电力持续稳定供应，为我国能源结构向绿色低碳平稳过渡提供技术保障，有力支撑清洁、低碳、安全、高效的能源体系建设。此外，CCUS是水泥、钢铁等难减排领域深度脱碳的可行技术方案，能够有效促进重点排放行业绿色转型。CCUS中二氧化碳资源化利用技术不仅可实现大规模固碳，还能全面提高资源利用效率，助力多层次资源循环利用体系构建。

近年来，CCUS领域呈现出新技术不断涌现、技术种类持续增多、能耗成本逐步降低、技术效率不断提高的发展趋势和特点，CCUS技术内涵和外延得到进一步丰富和拓展。《中华人民共和国国民经济和社会发展第十四个五年规划和2035年远景目标纲要》在环境保护和资源节约工程部分明确将CCUS技术作为重大示范项目进行引导支持，未来CCUS技术在我国实现碳中和目标、促进经济社会发展全面绿色转型，以及推进生态文明建设的过程中将会扮演越来越重要的角色。针对上述新进展、新情况，《第四次气候变化国家评估报告》特别报告《中国碳捕集利用及封存技术评估报告》（以下简称《报告》）对CCUS技术发展现状及趋势进行了全方位、多角度的详尽评估：

首先，《报告》瞄准国际应对气候变化需求和我国实现碳中和目标需要，对CCUS政策与技术开展系统全面评估。通过对世界典型国家CCUS技术发展路线与相关政策体系进行剖析，《报告》评估了既有激励政策对CCUS实现规模化发展应用的作用，分析了我国CCUS技术发展与国际先进水平的差距，为我国更加精准识别CCUS发展的重点领域、制定相关政策措施提供依据。同时，《报告》从技术成熟度、技术经济性、安全性与环境影响等方面对二氧化碳捕集、输送、封存与利用等技术环节进行了系统评估，并对CCUS技术的发展趋势和减排潜力进行了预测，为未来激励政策制定以及相关示范项目开展提供参考。

其次，《报告》从整个能源大系统的角度出发，把对CCUS技术的认识和需求从技术层面上升到复杂的集群系统层面。《报告》将CCUS技术与其他能源的输运和利用过程相结合，针对捕集、压缩、运输、注入、全链条集成等技术单元之间的兼容性和集成优化两个关键问题，从CCUS各环节间全链条集成、CCUS与工业过程的集成和CCUS与未来多元能源系统的集成三个维度，详细评估了CCUS技术体系面临的问题、机遇和挑战。

最后，《报告》立足中国经济社会发展的基本国情和重大战略实施需要，对CCUS技术的可持续发展效益进行了深入评价。《报告》充分考虑我国处于社会主义初级阶段的基本国情，从发展绿色经济、循环经济和可持续经济的角度，探究了CCUS技术对保障能源安全、实现经济社会可持续发展，以及推进生态文明建设的贡献潜力，为中国能源结构向绿色低碳平稳过渡提供理论支持。

《报告》通过评估我国CCUS技术发展现状和发展趋势，预测技术减排潜力、成本和效益，分析识别技术示范早期机会和发展需求，并在此基础上提出了促进CCUS技术发展的相关科技政策建议，为政府、研究机构和企业提供了参考和借鉴。希望以此为契机，进一步推动我国CCUS技术发展，为全球控制温室气体排放、实现碳中和目标贡献中国方案。

国家气候变化专家委员会主任

刘燕华

目 录

决策者摘要

碳捕集利用与封存（carbon capture，utilization and storage，CCUS）是指将二氧化碳（CO_2）从工业、能源生产等排放源或空气中捕集分离，并输送到适宜的场地加以利用或封存，最终实现 CO_2 减排的过程，包括捕集、输送、利用及封存多个环节。CCUS 技术可助力全球及我国碳中和目标实现，保障我国能源安全，推进生态文明建设及可持续发展。为了更好地为国家、地方和行业相关科技和产业减排政策制定提供依据，本报告对 CCUS 技术的角色和定位、发展现状、目标及预期、潜力和效益及早期发展机会进行了系统评估，并在此基础上给出了相关科技政策建议。

1. CCUS 技术对我国经济社会可持续发展具有重大战略意义，相关政策激励有待进一步强化

CCUS 为我国应对气候变化提供重要技术选择，为保障我国能源安全提供重要技术支撑，为实现我国经济社会可持续发展提供重要技术手段。CCUS 是实现 2℃ 乃至 1.5℃ 温升控制目标的关键技术，预计至 2060 年累计减排量的 14% 来自 CCUS，在 B2DS 情景（即 2100 年全球平均温升为 1.75℃）下，到 2100 年 CCUS 的减排贡献达 32%。同时 CCUS 技术可实现煤炭大规模低碳利用，促进我国从化石能源为主的能源结构向低碳多元供能体系平稳过渡，有效强化并提升常规油气资源采收率，降低能源对外依存度，在满足减排需求的前提下保障我国能源安全；此外，CCUS 技术涉及电力、化工、水泥、钢铁、资源开采、农业等多个行业，可在强减排条件下实现上述行业低碳持续稳定发展。

我国在国家层面、地方层面陆续发布了多项政策，明确了 CCUS 技术定位、路线及规划，但同国外相比，我国的政策激励力度还有待进一步加强。2014 年以来，国务院及国家部委先后制定并发布了 10 余项国家政策或发展规划，各地也根据各自能源、经济发展状况出台了 CCUS 相关政策和发展规划，明确了 CCUS 技术定位、路线及规划，促进了低碳技术研究和应用。但同美国 45Q 修正案、加拿大实施的碳税政策、英国的差异化上网电价合同等国外 CCUS 政策相比，我国的激励政策、产业部署及管理体系尚不完善，有待进一步加强。

我国 CCUS 技术未来将向着以构建低成本、低能耗、安全可靠的全链条产业集群为目标的方向发展。到 2030 年，CO_2 捕集技术的成本与能耗比目前降低 10%~20%；大型 CO_2 增压（装备）技术得到突破，建成具有单管 200 万 t/a 输送能力的陆地长输管道；CO_2 强化采油、重整制备合成气等示范技术开始进入商业应用阶段并具备产业化能力。到 2035 年，CO_2 捕集技术的成本与能耗比目前降低 15%~25%；CO_2 地质封存安全性保障技术获得突破，建成大规模示范项目，基本具备产业化能力。到 2050 年，CO_2 捕集成本进一步降低，地质利用与封存技术、化学与生物利用技术的 CO_2 利用量将会进一步增加，CCUS 技术实现广泛部署，建成多个 CCUS 产业集群，实现化石能源大规模低碳利用，并且与可再生能源结合实现负排放，为我国建设绿色低碳多元能源体系提供技术保障。

2. 目前我国大部分CCUS技术处于研发示范阶段，与国外尚存在差距，技术经济性有待改善，减排潜力有待释放

近年来我国CCUS各环节均取得了显著进展，我国整体技术发展水平与国外相当且部分技术处于优势，但关键技术仍存在差距。燃烧前物理吸收法、罐车运输、船舶运输、浸采采矿技术、合成可降解聚合物等技术国内外均已达到商业应用阶段。我国 CO_2 驱替煤层气、CO_2 制备烯烃技术分别达到工业示范阶段和中试阶段，领先于国外尚处于的中试阶段和基础研究阶段。而对于目前 CO_2 捕集潜力最大的燃烧后化学吸收法、CO_2 输送潜力最大的管道运输技术以及经济效益更好和封存潜力更强的 CO_2 强化采油技术，国外均已进入了商业示范阶段，而我国还处于工业示范阶段或中试阶段，与国外差距明显。

我国CCUS技术未来理论减排潜力巨大，但受制于CCUS各环节关键技术成熟度及经济性，减排潜力目前难以释放。具有较大减排潜力的燃烧后化学吸收等 CO_2 捕集类技术、CO_2 矿化养护混凝土等化学和生物利用类技术及 CO_2 强化采油等地质利用及封存类技术，尚处于中试阶段或工业示范阶段，技术经济性还不具备优势。未来5～10年内，随着CCUS技术不断发展，碳减排政策激励力度和范围不断增加，这些技术的成熟度与经济性将不断提高，逐步进入商业化运行阶段，减排潜力逐步释放。预计到2030年，CO_2 捕集技术、CO_2 化学和生物利用技术、CO_2 地质利用和咸水层封存技术的理论减排潜力分别可达6亿t、1.1亿t、0.6亿t和0.5亿t；在加大政策激励条件下，2030年 CO_2 化学和生物利用技术的理论减排潜力约为1.7亿t，CO_2 地质利用和咸水层封存减排潜约为1.35亿t和1亿t。

CCUS技术目前成本依然偏高，除当石油价格处于高位时，CO_2 驱油的经济效益较好，可有机会实现零成本减排外，其余能源增采等地质利用与封存技术在政策激励及政府支持缺失条件下很难盈利。目前我国 CO_2 捕集技术的热耗量、电耗量、设备投资均较高，导致CCUS技术总成本偏高，CO_2 强化开采甲烷（CH_4）等地质利用及封存类技术经济效益较差。未来随着技术进步主要的 CO_2 利用技术将实现商业化运行，预计到2030年可以创造2499亿～3617亿元的工业产值，其中 CO_2 化学利用类技术的工业产值最高，可达2036.5亿～2739亿元，并且在与可再生能源结合及未来碳减排效益提升的情况下化工利用技术经济性将会进一步改善；同时油、气、热等能源增采（产）类 CO_2 利用技术与矿化利用类技术的工业产值也可以达到较高水平。

CCUS技术不仅能有效减少碳排放，还可实现 CO_2 资源化利用、保护环境、破解区域发展瓶颈、实现可持续发展等重要的环境社会效益。CO_2 资源化利用技术可提高化工产品及农产品的生产率，促进工业废弃物的循环利用，同时减少工业用水，保护农业水资源。CO_2 矿化利用技术，可同时实现多点源 CO_2 排放的原位固定与天然矿石的资源化利用。CO_2 生物利用技术在整个转化过程中不使用化学药品，有利于土壤的改良。CCUS技术与特定区域发展具有较好的互补性，能实现 CO_2 排放源的就地利用，促进当地能源、矿产资源及水资源开采，既能增加我国能源及矿产资源供给比例，又可解决水资源优化配置问题，有效推动当地经济社会可持续发展。

3. 全链集成技术可增强CCUS技术可行性，缓解高排放工业过程减排难题，保障未来我国多元能源系统安全稳定运行

CCUS各环节技术全链集成，可保障CCUS技术可行性、降低技术成本。CCUS全链集

成技术通过兼顾单元与整体，可有效实现对 CO_2 物流物化性质要求不一的各环节之间的良好兼容，通过能量与物质流动的链接将各技术环节集成为一体化系统，增强 CCUS 技术的可行性。CCUS 技术通过与天然气加工、煤化工等高浓度碳排放源耦合集成，能有效降低 CCUS 成本。此外，CCUS 与强化采油过程的耦合集成甚至能够实现负成本减排。

CCUS 与燃煤电厂等高排放工业过程集成，可缓解工业过程减排难的问题。从 CCUS 与能源-化工行业集成的角度看，通过将 CCUS 技术与燃煤电厂、水泥行业及钢铁行业等耦合集成，能够为这些高排放行业累计减少数百亿吨的 CO_2 排放，减排效益十分明显。同时 CCUS 为解决高碳能源低碳利用、高排放行业低碳持续运行难题提供技术保障，借助 CCUS 技术燃煤电厂具备与可再生能源竞争合作的条件。

CCUS 与未来多元能源系统集成，可实现负碳排放和能源安全利用。CCUS 技术与化石能源利用相结合，可在满足减排目标的同时保障能源供给。CCUS 技术与生物质能耦合集成能形成巨大的负排放潜力，是未来有望将全球升温稳定在低水平的关键技术。CCUS 技术与化石燃料制氢技术集成，可实现“灰氢”到“蓝氢”的转变，此外，CCUS 与氢能耦合可拓展新型储能模式，缓解多元能源系统供需不平衡的矛盾。

4. 降低 CCUS 集成成本的关键在于选择合理的产业集成方式与商业模式

基于行业特点和区域特性进行合理的产业集成能有效降低 CCUS 成本。未来随着 CCUS 各环节技术不断进步和全链集成方式不断优化，CCUS 经济性将不断改善。我国各产业 CCUS 全流程减排成本与国外相比整体处于低位水平，具备相当的成本优势。天然气加工等高浓度排放源应用 CCUS 技术的减排成本最低，仅为 19.7～33.1 美元/t，燃煤电厂+CCUS 在各类电厂中成本较低，且在山西、内蒙古等省份比可再生能源发电更具成本优势。

合适的商业模式是降低 CCUS 成本的有效手段，在不同的 CCUS 技术发展阶段宜选用不同的商业模式。国有企业模式可以最灵活地实现各环节之间的利益补偿，同时在交易与获取资金方面成本最低，适合在早期 CCUS 技术成本较高且二代技术研发示范投入较大的条件下采用。联合经营企业模式适合由国内大型能源企业在二代技术示范阶段采用，以更好地推动二代技术的发展。CO_2 运输商模式交易成本相对较低，可以在二代技术商业化初期采用。CCUS 运营商模式适合在 CCUS 技术较为成熟时采用，以解决不同捕获源与封存地之间大规模长距离的“源汇匹配”问题。

5. 早期发展机会和政策建议

选择合适的早期机会对 CCUS 技术发展至关重要。从代际更替出发，应优先开展 CCUS 技术代际转化，并对现有煤电厂进行 CCUS 技术改造，加快推进我国 CCUS 捕集技术代际更替。从技术发展成本出发，将高浓度 CO_2 排放源与地质、化工与生物等成熟利用技术结合是早期示范的最佳机会，可有效降低 CO_2 捕集能耗、初始投资成本及运行维护成本。从源汇匹配出发，鼓励因地制宜优先发展较为成熟的 CO_2 利用技术，优先在东部、南部应用 CO_2 化工与生物利用技术，在中西部及东北地区应用 CO_2 地质利用与封存技术。从产业集群出发，通过发展 CCUS 技术各环节产业集群增强技术应用的可行性，通过 CCUS 技术与工业过程、可再生能源集成优化推动构建新型多元能源系统。

未来应从以下方面加强政策部署，推进 CCUS 技术发展：一是加大 CCUS 科技投入，支持 CCUS 关键核心技术和装备的研发与应用；二是加强统筹规划和系统部署，将 CCUS 纳入科技创新中长期发展规划，制定推动 CCUS 示范项目产业化发展政策，制定科学合理的涵盖 CCUS 建设、运营、监管及终止的制度法规和标准体系；三是加快开展大规模集成示范，加速推进 CCUS 产业化集群建设，逐步将 CCUS 技术纳入能源和矿业等绿色发展技术支撑体系；四是积极参与并深化 CCUS 技术多边机制合作，加强技术合作研发与转移，促进国际知识共享。

第一章

概　述

近年来，随着 CCUS 技术的持续发展，其内涵不断深化拓展，CCUS 技术将在减少温室气体排放、实现碳中和目标，保障能源供应安全、推动社会经济可持续发展等方面扮演更加重要的角色。CCUS 技术发展现状、发展趋势以及面临的机遇和挑战等引起了国际社会的广泛关注。为了更好地为国家、地方和相关行业的科技发展规划和产业政策制定提供依据，亟须对目前 CCUS 技术进行全面的梳理和评估。

第一节　CCUS 技术的系统内涵与分类

CCUS 技术是一种包含多环节的复杂减排系统（图 1-1），由多个跨地域的基础设施组成，同时具有多个责任主体并能够在商业化后形成区域集群。本报告所列入的 CCUS 技术应同时具备两种属性：①二氧化碳（CO_2）直接参与到系统中；②在原理上能够实现净减排。

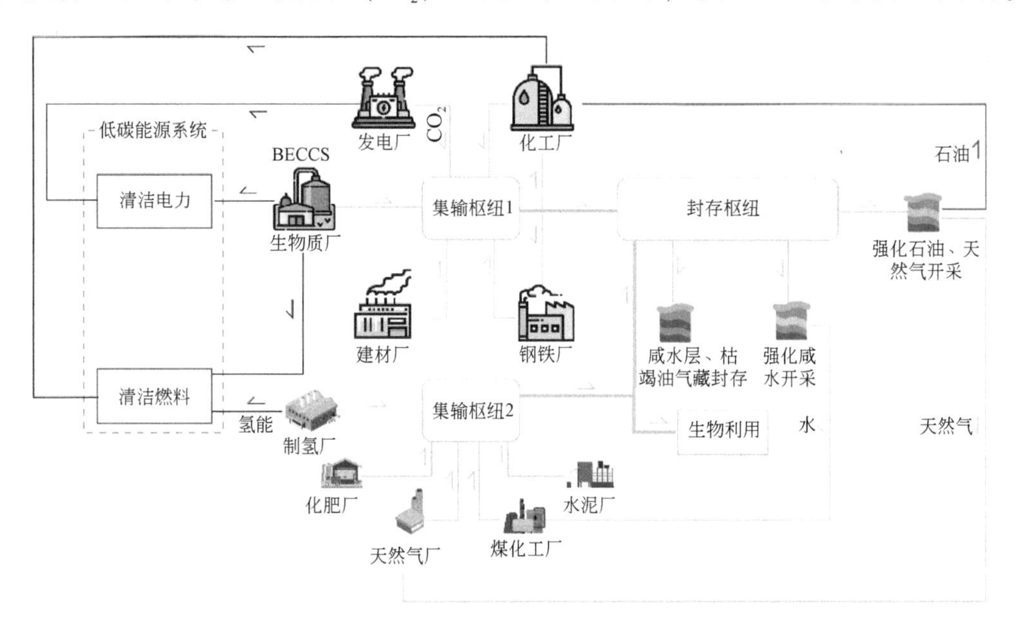

图 1-1　CCUS 系统

图上仅显示两个集输枢纽和一个封存枢纽，实际上 CCUS 可能含有多个集输、封存枢纽

一、CCUS 技术的定义

CCUS 技术是指能将 CO_2 从工业、能源生产等排放源或空气中捕集分离，并输送到适宜的场地加以利用或封存，最终实现 CO_2 减排的技术。20 世纪 20 年代，CO_2 捕集技术起源于天然气的商业化利用，最初用于分离甲烷中的 CO_2，以提高天然气纯度。紧随 CO_2 捕

集技术的兴起和发展，20 世纪 50 年代，学术界开始探索 CO_2 作为驱动介质进行驱油的理论和实验研究，以提高石油采收量。1972 年，世界首个利用 CO_2 驱油的商业项目在美国的得克萨斯州开始正式运行。20 世纪 80 年代起，科学家开始提出将 CO_2 封存于天然气藏、咸水层等地质结构的设想（Okken et al.，1989；Van Der Meer，1992），随后政府间气候变化专门委员会（The Intergovernmental Panel on Climate Change，IPCC）（IPCC，2005）、欧盟（European Union，EU）（Dorbath et al.，2009）等组织相继提出并定义了 CCS（carbon capture and storage）的概念：将 CO_2 从工业或相关能源产业的排放源中分离出来，输送并封存在地质构造中，实现 CO_2 与大气长期隔绝的过程。此后，中国结合本国实际提出了 CCUS 的概念，增加了对 CO_2 资源化利用（carbon capture and utilization，CCU）的相关表述，包括以 CO_2 为原料、溶剂或工质进行产品制造或合成过程（中国 21 世纪议程管理中心，2014）。2009 年 10 月，中国科技部时任部长万钢在第三届“碳收集领导人论坛”（Carbon Sequestration Leadership Forum，CSLF）部长会议上提出应考虑对捕集到的 CO_2 进行商业利用（万钢，2009）。2010 年 7 月，首届清洁能源部长级会议成立了 CCUS 工作组（气候组织，2011）。2011 年《中国碳捕集利用与封存技术发展路线图》正式规范定义了 CCUS 的科学概念（科学技术部社会发展科技司和中国 21 世纪议程管理中心，2011）。其后，随着各种新型 CCUS 技术的涌现和发展，《中国碳捕集利用与封存技术发展路线图（2019 版）》对 CCUS 的概念进行了重新定义和分类（科学技术部社会发展科技司和中国 21 世纪议程管理中心，2019）。在此期间，国内外越来越多的政策文件和行业规则都采用 CCUS 概念替代原有的 CCS 概念。此外，CCUS 技术还可以提供从大气中清除 CO_2 的方法，即“负排放”。《IPCC 全球升温 1.5℃特别报告》着重介绍了两种负排放技术，即直接空气捕集（direct air capture，DAC）技术和生物质能碳捕集与封存（bioenergy with carbon capture and storage，BECCS）技术。DAC 技术是指直接从大气中捕集 CO_2，并将其利用或封存的过程。BECCS 技术是指将生物质燃烧或转化过程中产生的 CO_2 进行捕集、利用或封存的过程。

二、CCUS 技术的分类

CCUS 按技术流程分为捕集、输送、利用与封存等环节，各环节根据其原理差异还可进一步细分（图 1-2）。

CO_2 捕集是指利用吸收、吸附、膜分离、低温分馏、富氧燃烧等技术将不同排放源的 CO_2 进行分离和捕集的过程。根据 CO_2 从能源系统中分离和集成方式的不同，可分为燃烧前捕集、燃烧后捕集和富氧燃烧捕集。除此之外，根据碳收集领导人论坛 2015 年碳捕集技术报告（CSLF，2015），捕集技术根据成熟度不同分为一代、二代和三代技术。第一代 CO_2 捕集技术是指现阶段已完成工程示范并投入商业运行的技术，如基于单一胺的燃烧后 CO_2 化学吸收技术、基于物理吸收的燃烧前 CO_2 捕集技术和常压富氧燃烧技术等（GCCSI，2014）。第二代 CO_2 捕集技术是指将在 2020～2025 年开展 CO_2 捕集工程示范，并能够在 2025 年进行商业部署的捕集技术，如基于离子液体、胺基两相吸收剂等新型吸收剂的 CO_2 化学吸收技术、基于金属有机框架（MOFs）的 CO_2 吸附技术、增压富氧燃烧技术等。第三代 CO_2 捕集技术又称变革性技术，是指将在 2030～2035 年开展工程示范，

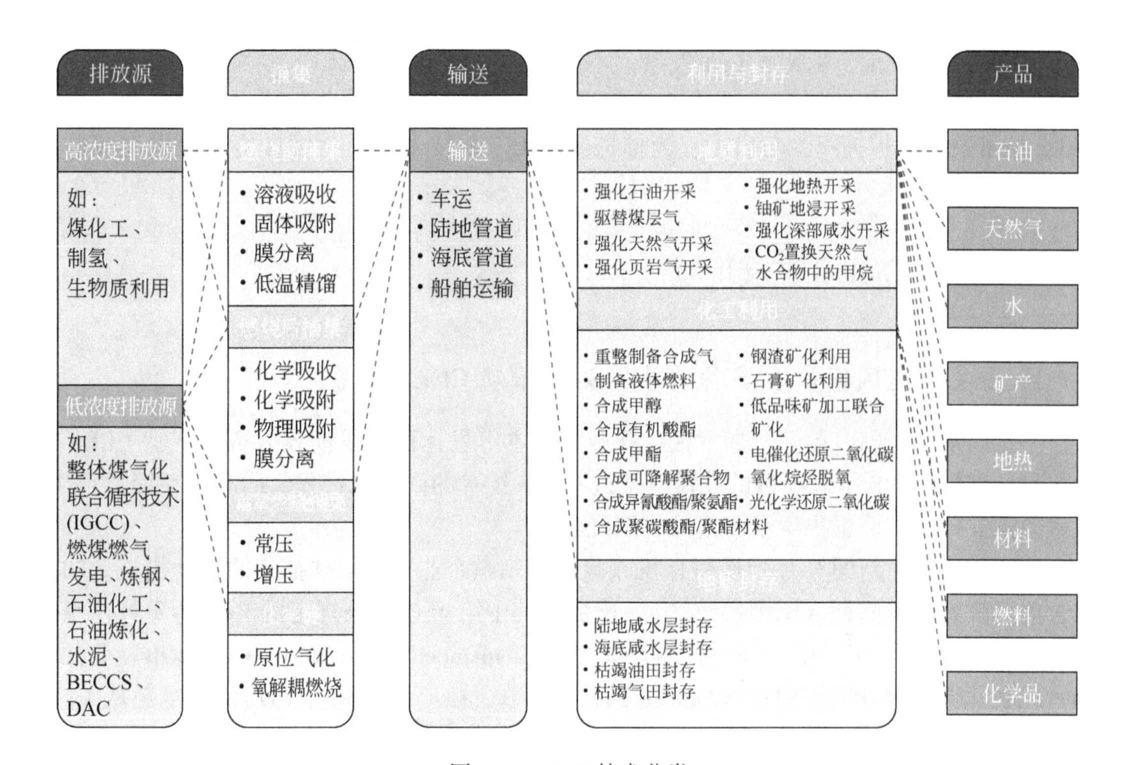

图 1-2　CCUS 技术分类

资料来源：科学技术部社会发展科技司和中国 21 世纪议程管理中心，2019

并能够在 2035 年开始投入商业部署的 CO_2 捕集技术，如新型酶催化 CO_2 吸收法捕集技术、化学链燃烧技术等。

CO_2 输送是指将捕集的 CO_2 运送到可利用或封存场地的过程，与油气输送有一定的相似性。根据运输方式的不同，分为罐车运输、船舶运输和管道运输，其中罐车运输包括汽车运输和铁路运输两种方式。从大规模运输的需求出发，可供选择的运输方式主要为管道运输和船舶运输。

CO_2 利用是指利用 CO_2 的不同理化特征，生产具有商业价值的产品，根据工程技术手段的不同，可分为 CO_2 地质利用、CO_2 化工利用和 CO_2 生物利用等。其中，CO_2 地质利用是将 CO_2 注入地下，进而强化能源生产、促进资源开采的过程，如提高石油、天然气、地热、地层深部咸水、铀矿等多种类型资源的采收率；CO_2 化工利用是以化学转化为主要手段，将 CO_2 及其共反应物转化成目标产物，实现 CO_2 资源化利用的过程，主要产品有合成能源化学品、高附加值化学品及化学材料三大类；CO_2 生物利用是以生物转化为主要手段，将 CO_2 用于促进生物质生长，实现 CO_2 资源化利用的过程，主要产品有食品、饲料、生物肥料、生物燃料、气体肥料和化学品等。

CO_2 封存是指通过工程技术手段将捕集的 CO_2 注入深部地质储层，实现 CO_2 与大气长期隔绝的过程。按照地质封存体的不同，可分为陆上咸水层封存、海底咸水层封存、枯竭油气田封存等。

第二节　CCUS 技术的发展现状

作为一种被公认为能在世界范围内极大减少温室气体排放的关键技术，CCUS 技术在多个国家的大力推动下取得了长足发展。本节通过梳理国内外 CCUS 领域的政策措施、工程部署、科技研发活动及国际合作交流情况，对 CCUS 发展现状进行分析，总结国内外 CCUS 技术发展的相关经验与启示，为推进我国 CCUS 技术规模化发展应用提供宝贵的经验借鉴。

一、国外 CCUS 发展现状

1. 主要发达国家出台多种政策措施，推动 CCUS 发展

一直以来，美国、英国、加拿大、挪威、日本等发达国家长期投入资金支持 CCUS 技术研发，部署 CCUS 示范项目的建设，推进 CCUS 技术的商业化进程，同时，在探索 CCUS 技术政策支持等方面也积累了丰富的实践经验。

美国通过实施新的 CO_2 地质封存税收政策来刺激企业提高对碳捕集的商业投资。2018 年，美国政府宣布修订《国内税收法》，增加了其中第 45Q 部分规定的 CO_2 地质封存税收抵免内容：到 2026 年，用于强化石油开采（CO_2-enhanced oil recovery，CO_2-EOR，简称驱油）或强化天然气开采（CO_2-enhanced gas recovery，CO_2-EGR）的 CO_2 税收抵免从 10 美元/t 提高到 35 美元/t，咸水层封存的 CO_2 税收抵免从 20 美元/t 提高到 50 美元/t。据国际能源署（International Energy Agency，IEA）估计，45Q 修正案可能会在未来 6 年内引发 10 亿美元的新增资本投资，带动提升 1000 万～3000 万 t 或更多 CO_2 捕集能力。此外，2024 年 1 月 1 日前开工新建和改造的 CCUS 项目有资格申请 12 年的信贷。2019 年 12 月，美国国家石油委员会（NPC）发布《应对双重挑战——美国碳捕集利用与封存规模化部署路线图报告》，提出了分阶段提高 CCUS 激励水平的目标：未来 5～7 年落实 50 美元/t 的现有激励措施，未来 15 年总激励水平提高至 90 美元/t，未来 25 年总激励水平达到 110 美元/t，从而促使 CCUS 产能增加 3.5 亿～4 亿 t/a。

日本通过实施“碳循环利用”计划，期望实现 CO_2 资源化利用。2019 年 6 月，日本经济贸易产业省公布了涉及再利用工厂和发电厂的“碳循环利用”实用化进度表，提出从 2030 年起普及以 CO_2 培育的藻类制作喷气式飞机燃料，并使用以 CO_2 为原料转化形成的碳酸盐作为公路用砌块材料，期望以此类利用方式带动碳减排。另外，日本环境省和经济贸易产业省支持开展对潜在 CO_2 封存场地的调查、项目可行性研究、长期责任管理相关法律和监管框架的评估，并推动探究 CCUS 对环境、经济和社会的长期影响。

英国持续加大对 CCUS 科技创新的资金投入，期望降低技术成本。2017 年，英国政府发布本国清洁增长战略，在 CCUS 前沿和工业创新方面投资 1 亿英镑，旨在带动技术应用成本大幅下降（Department for Business，2018），于 2030 年实现具备大规模部署 CCUS 的选择权。随后，英国能源与清洁发展部宣布成立 CCUS 特别工作组，审查 CCUS 科技进展和优先事项，监控应用成本并挖掘开发潜力，推进实现 2030 年 CCUS 大规模部署目标。同年，英国政府还资助英国 CCS 研究中心（UKCCSRC）760 万英镑，通过开展为期 5 年的 CCUS 技术研究，确保该技术在碳减排方面发挥作用，并提高其对英国经济的贡献。2019 年，英国政府增加投入 2600 万英镑用以加速 CCUS 的推广，以推动实现其在 2030 年前后大规模部署 CCUS 的愿景。

加拿大先后通过实施多种政策法规、制定相关财政和税收政策等方式，为 CCUS 技术研发和应用示范提供长期支持。2013 年，加拿大发布清洁增长和气候行动计划，提出 CCUS 发展战略。在此行动计划推动下，2016 年，加拿大推出清洁能源创新项目，计划在 5 年内提供 2500 万加元用于资助 CCUS 有关项目；2019 年，加拿大开始施行碳税政策，价格设定为 10 加元/t 并计划在 2022 年提高至 50 加元/t；此外，加拿大阿尔伯塔省还颁布 CO_2 地质封存的法规，同时为 CCUS 项目提供资金来源和支持。

总之，CCUS 技术作为一种能够有效实现大规模碳减排的技术，得到了发达国家长期的关注和支持，尤其在 2014 年以后，发达国家普遍加大了对 CCUS 多个相关领域的关注，不仅包括 CCUS 技术的研究开发、降本增效、监测评估等，还涉及财政、税收、投融资等金融政策，为推动全球 CCUS 技术发展提供了宝贵的实践经验。

2. 全球 CCUS 科技研发活跃，相关论文和专利数量达到新高

在多个国家的政策大力支持下，全球各相关科研机构针对 CCUS 的科技研发活动日趋活跃，发表具有影响力的学术论文数量和申请的技术专利数量均达到历史新高，且呈现持续增长趋势，如图 1-3 所示。

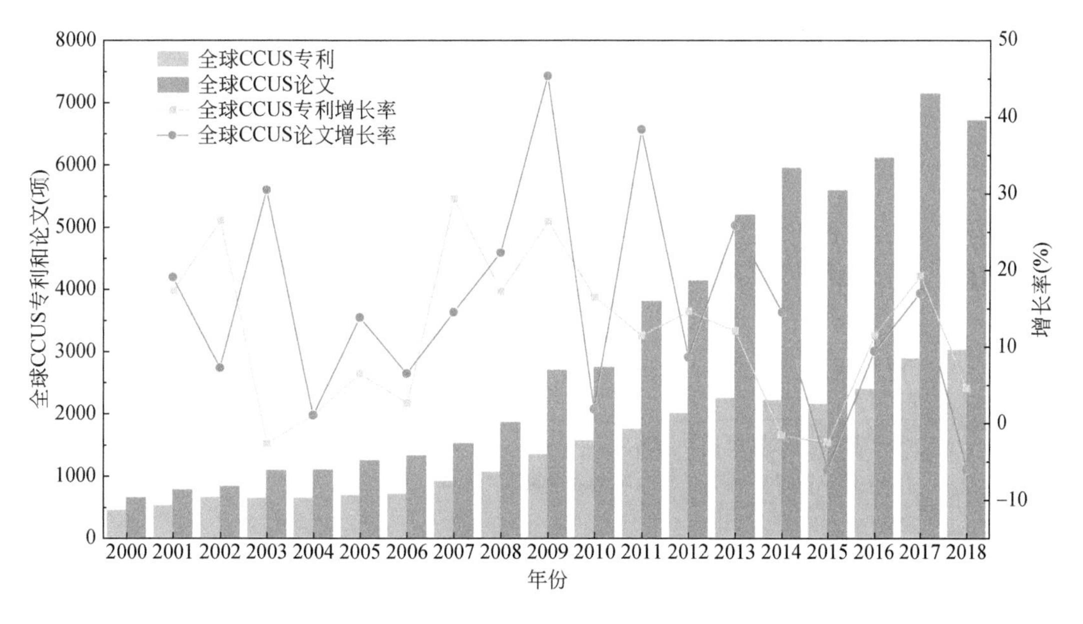

图 1-3　全球 CCUS 专利申请量和科研论文随年度变化情况

检索日期为 2019 年 6 月 17 日。①文献检索范围仅限于本报告技术评估范畴；②由于数据入库的时滞性，2018 年数据可能少于实际数据；③专利数据来自 Derwent Innovations Index，论文数据来自 Web of Science 核心合集

根据对 2000～2019 年全球 CCUS 核心以上的学术论文及申请专利的统计结果，发现近 10 年 CCUS 技术研发活动愈加活跃，学术论文和专利的申请数量增长显著，其中学术论文的发表数量远远高于专利申请量。

从 CCUS 所涉及的不同技术领域来看（图 1-4），CO_2 捕集领域的学术论文和专利申请数量明显多于 CO_2 运输、利用和封存领域，表明 CO_2 捕集技术是当前 CCUS 领域的研究热点，其发表论文数量占全部论文总数的 34.1%，专利申请数量占全部专利申请量的

58.6%。此外，统计结果还显示 CO_2 生物利用、地质封存和利用科研论文数量较多，但相应的专利申请数量较少，表明上述领域的研究尚处于探索阶段。

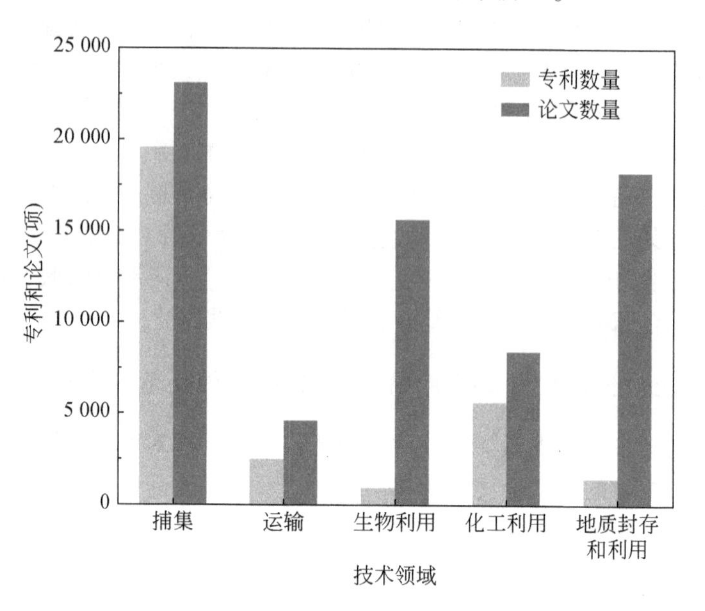

图 1-4　2000 ~ 2018 年不同技术领域 CCUS 科研论文和专利申请量

3. 发达国家加大 CCUS 技术研究投入和应用示范规模

近年来，发达国家投入较多经费开展 CCUS 技术的创新研究和应用示范。IEA 于 2018 年发布的报告显示其成员国自 2009 年以来对 CCUS 技术持续进行研发投入，每年投入约占化石燃料行业研发投入的 50%，但是受全球经济形势的影响，CCUS 研发投入总量在近年来呈现下降趋势，如图 1-5 所示。

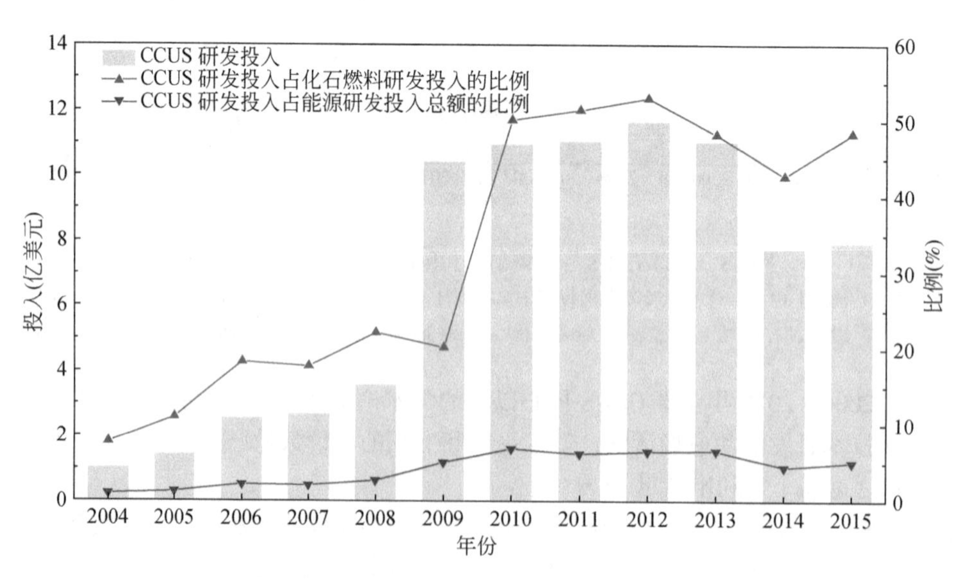

图 1-5　全球 IEA 会员国的 CCUS 研发投入

资料来源：IEA，2017

美国能源部（Department of Energy，DOE）长期资助 CCUS 新技术研发和应用示范。2016 年，能源部先后提供 3000 万美元、8000 万美元资助分别用于先进涡轮机部件和超临界 CO_2 动力循环相关创新技术的开发，并启动建设美国首个大型超临界（10MW）CO_2 中试装置；2017 年，提供 800 万美元资助用于评估墨西哥湾的 CO_2 地质封存和技术开发；2018 年，分别提供 640 万、700 万美元资助用于开展 CO_2 燃烧前捕集项目和地质封存项目；2019 年，提供 5400 万美元资助用于推进溶剂、吸附剂和膜技术等碳捕集技术的研究以及碳捕集系统前端工程设计，以探寻降低碳捕集成本的解决方案。

欧盟在地平线 2020 计划中，拟提供 5000 万欧元赞助用于 CCUS 技术的研发，并专注于 CO_2 高排放行业，通过研究 CCUS 的社会影响、模型构建、教育培训等，期望支持欧洲能源系统的低碳转型。另外，一些跨国公司，如英国 BP 公司、德国西门子、法国阿尔斯通等，也在密切关注 CCUS 技术市场的动态。

虽然全球大多数国家已经在气候变化问题上达成共识，并且逐步认识到 CCUS 技术在支撑实现碳中和目标和减缓气候变化方面的重要性，但相比其他清洁能源领域的投资，各国政府对 CCUS 领域的投资仍处于落后的位置。自 2007 年以来，各国政府和私人针对大型 CCUS 项目的投资经费合计达到 81.7 亿美元，其中私人资金是 CCUS 项目的主要投资来源，占总投资近 7 成，但近年来逐渐呈现投资停滞的趋势，如图 1-6 所示。未来随着美国 45Q 修正案等刺激政策的落地，有望拓宽 CCUS 融资新渠道。

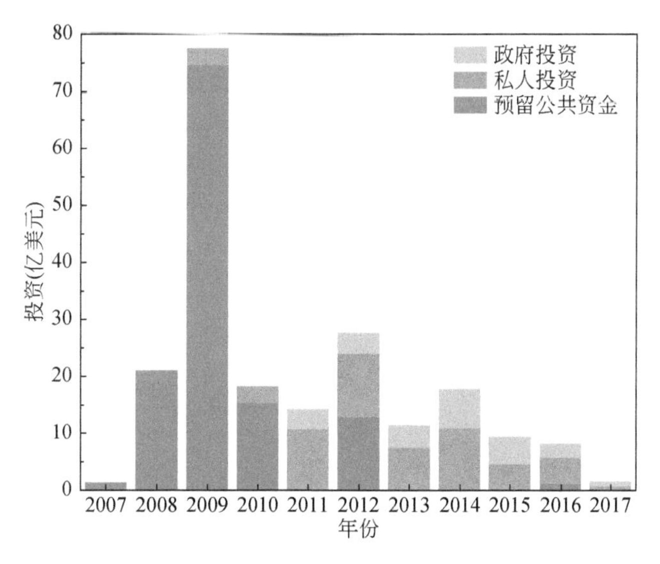

图 1-6　全球 CCUS 大规模 CCUS 项目投资

资料来源：Zitelman et al.，2018

目前，一些国家的 CCUS 试点示范项目的发展正趋于大规模化。美国、英国、澳大利亚、加拿大、中国、巴西、法国、德国、日本、荷兰、挪威、沙特阿拉伯、南非、西班牙、阿拉伯联合酋长国等国家正在或已经部署了 CO_2 捕集、利用、运输和封存各阶段的技术研发和应用示范，积累了丰富的实践经验。全球运营或在建的 CCUS 项目如图 1-7 所示，其中大型 CCUS 设施是指年 CO_2 捕集能力在 40 万 t 及以上的设施；小型 CCUS 设施的 CO_2 捕集能力在 5 万 ~40 万 t。

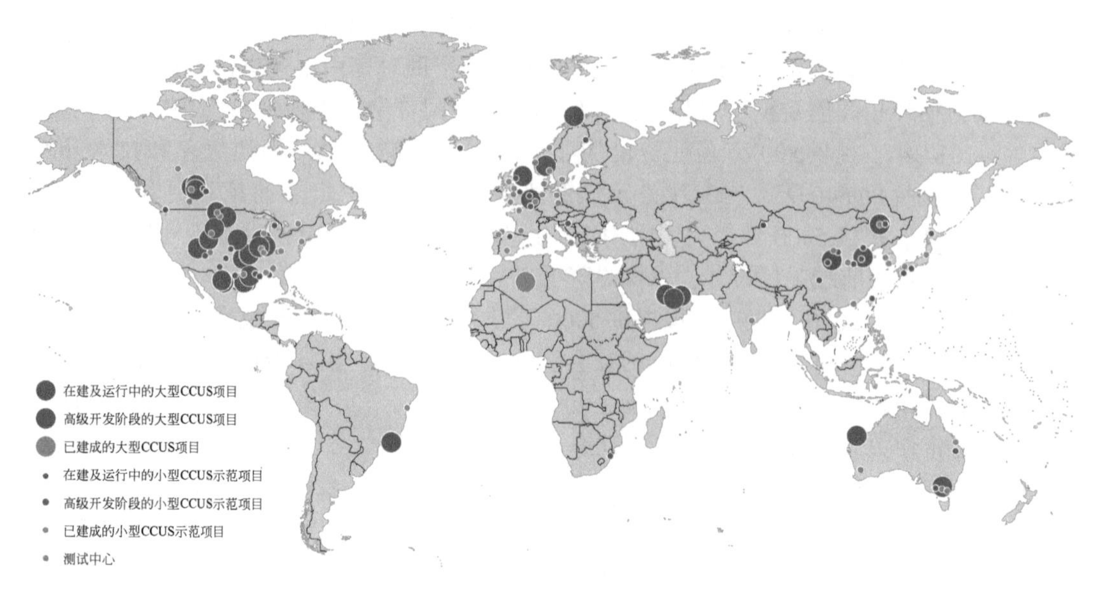

图 1-7　全球大规模 CCUS 项目

资料来源：GCCSI，2020

截至 2020 年底，全球有 53 个 CO_2 年捕集能力在 40 万 t 以上的大规模 CCUS 项目。其中处于运行阶段的有 20 个，分布在美国（9 个）、加拿大（3 个）、挪威（2 个）、中国（1 个）、巴西（1 个）、沙特阿拉伯（1 个）、阿拉伯联合酋长国（1 个），澳大利亚（1 个），卡塔尔（1 个），CO_2 的年捕集能力合计接近 4000 万 t/a，其中 15 个项目均通过 CO_2-EOR 实现 CO_2 资源化利用。此外，中国延长“石油 CO_2（二氧化碳）驱油技术及地质封存安全监测”项目等 3 个大规模 CCUS 项目处于建设阶段，另外 30 个大规模 CCUS 项目处于不同的开发阶段。

二、国内 CCUS 发展现状

1. 中国持续推进 CCUS 发展规划部署

中国政府高度重视应对气候变化工作，出台了一系列 CCUS 相关的政策和规划，有序推进 CCUS 技术研发和应用示范。2014 年以来，国务院以及国家发展和改革委员会、科学技术部、生态环境部等国家部委先后参与制定并发布了 10 余项相关国家政策和发展规划，如《国家应对气候变化规划（2014～2020）》《“十三五”国家科技创新规划》《“十三五”控制温室气体排放工作方案》《中国碳捕集利用与封存技术发展路线图（2019 版）》等，见表 1-1。这些发展规划不仅涉及国家战略层面，还进一步向具体化、可操作、可执行、可示范、可推广的趋势深度发展，为 CCUS 技术的研发、示范、应用和推广指明了方向。在国家政策的主导下，各地方也根据各自社会经济发展和能源开发利用情况，纷纷出台 CCUS 有关政策和发展规划，涉及采矿、火电、煤化工、水泥、石油、食品、钢铁、化工等多个行业，推动低碳技术研究，推进示范项目建设（图 1-8）。

表 1-1　2014 年以来中国发布的 CCUS 国家政策规划

序号	发布单位	发布时间	名称	主要内容
1	国务院	2014/09/19	《国家应对气候变化规划（2014～2020 年）》	在火电、化工、油气开采、水泥、钢铁等行业中实施碳捕集试验示范项目，在地质条件适合的地区，开展封存试验项目，实施二氧化碳捕集、驱油、封存一体化示范工程。积极探索二氧化碳资源化利用的途径、技术和方法
2	国家能源局，环境保护部，工业和信息化部	2014/12/26	《国家能源局、生态环境部、工业和信息化部关于促进煤炭安全绿色开发和清洁高效利用的意见》	大力推进科技创新，提出积极开展二氧化碳捕集、利用与封存技术研究和示范
3	国家能源局	2015/04/27	《煤炭清洁高效利用行动计划（2015～2020 年）》	积极开展二氧化碳捕集、利用与封存技术研究和示范；鼓励现代煤化工企业与石油企业及相关行业合作，开展驱油、微藻吸收、地质封存等示范，为其他行业实施更大范围的碳减排积累经验
4	国家发展和改革委员会	2015/12/06	《国家重点推广的低碳技术目录（第二批）》	国家重点推广的技术包括低碳技术涉及碳捕集利用与封存
5	环境保护部	2015/12/24	《合成氨工业污染防治技术政策》	鼓励研发的新技术中提到“二氧化碳捕集和综合利用技术”
6	国家发展和改革委员会、国家能源局	2016/04/07	《能源技术革命创新行动计划（2016～2030）》	明确了《计划》15 项重点任务的具体创新目标、行动措施以及战略方向。强调了二氧化碳大规模低能耗捕集、资源化利用及二氧化碳可靠封存、检测及运输方面的技术攻关。同时对 2020 年、2030 年的目标及 2050 年的展望作出了规划
7	环境保护部	2016/06/20	《二氧化碳捕集、利用与封存环境风险评估技术指南（试行）》	提出二氧化碳捕集、利用与封存的术语与定义、环境风险评估工作程序、主要环境风险源、环境风险受体、确定环境本底值
8	国务院	2016/07/28	《“十三五”国家科技创新规划》	重点加强燃煤二氧化碳捕集利用封存的研发，开展燃烧后二氧化碳捕集实现百万吨每年的规模化示范
9	国务院	2016/10/27	《“十三五”控制温室气体排放工作方案》	提出在煤基行业和油气开采行业开展碳捕集、利用和封存的规模化产业示范，控制煤化工等行业碳排放。推进工业领域碳捕集、利用和封存试点示范，并做好环境风险评价；研究制定重点行业、重点产品温室气体排放核算标准、建筑低碳运行标准、碳捕集利用与封存标准等，完善低碳产品标准、标识和认证制度
10	国家发展和改革委员会、国家能源局	2016/12	《煤炭工业发展“十三五”规划》	列出燃煤二氧化碳捕集、利用、封存等关键技术为煤炭科技发展的重点
11	国家发展和改革委员会	2017/02/04	《战略性新兴产业重点产品和服务指导目录》(2016 版)	将“控制温室气体排放技术装备：碳减排及碳转化利用技术装备、碳捕捉及碳封存技术及利用系统、非能源领域的温室气体排放控制技术装备”单独列示。另外，相比于 2014 年第一版《国家重点推广的低碳技术目录》，2017 年发布的第二版将对 CCUS 技术的投资额增加，对减排量的要求也大幅度提高

序号	发布单位	发布时间	名称	主要内容
12	科技部、环境保护部、国家气象局	2017/04/27	《“十三五”应对气候变化科技创新专项规划》	推进减缓气候变化技术的研发和应用示范，设立大规模低成本碳捕集、利用与封存（CCUS）关键技术专栏。继续推进大规模低成本碳捕集、利用与封存（CCUS）技术与低碳减排技术研发与应用示范，同时推进森林、草地、农田、湿地等重要生态系统固碳增汇技术研发与应用示范，制定重点行业与领域应对气候变化减缓技术发展路线图和技术规范，结合产业结构优化升级，大幅提升我国碳减排自主贡献
13	住房和城乡建设部、国家市场监督管理总局	2018/09/11	《烟气二氧化碳捕集纯化工程设计标准》	适用于新建、扩建或改建的烟气二氧化碳捕集纯化工程设计
14	科学技术部社会发展科技司、中国21世纪议程管理中心	2019/05/17	《中国碳捕集利用与封存技术发展路线图（2019版）》	国内外应对气候变化的新形势要求对CCUS技术重新定位，以促进生态文明建设和可持续发展战略的实施；CCUS技术内涵的丰富和外延的拓展，需要进一步明确发展方向，以有序推进第一代捕集技术向第二代捕集技术平稳过渡；CCUS技术的迅速发展使社会各界对CCUS认知度不断提高，亟待加快调整CCUS技术的发展目标和研发部署，为相关政策的制定执行和项目的顺利实施提供科技支撑

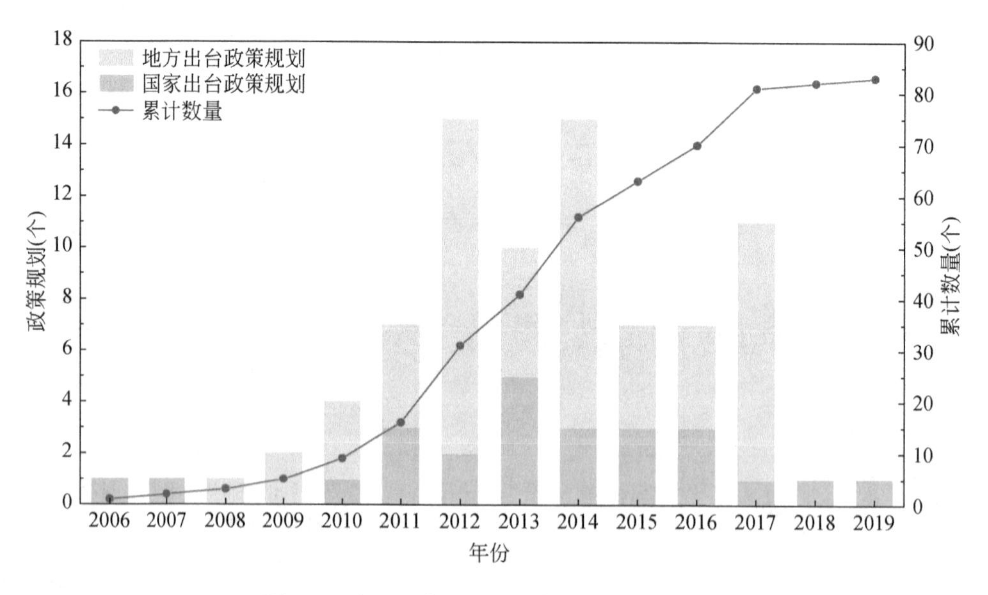

图1-8　中国国家和地方出台CCUS政策规划

同时，中国还开展了碳排放权交易试点工作，截至2020年底，全国已经成立了30多家碳排放交易所。2010年，国家发展和改革委员会启动首批低碳试点，正式批准上海、北京、广东、深圳、天津、湖北、重庆等七地开展碳交易试点工作，推进地方配额交易与温室气体自愿减排量交易。2017年12月，国家发展和改革委员会印发了《全国碳排放权交易市场建设方案（发电行业)》，标志着我国碳排放交易体系正式启动。2021 年，全国统一的碳市场将进入运行阶段，1700 多家电力企业将被纳入，初期配额规模超过 30 亿 t，为我国 CCUS 技术发展提供了新的驱动力及预期。

2. 中国成为推动 CCUS 科技创新的重要力量

中国 CCUS 技术研发创新日益活跃，学术论文发表量和专利申请量快速增长，已经成为全球 CCUS 科技创新的重要力量。2014 ~ 2018 年，中国 CCUS 相关科研产出增长显著，论文发表量和专利申请量的全球平均占比分别达到 27.9% 和 66.6%，这表明中国已成为全球 CCUS 技术研发创新最为活跃的国家，如图 1-9 所示。

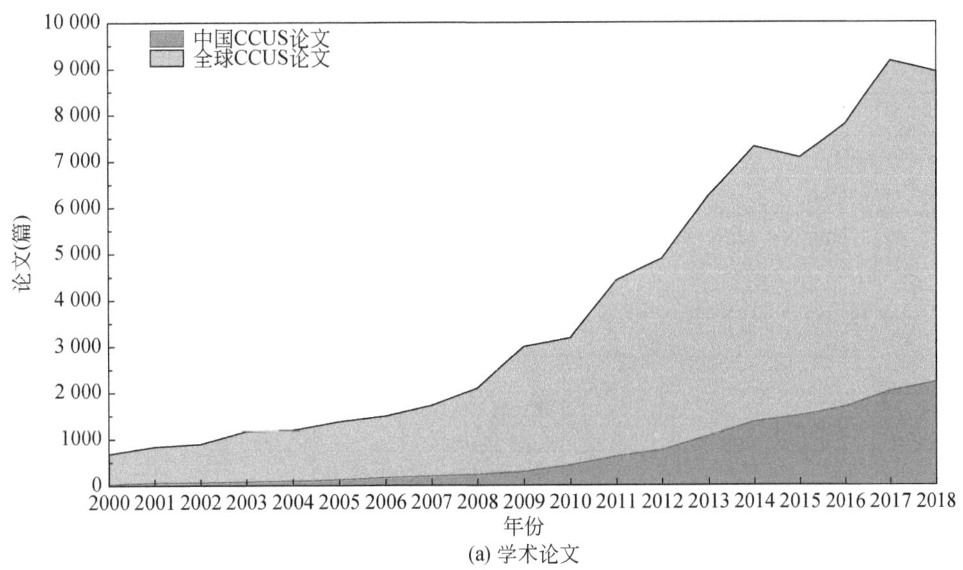

(a) 学术论文

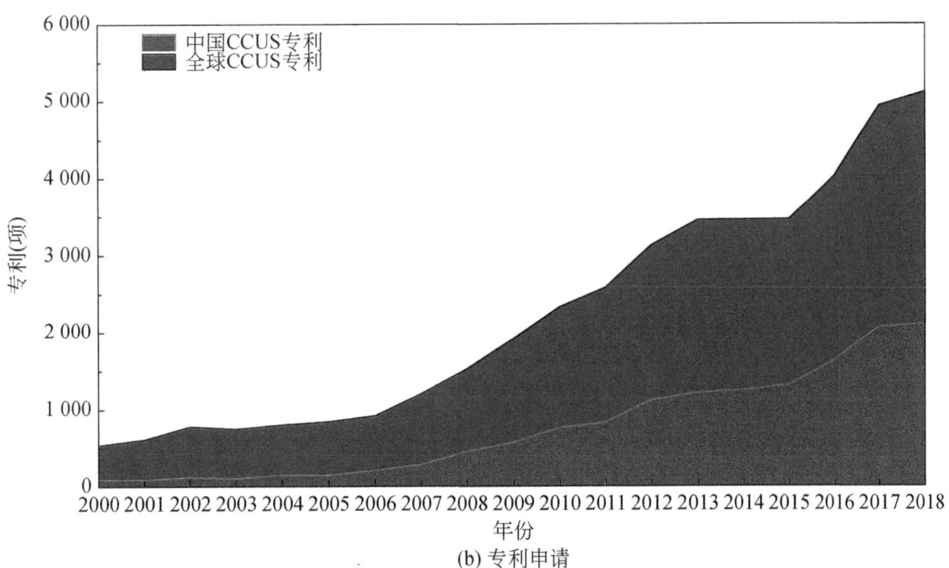

(b) 专利申请

图 1-9　2000 ~ 2018 年 CCUS 技术学术论文和专利申请情况

①文献检索范围仅限于本报告技术评估范畴；②由于数据入库的时滞性，2018 年数据可能少于实际数据；③专利数据来自 Derwent Innovations Index，论文数据来自 Web of Science 核心合集

第一章　概　述

3. 中国广泛开展 CCUS 领域国际合作

中国重视与各国开展 CCUS 领域的广泛交流与合作。通过与美国、澳大利亚、加拿大、英国、意大利、德国、欧盟等国家及组织围绕 CCUS 开展了多层次、双多边科技合作，促进了相关科研机构和企业的能力建设，形成了 CCUS 核心研究团队，同时围绕捕集术选择、技术经济性评价、封存潜力评估、源汇匹配等方向开展了探索性合作研究工作。表 1-2 列出了中国先后与美国、澳大利亚、英国等开展的 CCUS 国际合作具体情况。中国相关能源企业、高校、研究机构等先后成立中美清洁能源联合研究中心、中英（广东）CCUS 中心等合作平台。通过广泛开展国际合作，中国在 CCUS 领域积累了丰富的经验，取得了积极进展。

表 1-2　中国 CCUS 国际合作项目

国际合作项目	合作伙伴	时间
CSLF Capacity Building Projects（国际碳收集领导人论坛能力建设项目）	CSLF，又称国际碳封存部长级会议	2003 年至今
China-EU NZEC Cooperation（中欧煤炭利用近零排放合作项目）	英国、欧盟、挪威	第一阶段 2007～2009 年；第二阶段 2010～2012 年；第三阶段 2013 年至今
China-US Clean energy Research Center（中美清洁能源联合研究中心）	美国能源部	2009 年 7 月成立。2011～2015 年第一期项目；2016～2020 年第二期项目
China-Australia Geological Storage of CO_2（CAGS）（中澳二氧化碳地质封存项目）	澳大利亚地球科学局	第一期 2009～2011 年；第二期 2012～2014 年；第三期 2015～2017 年
UK-China（Guangdong）CCUS Centre（中英（广东）CCUS 中心）	英国碳捕集与封存研究中心、苏格兰碳捕集与封存中心	2013 年至今
China-Netherlands CO_2-ECBM and CO_2 Saline Squifer Storage Exchange Center（中荷 CO_2-ECBM 以及 CO_2 盐水层封存交流中心）	荷兰 TNO、壳牌、Pro-cede	2008 年
Sino- Italy CCS Technology Cooperation Project [（SICCS）中意 CCS 技术合作项目]	意大利国家电力公司	2010～2012 年
China-Germany CCUS Project（中德 CCUS 项目）		2010 年
MOST-IEA Cooperation on CCUS（中国科技部–国际能源署 CCUS 合作）	国际能源署	2011 年

4. 中国 CCUS 项目向低成本、低能耗、大规模方向发展

近年来，我国通过开展 CCUS 示范项目，积累了 CCUS 系统集成运行的成功经验。一是已成功开展了 10 万 t/a 规模的 CCUS 全流程示范项目，建成的碳捕集示范装置最大捕集能力可达 60 万 t/a，覆盖燃煤电厂的燃烧前、燃烧后和富氧燃烧捕集，燃气电厂的燃烧后捕集，煤化工的捕集以及水泥窑尾气的燃烧后捕集等多种技术。二是我国已将 CO_2-EOR 技术应用于多个驱油与封存示范项目，2007～2019 年累计注入约 200 万 t CO_2；已完成 100

万 t/a 输送规模管道项目的初步设计，完成包括重整制备合成气技术、合成可降解聚合物技术、合成有机碳酸酯技术在内的 CO_2 化工利用技术示范。三是开展了离岸封存的可行性研究。目前，我国 CCUS 技术研发活动由“十一五”期间的政府指导，科研单位、高等院校和企业共同开展基础和应用研究以及试点示范，逐渐转换到政府指导，企业牵头，协同科研单位和高等院校等不同技术层面的实施主体协同开展项目示范及相关理论研究，共同推进 CCUS 领域的技术创新和应用发展。中国主要 CCUS 示范工程的基本情况如表 1-3 所示。

表 1-3　中国主要 CCUS 示范工程的基本情况

序号	项目名称	排放源	捕集技术	运输方式	封存或利用方式	投运年份	产能（万 t/a）	2018 年状况
1	中石化华东油田 CO_2 驱提高采收率重大先导项目	化工厂	外购气	管道、罐车	EOR	2005	5	运行中
2	中石油吉林油田 CO_2- EOR 研究与示范	天然气净化	燃烧前	管道（约 50km）	EOR	2007 年	20	
3	华能高碑店电厂	燃煤电厂	燃烧后	—	食品利用	2008 年	0.3	运行中
4	华能石洞口电厂	燃煤电厂	燃烧后	—	食品/工业利用	2009 年	12	运行中
5	中石化胜利油田燃煤电厂 4 万 t CO_2/a 捕集与 EOR 示范	燃煤电厂	燃烧后	罐车（约 80km）	EOR	2010 年	4	运行中
6	中联煤层气公司 CO_2- ECBM 项目	—	外购气	罐车	ECBM	2010 年	0.1	运行中
7	中电投重庆双槐电厂碳捕集示范项目	燃煤电厂	燃烧后	—	—	2010 年	1	运行中
8	神华集团煤制油 10 万 t/a CO_2 捕集和示范封存	煤制油	燃烧前	罐车（约 13km）	咸水层封存	2011 年	10	封存 30t，监测中
9	华中科技大学 35MW 富氧燃烧技术研究与示范	燃煤电厂	富氧燃烧	—	工业利用	2011 年	10	运行中
10	国电集团天津北塘热电厂	燃煤电厂	燃烧后	—	—	2012 年	2	运行中
11	延长石油陕北煤化工 5 万 t/aCO_2 捕集与 EOR 示范	煤化工	燃烧前	罐车	EOR	2013 年	10	运行中
12	中石化中原油田 CO_2-EOR 项目	化工厂	燃烧前	罐车	EOR	2015 年	10	运行中
13	华能绿色煤电 IGCC 电厂捕集利用和封存示范	燃煤电厂	燃烧前	罐车	EOR 及咸水层封存	2015 捕集装置建成	10	运行中
14	新疆敦华利用甲醇厂 PSA 弛放气的 10 万 t/a CO_2 捕集项目	燃煤电厂	燃烧后	罐车	食品利用	2016 年	6	运行中
15	延长石油煤化工 CO_2 捕集与驱油利用示范	煤化工	燃烧前	罐车	EOR	2016 年	30	运行中
16	中石化齐鲁石油化工 CCS 项目	化工厂	—	管道	EOR	2017 年	35	运行中
17	北京琉璃河水泥窑尾烟气碳捕捉及应用项目	水泥厂	燃烧后	—	—	2017 年	0.1	运行中

续表

序号	项目名称	排放源	捕集技术	运输方式	封存或利用方式	投运年份	产能（万t/a）	2018年状况
18	中石油吉林油田 CO_2-EOR商业化	天然气净化	燃烧前	管道（约50km）	EOR	2018年	60	运行中
19	安徽海螺集团水泥窑烟气 CO_2 捕集纯化技术示范项目	水泥厂	燃烧后	罐车	食品利用	2018年	5	运行中
20	华润海丰电厂碳捕集测试平台	燃煤电厂	燃烧后	—	—	2019年	2	运行中

第三节　国内外CCUS技术发展战略与政策评估

随着CCUS技术研发和应用示范的不断推进，近年来全球主要国家和地区在CCUS激励政策、法律法规与监管机制等方面均有了长足的发展。美国、英国、加拿大、澳大利亚等发达国家早在十几年前就开始了CCUS技术的研发示范，并投入了大量的人力、物力、财力及政策支持。本节通过对国内外CCUS技术发展战略与政策评估，剖析各国发展CCUS的技术路线与相关政策体系，总结各国推进CCUS技术研发与项目实践的经验，评价既有激励政策对CCUS技术实现规模化发展应用的效果及其差异，有利于中国更加精准识别CCUS发展的重点领域以及参考借鉴相关政策措施，对于推进中国CCUS发展具有战略意义。

一、主要国家CCUS技术发展战略与政策评估

1. 美国CCUS技术发展战略与政策评估

（1）美国CCUS技术路线图

美国能源部国家能源技术实验室（NETL）于2002年制定了本国第一份CCUS技术路线图，经过几轮更新后于2013年9月公布了最新版本，旨在为美国发展关键技术和应对其他挑战制定计划，以使CCUS技术于2030年前后在本国具有规模化应用的可能性。该技术路线图包含了美国CCUS研究计划，概述了美国能源部为具有成本竞争力的CCUS技术所开展的研发以及示范工作（RD&D）。值得注意的是，美国CCUS路线图是以燃煤电厂为基础制定的，在该路线图中，部分技术已经得到了一定规模的示范，而诸如集成CCUS的IGCC技术、先进的IGCC组件以及富氧燃烧等更多第二代先进技术将于2020～2050年进行全面示范。从目前的技术和工程角度来看，下一代CCUS技术将有革命性的突破。碳封存与利用的主要目标包括发展和证实技术的可靠性，以确保99%的永久性封存以及对 CO_2 捕集成本的抵消。CO_2 利用技术的规模化发展应用会持续到2020年，到2035年实现所有封存类型的规模化发展应用布局。

美国能源部（DOE）的化石能源办公室建立了清洁煤研究计划，由国家能源技术实验室负责实施，以管理CCUS相关研发和示范活动。2011～2015年，能源部支持研发和示范

活动的资金达20亿美元。另外，能源部的化石燃料办公室在2009年收到了来自美国经济复苏与再投资法案（ARRA）的30多亿美元拨款。

其他相关的计划也一并在CCUS路线图中做了说明。清洁燃煤发电计划（已耗资8亿美元）为降低发电站硫、氮以及汞污染物排放的新燃煤技术提供政府联合融资，扩大测试技术选择的宽度、应用范围、燃料来源以及地质构造。新的资金将帮助这一项目获得CCUS商业化推广应用经验。工业源碳捕集与封存（已耗资15亿美元）为大规模捕集CO_2示范应用提供两部分竞争性招标。其中第二部分招标包括CO_2再利用和大气CO_2捕集的创新性概念，旨在加速扩大规模和实地测试。封存地地质特征研究（已耗资1亿美元）目标是在全美境内描述至少10个地质构造的特征。地质封存培训和研究（已耗资4000万美元）旨在培养未来一代具有CCUS相关地质科学能力的地质学家、科学家及工程师。未来发电2.0（已耗资10亿美元）是基于未来发电1.0的一种清洁燃煤更新改造计划和CO_2封存网络，该计划将利用更先进的富氧燃烧技术改造位于伊利诺伊州梅勒多西亚的阿莫林公司200MW电厂的4号机组。碳捕集与封存模拟计划意在利用先进的模拟与建模技术促进CCUS技术的发展。全国风险评估合作集成了CCUS研发和示范活动，为长期CO_2地质封存的潜在风险计算提供了科学依据。

（2）美国CCUS技术激励政策

美国国会于2008年通过45Q税收法案，用于补贴利用CCUS技术开展CO_2捕集的企业。该法案规定：将捕集的CO_2用于驱油，捕集企业可获得每吨10美元免税补贴；将捕集的CO_2进行地质封存，捕集企业可获得每吨20美元免税补贴。同时，设定“先到先得”原则，限定补贴总量为7500万t CO_2。据统计，45Q法案实施期间（2008~2017年），美国通过该免税补贴减排CO_2共计5280万t。

2010年，美国总统奥巴马建立了一个跨部门特别行动小组，包括14个部门或组织机构。该行动小组在一份报告中强调，为了克服CCUS高成本障碍和实现CCUS的广泛部署，CCUS技术规模化发展应用需要联邦政府的政策支持。目前美国对CCUS技术的主要支持政策包括：①消减美国发电厂碳排放草案试行规则要求新建发电厂的碳排放限制在499kg CO_2/MWh，这意味着新建燃煤发电机组需要部分采用CCUS技术；②出台CO_2封存的税收激励（驱油为10美元/t CO_2，封存为20美元/t CO_2）政策；③美国能源部将为气化与改进燃料系统的CO_2捕集以及传统燃煤与天然气发电站的CO_2捕集等项目提供80亿美元的贷款担保，助力CCUS进一步发展。

为加速CCUS发展，美国政府于2017年初发起45Q修订法案，以期带动美国日益消退的煤炭产业。2018年2月，美国国会通过了“两党预算法案”，该法案扩大并增加了“国内税收法”第45Q条规定的CO_2地质封存税收抵免。新法案全面提高CCUS技术的免税补贴：一是加大补贴力度。企业将捕集的CO_2进行咸水层封存，免税补贴为50美元/t；将捕集的CO_2用于利用（如驱油），免税补贴35美元/t。二是扩大补贴范围。凡是2024年1月1日前开始建设CO_2捕集装置的企业都可申请免税补贴，补贴期延续12年。三是取消补贴总量限制。取消累计7500万t CO_2的限制，补贴总量上不封顶。四是降低补贴准入门槛。符合补贴申请要求的CCUS项目规模由50万t/a降低到10万t/a，但10万t/a规模的项目必须是从空气中直接捕集CO_2。五是关注驱油之外的利用技术。将CO_2用于生产塑料、生物燃料或其他商业材料的利用技术都在支持之列。

美国新法案将进一步促进 CCUS 技术发展。补贴力度加强、范围扩大和对新技术的关注必将带动高效低成本的捕集技术创新，促进 CCUS 技术规模化发展应用运行。美国 ClearPath 组织预计，根据技术发展以及市场渗透程度，该法案将促进 2 亿 ~ 22 亿 t 的 CO_2 封存。美国 Oil Change International 组织预计，到 2035 年新法案将促进石油行业利用 EOR 技术每天增采 40 万桶石油。

（3）美国 CCUS 发展战略诉求分析

美国的气候变化政策和立场受制于两党政治博弈而左右摇摆，两党博弈在 CCUS 技术的支持政策和关注程度上也淋漓尽致地体现出来。但是，由于自身庞大完备的工业经济体系，以及煤炭工业和燃煤发电仍然在能源系统中占据一席之地，一直以来美国政府在推动 CCUS 的技术研发和应用方面始终没有放慢脚步。目前，美国无论在 CCUS 示范项目数量、规模，还是 CCUS 技术体系的完备和成熟度方面都处于全球领先地位。

美国政府对于 CCUS 的政策支持力度也较大，新 45Q 法案规定给予 EOR 项目 35 美元/t CO_2 以及咸水层封存项目 50 美元/t CO_2 的减税水平，符合美国目前 CO_2 驱油产业化和规模化发展应用的特点，政策补贴的水平也大体与目前技术的减排成本相近，对于促进 CCUS 技术进步和产业培育方面有望起到较好的激励效果。美国未来也最有可能率先成为 CCUS 技术规模化发展应用的市场。

2. 英国 CCUS 发展战略与政策评估

（1）英国 CCUS 技术发展路线图

虽然英国较早开展了 CCUS 研究，但直到 2012 年才发布了第一份 CCUS 技术发展路线图。该路线图指明了英国到 2020 年前后实现 CCUS 规模化发展应用目标的技术路线。报告指出了英国推广 CCUS 技术具有三方面的优势：英国具有巨大的海底地质封存潜力，尤其是在北海海域，海上石油和天然气行业的经验可以转接到 CO_2 封存的商业应用上；现有大量的发电厂和工业设施具有应用 CCUS 技术的潜力；具有长期 CCUS 研究的积累与经验。在路线图中，英国政府希望在 2020 年前后降低 CCUS 技术成本并提高其效益，可在没有政府补贴的条件下促使私有企业对 CCUS 发电厂进行投资，将 CCUS 技术大范围普及至低碳或者零排放的化石燃料发电站和工业设施中。

实现 CCUS 路线图的目标需要面临三个主要挑战：降低融资成本和 CCUS 相关的环境风险、将市场与规则框架落实到位和消除 CCUS 应用的其他关键障碍。因此，路线图中相关的项目包括：①为商业规模的 CCUS 提供一个 10 亿英镑的资金支持，重点关注实践中的学习与知识共享，从而降低 CCUS 的成本；②一个投入 1.25 亿美元为期 4 年的协调研发和示范的创新计划，通过基础研究与小规模测试以确保最有前景的 CCUS 技术能够被进一步推向市场；③依靠电力市场改革发展一个低碳电力市场；④解决 CCUS 应用的关键障碍，包括支持建设 CCUS 的设备供应链、发展运输与封存网络的基础设施，为 CCUS 的工业化应用做准备，并确保恰当的监管框架落实到位；⑤国际参与。

为了更好地推动 CCUS 技术研发和应用，英国能源与气候变化部成立了碳捕集与封存办公室（OCCS），旨在帮助政府实现路线图的目标。该办公室是英国发展与大规模推广 CCUS 战略计划的具体执行者，同时还负责制定政策和计划以促进私有企业对 CCUS 进行投资；为英国商业探寻全球机会，并最终依靠创造就业和财富使本国经济受益；与利益相关者合作以消除在英国投资与发展的障碍。

（2）英国 CCUS 激励政策

英国电力市场改革将有望对 CCUS 发展起到关键作用。电力市场改革的目标是为低碳能源技术的投资者提供一个透明、长期稳定的投资环境，同时保障国家能源安全。对 CCUS 影响最直接的三种政策工具分别是差异化上网电价合同、基本碳价以及排放绩效标准。

差异化上网电价合同的基本机制针对所有合格发电者预先设定一个“履约价格”。这一履约价格将与市场参考价格一起执行。如果市场参考价格比履约价格低，发电者将得到二者之间的差额；反之，如果市场参考价格高于履约价格，发电者将不得不支付二者之间的差额。基础碳价格作为财政法案 2011 的一部分于 2013 年 4 月 1 日制定，初始基础碳价格设定在大约 15.70 英镑/t CO_2，2030 年将增加到 70 英镑/t CO_2（2009 年实际价格）。基础碳价的目标是在英国电力行业提供一个长期确定的碳价格，为低碳发电给出明确的价格信号。排放绩效标准将初始设定在 450g CO_2/kWh，这一标准值将要求所有的新建燃煤发电站均采用 CCUS 技术。

2017 年 10 月英国政府发布清洁增长战略，旨在 2030 年前后大规模部署 CCUS，并降低技术成本。随后英国能源和清洁增长国务部长克莱尔·佩里成立了 CCUS 成本挑战工作组，该工作组于 2018 年 7 月发布了“实现清洁增长”的报告。工作组报告强调，CCUS 对包括钢铁、水泥、化肥、石化产品和柔性天然气等主要工业领域的脱碳至关重要，并明确了长期稳定支持政策的必要性。CCUS 为英国转向新能源经济奠定了基础，其中工业脱碳是实现能源经济转型发展的关键。

（3）英国 CCUS 发展战略诉求分析

英国 CCUS 的发展重点在于技术研发与早期示范，主要激励政策体现在电力系统低碳补贴电价、政府明确碳减排意志和碳价格信号、出台严格限制煤炭（煤电）行业发展的标准等方面。英国自身的煤炭工业和燃煤发电在能源经济和能源供应中的占比很小，市场需求和应用潜力都不明朗。但作为全球应对气候变化的领军者，英国政府仍然关注 CCUS 技术的发展，以树立和保持其在全球低碳转型中的引领者形象，并增强在全球低碳技术市场中的持续竞争力。

3. 加拿大 CCUS 发展战略与政策评估

（1）加拿大 CCUS 技术路线图

加拿大的碳捕集与封存技术路线图（Canada's CO_2 Capture & Storage Technology Roadmap，CCSTRM）于 2006 年发布，其主要目的是确定 CCUS 在加拿大大规模开发与部署所需要的技术、策略、流程和系统集成路线。与其他国家的 CCUS 路线图相似，CCSTRM 从对加拿大 CCUS 竞争力的研究出发，探讨 CCUS 的基本原理和面临的挑战。

加拿大的 CCUS 路线图主要包括两个部分：技术路径和实现技术路径的战略。技术路径部分表明，虽然各子系统都有自己的研发重点和目标，例如，捕集技术主要研究如何降低成本，封存过程更关注存储容量和基础设施的建设水平，但是需要将 CO_2 捕集与封存过程作为一个整体进行研究。此外，该路线图总结了六个可以支撑加拿大发展 CCUS 的手段，包括：①政策和监管框架的建立；②公众宣传和教育；③技术监测和国际合作；④科学和技术的研发；⑤新科技的示范；⑥国内协调。政策和监管框架是部署 CCUS 基础设施和技术系统的必要外部因素，这将确保该行业以一种适当、稳健且负责任的方式成长。公众宣传和教育主要是向公众提供与 CCUS 相关利益和挑战方面的信息，也是必不可少的环节。技术监测和国际合作是指关注和积极参与国际上最新的 CCUS 活动。此外，科技研发环节至关重要，它能够解决国内能源产业发展面临的具体挑战。新科技的示范是建设新的基础设施和系统最重要的步骤之一，因为示范阶段能够对新技术和概念进行检验，证明其在技术上和经济上的可行性。国内协调意味着加拿大在 CCUS 开展过程中进行统筹协调，并为所有利益相关方提供共同的效益。

（2）主要激励政策及分析

根据加拿大清洁增长和气候行动计划，每个省和地区必须向联邦政府提供其碳定价年度计划描述。CO_2 价格必须从 10 加元/t（或更高）开始，到 2022 年每吨加价 50 加元。联邦碳定价系统将于 2019 年起生效，作为任何未实施符合联邦标准的碳定价体系的司法管辖区的后盾，所有来自碳定价的直接收入都将回归来源地。一些省份已经采用了碳定价，但安大略省在 2018 年初取消了其上限和贸易计划，而萨斯喀彻温省则对联邦碳税提出了挑战。加拿大政府持续为 CCUS 项目提供资金支持，并在艾伯塔省颁布了解决 CO_2 地质封存的法规。

加拿大边界大坝 CCUS 示范项目于 2015 年正式投入运营，是全球首个基于燃煤电厂改造的全流程大规模一体化示范项目，无论在技术验证，还是在政策激励以及商业模式探索上都有着巨大的示范效应。2017 年加拿大同英国、法国等 20 个国家在联合国第二十三次缔约方大会（COP23）上宣布组成“弃用煤炭发电联盟”，旨在 2030 年前淘汰煤炭发电。未来 CCUS 技术在加拿大的应用前景有限，但因其与美国毗邻，在 CO_2 驱油、碳市场与碳定价等方面会有较大的合作与链接空间。

4. 澳大利亚 CCUS 发展战略与政策评估

（1）澳大利亚 CCUS 技术发展路线图

澳大利亚温室气体技术合作研发中心（CO_2CRC）是澳大利亚领先的 CCUS 合作研究机构，在 2004 年提出了第一份国家 CCUS 路线图，并于 2008 年进行了更新。该路线图涵盖了捕集与封存技术，并分四个级别实施：0 级，发展技能与知识积累；第 1 级，技术研发；第 2 级，示范与应用；第 3 级，先进系统开发。根据该路线图，澳大利亚需要在 2010 年左右建设示范电厂，并于 2015 年左右开始其规模化发展应用进程。

该路线图指出了 CCUS 在澳大利亚快速部署面临的障碍，这些障碍包括人力资源短缺、CCUS 经验不足、有效监管及捕集技术经济竞争力的缺乏。CCUS 的开发和部署被视为澳大利亚实现氢经济的第一步。此外，该技术路线图还提出了不同 CCUS 技术开发的时间表以及实现这一技术路线图的相关参与组织和机构。这些组织机构包括金融业、设备和基础设施制造业、政府、电力行业、煤炭和石油工业以及研究机构。

（2）澳大利亚 CCUS 发展战略分析

澳大利亚是全球主要煤炭资源富集国和能源资源出口国，煤炭可持续利用关系到澳大利亚经济和战略利益。在推进 CCUS 技术发展方面，澳大利亚政府、企业、投资金融机构、煤炭和电力行业等形成了紧密的合作联盟，并在该国政府的支持下成立了全球碳捕集与封存研究院（GCCSI），在全球开展广泛合作并积极推动 CCUS 的示范与发展。

未来煤炭利用面临着碳排放约束，间接影响或制约了澳大利亚的煤炭资源开发与出口。因此，基于自身科技和资源优势，澳大利亚积极推动 CCUS 技术发展成熟，既可以为其下游煤炭利用客户（进口国）提供碳减排解决方案；同时在未来氢经济中，CCUS 与煤基能源也有着重要的耦合发展机遇。

5. 主要国际组织关于 CCUS 的评估报告

当前，世界主要国际组织已经出版了多个与 CCUS 有关的评估报告。由表 1-4 可以看出，CCUS 评估报告的主要目的是为利益相关方提供技术发展现状、预测技术发展态势，并为技术发展确定未来研发方向，以及提出 CCUS 的政策、经济、法规措施建议。在评估范畴方面，CCUS 评估报告从最开始由国际研究机构主导慢慢向国家、区域落实，由普适性介绍慢慢发展到适用于具体的工业与产业。在评估方法上，技术成熟度是大多数评估报告采用的最重要的指标。现状分析、技术发展、影响评估是评估报告最主要的三部分内容，例如欧盟 CCUS 评估报告包含的三个部分：①文献综述和技术分析，旨在描述 CCUS 技术发展现状；②基于两个主要指标评价技术发展，欧洲研发项目的技术成熟度（TRL）演变和专利趋势；③技术预测，采用 JRC-EU-TIMES 模型，用于评估 CCUS 和 CDU 对欧洲工业和能源领域的未来影响。

二、中国 CCUS 发展战略与政策评估

1. 中国 CCUS 技术发展路线图

中国 CCUS 技术起步相对较晚，总体上仍处在研发和早期技术应用示范阶段，与国际领先水平存在不少差距。为了集中有限的人力、物力，尽快掌握 CCUS 全流程项目设计、建设和运营的产业化技术能力，中国积极开展 CCUS 技术发展路线图的研究，于 2011 年、2015 年、2019 年分别发布了三版路线图，制定了 CCUS 分阶段的发展目标，明确了分阶段各环节的优先行动，以及亟须突破的关键技术瓶颈。

（1）中国 CCUS 技术发展 2011 版路线图

2011 年，科技部社会发展科技司和中国 21 世纪议程管理中心发布《中国碳捕集、利用与封存（CCUS）技术发展路线图研究》（图 1-10）。2011 版路线图明确了中国发展 CCUS 的愿景：为应对气候变化提供技术可行和经济可承受的技术选择，并针对捕集、运输、利用、封存以及全系统分别提出了开展研发和示范的规模、技术和成本等阶段性目标。

（2）中国 CCUS 技术发展 2015 版路线图

2015 版路线图明确了中国发展 CCUS 的早期机会，同时高度关注燃煤发电碳捕集技术代际成本的下降预期，提出了面向 2050 年的技术发展阶段性目标，明确了基于推动 CCUS 规模化发展应用的总体规划和关键政策。2015 版路线图进一步突出了煤电结合 CCUS 是未来重要发展方向，需要加快第一代捕集技术的示范应用并尽早着力启动第二代捕集技术的研发与示范；同时，针对中国现代煤化工发展特点，指出煤制油、煤化工作为高浓度 CO_2 排放源具有低成本碳捕集的潜力，是中国发展 CCUS 技术和产业示范的早期机遇，对于推

表 1-4　主要国际组织关于 CCUS 的评估报告

机构	年份	报告名称	目的	范畴
IPCC	2005	《二氧化碳捕集和封存》	响应第七次缔约方大会邀请决定	捕集、输送、地质封存、海洋封存、碳酸盐矿化、CO_2 的工业化利用，阐述 CCUS 的技术特点、成本和潜力、环境影响、风险和安全、对温室气体清单和核算的意义、公众的反应以及法律问题
GCCSI	2011	《加速 CCS 的发展：捕集 CO_2 的工业利用》	鼓励通过利用捕集的 CO_2 产生的收益来弥补 CCUS 的部分成本，以促进 CCUS 技术的发展	技术成熟度、放大潜能、现金价格、CO_2 减排潜力、环境和社会效益
IEA	2012	《技术路线图：二氧化碳捕集与封存技术在工业中的应用》	向利益相关者提供到 2050 年在工业中应用 CCUS 的愿景和实现本愿景所需的一系列关键行动和里程碑； 帮助政策制定者评估 CCUS 技术的效益，向投资者提供工业中 CCUS 应用潜力的客观评价； 通过传播知识和提高对关键问题的认识，加强发展中国家利益相关者在工业 CCUS 方面的能力	捕集工业 CO_2 所面临的挑战；集中于五个主要工业行业：高纯 CO_2 源、生物质转化、水泥、钢铁、炼油
	2013	《技术路线图：二氧化碳捕集与封存》	帮助各国政府和工业界将 CCUS 纳入其减排战略，并为扩大 CCUS 链三个组成部分（CO_2 捕集、运输和储存）的部署创造条件	CCUS 推广面临的障碍；2020 年前 CCUS 部署的关键行动
CSLF	2012、2013	《CO_2 利用选项》第一阶段、第二阶段报告	确定最具经济前景的 CO_2 利用方案，这些方案可能产生有意义的 CO_2 净减排，或促进其他 CCUS 技术的开发和部署	CO_2-EGR、CO_2-EGS、页岩气回收、页岩油回收、尿素生产、藻类燃料生产、温室利用、集料和二次建筑材料生产。CO_2-EOR 由独立工作组处理
	2013	《碳封存技术路线图》	确定部署 CCS 技术优先行动建议	状态与差距分析：当前状态、2020 年预测，实现 2020 年目标需要的行动
	2013	《CCS 技术的机遇与差距》	确定和监测 CCS 技术的关键差距和相关问题，进而确定正在进行的相关研究开发的有效性，并建议能够解决 CCS 差距和其他问题的研究和开发事项	—
IEA	2016	《CCS 20 年》	加快 CCS 未来部署	—

续表

机构	年份	报告名称	目的	范畴
CSLF	2017	《2017 碳隔离技术路线图》	通过加速商业部署和确定改进和成本效益的研究、开发和示范的关键优先事项，在实现《巴黎协定》中设定的目标方面发挥重要作用	—
DOE CCUS	2017	《加快 CCUS 的突破性创新——创新使命专家研讨会报告》	明确 CCUS 的研究差距和机会	确定了将实现革命性而非渐进性进步的研究方向
加勒比经济委员会（CEPAL）	2017	《阿拉伯地区 CCUS 挑战与机会》	为阿拉伯国家大量开展 CCUS 提供政策措施、应对资金缺口问题、提供法规和激励措施	在国际和区域环境法背景下在阿拉伯地区广泛部署 CCUS 的机遇和挑战，以及技术转让的机遇和挑战
美国国家公用事业管制委员会（NARUC）	2018	《CCUS：技术、政策地位及机遇》	—	CCUS 的现状以及能源部门广泛部署面临的挑战
欧盟	2018	《科学建议机制：新奇 CCU 技术》	为 CCU 技术的气候减缓潜力提供科学建议	—
IEA	2019	《通过 CCUS 实现工业变革》	通过 CCUS 实现可持续、有竞争力的产业转型，加快 CCUS 技术和业务创新	—
欧盟	2020	《碳捕集、利用与封存技术发展报告》	评估 CCUS 关键技术的成熟度，并根据部署目标和欧盟政策目标审查技术的现状	总结了 CCUS 技术的现状、发展趋势、目标和需求、技术障碍以及到 2050 年的技术经济预测

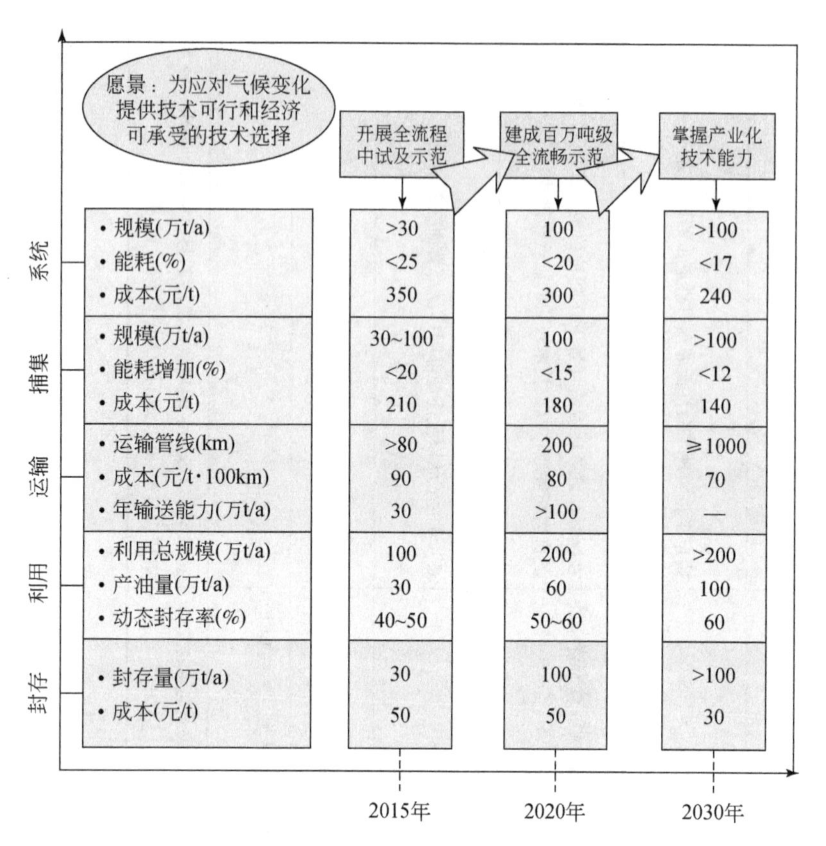

图 1-10　中国 CCUS 示范和部署路线图

资料来源：中国 21 世纪议程管理中心，2011

进中国 CCUS 技术发展进程、加快技术学习曲线以及培育 CCUS 产业链具有重要意义。总之，中国煤炭产业是 CCUS 技术应用的主要领域，重点布局煤电与现代煤化工行业的 CCUS 协同推进和耦合发展，有助于推动中国 CCUS 技术整体创新和产业化发展。

（3）中国 CCUS 技术发展 2019 版路线图

近年来，国内外政治、经济和社会环境发生了显著变化，同时 CCUS 技术的研发与应用也在不断创新升级。我国未来 CCUS 技术发展面临着新的机遇和挑战。新的机遇主要有：①具有较好社会经济效益的 CO_2 利用技术有望提高 CCUS 技术整体经济性和减排以外的推动力；②低能耗捕集技术的出现有望大幅度降低 CCUS 实施成本。面临的新挑战主要有：①可持续发展战略对 CCUS 技术的能耗、水耗和环境影响提出更高要求；②中国多数煤电厂在 2005 年前后建成，2035 年以后将不适宜进行技术改造，面临技术锁定的风险。

在新形势下，需要根据 CCUS 技术面临的新形势、新机遇和新挑战调整其科技发展目标、路线和策略。2019 版路线图确定中国 CCUS 技术发展路线图定位应以技术发展预测为主，在充分考虑了能源约束、排放峰值、2℃ 阈值等约束的背景下，提出中国 CCUS 技术的发展路线。

2019 版路线图提出中国发展 CCUS 技术的总体愿景：构建低成本、低能耗、安全可靠的 CCUS 技术体系和产业集群，为化石能源低碳化利用提供技术选择，为应对气候变化提供技术保障，为社会经济可持续发展提供技术支撑。新的发展路线图以 CO_2 减排成本为发展标准，分别考虑了一代技术和二代技术（图 1-11）。

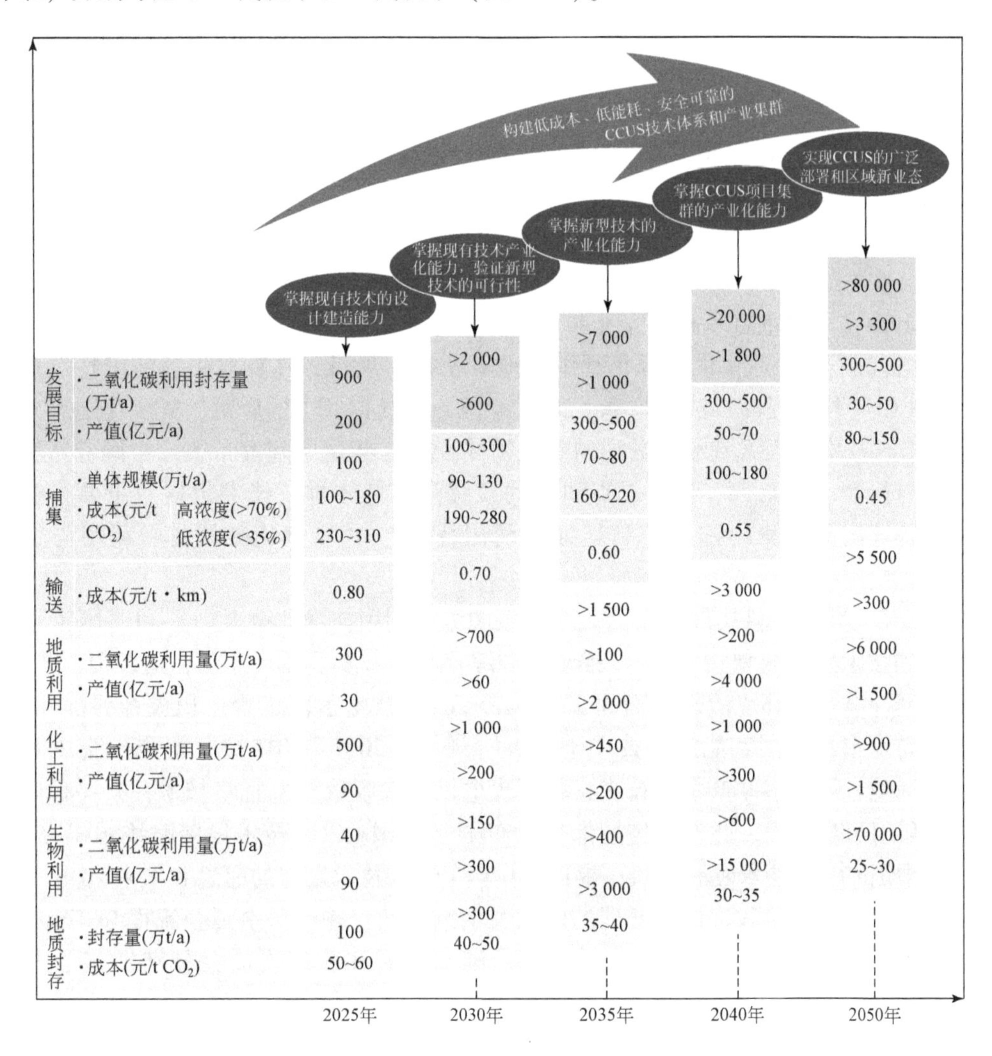

图 1-11　中国 CCUS 技术发展总体路线图（2019）

资料来源：中国 21 世纪议程管理中心，2019

在近十年来 CCUS 研发和示范积累的基础上，2019 版路线图有两个突出特点：一是在技术上突出以成本下降为主的发展指标，继续凸显 CCUS 的碳减排效益，把为国家提供成本可控的 CO_2 减排技术选择作为 CCUS 发展的核心意义和价值；二是在产业方面突出构建 CCUS 产业链和产业集群，发挥 CCUS 的产业间、行业间链接和协同的特点及优势，创造和延伸传统能源的产业链、价值链，在实现碳减排效益的同时创造更多的社会效益和经济效益。

目前中国尚无大规模全流程 CCUS 项目投入运行，但中石油吉林油田 CO_2-EOR 研究与示范项目的 CCUS 产能达到了 28 万 t/a，且建有长度为 50km、输送能力为 50 万 t/a 的管道，接近路线图的规模化目标。成本和能耗目标是否达成目前仍较难评估。首先，目前项目的规模较小、运行周期较短，且成本数据很少公开，不宜以项目实际数据进行评估；其次路线图成本目标的内涵也比较模糊，没有界定工艺路线、工程条件和计算方法。

2. 中国CCUS激励政策演变

中国政府高度重视并积极应对全球气候变化，针对CCUS这项新型且极具发展潜力的碳减排技术，在多个政策文件中明确了积极引导支持相关技术的研发工作。国家发展和改革委员会、科技部、生态环境部等多个国家部委先后制定并发布了10多项与CCUS技术相关的国家政策和发展规划。

2003年中国同其他CCUS技术研发国家共同成立碳收集领导人论坛（CSLF），旨在促进国际社会在CCUS技术领域开展交流与合作，共同探讨CCUS技术的研发与示范。2006年科技部出台《国家重点基础研究发展计划（973计划）“十一五”发展纲要》，推进了“温室气体提高石油采收率的资源化利用及地下埋存”项目，并针对中国油田特点提出要探索利用CCUS技术提高石油采收率。2007年国务院发布《中国应对气候变化国家方案》，将发展CCUS技术列入温室气体减排的重点领域。2008年国务院发布了《中国应对气候变化的政策与行动（2008）》，确定重点研究的减缓温室气体排放技术包括“主要行业二氧化碳和甲烷等温室气体的排放控制与处置利用技术”“二氧化碳捕集、利用与封存技术”等。

“十二五”期间，科技部发布了《中国资源综合利用技术政策大纲》和《国家“十二五”科学和技术发展规划》，进一步推动资源综合利用，发展循环经济，建设资源节约型、环境友好型社会，在环境治理方面提出要加大CCUS技术示范工程，积极开展国际合作。国家能源局发布了《国家能源科技“十二五”规划（2011—2015）》，提出要自主开发煤炭液化、气化、煤基多联产集成技术，掌握火电机组大容量CO_2捕集技术，并要积极建设CO_2综合利用示范工程。此外，科技部也发布了《中国CCUS技术发展路线图研究》，系统评估了中国CCUS技术发展现状，提出了中国CCUS技术发展的愿景和未来20年的技术发展目标，识别出各阶段应优先开展的研发及示范活动，并针对中国全流程CCUS示范部署和产业政策等提出建议。2012年科技部、国家发展和改革委员会分别发布了《国家“十二五”应对气候变化科技发展专项规划》和《工业领域应对气候变化行动方案》等政策，深入分析了当前中国应对气候变化科技发展面临的挑战与机遇，明确提出了“十二五”期间应对气候变化科技发展的指导思想与目标、重点方向，提出了十大关键减缓技术、十大关键适应技术等重点任务，以及要加强应对气候变化科技工作的协同创新、加强应对气候变化的科学普及与宣传工作、鼓励和支持地方开展应对气候变化科技行动等保障措施，全面提升应对气候变化能力，推动工业低碳发展，促进发展方式转变。2013～2014年科技部、国家发展和改革委员会分别发布了《“十二五”国家碳捕集利用与封存科技发展专项规划》、《国家应对气候变化规划（2014～2020年）》、《国家能源局、生态环境部、工业和信息化部关于促进煤炭安全绿色开发和清洁高效利用的意见》和《2014～2015年节能减排低碳发展行动方案》等多个文件，提出了中国应对气候变化工作的指导思想、目标要求、政策导向、重点任务及保障措施，将减缓和适应气候变化要求融入社会经济发展各方面和全过程，加快构建中国特色的绿色低碳发展模式。相关文件中特别部署了CCUS技术研发与示范任务，并鼓励将CCUS技术纳入我国战略新兴技术目录、国家重点研发计划以及面向2030重大工程支持范畴。

“十三五”期间，生态环境部在2016年发布了《二氧化碳捕集、利用与封存环境风险评估技术指南（试行）》，明确CCUS环境风险评估的流程，提出了环境风险防范措施和环境风险事件的应急措施，对于加强CCUS全过程中可能出现的各类环境风险的管理具有重要意义，是对中国建设项目环境风险评估技术法规的补充。科技部在2017年发布了《"十三五" 应对气候变化科技创新专项规划》，进一步完善了国家应对气候变化科技创新体系，提升中国应对气候变化的科技创新能力，增强科技创新对参与全球气候治理和促进国内绿色低碳发展的支撑作用。国家发展和改革委员会也发布了《国家重点节能低碳技术推广目录》和《亚行关于支持中国开展大规模碳捕集与封存示范技术援助项目谅解备忘录》，引导用能单位采用先进适用的节能新技术、新装备、新工艺，促进能源资源节约集约利用，加快推进大规模CCUS技术的研发、示范与推广。具体援助项目主要包括：一是为西北大学国家与地方CCUS技术联合工程研究中心提供能力建设支持，提高其在CCUS政策研究领域的支撑能力；二是为延长石油集团年捕集100万t CO_2 的大型项目提供可行性研究支持。该项目是我国首个百万吨级CCUS示范项目，列入了2015年中美元首关于气候变化的联合声明。

在以上一系列政策的支撑下，中国积极推进CCUS技术的研发与部署，相继建立起多个大规模碳捕集项目。然而当前中国在CCUS领域有关政策还不是很成熟，尤其是对CCUS技术的集成示范、单一技术流程的防控以及环境风险评估等方面的政策还未能构成详细的技术管理体系，中国CCUS政策法规制定还有待进一步深入探索。

3. 中国CCUS技术评估回顾

2014年，中国21世纪议程管理中心发布了《第三次气候变化国家评估报告》特别报告《中国二氧化碳利用技术评估报告》（中国21世纪议程管理中心，2014），对 CO_2 利用技术的减排、经济和环境效益进行评估，识别当时技术现状、前景与早期机会，确定中国发展 CO_2 利用技术的挑战及相关科技部署建议。

《中国二氧化碳利用技术评估报告》的发布，为中国CCUS技术的发展起了很大的推动作用，但是近年来CCUS技术本身及其发展环境都发生了显著变化，例如《巴黎协定》的正式生效对温室气体排放的约束、《中国碳捕集利用与封存技术发展路线图（2019版）》对CCUS技术的重新定位等。

当前中国"十四五" 规划编制工作已启动，为了全面了解近年来CCUS的发展状况，并能够识别关键技术、调整发展战略、支撑政策制定，该报告作为《第四次气候变化国家评估报告》的特别报告，将评估当前CCUS技术发展水平，识别CCUS技术发展面临的挑战和机遇，明确CCUS未来发展方向和重点，为国家、地方和行业相关科技和产业政策制定提供依据。该报告在2014年评估报告的基础上，新增以三部分内容：①补充评估捕集、输送和封存技术，并调整利用技术的评估范畴；②更新原有 CO_2 利用技术在近几年的发展增量；③新增针对CCUS系统全流程、内部集成和上下游耦合的综合评估。

三、国内外CCUS发展战略与政策的对比与启示

1. 不同国家CCUS发展定位分析与启示

CCUS技术可以最大限度解决传统化石能源与工业系统的碳排放瓶颈问题。在CCUS

技术推广的初期，CO_2 利用技术能够促使企业在实现减排的同时创造可观的经济效益，有助于部分解决投资巨大、成本高昂的问题，为 CCUS 技术的规模化、产业化应用提供工程实践和技术储备。因此，CCUS 技术是未来一段时间化石能源行业低碳发展的重要技术选择，是人类能源结构从高碳向低碳、零碳直至负碳转变的重要过渡技术路线，在未来的低碳经济、低碳产业中将会占据一席之地。

在碳减排压力和其他约束一定的情况下，不同国家和地区由于在技术条件、经济发展水平、资源禀赋、能源系统的碳强度等方面有很大差异，碳减排的总量和紧迫程度会有所不同，选择减排路径会各有侧重。OECD 国家经济规模、能源消费总量趋于稳定，可再生能源、新能源技术水平较高，通过经济结构、能源结构的调整可部分地实现降碳目标。中国、印度等发展中国家处于工业化、城镇化的中后期阶段，经济发展、能源消费仍处于快速上升期，能源结构以煤炭等相对廉价但碳强度高的化石能源为主，对于这些国家而言 CCUS 技术将是其实现经济发展、能源安全、碳减排等多元目标的重要手段。

2. CCUS 激励政策取得的成效及借鉴意义

通过与主要发达国家的 CCUS 发展规划及政策措施的对比可以看出，国外 CCUS 激励政策的积极作用逐渐在多个方面有所体现，多层次政策体系已经初步构建，不断增强了投资者的信心。电力市场价格补贴、碳市场配额、拍卖收益、专项资金、科技资金、国际资金、联合支持是开展 CCUS 项目可能获得的外部支持；政府也可通过优先审批项目并提高示范项目的风险分担从而为项目提供潜在支持。政治领域的碳排放管控目标，包括国家确定的自主减排目标（NDCs）；CCUS 特定的法律和监管制度，涉及项目生命周期的所有方面；国家确立碳排放定价，例如挪威的碳税；政策的可预测性，确保资本投资和资产寿命不会因政策变化而受到损害；监管透明与公众参与，继续为所有利益相关方提供支持；持续为技术研发提供强大的支持。政策制定需要提振投资者的信心，一旦政策信心到位，则有利于拉动长期资本投资，形成投资和成本降低的良性循环。

环境安全风险监管与技术发展的激励政策相辅相成，有效的政策激励和法律法规监管对于全球 CCUS 的健康可持续发展共同发挥重要作用。以欧盟为代表，加之美国、澳大利亚近年实行的联邦级监管活动，发达国家的监管体系规范正在稳步建立。随着技术示范逐步深入，CCUS 相关激励政策也得到了更多国家的重点关注，如碳定价（多数发展中国家正在通过积极探索建立碳排放交易体系或实施碳税等方式促进 CCUS 项目开发）、补贴（差异化）电价、税收减免（如美国新 45Q 法案）、电厂排放标准（如英国出台 450g CO_2/KWh 的火力发电排放绩效标准）等，激励政策的指向性和精准度不断提高，有效推动了早期 CCUS 技术研发和应用示范的规模化发展。

第四节 CCUS 技术发展的意义

气候变化是人类共同面临的最严峻挑战之一，全球人为 CO_2 达到并维持净零排放，以及降低 CO_2 的净辐射强度，将在数十年的时间尺度上减缓全球变暖（IPCC，2018）。作为有效减少 CO_2 排放的技术手段之一，CCUS 技术对于减少温室气体排放，实现碳中和目标，保障国家能源安全，推进中国可持续发展具有重要意义。

一、CCUS 是实现全球减排目标不可或缺的技术选择

CCUS 是目前大气温室气体浓度控制行动中的一种重要选择（IPCC，2005）。2016 年，《巴黎协定》正式生效，其主要目标是控制全球平均气温不高于工业化前水平 2℃，并为控制在 1.5℃之内而付出努力。如果没有 CCUS 技术，绝大多数气候模式预估的减排目标都不能实现，更为关键的是，预估的减排成本将增高 138%。若要实现本世纪末温升不超过 1.5℃的控制目标，不仅需要在化石能源利用行业广泛部署 CCUS 以实现近零排放，而且需要将 CCUS 应用于生物质利用领域以取得碳负排放效果（IPCC，2005）。IEA 的研究报告指出，CCUS 是唯一能够在发电和工业过程中大幅减少化石燃料碳排放的解决方案，是实现 2℃温升控制目标的关键技术，预计至 2060 年累计减排量的 14% 来自 CCUS；在 B2DS 情景下（即 2100 年全球平均温升为 1.75℃），CCUS 到 2100 年的减排贡献达 32%（IEA，2013；2017）。全球碳捕集与封存研究院（GCCSI）的报告提出，没有 CCUS 就无法实现《巴黎协定》的目标，CCUS 是唯一能帮助工业脱碳的清洁技术（GCCSI，2018）。北欧的 CCUS 路线图指出，没有 CCUS，北欧的气候目标就无法实现（Nordic CCS Competence Centre，2015）。

二、CCUS 是保障能源安全和推动经济协同发展的重要手段

随着外部环境的变化和 CCUS 技术的发展，国际社会对 CCUS 的定位由单纯减排技术变成了可支撑能源安全和推动经济协同发展的重大战略技术，这意味着 CCUS 技术将为全球能源行业的转型升级做出重要贡献。CSLF（2017）认为 CCUS 是实现大幅消减 CO_2 排放的广泛投资战略的一部分，有助于在碳约束条件下保持煤炭和其他基本化石燃料作为重要能源贡献者的地位，同时能够保障能源安全、减少空气污染、维持电网稳定，以及创造就业机会等社会效益的关键减排技术。DOE（2016）确认 CCUS 为解决美国和全球对相对廉价、安全、有弹性和可靠的清洁能源的迫切需求提供了一条关键途径。英国能源和气候变化部认为 CCUS 是英国低碳发电组合的可行选择，也是工业部门脱碳的关键技术（Department of Energy & Climate Change，2012）。澳大利亚明确 CCUS 必须在本国的能源结构中发挥其优势，以确保能源系统的安全和可负担性，从而以最低的经济成本实现未来的减排目标。CCUS 技术为加拿大的能源经济提供变革基础，因而被加拿大政府视为一种能够继续提高能源产量，同时减少碳排放的技术解决方案（CANMET Energy Technology Centre，2006）。除此之外，CCUS 技术能够确保波兰能源独立（Bellona Environmental CCS Team，2011a），是葡萄牙通向低碳经济的桥梁（Perspectives for Capture and Sequestration For CO_2 in Portugal，2015），是新西兰清洁技术的重要组成部分（Eidgenössisches Departement Für，2013），是匈牙利的一种气候和经济手段（Bellona Environmental CCS Team，2011b）。由此可见，世界各国都将 CCUS 作为保障能源安全和推动经济协同发展的重要手段。

三、CCUS是推进中国可持续发展和生态文明建设的内在要求

与世界其他国家相比，中国的能源结构以煤为主，煤炭长期占中国能源消费总量的60%以上，而且中国作为发展中国家，面临着经济发展的重任，能源需求增加迅速（IPCC，2014）。在此背景下，CCUS技术对中国尤为重要，将会成为未来中国减少CO_2排放、保障能源安全、建设生态文明和实现可持续发展的重要手段。中国将气候变化列为非传统国家安全问题，提出应对气候变化不仅是实施可持续发展战略的内在要求，而且是推进全球生态文明建设的重要抓手（科学技术部社会发展科技司和中国21世纪议程管理中心，2019）。

1. CCUS是中国参与全球气候治理的技术保障

中国是全球最大的CO_2排放国，且未来CO_2排放量还将进一步增加，因而面临着巨大的减排压力。2018年中国能源相关CO_2排放增长了2.5%，远高于全球1.7%的平均增速，总量达到约95亿t，约占全球的28.7%（IEA，2019a）。但从人均CO_2排放量来看，中国远低于美国、日本等发达国家。美国在2016年的人均CO_2排放量高达15t，是中国的2倍以上（IEA，2018a）。随着中国经济持续发展以及工业化进程加快，预计到2050年中国CO_2排放量将增加至126亿t（《第三次气候变化国家评估报告》编写委员会，2015）。另外，中国已加入《巴黎协定》，2020年9月22日习近平主席在七十五届联合国大会一般性辩论上向世界宣布："中国将提高国家自主贡献力度，采取更加有力的政策和措施，二氧化碳排放力争于2030年前达到峰值，努力争取2060年前实现碳中和。"因此，在未来很长一段时期，中国亟须发展CO_2大规模减排技术。

CCUS技术是中国减少CO_2排放，实现碳中和目标技术组合的重要构成部分（张贤，2020）。中国CO_2排放总量的80%来自电力和工业部门，推进电力与工业部门低碳排放是实现碳中和目标的关键。2019年，煤炭占据中国能源消费的比例高达58%，研究预测，到2050年，化石能源仍将扮演重要角色，占中国能源消费比例的10%~15%。采用CCUS与火电结合降低碳排放，特别是采用BECCS可实现负碳排放，是在强减排条件下实现碳达峰与碳中和目标，保障中国能源供应安全的必然选择。此外根据国际能源署预计，到2050年，钢铁行业通过采取工艺改进、效率提升、能源和原料替代等常规减排方案后，仍然剩余34%的碳排放量，即使氢能直接还原铁技术取得重大突破，剩余碳排放量也超过8%。水泥行业通过采取其他常规减排方案后，仍剩余48%的碳排放量。CCUS是钢铁水泥等难以减排行业实现净零排放为数不多的可行技术方案。

2015年亚洲开发银行发布报告认为中国通过大规模部署CCUS，预计在2030年实现1.6亿t的CO_2减排，到2050年可实现15亿t的CO_2减排（ADB，2015）。相关研究认为CCUS在UNFCCC情景约束下的减排贡献度与其在全球的减排贡献度相当（马丁和陈文颖，2011；王利宁等，2018）。《第三次气候变化国家评估报告》中指出，2030年和2050年CCUS技术在中国不同排放空间下的减排贡献分别可达1亿~12亿t/a和7亿~22亿t/a。若以2050年排放量为126亿t测算，CCUS在该年的减排贡献占比为5.56%~17.46%（《第三次气候变化国家评估报告》编写委员会，2015）。中国2019年CCUS路线图预测

CCUS 技术有望在 2030 年后在构建形成的化石能源与可再生能源协同互补的多元供能体系中发挥重要作用，届时其年利用封存能力将达到 2000 万 t/a，到 2050 年将达到 8 亿 t/a（科学技术部社会发展科技司和中国 21 世纪议程管理中心，2019）。

2. CCUS 是中国建设绿色低碳多元能源体系的关键技术

“富煤、贫油、少气”的资源禀赋决定了煤炭在中国能源结构中的主导地位。同时，由于价格低廉、储量丰富且分布广泛，煤炭是保障中国能源供应安全的支柱。煤炭燃烧占中国所有化石能源碳排放的 79.5%（国家统计局能源统计司，2019）。因此，在煤基能源体系下，如何有效减排 CO_2 是未来长期保障中国能源安全的关键所在。

与此同时，与目前快速发展的多种清洁能源相比，CCUS 在燃煤电厂中的应用仍然具有突出优势。对于天然气，当前中国对天然气的消费需求量逐渐增加，国内生产已难以满足消费需求，进口依赖程度不断增加。2007 年中国首次成为天然气净进口国，2019 年中国的天然气对外依存度已攀升至 43.5%。过度依赖进口能源对于我国的能源安全形成了潜在威胁。对于可再生能源发电，由于其电力生产的波动性较大，在电网传输过程中面临技术上的挑战，同时，由于地方消纳能力不足，造成了“弃风”、“弃光”等问题。相较而言，燃煤电厂通过利用 CCUS 技术则可以在保证能源安全的同时发挥巨大的减排潜力，在中国的现有条件下具备了大规模发展的技术优势和资源条件。

预计至本世纪中叶，CCUS 的技术能耗和成本问题将得到根本改善，不仅可以推动化石能源大规模低碳利用，甚至可以与可再生能源结合实现负排放，成为中国建设绿色低碳多元能源体系的关键技术（科学技术部社会发展科技司和中国 21 世纪议程管理中心，2019）。

此外，CCUS 技术可提高化石能源开发的效率，减少对外依存度，提升供应稳定性（表 1-5）。一方面，CCUS 技术能够有效提高常规原油的采收率。常规的一次采油技术只能采出油藏中原始石油地质储量的 5%～40%，利用水驱等技术进行的二次采油可以增产地质储量的 10%～20%，而通过 CO_2-EOR 进行的三次采油可以进一步提高采出地质储量的 7%～23% 的原油（沈平平等，2009）。另一方面，CCUS 技术还能促进非常规能源和矿产资源开发利用。中国页岩气、地热等非常规能源的开发利用潜力巨大，发展 CO_2 驱采页岩气和地热技术有助于保障中国长期能源安全。

表 1-5　CCUS 技术能源增采量与封存量

技术	封存容量（亿 t）			产品	P50 产量		
	P10	P50	P90		P10	P50	P90
CO_2 强化石油开采	—	47.6	—	原油（亿 t）	—	14.4	—
CO_2 驱替煤层气	65	114	148	煤层气（亿 m^3）	2 880	5 080	6 590
CO_2 强化天然气开采	—	40.2	—	天然气（亿 m^3）	—	647	—
CO_2 强化页岩气开采	393	693	899	页岩气（亿 m^3）	66 300	117 000	152 000
CO_2 强化地热开采	8.1	29	106	地热（亿 J）	2.2×10^7	5.8×10^7	1.5 亿
CO_2 铀矿地浸开采	0.457	1.577	5.463	铀（万 t）	6.5	7.8	9.1
CO_2 强化深部咸水开采	12 090	24 170	41 300	咸水（亿 t）	12 100	31 400	66 100

资料来源：Wei et al.，2015

3. CCUS为中国社会经济可持续发展提供可行路径

目前，中国的CCUS技术尚处于试点示范阶段，某些关键技术还在摸索试验中，难以在短期时间内发挥较大作用。CO_2 利用技术作为CCUS技术的关键环节，兼具经济效益和减排作用，为缓解短期碳排放压力和兼顾缓解现阶段发展面临的多重复杂矛盾发挥着重要作用。

首先，CCUS技术除了可以提高传统能源采收率、提取稀有矿产资源、增产农作物外，还能够与其他物质通过合成获得化工材料、化学品、生物农产品等生活必须消费品（中国21世纪议程管理中心，2014），无论是提高能源和资源利用效率，还是合成新产品，CCUS技术都能显著促进社会经济可持续发展。

其次，CO_2 在新产品的生产制造，包括化工、建材、肥料制造、农业等领域具有广阔的资源化利用潜力。随着技术进步，近年来涌现出一大批基于 CO_2 的新型转化产品，例如面膜、飞灰固定制水泥等。

再次，CCUS不仅可以实现 CO_2 资源化循环利用，还能代替部分高毒性、高污染的传统工艺过程，如 CO_2 矿化利用技术，不仅能够实现多点源 CO_2 排放的原位固定，还可以实现大宗工业固体废弃物或天然矿石的资源化利用，社会环境效益显著。钢渣、磷石膏、氧化铝赤泥均是传统冶金和化工行业排放量大、利用率低、环境污染重的典型工业固体废弃物，采用 CO_2 矿化利用技术将大幅度减少上述固体废弃物的排放（Zitelman et al.，2018）。

最后，CO_2 利用技术有利于解决中国部分地区发展面临的资源瓶颈问题，推动区域跨越式转型发展。比如新疆等西北地区作为中国重要的能源基地，在能源开发和经济发展中饱受水资源短缺困扰。在这些地区实施煤制天然气，借助西气东输管网输送，同时利用排放的高浓度 CO_2 就地驱替深部咸水，并将其处理后作为工业用水使用，既能增加中国天然气供给比例，又可解决该区域工业与其他行业争水的问题。此外，在缺水地区运用 CO_2 开采铀矿（如新疆乌库尔其），可最大限度地减少水的消耗以及废水的排放。由此可见 CO_2 利用技术的系统化集成有利于推动中国西北缺水地区的社会经济可持续发展（GCCSI，2011）。

从技术溢出效应来看，CO_2 资源化利用将推动多个行业现有技术的融合与集成，促进生产和消费过程的减量化和再利用，催生新的经济增长点。由此可见，CCUS的推广应用能够有效推进资源可持续化、环境协调化发展，为市场经济发展注入新活力。

第五节　本章小结

为应对全球气候变化的挑战，尽早实现碳中和目标，CCUS作为能在世界范围内极大减少温室气体排放的关键技术，逐步得到世界各国的广泛关注。本报告中的CCUS技术是将 CO_2 从工业、能源生产等排放源或空气中捕集分离，并输送到适宜的场地加以利用或封存，最终实现 CO_2 减排的技术，该技术同时具备两个属性：CO_2 直接参与以及在原理上实现净减排或负减排。CCUS系统内含有多个跨地域基础设施，同时具有多个责任主体并能够在商业化后形成区域集群。

本报告在2014年《中国二氧化碳利用技术评估报告》基础上，在以下三个部分做了重点更新：①补充评估捕集、输送和封存技术，并调整利用技术的评估范畴；②更新原有 CO_2 利用技术在近几年的发展增量；③新增 CCUS 系统全流程、内部集成和上下游耦合综合评估。

本章通过凝练 CCUS 技术的国内外发展现状和科学研究的相关情况，评估了当前 CCUS 技术的发展水平，识别 CCUS 技术发展面临的挑战和机遇，明确 CCUS 未来发展方向和重要领域。此外，本章梳理了 CCUS 技术发展战略与政策，分析了各国 CCUS 技术发展路线图与激励政策。

由于各国能源资源禀赋和技术水平不同，在 CCUS 的技术路线选择和政策布局方面亦有显著差别，但主要发达国家的 CCUS 技术发展与政策布局已经呈现出良好的互动效应，技术示范和规模化应用都取得了显著成效。通过对比，发现中国与主要发达国家在 CCUS 技术发展水平和政策有效性等方面均存在明显差距。

CCUS 作为减少温室气体排放和实现碳中和目标不可或缺的技术选择，是保障中国能源安全和推动经济协同发展的重要手段，有利于促进中国可持续发展和生态文明建设。未来中国应进一步推动 CCUS 技术规模化发展应用，同时也应注重运用开发配套商业模式以及推行激励政策等多种方式共同促进 CCUS 发展。

参 考 文 献

《第三次气候变化国家评估报告》编写委员会. 2015. 第三次气候变化国家评估报告. 北京：科学出版社.

国家统计局能源统计司. 2019. 中国能源统计年鉴 2018. 北京：中国统计出版社.

科学技术部社会发展科技司，中国 21 世纪议程管理中心 . 2011. 中国碳捕集、利用与封存（CCUS）技术发展路线图研究 .

科学技术部社会发展科技司. 2012. 中国碳捕集、利用与封存（CCUS）技术发展路线图研究. 北京：科学出版社.

科学技术部社会发展科技司，中国 21 世纪议程管理中心. 2019. 中国碳捕集利用与封存技术发展路线图（2019 版）.

马丁，陈文颖. 2017. 基于中国 TIMES 模型的碳排放达峰路径. 清华大学学报，57（10）：1070-1075.

气候组织. 2011. CCUS 在中国：18 个热点问题.

沈平平，廖新维，刘庆杰. 2009. 二氧化碳在油藏中埋存量计算方法. 石油勘探与开发，36（2）：93-97.

万钢. 2009-10-05. 捕捉二氧化碳应资源化利用. http://finance. sina. com. cn/roll/20091015/02133079893. shtml.

王利宁，陈文颖，单葆国，等. 2018. 国家自主决定贡献的减排力度评价. 气候变化研究进展，14（6）：613-620.

张贤. 2020. 碳中和目标下中国碳捕集利用与封存技术应用前景. 可持续发展经济导刊，（12）：22-24.

中国 21 世纪议程管理中心. 2014. 中国二氧化碳利用技术评估报告. 北京：科学出版社.

ADB. 2015. Roadmap for Carbon Capture and Storage Demonstration and Deployment in the People's Republic of China.

Bellona Environmental CCS Team. 2011a. Insuring Energy Independence—A CCS Roadmap for Poland.

Bellona Environmental CCS Team. 2011b. The Power of Choice—A CCS Roadmap for Hungary.

CANMET Energy Technology Centre. 2006. CCSTRM—Canada's CO_2 Capture & Storage Technology Roadmap.

CSLF. 2011. Why Carbon Capture and Storage. https://www. cslforum. org/cslf/sites/default/files/documents/CSLF_inFocus_WhyCCS. pdf.

CSLF. 2012. Technical Group: Phase I Final Report by the CSLF Task Force on CO_2 Utilization Options.

CSLF. 2015. Supporting Development of 2nd and 3rd Generation Carbon Capture Technologies.

CSLF. 2017. Carbon Sequestration Technology Roadmap.

Das Eidgenössische Departement für Umwelt, Verkehr, Energie und Kommunikation (UVEK), Bundesamt für Energie (BFE). 2013. Roadmap for a Carbon Dioxide Capture and Storage Pilot Project in Switzerland.

Department of Energy & Climate Change. 2012. CCS Roadmap- Supporting Deployment of Carbon Capture and Storage in the UK.

DOE. 2016. Carbon Capture, Utilization, and Storage: Climate Change, Economic Competitiveness, and Energy Security.

Dorbath L, Cuenot N, Genter A, et al. 2009. Seismic response of the fractured and faulted granite of Soultz-sous-Forêts (France) to 5 km deep massive water injections. Geophysical Journal International, 177 (2): 653-675.

Escwa. 2018. Report on Carbon Capture Utilization and Storage Challenges and Opportunities for the Arab Region.

GCCSI. 2011. Accelerating the Uptake of CCS: Industraial Use of Captured Carbon Dioxide.

GCCSI. 2014: The Global Status of CCS.

GCCSI. 2018. The Global Status of CCS-2018.

Group of Chief Scientific Advisors. 2018. Scientific Advice Mechanism (SAM): Novel Carbon Capture and Utilisation Technologies.

IEA. 2012. Technology Roadmap: Carbon Capture and Storage in Industrial Applications.

IEA. 2013. Technology Roadmap: Carbon Capture and Storage (2013 edition).

IEA. 2016. 20 Years of Carbon Capture and Storage.

IEA. 2017. Energy Technology Perspectives.

IEA. 2018. Energy Technology Perspectives 2018.

IEA. 2019a. Global Energy & CO_2 Status Report 2019.

IEA. 2019b. Transforming Industry through CCUS.

IPCC. 2005. IPCC Special Report on Carbon Dioxide Capture and Storage.

IPCC. 2014. Climate Change 2014: Mitigation of Climate Change. Contribution of Working Group Ⅲ to the Fifth Assessment Report of the Intergovernmental Panel on Climate Change.

IPCC. 2018. Global Warming of 1.5℃.

Metz B, Davidson O, de Coninck H C, et al. 2005. Special report on carbon dioxide capture and storage. In: Prepared by Working Group Ⅲ of the Intergovernmental Panel on Climate Change.

Mission Innovation. 2017. Accelerating Breakthrough Innovation in Carbon Capture, Utilization, and Storage-Report of the Mission Innovation Carbon Capture, Utilization, and Storage Expert's Workshop.

Nordic CCS Competence Centre. 2015. Nordic CCS Roadmap-Update 2015-A Vision for Carbon Capture and Storage towards 2050.

Okken P A, Swart R J, Zwerver S. 1989. Climate and Energy: The Feasibility of Controlling CO_2 Emissions. Dordrecht: Springer.

Perspectives for Capture and Sequestration For CO_2 in Portugal. 2015. CO_2 Capture and Storage In Portugal- A Bridge to A Low Carbon Economy.

U. K. Department for Business, Energy & Industrial Strategy (BEIS). 2018. The Clean Growth Strategy. Leading the Way to a Low Carbon Future.

U. K. Department of Energy & Climate Change. 2012. CCS Roadmap-Supporting Deployment of Carbon Capture and Storage in the UK.

Van Der Meer L G H. 1992. Investigations regarding the storage of carbon dioxide in aquifers in the Netherlands. Energy Conversion and Management, 33 (5): 611-618.

Wei N, Li X C, Fang Z M, et al. 2015. Regional resource distribution of onshore carbon geological utilization in China. Journal of CO_2 Utilization, 11: 20-30.

Zitelman K, Ekmann J, Huston J, et al. 2018. Carbon Capture, Utilization, and Storage: Technology and Policy Status and Opportunities.

Zoi K, Edesio M B. 2019. Carbon Capture Utilisation and Storage: Technology Development Report 2018. Luxembourg: Publications Office of the European Union.

第二章

CO_2 捕集技术

CO_2 捕集技术是指利用吸收、吸附、膜分离、低温分馏、富氧燃烧等技术将排放源的 CO_2 进行分离和富集的过程，可应用于大量使用一次化石能源的工业行业，包括燃煤和燃气电厂、石油化工、煤化工、水泥和建材、钢铁和冶金等行业。CO_2 捕集技术根据 CO_2 捕集系统与能源系统集成方式不同主要分为燃烧前捕集、燃烧后捕集和富氧燃烧三大类，根据 CO_2 捕集原理的差异可分为溶液吸收法、固体吸附法、膜分离法、低温分馏法、富氧燃烧法、化学链燃烧法等。本章将分别对各技术的基本原理、技术成熟度和经济可行性、安全性及环境影响、技术发展预测和应用潜力等方面进行分析和评估。

第一节　燃烧前捕集技术

燃烧前捕集技术是指在含碳和含氢燃料燃烧前将 CO_2 从燃料或者燃料变换气中进行分离的技术，如天然气、煤气、合成气和氢气中的 CO_2 捕集。由于燃料气中的 CO_2 浓度高，燃烧前 CO_2 捕集能耗比燃烧后分离相对较低。考虑到煤的富碳特性，煤炭经整体煤气化联合循环（integrated gasification combined cycle，IGCC）技术转化生成的合成气往往比天然气更适用于燃烧前 CO_2 捕集。基于 IGCC 的燃烧前 CO_2 捕集工艺流程如图 2-1 所示。高压下，利用固体化石燃料与氧气、水蒸气在气化反应器中分解生成 CO 和 H_2混合气，经冷却后，送入催化转化器中，进行催化重整反应，生成以 H_2和 CO_2 为主的水煤气（CO_2 含量高达 10%~40%），并对其中的 CO_2 进行捕集分离，获得的高浓度 H_2 作为燃料送入燃气轮机。

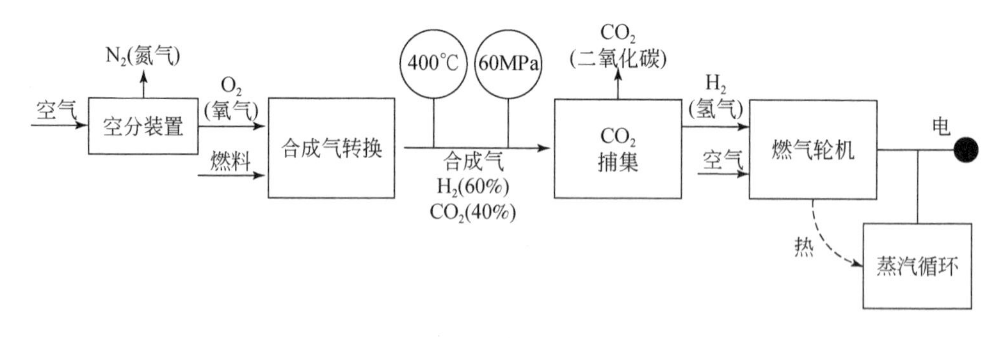

图 2-1　基于 IGCC 的燃烧前 CO_2 捕集技术

相比其他碳捕集路线，燃烧前捕集技术所需处理的气体压力高（合成气等混合气体的压力范围通常为 10～80bar）、CO_2 浓度高（CO_2 体积分数往往处于 20%～50% 范围）、杂质少，有利于吸收法或其他分离方法对 CO_2 的脱除，设备投资、运行费用和能耗也相对较低。已开发的燃烧前 CO_2 捕集技术有很多，如溶液吸收法、固体吸附法、膜分离法、低温分离法以及这些方法的组合应用，其中部分捕集技术已经实现商业化，如固体吸附法、溶液吸收法等。

我国适合燃烧前 CO_2 捕集的排放源数量众多、分布广泛。据统计，我国现有 300 余家现代煤化工企业，主要集中在鄂尔多斯、渤海湾、松辽盆地与准格尔盆地（图 2-2）。2017 年，我国煤化工企业耗煤量达到 6700 万 tce，排放高浓度 CO_2 超 1.6 亿 t。根据我国煤化工市场和煤炭消耗总量控制情况，预计到 2030 年煤化工耗煤量达到峰值（2.5 亿~3.0 亿 tce），排放高浓度 CO_2 超 6.5 亿 t；到 2050 年煤化工耗煤量下降到 2 亿 tce 左右，排放高浓度 CO_2 超 5 亿 t。到 2050 年我国的电力装机规模可能达 18 亿~20 亿 kWh，假设煤电装机占 40%，到 2050 年 10% 的煤电由 IGCC 替换，则 IGCC 燃烧前 CO_2 捕集规模将达到 2.2 亿 t（按年发电小时数平均 5000h 计算，假设 IGCC 平均发电效率为 45%，CO_2 捕集率为 90%）。

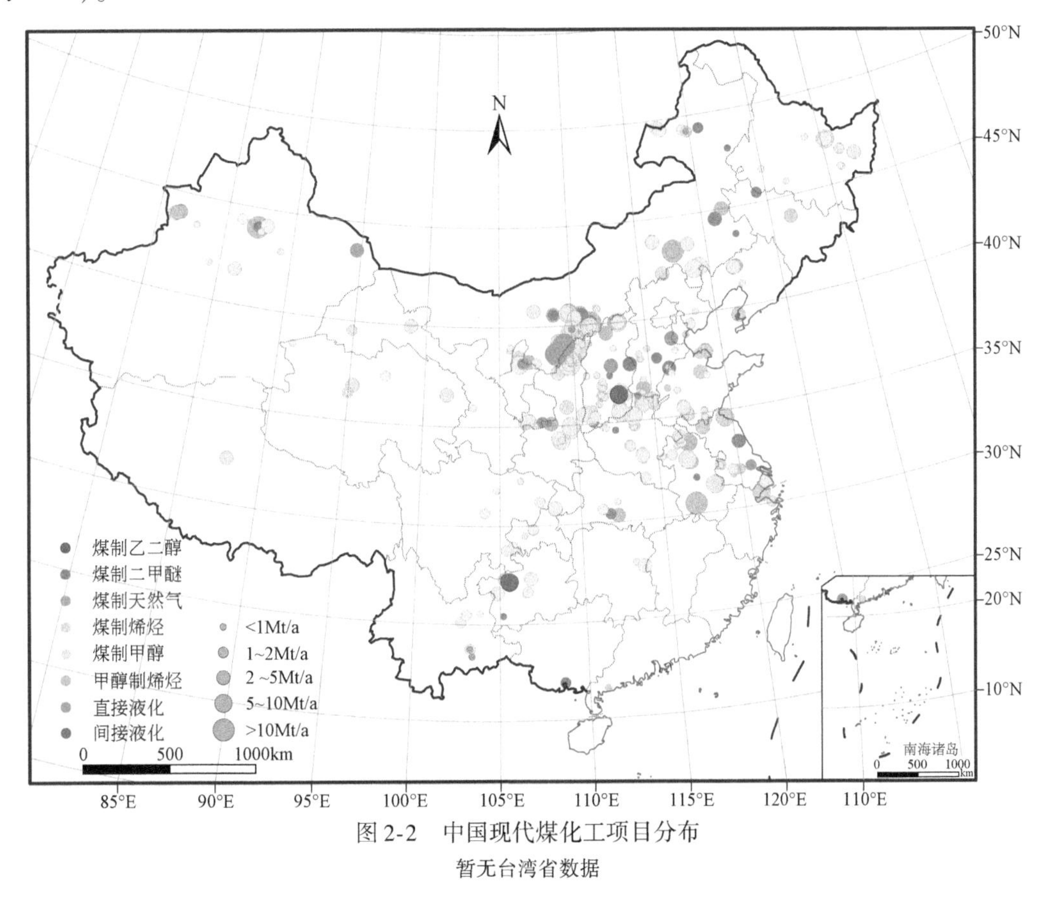

图 2-2 中国现代煤化工项目分布

暂无台湾省数据

国内外开展燃烧前捕集技术研究和示范都是以大幅度提高煤电效率、实现 CO_2 的近零排放为目标。无论是提高燃料使用率，大力发展清洁能源，还是实现 CO_2 减排，对燃烧前捕集技术的评估都具有重要战略意义。

一、溶液吸收法

溶液吸收法是目前最为常用，也是近期内最有可能实现商业化的燃烧前捕集技术，已广泛应用于煤制油、煤制气、煤制烯烃、合成氨等过程。根据中国石油和化学工业联合会(简称中国石化联合会)、中国氮肥工业协会等统计公布的数据，我国2018年煤制油、煤制烯烃、合成氨、煤制气等行业年产能分别达到950万t、1300万t、6600万t、51亿m^3，预计到2030年，年产能分别达到2100万t、2200万t、6000万t、90亿m^3，耗煤量约为2.0亿tce，排放CO_2约5.5亿t。溶液吸收法将有助于实现上述行业的低碳发展，同时亟须研发“新型-高效-绿色”的吸收溶液，推动溶液吸收技术的发展，实现CO_2捕集的经济可行性和规模化。

1. 技术介绍

溶液吸收法燃烧前CO_2捕集技术是利用溶液从混合气中分离CO_2，按吸收原理可分为物理溶液吸收法、化学溶液吸收法等。物理溶液吸收法利用CO_2在溶液中的溶解度随压力而改变的原理来吸收、分离CO_2，具有捕集能耗低的特点，更适于中高压（20～80bar）操作条件下的CO_2气体捕集。在实际操作过程中，温度越低，压力越高，溶剂对CO_2吸收效果就将越好，如超低温Rectisol工艺。化学溶液吸收法是通过溶液与CO_2发生化学反应进行吸收，并在较高温度下进行解吸再生。化学吸收（比如利用甲基二乙醇胺（MDEA）、一乙醇胺（MEA）等有机胺溶液）具有捕集容量大、选择性高、工艺简单等特点，在常压操作条件下捕集效果要明显优于物理溶剂（冷甲醇（Rectisol）、甲基吡咯烷酮(Purisol)、硒醇（Selexol））。具体对比见图2-3。

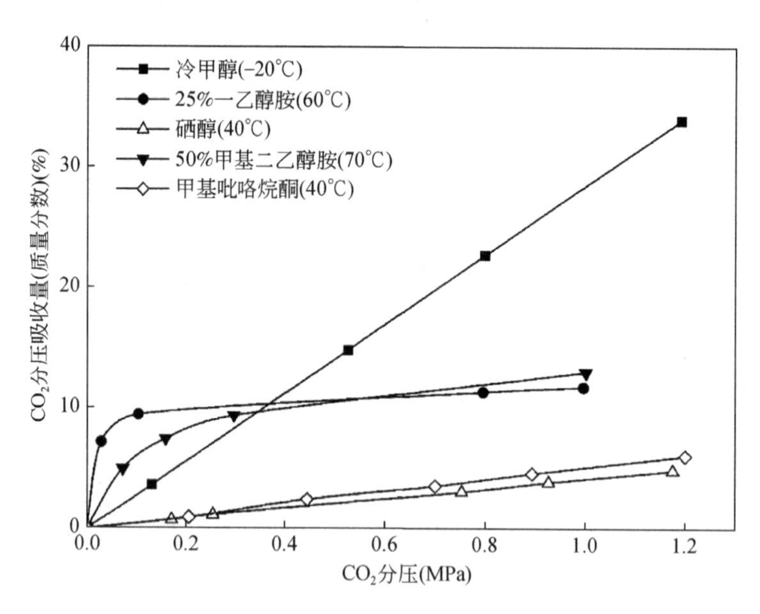

图2-3　不同吸收溶液对CO_2的吸收效果

资料来源：桂霞等，2014

由于IGCC和煤化工系统产生的合成气出口压力较高，一般在20～50bar，采用物理溶剂吸收法进行CO_2分离将是现阶段较为理想的一种选择。典型的物理吸收溶液包括低温甲醇、碳酸丙烯酯、聚乙二醇二甲醚、*N*-甲基吡咯烷酮等。如表2-1所示，通过对实际工程相关重要指标的评估可以考察燃烧前捕集技术不同溶液吸收法的工艺运行费用和经济性，从而为燃烧前捕集技术新工艺的开发提供相关依据。

表 2-1 物理溶剂脱碳工艺对比

项目	脱碳工艺			
	低温甲醇洗	聚乙二醇二甲醚	碳酸丙烯酯	*N*-甲基吡咯烷酮
操作湿度/℃	-40	0	10	-15
溶剂循环量	适中	大（低温传质受温度影响较大）	大	大
CO_2 脱除效果	高	高	较高	较高
设备要求	高（低温碳钢）	一般	一般	一般
溶剂损失	严重（沸点较低）	严重（高温易发生分子聚合）	一般	一般
热公用工程	中	高	高	高
冷公用工程	高	中	低	中

资料来源：桂霞等，2014

2. 技术成熟度和经济可行性

(1) 技术成熟度

溶液吸收法燃烧前 CO_2 捕集技术在全球范围内成熟度较高，截至 2020 年，国外已经完成工业示范，正在开展商业应用推广。根据全球碳捕集和封存研究院的统计，燃烧前溶液吸收捕集技术示范项目约占目前正在运行的大型 CCUS 示范项目总数的 60%（表 2-2），累计可捕集 CO_2 超 2600 万 t/a。从地域分布来看，北美地区有 7 个正在运行的燃烧前溶液吸收捕集项目，欧洲有 2 个，亚洲有 2 个。其中，北美地区的 Kemper County 碳捕集项目，CO_2 捕集规模为 300 万 t/a，采用 Selexol 物理吸收法分离 CO_2。得克萨斯州清洁能源 TECP 项目（IGCC）（电力和尿素联产）燃烧前捕集示范，采用低温甲醇洗技术分离 CO_2。2012～2020 年，日本在北海道县 Tomakomai 市开展了规模为 10 万 t/a 的 CCUS 示范项目（Tanaka et al.，2017），该项目通过胺溶液吸收技术从炼油厂的制氢装置尾气（CO_2 浓度为 44～59vol.% 的）捕集分离得到 99% 浓度 CO_2 并进行离岸封存，CO_2 捕集热耗为 1.16GJ/t。

表 2-2 国际上溶液吸收法燃烧前 CO_2 捕集技术示范项目情况

项目名称	国家	实施时间	捕集规模（万 t/a）	封存情况（驱油/地质封存/无）
Kemper County 碳捕集项目（IGCC）	美国	2010 年	300	驱油
得克萨斯州清洁能源 TECP 项目（IGCC）	美国	2015 年	240	驱油
加利福尼亚州氢能源 HECA 项目（IGCC）	美国	2015 年	360	驱油
Gorgon 天然气 CO_2 捕集封存项目	澳大利亚	2019 年	340～400	地质封存
阿布扎比钢铁尾气 CCS 项目	阿联酋	2016 年	80	驱油
Quest 沥青提质尾气 CCS 项目	加拿大	2015 年	100	地质封存
Uthmaniyah CO_2-EOR 项目	沙特	2015 年	80	驱油
Coffeyville 化肥厂 CO_2 捕集与利用项目	美国	2013 年	100	驱油
LOST CABIN 天然气 CO_2 捕集项目	美国	2013 年	90	驱油

续表

项目名称	国家	实施时间	捕集规模（万 t/a）	封存情况（驱油/地质封存/无）
Century Plant CO_2 捕集项目	美国	2010 年	840	驱油
SNØHVIT CO_2 封存项目	挪威	2008 年	70	地质封存
SLEIPNER CO_2 封存项目	挪威	1996 年	100	地质封存

我国的溶液吸收法燃烧前 CO_2 捕集技术成熟度较高，目前已经完成工业示范（表 2-3），正在开展商业应用推广。在新疆、内蒙古等多个百万吨级煤制甲醇、二甲醚、天然气等煤化工项目中，利用低温甲醇洗等工艺已实现从合成气中大规模（>150 万 t/a）分离 CO_2。我国天津 IGCC 电厂是中国第一座、世界第六座大型 IGCC 电厂，装机规模为一台 265MW 的 IGCC 发电机组（樊强等，2017；柳康等，2018）。截至 2018 年 9 月，整套装置已实现连续运行超 3900h，状况良好。其 CO_2 捕集规模设计值为 9.5 万 t/a，CO_2 捕集能耗 2.3GJ/t，捕集后 CO_2 干基浓度 98.1%，CO_2 捕集率 88.0%。但由于下游 CO_2 利用或封存缺乏足够市场容量，大多数燃烧前溶液吸收捕集后的 CO_2 被直接排放。新疆克拉玛依驰放气二氧化碳捕集项目于 2015 年投产，该项目利用化学吸收法从高浓度气源中捕集 CO_2，并用于油田强化采收。

表 2-3　我国发展的溶液吸收法燃烧前 CO_2 捕集项目情况

项目名称	捕集工艺	实施时间	捕集规模（万 t/a）	实施单位
神华集团内蒙古煤制油	物理吸收法	2009 年	115	神华集团
神华集团包头煤制甲醇	物理吸收法	2010 年	650	神华集团包头煤化工有限公司
内蒙古赤峰煤制天然气捕集 CO_2	物理吸收法	2011 年	730	大唐国际
内蒙古庆华煤制天然气捕集 CO_2	物理吸收法	2012 年	750	内蒙古庆华集团
天津 IGCC 电厂	化学吸收法	2012 年	9.6	华能集团
内蒙古汇能煤制天然气捕集 CO_2	物理吸收法	2014 年	880	汇能集团
克拉玛依驰放气二氧化碳捕集	化学吸收法	2015 年	10	新疆敦华技术股份有限公司
神华集团宁夏煤制油碳捕集	物理吸收法	2016 年	2500	神华集团

注：捕集规模仅反映装置 CO_2 捕集能力，不代表该项目 CO_2 封存量。

（2）经济可行性分析

燃烧前溶液吸收捕集技术具有能耗低和成本较低的优势。但是由于压力较高，燃烧前发电技术和煤化工技术都需要中高压设备，设备成本较高。根据 IEA 报告（IEA，2011）中收集的多个研究组织发表的相关数据，燃煤电厂燃烧前分离 CO_2 会使系统效率下降 5.5%~11.4%。目前，随着吸收溶液从传统的 MEA、MDEA 发展到二代复合胺，燃烧前化学吸收捕集能耗也由 3.5~3.8GJ/t 降低到 2.0~2.4GJ/t。相比化学吸收技术，物理溶液吸收法适用于高浓度气源，也具有更低的捕集能耗；物理吸收法的能耗主要以电耗为主，一般不超过 200kWh/t CO_2（不含 CO_2 压缩）（Lampert and Ziebik，2007）。考虑设备投资后，燃烧前溶液化学吸收捕集技术成本目前约为 230 元/t CO_2，预期到 2030 年捕集成本可降到 200 元/t CO_2，到 2035 年捕集成本可降到 190 元/t CO_2，到 2050 年捕集成本可降到低于 115 元/t CO_2；燃烧前溶液物理吸收捕集技术成本目前约 167 元/t CO_2，预期到 2030 年捕集成本可降到 125 元/t CO_2，到 2035 年捕集成本可降到 120 元/t CO_2，到 2050 年捕集成本可降到 100 元/t CO_2 以下。

基于 IGCC 和煤化工的燃烧前溶液吸收法主要是在获得高纯度的 H_2、合成气等产品的同时进行碳捕集，系统整体具有较高的经济效益，因而在对煤化工有利的条件下无需碳收益就可获得经济效益。

3. 安全性和环境影响

燃烧前溶液吸收总体环境影响较小，但在溶液挥发、毒性、设备腐蚀等方面存在一定的安全和环境风险。物理吸收溶剂主要是甲醇、聚醇醚等，化学性质比较稳定，不容易降解，聚醇醚的沸点也很高，不易挥发，对环境的影响较小。化学吸收溶剂主要是醇胺类溶液，在 IGCC 等工艺的还原性气氛下不易降解，但会带来一定的挥发损失和环境问题。

燃烧前捕集过程均在中高压下进行，容易发生泄漏等问题，在实际工程中需要加以注意。同时在长期运行后，需对腐蚀和降解组分进行分离或再生，存在一定量的废液排放。另外，溶液运行过程中的冷却、部分工艺补水导致一定的水耗，一般小于 1t 水/t CO_2（王甫等，2016）。

4. 技术发展预测和应用潜力

溶液吸收法燃烧前 CO_2 捕集技术的推广约束因素主要包括技术成熟度、经济性、应用场景约束等。从技术成熟度看，开发高效绿色吸收溶液、减少分离过程综合能耗、降低投资成本是当前亟待解决的技术难题。具有沸点适中、高负荷、低能耗特征的二代溶液目前尚在实验室开发阶段，还需 5 ~ 10 年时间完成从实验室到工程示范的转变；到 2030 年，预计通过 30 个左右 200 万 t 以上规模示范工程的部署逐步实现投资的大幅降低。

从技术经济性来看，现阶段，使用甲醇、聚乙二醇二甲醚、碳酸丙烯酯和 N-甲基吡咯烷酮等吸收溶剂，国际上工艺成本高达 35 ~ 50 美元/t CO_2，而国际上所能承受的 CO_2 捕集成本为 20 美元左右，其中吸收及再生过程中的总能耗占成本绝大部分，这在很大程度上限制了燃烧前 CO_2 捕集技术的商业化。根据我国技术发展现状，工艺成本为 180 ~ 240 元/t CO_2；随着二代吸收溶液的发展和投资成本的降低，预计到 2030 年成本可控制在 140 ~ 210 元/t CO_2，考虑碳交易，捕集成本还可降低 30 ~ 50 元/t CO_2。

从应用场景看，开发低成本低能耗燃烧前捕集技术以及和 IGCC 发电技术的耦合集成是未来几年的主要发展方向。燃烧前捕集技术主要应用在 IGCC 发电以及煤化工领域，因此在没有 CO_2 总捕集规模的约束条件下，燃烧前 CO_2 捕集的潜力主要取决于煤化工和 IGCC 的规模。由于 IGCC 技术目前成本较高，尚不具备商业化能力，预计我国到 2030 年新增容量不大，捕集技术以成本相对较低的物理吸收为主。到 2050 年，随着 IGCC 技术进步和低成本膜分离技术的发展，IGCC 的物理吸收技术比例逐渐降低。

目前我国溶液化学吸收法燃烧前碳捕集装置单体规模为 10 万 t/a，年捕集高浓度 CO_2 约 0.1 亿 t；溶液物理吸收法捕集装置单体规模目前为 150 万 t/a，年捕集高浓度 CO_2 约 1 亿 t；煤化工单体项目 CO_2 排放量超 100 万 t/a。综合考虑溶液吸收技术成熟度、经济性、应用场景等约束条件，在与 CO_2 利用或封存匹配情况下，预计到 2030 年，化学吸收法捕集装置单体规模可达 50 万 t/a，物理吸收法捕集装置单体规模可达 200 万 t/a；预计到 2050 年，化学吸收法捕集装置单体规模可达 100 万 t/a，物理吸收法捕集装置单体规模可达 300 万 t/a。预计到 2030 年，通过溶液化学吸收法捕集的煤化工排放的高浓度 CO_2 可达 0.2 亿 t，通过溶液物理吸收法捕集的煤化工排放的高浓度 CO_2 达1.6 亿 t；和2020 年相比年新增产值95 亿元。预计到 2035 年，通过溶液化学吸收法捕集煤化工排放的高浓度 CO_2 可达 0.2 亿 t，通过溶液物理吸收法捕集煤化工排放的高浓度 CO_2 可达 1.7 亿 t；和 2020 年相比年新增产值 100 亿元。预计到 2050 年，通过溶液化学吸收法捕集煤化工排放的高浓度 CO_2 可达0.3 亿 t，通过溶液物理吸收法捕集的煤化工排放的高浓度 CO_2 达2.2 亿 t；和 2020 年相比年新增产值 140 亿元。

二、固体吸附法

由于燃烧前 CO_2 捕集分压力高，固体吸附法主要采用变压吸附（pressure swing adsorption，PSA）分离原理。目前该技术已经相对成熟，在国内外化肥、合成氨、煤气化等领域已经具有很多成功的商业化应用案例（张旭等，2015；黄家鹄等，2015；徐贺，2018）。根据中国石化联合会等机构公布的数据，2018 年我国化肥、合成氨、煤制气等年产能分别达到 5496 万 t、6600 万 t、51 亿 m^3，预计到 2030 年年产能分别达到 6800 万 t、6000 万 t、90 亿 m^3，年排放 CO_2 约 5 亿 t，固体吸附法的应用将有助于上述行业实现低碳发展。预计到 2030 年，燃烧前固体吸附技术年减排 CO_2 约 1 亿 t。现阶段，吸附材料和工艺流程的进一步优化、完善，以及新应用领域的拓展是固体吸附技术继续发展所面临的主要挑战。

1. 技术介绍

固体吸附法燃烧前 CO_2 捕集技术是指固体吸附剂通过范德华力或化学键的吸附作用从混合气中分离 CO_2 的过程，按吸附原理分为物理吸附和化学吸附两类。物理吸附主要指在较高压力下吸附，再经降压加冲洗或降压加抽空的再生循环工艺对吸附剂进行再生。物理吸附法因能耗低、稳定性好、流程简单、腐蚀性小、污染少的优点受到了国内外广泛重视（王田军等，2015）。PSA 是最为典型的一种物理吸附方法，其基本原理是基于不同气体组分在固体吸附剂上吸附特性的差异，以及吸附量随压力变化而变化的特性，通过加压实现混合气体的分离，通过降压完成吸附剂的再生，从而实现混合气体的分离或提纯（刘丽影等，2018）。PSA 最简单的两床循环工艺原理见图 2-4。工业 PSA 装置通常采用多个吸附床来共同完成吸附再生循环，以保证整个过程能连续地输入原料混合气，连续输出产品气和未吸附气体。

PSA 分离 CO_2 的核心在于吸附剂。使用高选择性、大吸附量的吸附剂可以提高产品的纯度、减小吸附器的尺寸。因此，开发高效、低成本的 CO_2 吸附剂是 PSA 技术推广应用的关键。具有优良性能的吸附剂需要具有较大的比表面积、孔隙率和较高的分离效率。PSA 过程中最常用的吸附剂为沸石、分子筛、活性炭、硅胶、活性氧化铝、水滑石类吸附剂和金属多孔类（MOF）吸附剂等（Wiheeb et al.，2016），或者采用这几种吸附剂不同形式的组合。

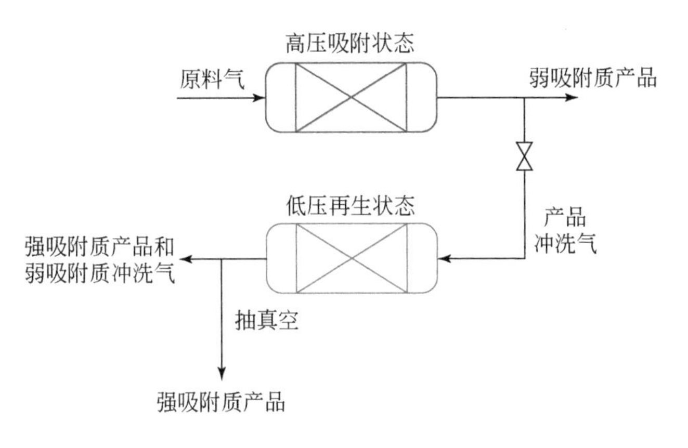

图 2-4　PSA 工艺流程示意图

2. 技术成熟度和经济可行性

(1) 技术成熟度

目前 PSA 燃烧前 CO_2 捕集技术已经商业应用，在煤化工、合成氨领域技术都比较成熟。燃烧前 PSA CO_2 捕集技术在国际上发展迅速。20 世纪 80 年代末，英国 ICI 公司在一套中型合成氨生产设备中应用了 PSA 技术，产品气中 CO_2 浓度为 20%～35%，产量为 1.2～1.4t CO_2/t 氨。2013 年，日本的 JFE 钢铁公司在 COURSE50 项目中建设了 CO_2 处理能力为 3t/d 的试验设备 ASCOA-3，该项目开发了两级 PSA 分离高炉煤气 CO_2 的工艺，CO_2 回收率达 80%，纯度为 99%，回收成本为 2000 日元/t CO_2（Saima et al.，2013）。2017 年，澳大利亚 CCS 研发机构 CO_2CRC 在 Otway 实施了一个通过 PSA 去除天然气中高浓度 CO_2 的项目，其规模达到 40 万 t/a（Tao et al.，2019）。2018 年，英国伦敦大学学院与威尔特郡斯温顿高级等离子电源有限公司合作建立了由 500kW 气化装置与 50～100kW 甲烷化装置联合构成的生物燃气合成中试装置（Materazzi et al.，2018），并将甲烷化产物气进行 PSA 处理，产生富 CH_4产品流和富 CO_2 尾气流，该装置反应压力在 1～20bar。表 2-4 为部分国外燃烧前 PSA CO_2 捕集项目介绍。

表 2-4　国际 PSA 燃烧前 CO_2 捕集项目

项目名称	实施时间	规模（万 t/a）	运行情况
英国 ICI 公司 450t 氨/d 合成氨	20 世纪 80 年代末	20	气源 CO_2 浓度 20%～35%，产量 1.2～1.4t/t 氨
西班牙 ELCOGAS 燃烧前碳捕捉项目（Casero et al.，2013）	2010 年	3.6	CO_2 产量 1000t/d
澳大利亚 CO_2CRC Otway 站	2017 年	40	天然气气源 CO_2 浓度 5%～79%
英国伦敦大学甲烷化联合装置	2018 年	—	气源 CO_2 浓度 23.54%，压力 1～20bar

国内采用 PSA 技术从富含 CO_2 的气体中分离提纯 CO_2 的工艺由西南化工研究设计院于 20 世纪 80 年代中期开发（陈健等，1998），目前在我国已具有每年数亿吨的捕集能力。1989 年第 1 套从合成氨变换气中提纯 CO_2 的装置在广东江门氮肥厂投产（毛薛刚等，

2007）。1991 年，首套干法脱碳装置于湖北省襄阳县化肥厂建成，其规模为 5000t/a，在变换气脱除 CO_2 领域获得了“从氨厂变换气中脱除二氧化碳的变压吸附工艺”（ZL91107278.0）、“变压吸附气体分离方法和装置”（ZL00113066.8）等自主知识产权，形成了二段法 PSA 脱除 CO_2 的工艺和选择性吸附 CO_2 的专用吸附剂，合成氨厂变换气捕集的 CO_2 纯度为 95%~98.5%，CO_2 捕集率为 99%。此外，我国在装置的大型化方面也取得了突破，已经建成了河南心连心化肥有限公司 200 000Nm^3/h 处理能力的工业生产装置。我国在 PSA 燃烧前 CO_2 捕集方面的典型项目见表 2-5。综合来看，国内外燃烧前固体吸附技术本身不存在明显差距。同国外相比，我国更加重视固体吸附技术在化肥、合成氨等行业的规模化发展，许多化工公司利用 PSA 技术运行了规模在 30 万 t/a 左右的项目。而在探索 PSA 技术应用于其他工业领域的潜力（如 PSA 装置与 IGCC 相结合）方面，我国同国外存在一定差距，这主要表现在中试或工业示范项目的数量和新型吸附剂研发项目较少。

表 2-5　我国 PSA 燃烧前 CO_2 捕集项目

项目名称	实施时间	规模（万 t/a）	运行情况
浙江宁波四明化工有限公司 45 000Nm^3/h 装置	2010 年	20	CO_2 浓度 28.5%，压力 0.8Mpa，捕集电耗 22kWh/t CO_2
河北石家庄金石化肥有限公司 90 000Nm^3/h 变换气脱除 CO_2 装置	2010 年	37	合成氨厂变换气，CO_2 浓度 26.43%，压力 1.8Mpa，捕集电耗 19kWh/t CO_2
河南新乡河南心连心化肥有限公司 180 000Nm^3/h 变换气脱除 CO_2 装置	2015 年	71	合成氨厂变换气，CO_2 浓度 25.5%，压力 2.1MPa，捕集电耗 20kWh/t CO_2

目前基于高浓度气源的 PSA 燃烧前 CO_2 捕集技术在国内外已经有比较成熟的工业应用，在装置的大型化方面也取得了突破。我国已建成了多个 10 万 ~20 万 Nm^3/h 处理规模的工业生产装置（30 万 ~70 万 t CO_2/a）。随着 CO_2 利用市场的增加，预计在 2035 年，PSA CO_2 捕集技术会应用于全流程 100 万 t 级工业规模装置。

（2）经济可行性分析

目前，固体吸附法燃烧前 CO_2 捕集技术具有较好的经济可行性。PSA 燃烧前 CO_2 捕集工业应用的单个工程最大捕集规模约为 70 万 t/a，总捕集量可达 0.8 亿 t/a。由于 PSA CO_2 捕集技术大多数应用于 IGCC 电厂或者合成氨厂，真空系统的电耗是 CO_2 捕集的主要能耗，因此能耗较低，每吨 CO_2 的捕集电耗为 19 ~22kWh，捕集成本不到 70 元/t，远低于其他类型的 CO_2 捕集技术，具有比较好的经济可行性。目前，合成氨行业变换气脱除 CO_2 几乎全部采用了 PSA 技术。在用于 IGCC 电厂的燃烧前 CO_2 捕集技术方面，加拿大艾伯塔大学开发了一种新型 PSA 循环，在吸附速率为 3.3mol CO_2/m^{3}吸附剂/s 条件下，10 步循环和 3 个压力均衡步骤可实现 95.7kWh/t CO_2 捕集的最低能耗（Subraveti et al.，2019）。2013 年，日本 JFE 钢铁公司开发的两级 PSA 技术分离高炉煤气中的 CO_2，回收成本约为 130 元/t CO_2。

另外，由于 PSA 技术应用于高浓度气源较为成熟，其捕集电耗主要与气源压力和浓度有关，未来捕集成本降低主要在于更大规模单体装置设备投资的降低。预计在 2035 年，PSA CO_2 捕集技术单体规模达到 100 万吨级，其捕集成本可降低到 60 元/t 以下；2050 年捕集电耗在20kWh/t左右，捕集成本降低到50元/t。

3. 安全性及环境影响

PSA燃烧前CO_2捕集技术安全性较好，对环境影响很小。从技术本身的安全性来看，其装置仅需要动力电、冷却水、仪表空气、真空泵和压缩机等，易操作；吸附剂为固体吸附剂，且不需要溶剂等工艺介质，吸附剂使用周期达10年以上，整个操作过程中无吸附剂的损失；能耗较低。从环境方面看，PSA燃烧前技术无废气、废液、废水排放，对环境影响较小。

4. 技术发展预测和应用潜力

从技术成熟度角度来看，经过几十年的技术发展，PSA燃烧前CO_2捕集技术解决了吸附剂、程控阀、计算机自动控制编程、真空系统优化等技术和工程问题，在技术成熟度和工程大型化方面取得了显著成绩，已经建成了百余套CO_2捕集能力在35万~75万t/a的大型化装置，随着吸附材料和工艺流程的进一步优化完善，PSA CO_2捕集技术将具有更大的规模化潜力。从技术经济性方面看，PSA燃烧前CO_2捕集技术每吨CO_2的捕集成本低于70元/t，优于其他类型的CO_2捕集技术，具有较好的经济可行性。从应用场景看，PSA燃烧前CO_2捕集技术适用于合成氨等高压力气源（一般大于1MPa），且技术已经相对成熟，但是由于受捕集气源条件约束，未来总捕集潜力增幅有限。

综合考虑固体吸附技术成熟度、经济性、应用场景等约束条件，在与CO_2利用或封存条件匹配情况下，预计到2030年，燃烧前固体吸附的装置规模可达1亿t，CO_2的捕集成本稳定在70元/t，和2020年比较年度新增产值14亿元；到2035年，燃烧前固体吸附装置的总规模达到1.1亿t，CO_2的捕集成本稳定在60元/t，和2020年比较年度新增产值18亿元；到2050年，燃烧前固体吸附装置的总规模达到1.3亿t，CO_2的捕集成本稳定在50元/t，和2020年比较年度新增产值25亿元。

三、膜分离法

膜分离法燃烧前CO_2捕集技术主要应用在合成气脱碳领域，膜分离技术具有固定投资少、设备体积小、环境友好、操作简单等优点。目前公开报道的多种性能优异的合成气脱碳膜均处于实验室规模阶段，而且膜的稳定性能和成本仍不能满足工业应用需求。随着高性能CO_2选择性膜的开发，尤其是以固定载体膜为代表的促进传递膜的开发成功，从H_2中高效分离出CO_2成为可能。随着我国膜产业的不断发展，更多高渗透性、高选择性的膜将会被陆续研制并实现产业化，膜分离技术有望成为未来燃烧前CO_2捕集领域潜在替代技术。

1. 技术介绍

膜分离法燃烧前CO_2捕集技术主要应用于合成气中CO_2和H_2分离。该过程是典型的高压膜分离过程，合成气压力为3~5MPa，其中H_2含量为60%~80%，其余主要为CO_2。膜分离过程是利用不同气体组分在膜中的溶解、扩散速率不同，在膜两侧分压差的作用下，各气体对分离膜的相对渗透率产生差异，从而实现分离的过程。推动力（气体组分在膜两侧的分压差）、膜面积及膜的选择透过性是膜分离的三要素。膜分离技术原理如图 2-5 所示，当原料混合气通过膜分离器时，“快气”先被选择性地吸收到膜中，再扩散到低压侧形成渗透气，高压侧未渗出的“慢气”形成渗余气，从而起到分离作用。

图 2-5　膜分离技术原理示意图

用于 CO_2 和 H_2 分离的膜有两类：一类为 H_2 优先渗透膜，即 H_2/CO_2 分离膜；另一类为 CO_2 优先渗透膜，即 CO_2/H_2 分离膜。采用 CO_2 优先渗透膜更具优势，这是因为：第一，富氢气体中 CO_2 含量低于 H_2，因此透过膜的气体更少，分离过程所需膜面积更小；第二，H_2 产品处于高压，压力损失更小，便于后续利用；第三，H_2 在膜的截留侧富集，获得高纯度 H_2 产品对膜的分离因子要求较低。

当膜的 CO_2/H_2 分离性能足够高时，膜过程可以获得高纯度的 H_2 产品，同时保证高回收率，而且分离成本也较为低廉。此外，与吸收法、吸附法等技术相比，膜技术还具有节能、高效、环保等优点。可以预计，设计和开发用于脱碳提纯 H_2 的高性能 CO_2 优先渗透膜及膜过程将产生巨大的经济和社会效益。

2. 技术成熟度和经济可行性

目前，膜分离法燃烧前 CO_2 捕集技术处于实验室研究到现场试验过渡阶段，研究者们主要进行相关膜材料开发及分离机理研究、实验室小膜制备和计算机流程模拟等工作。

国内外研究单位开发出了多种性能优异的膜材料用于合成气 CO_2 捕集，并进行了更长时间、更全面的分离性能测试。我国天津大学等在 2016 年开发了用于合成气的膜分离法 CO_2 捕集小试装置，研制出了合成气膜分离组件（长度为 300mm、有效膜面积为 0.4m^2），对于 CO_2/H_2 体系的分离因子超过 10；美国 MTR 公司利用 Polaris TM 膜进行较系统的合成气 CO_2 捕集过程研究，实验室测试 30cm^2 的 Polaris 膜对于 CO_2/H_2 体系的分离因子在 10 以上。MTR 公司在 Polaris 膜基础上开发的半商用组件（膜面积 1～4m^2）显示出和实验室制备膜近似的 CO_2/H_2 分离性能。

针对 CO_2 优先渗透膜，膜过程能耗虽然高于 PSA 技术（5～15 倍），但是由于高纯 H_2 产品价格很高，H_2 回收率是影响制氢过程经济效益的关键因素，而膜过程的能耗成本仅占高纯 H_2 产品价格的 2% 左右。因此，H_2 回收率更高的二级带循环流膜过程成本有望低于 PSA 过程（Bartels et al.，2010；Deng et al.，2010）。针对 CO_2 优先渗透膜，采用一级膜过程（图 2-6），进料气压力为 3MPa，当 CO_2 渗透速率为 100GPU，CO_2/H_2 分离因子为 30 时，所得 H_2 纯度和回收率分别达到 90%～95% 和 90%～93%，其成本为 90 美元/t H_2，远低于采用单甲基二乙醇胺（MDEA）作为吸收剂的吸收单元的成本（300 美元/t H_2），但仍然高于工业常用的 PSA 过程。对于合成气脱 CO_2 制取高纯度 H_2，宜采取将渗透气进行循环的二级膜分离流程（图 2-7），不仅能显著提高 H_2 的回收率，同时也能大幅度减少净化（渗余）气中的 CO_2 含量。在进料气压力为 3MPa，且膜的 CO_2/H_2 分离因子不低于 50 时，H_2 回收率远高于 PSA 技术（60%~90%）。

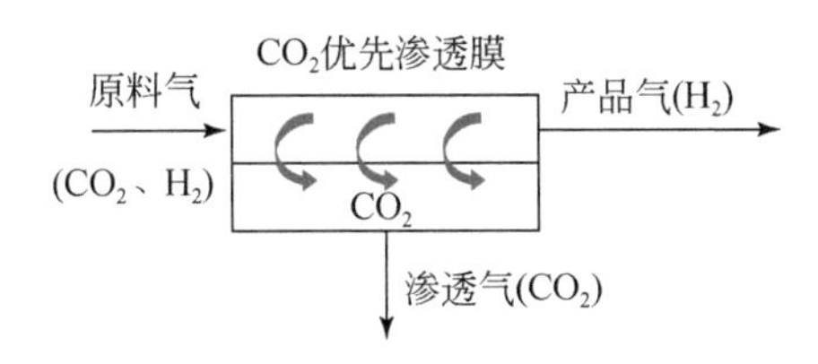

图 2-6　一级膜分离过程氢气脱碳示意图

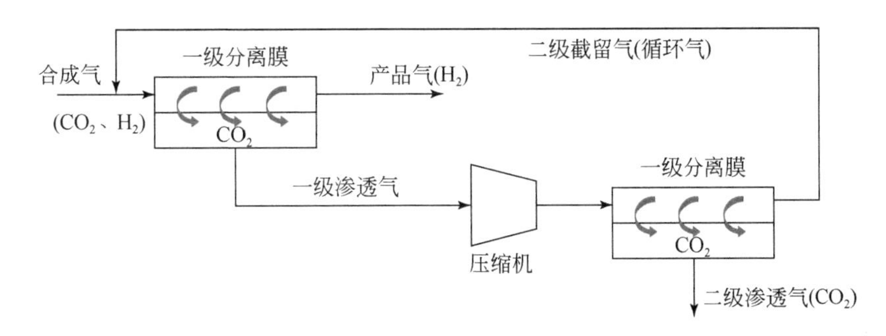

图 2-7　二级膜分离过程氢气脱碳示意图

3. 安全性及环境影响

膜技术过程中不涉及化学过程，不使用溶剂，安全风险可控，环境风险小。但需要注意的是，合成气压力较高且可能含有多种酸性气体，存在一定的安全风险，可通过加强安全监管，将安全风险保持在可控范围内。需要重点考虑捕集过程中和捕集后 CO_2 的运输和封存的管道腐蚀问题，防止气体泄漏，降低该技术对生态环境的影响。

4. 技术发展预测与应用潜力

膜分离法燃烧前 CO_2 捕集技术应用于合成气高效脱碳一直是研究热点，从技术成熟度看，该技术尚处在实验室研究阶段，仍需在膜材料、膜装置和工艺工程设计方面加大研究力度。国内外在膜材料的研制水平上差距不大，且均处于小规模试验阶段，最常使用的是醋酸纤维素膜、聚酰亚胺膜、聚砜膜和分子筛等 H_2 优先渗透膜。

与吸收法等其他成熟技术相比，目前膜分离法燃烧前 CO_2 捕集技术综合成本较高，尚不具备大规模应用条件。另外，实验室规模的分离膜研究测试压力较低（大多数膜材料测试压力小于 3MPa），仍需进一步提升膜材料的耐压性能。同时应着力解决分离膜的规模化制备和实际应用问题，特别是具有耐杂质、耐高压特性的面向应用的高性能分离膜。此外，进一步推动膜技术与 PSA 技术等其他碳捕集技术的耦合也将是未来合成气 CO_2 捕集分离领域的重要研究方向。

四、低温分馏法

低温分馏法 CO_2 捕集技术适用于较高浓度气源（CO_2 浓度>90%）的 CO_2 回收，主要应用于油田 CO_2 驱采出气的 CO_2 捕集过程，该方法目前已经处于商业示范阶段。低温分馏工艺存在预处理设备多、分馏流程复杂和压缩液化能耗高等难题，因此亟须开发低能耗的分馏工艺系统，从而降低低温分馏碳捕集系统的运行成本，进一步推动 CO_2 的地质利用。

1. 技术简介

低温分馏法 CO_2 捕集技术是基于混合气体中不同组分具有不同气化和液化特性从而进行 CO_2 分离的方法。该技术利用原料气中各组分相对挥发度不同，通过冷冻制冷装置，在低温下将气体中各组分按工艺要求冷凝下来，然后用蒸馏法将其中各类物质依照蒸发温度的不同逐一加以分离，从而从混合气体中分离 CO_2。

低温分馏通过原料气压缩和冷却使 CO_2 和其他气体发生相变分离，适合组分沸点差异较大的混合气体。如图 2-8 所示，对于 CO_2 浓度低于 70% 的混合气，低温分馏法的 CO_2 捕集成本高于化学法、膜分离法和 PSA（周德彪，2014）。对于高浓度 CO_2 的混合气（高于 90%），低温分馏法运行能耗和产品成本均低于化学法、膜分离法和 PSA，因此低温分离法主要用于 CO_2 含量大于 90% 的原料气的 CO_2 提纯（中国电力顾问集团公司，2009）。

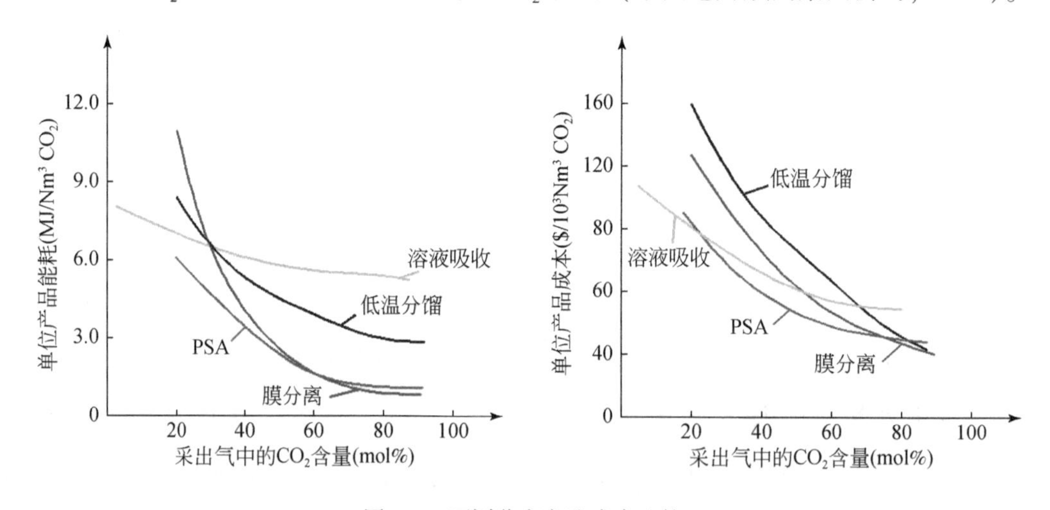

图 2-8　不同分离方法成本比较

资料来源：周德彪，2014

2. 技术成熟度与经济可行性

（1）技术成熟度

低温分馏法 CO_2 捕集技术在国际上技术成熟度较高，已具有 10 万 t 级工业规模装置运行。美国 Wasson 油田、Willard 油田伴生气处理厂运用 Rayn-Holmes 法分离 CO_2，并同时完成轻烃回收工作。美国 Candidate 井场利用 Rayn-Holmes 三塔流程处理含碳 57.6% 伴生气，得到的净化气含碳量仅 2.0%（侯强，2014）。Ryan-Holmes 工艺系统液化压力高，液化温度低，因此中低浓度 CO_2 低温分馏工艺系统能耗高，国外近年来技术发展缓慢。埃克森美孚公司的商业示范工厂（CDP）——位于怀俄明州 LaBarge 附近的 Shute Creek 处理厂，在 2011～2013 年测试了该公司专有的可控冷冻区（CFZ）技术，装置成功地处理了 CO_2 含量低至 8% 和高达 71% 的混合气体，并将产品流中的 CO_2 管道气流含量降至远低于目标的 2%。项目的 CO_2 年处理量约为 18.5 万 t/a，测试成功验证了该技术商业化的能力（Valencia and Denton，2014）。随着 CO_2 驱油技术和示范工程的快速发展，低温分馏法在分离高 CO_2 含量伴生气中具有显著的优越性。

国内 CO_2 驱采出气低温分馏法已经处于示范阶段，我国胜利油田纯梁采油厂利用低温分馏法提纯高含 CO_2 天然气，原料气 CO_2 含量 89.1%，CO_2 产量 120t/d，产品气纯度可达到99.3%（周德彪，2014）。目前，国内外 EOR 采出气低温分馏法碳捕集工艺均仅处于示范阶段，尚未有长期运行的装置。国内外低温分馏技术在 CO_2 产品气浓度和运行能耗方面没有太大差异。

(2) 经济可行性分析

低温分馏法的原料气压缩和液化电耗在 200kWh/t 左右，对高浓度的 CO_2 驱采出气捕集经济性较好，成本较低（陈全福，2012）。该技术对高浓度 CO_2 混合组分（一般在 90% 以上）的分离经济性好，并且具有很强的竞争力。低温分馏系统包括原料气脱除原油、固体杂质等预处理工艺、提供冷量的制冷系统、促进 CO_2 液化的添加剂系统等模块，分离设备多、分馏工艺流程复杂，所以未能在其他领域进一步推广应用。低温分馏法目前捕集成本在 170 元/t 左右，预计到 2030 年，随着单体规模的增加和设备投资的降低，捕集成本可降低到 135 元/t 左右；到 2050 年，捕集成本降低到 124 元/t 左右。

3. 安全性及环境影响

低温分馏法安全风险和环境风险可控。低温分馏法属于物理过程，系统本身不产生污染物。低温分馏过程在高压和低温下运行，容易发生气体泄漏和低温冻伤等问题，应予以注意。

低温分馏系统包括原料气脱除原油、固体杂质等预处理工艺，由此产生的液体及固体杂质废物应妥善处置。低温分馏法中液化过程需要使用制冷剂，一般采用制冷负荷高、效果好的液态氨，在工程应用中要防止氨扩散、逃逸并需要进行防火防爆设计。虽然有一定的安全风险和环境影响，但低温分馏法总体安全风险和环境影响比较小，处于可控范围。

4. 技术发展预测和应用潜力

低温分馏法燃烧前 CO_2 捕集技术推广约束因素主要包括技术成熟度、经济性、应用场景约束等。从技术成熟度看，开发高性能制冷剂，优化提纯塔结构以及捕集过程和原有工业过程能量的优化集成，可以大幅度降低原料气压缩和液化电耗。从技术经济性来看，预计到 2030 年捕集成本可降到 135 元/t 以下，原料气压缩和液化电耗降低为 150kWh/t（彭一宪，2012）；到 2050 年捕集成本可降到 124 元/t 左右。从应用场景看，低温分馏法碳捕集技术主要应用于 CO_2 驱采出气的 CO_2 捕集领域。低温分馏法 CO_2 捕集规模主要取决于油田油井 CO_2 注入量。根据《中国碳捕集利用与封存技术发展路线图（2019 版）》，我国 CO_2-EOR 技术已应用于多个驱油与封存示范项目。2010～2017 年，CO_2 的累计注入量超过150万t；预计到2030年，CO_2年地质利用量为700万t；2050年，CO_2年地质利用量为5500万t。

目前我国低温分馏法CO_2捕集装置单体规模为4万t/a，综合考虑低温分馏法技术成熟度、经济性、CO_2驱采出气应用场景（单油井和场站）等约束条件，预计到2030年，低温分馏法CO_2捕集装置单体规模可达30万t/a，捕集潜力达到500万t，和2020年比较新增产值6亿元；预计到2035年，低温分馏法CO_2捕集装置单体规模可达50万t，捕集潜力达到1000万t，和2020年比较新增产值13亿元/a；预计到2050年，低温分馏法CO_2捕集装置单体规模可达100万t/a，捕集潜力达到3000万t，和2020年比较新增产值37亿元。

第二节 燃烧后捕集技术

燃烧后捕集技术，是指从燃煤电厂和其他工业燃烧过程除尘和脱硫后的尾部烟气中分离和回收CO_2（图2-9），该技术工艺相对简单，技术成熟度高，对现有电厂影响小，具有较高的灵活性，相比于IGCC、富氧燃烧等技术投入较少。

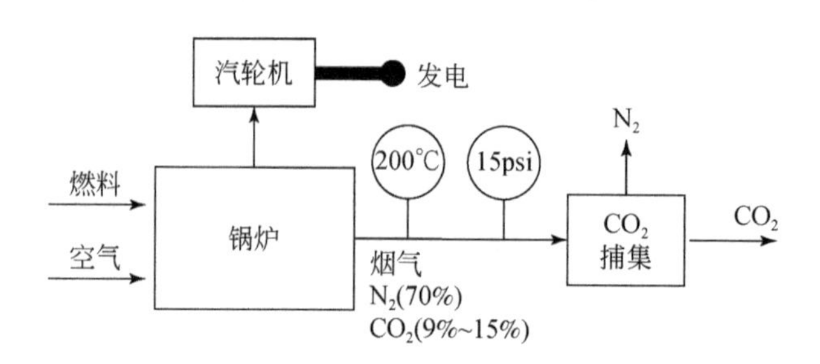

图2-9 燃烧后CO_2捕集工艺流程

1psi=6.895kPa

燃烧后烟气混合气体压力范围一般为常压，CO_2浓度范围为5%~30%。由于烟气较低的CO_2分压力，因此适合的分离工艺包括化学吸收、化学吸附、膜分离等方法，需要消耗较多的中低温饱和蒸汽用于吸收/吸附剂再生。这导致电厂发电效率下降8~13个百分点（Li et al.，2016）。和燃烧前CO_2捕集技术相比，其优点是常压设备投资和维护费用较低，但较低的CO_2分压力会导致较高的捕集能耗。另外，捕集源烟气组分复杂，包含SO_x、NO_x等酸性气体以及粉尘等，往往在CO_2捕集之前需要对烟气进行预处理。目前燃烧后CO_2捕集热耗范围为2.0~3.0GJ/t，成本范围为250~350元/t，已处于商业示范阶段。溶液吸收或固体吸附工艺在长期使用过程会产生一定物料损失，但总体三废污染小；工艺水冷会产生一定水耗，目前可达到1~2t水/t CO_2。

我国适合燃烧后CO_2捕集的排放源数量众多、分布广泛（图2-10）。据统测，2018年我国火力发电CO_2总排放量超40亿t，主要集中在华北、华中、华南和沿海区域；2018年我国钢铁总产量超11亿t，年排放CO_2超18.8亿t，排放源主要分布在华北和中国东部沿海区域；我国现有产量大于50万t/a的水泥厂1100个，2018年CO_2总排放量超8亿t，水泥厂分布分散、规模小（CO_2年排放量在100万~500万t的居多），主要集中在华北、华中和华南地区。总体上，火力发电、钢铁和水泥等行业的CO_2排放具有稳定、集中和量大（单个装置超百万吨CO_2排放）等特点，为大规模减排CO_2提供了良好条件。根据《能源生产和消费革命战略（2016—2030）》，2030年能源消费量不超过60亿tce，煤炭消费比重为45%左右，即27亿tce。据预测，我国煤炭消费量在2030年左右达峰后，2035年和2050年煤炭消费均应不超过26亿tce。按照85%左右的煤炭消费来自火力发电、钢铁和水泥行业进行分析，综合考虑厂区改造空间和电厂退役情况，假定2030年、2035年和2050年以上行业的5%、8%和15%的CO_2排放可进行燃烧后捕集，则该技术的捕集规模将分别达到3.0亿t、4.8亿t和9亿t。

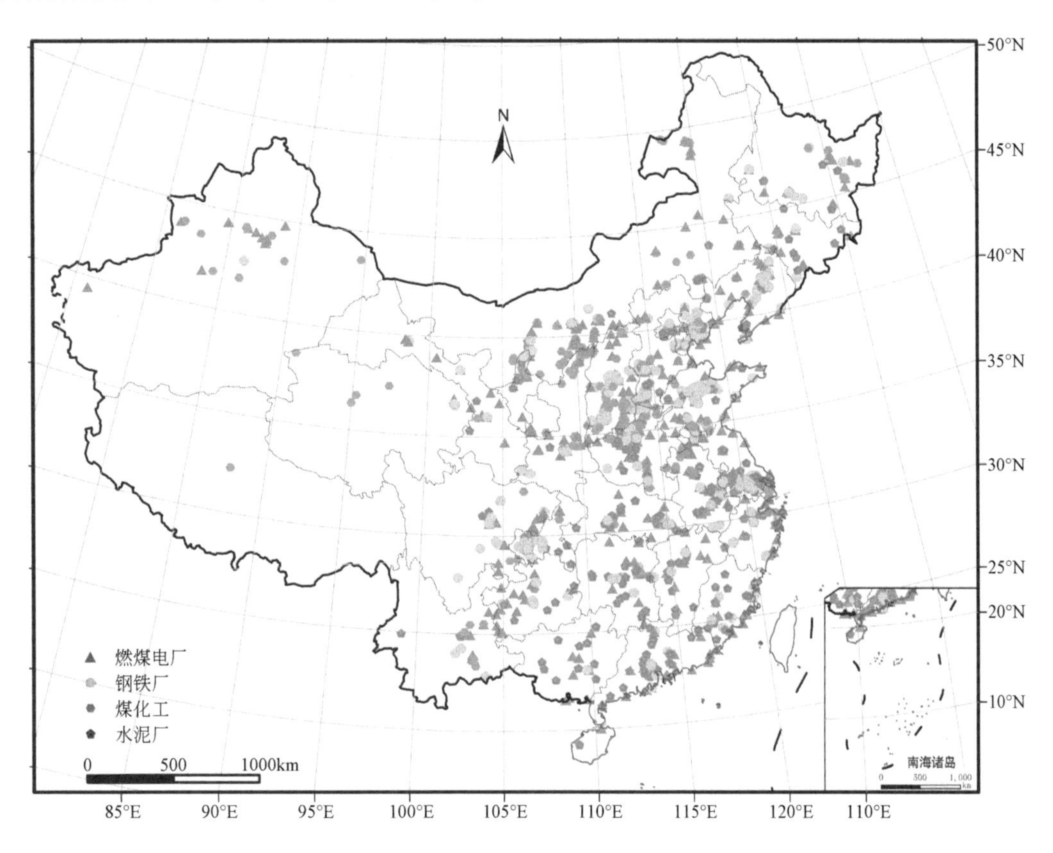

图2-10 我国燃煤电厂、钢厂以及水泥厂分布

暂无台湾省数据

相比其他CO_2捕集技术，燃烧后捕集技术是目前应用最广泛、最成熟的碳捕集技术，其主要研究方向是降低运行成本和投资。根据《中国碳捕集利用与封存技术发展路线图（2019版）》，综合考虑火电行业发展规律与捕集技术的发展趋势，2035年前以采用第一代捕集技术进行存量火电机组改造为主。预期到2030年捕集能耗可降低到2.0GJ/t以下，可将成本降到170～270元/t，完全实现大规模商业化。到2050年捕集能耗降到1.5GJ/t，可将成本降到130～195元/t。该技术主要难点包括新型复合捕集溶剂和材料研发，捕集溶剂或材料与设备和工艺相结合的节能优化，以及捕集过程和原有工业过程能量的深度集成。

一、化学吸收法

化学吸收法燃烧后 CO_2 捕集技术是现阶段最具规模化应用的捕集技术，已经完成从燃煤/燃气电厂等大型固定排放源捕集 CO_2 的工业示范。根据 IEA 统计，2019 年我国化石燃料燃烧导致的 CO_2 排放总量达 98 亿 t，其中电力生产部门的 CO_2 排放量占 40%。化学吸收法可直接应用于燃煤/燃气电厂、工业锅炉等烟气 CO_2 的大规模减排，是现阶段实现大规模 CO_2 减排的必要技术。但烟气的流量大、CO_2 分压低，导致化学吸收系统的投资成本和运行能耗较高；且烟气中含有 O_2、SO_2等复杂组分，导致吸收剂降解损失严重。研发低能耗、环境友好的吸收剂及吸收技术，实现可持续的 CO_2 捕集，有助于化学吸收技术的发展，也是我国中长期控制温室气体排放的重要技术路线。

1. 技术介绍

化学吸收法燃烧后 CO_2 捕集技术是利用碱性吸收剂与烟气接触并与 CO_2 发生化学反应，形成不稳定的盐类，而盐类在加热或减压的条件下会逆向分解释放 CO_2 并再生吸收剂，从而将 CO_2 从烟气中分离的技术。化学吸收法燃烧后 CO_2 捕集技术的典型工艺流程如图 2-11 所示，烟气经预处理后进入吸收塔，自下向上流动，与从吸收塔顶部自上而下的吸收剂形成逆流接触，脱除 CO_2 后的烟气从吸收塔顶排出。吸收 CO_2 的吸收剂为富液，经贫富液换热器升温后进入再生塔解吸 CO_2，解吸的 CO_2 连同水蒸气冷却后，除去水分后得到高纯度 CO_2 气体。解吸 CO_2 后的吸收剂为贫液，由再生塔底流出，经贫富液换热器换热后，进入吸收塔循环吸收 CO_2。

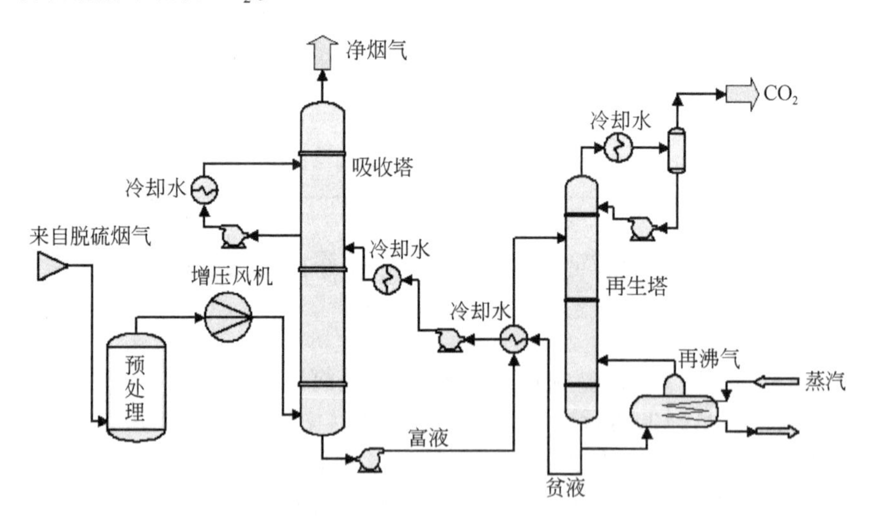

图 2-11　典型化学吸收法工艺流程示意图

化学吸收法具有 CO_2 捕集率高（>90%）、捕获 CO_2 纯度高（>99%）、烟气适应性较好等特点。吸收剂是化学吸收法的核心，常用的吸收剂是基于有机胺的溶液，如 MEA 等。胺基吸收剂的 CO_2 吸收速率快、吸收容量高，适用于燃煤/燃气烟气等低 CO_2 分压（4～20kPa）烟气的 CO_2 分离。但吸收剂再生能耗较高，需要消耗大量低温蒸汽，导致电厂发电效率下降。因此低能耗吸收剂研发是该技术发展的关键。由于燃煤/燃气烟气中含有 O_2、酸性气体等杂质，有机胺易发生氧化降解，胺溶液具有一定的挥发性，对不锈钢等材料有一定腐蚀性。

第二代吸收剂体系需满足吸收速率快、抗氧化、挥发性低、腐蚀性低等要求。第二代吸收剂包括混合胺、胺基两相、少水胺及离子液体等。混合胺结合不同有机胺的优点，通过复配优化，可降低再生能耗，是现阶段燃烧后化学吸收法应用最多的吸收剂。胺基两相吸收剂是一种新型低能耗吸收剂，其吸收 CO_2 后自发分相，吸收的 CO_2 富集在其中一相，仅需将 CO_2 富集相送去再生塔解吸 CO_2，从而减少再沸器的热负荷，可大幅度降低再生能耗。少水胺吸收剂利用潜热低、比热容小的物理溶剂部分代替水作为溶剂，从而降低再生能耗。离子液体是新型绿色溶剂，不挥发，不降解，再生能耗低，但离子液体黏度极大，制备成本极高，目前尚处于实验室研究阶段。

2. 技术成熟度与经济可行性

(1) 技术成熟度

化学吸收法燃烧后 CO_2 捕集技术在国际范围内成熟度较高，广泛适用于现有燃煤电厂等烟气 CO_2 捕集，在国际上已经完成工业示范和商业运行（表 2-6）。目前，加拿大和美国处于大规模示范应用的领先地位。2014 年，世界首个 100 万 t/a 燃煤电厂 CO_2 捕集工程加拿大 SaskPower 边界大坝项目正式投运，采用胺基（30% MEA）吸收 CO_2 工艺，CO_2 排放由 1100g/kWh 降至 120g/kWh。2017 年，世界最大的燃烧后 CO_2 捕集工程美国 Petra Nova 项目正式运行，设计规模 140 万 t/a，采用日本 MHI 开发的胺基吸收剂（KS-1）吸收 CO_2 技术，再生热耗 2. 8GJ/t CO_2，吸收剂损耗速率是传统 MEA 吸收剂的 20%。2020 年，日本 Mikawa 生物质燃烧电厂在建捕集 CO_2 示范装置，CO_2 捕集规模为 15 万 t/a，采用化学吸收法 CO_2 捕集技术。目前化学吸收法依然面临再生热耗高、吸收剂消耗大等问题。

表 2-6 国外化学吸收法燃烧后 CO_2 捕集项目情况

项目实施方	国家	燃料类型	实施时间	捕集规模（万 t/a）	运行状态
挪威国家石油公司 Mongstad	挪威	天然气	2012 年	10	运行
南方能源 Barry 电厂	美国	煤	2012 年	15	运行
边界大坝电厂（燃煤）烟气	加拿大	煤	2014 年	100	运行
Petra Nova 燃煤电厂	美国	煤	2017 年	140	运行
Mikawa 生物质燃烧电厂	日本	生物质	2020 年	15	在建
Peterhead 电厂	英国	天然气	2020 年	100	在建

我国化学吸收法燃烧后 CO_2 捕集技术成熟度高，相关参数指标达到国际先进水平，目前正在进行工业示范，但相关示范工程仍处于 10 万吨级规模，与国际上存在一定差距。我国浙江大学、清华大学、中国华能集团清洁能源技术研究院有限公司、中石化南京化工研究院有限公司等单位长期致力于 CO_2 化学吸收剂的研究，研发了混合胺、相变有机胺、离子液体等第二代吸收剂材料，可将 CO_2 捕集能耗降低至 2. 5 ~ 3GJ/t CO_2（Zeng et al., 2017；Liu et al., 2018；Liu et al., 2019）。

我国也实施了多项化学吸收法 CO_2 捕集示范工程（表 2-7）。2009 年，华能上海石洞口第二电厂 12 万 t/aCO_2 捕集示范装置运行。在建的国家能源集团国华电力锦能（燃煤）电厂燃煤烟气 CO_2 捕集和封存全流程示范装置，基于新型低能耗吸收剂的化学吸收技术，CO_2 捕集规模为 15 万 t/a，再生热耗为 2.6GJ/t CO_2，吸收剂损耗速率是传统 MEA 吸收剂的 50%。该示范工程由浙江大学、国华电力研究院和中石化节能环保工程科技有限公司 3 家单位共同设计完成，建成后将是我国正在运行的最大规模燃烧后捕集项目。2018 年，海螺集团白马山水泥厂建成年产 5 万 t 液态 CO_2 水泥窑烟气碳捕集纯化示范项目，该项目是我国第一个水泥行业碳捕集示范项目，采用了混合胺吸收剂。

表 2-7　我国化学吸收法燃烧后 CO_2 捕集项目情况

项目实施方	燃料类型	实施时间	捕集规模（万 t/a）	运行状态
华能高碑店电厂项目	煤	2008 年	0.3	运行
华能上海石洞口第二电厂	煤	2009 年	12	运行
中电投重庆双槐电厂	煤	2010 年	1	运行
中石化胜利油田燃煤电厂	煤	2010 年	4	运行
国电集团天津北塘热电厂	煤	2012 年	2	运行
海螺白马山水泥厂	煤	2018 年	5	运行
华润电力海丰电厂	煤	2019 年	2	运行
华电集团句容电厂	煤	2019 年	1	运行
国家能源集团国华电力锦能（燃煤）电厂	煤	2019 年	15	在建

（2）经济可行性分析

化学吸收法燃烧后 CO_2 捕集技术具有 CO_2 捕集率高、捕获的 CO_2 纯度高的优点，但由于烟气流量大、CO_2 分压低，目前工艺设备投资成本和运行成本均较高，极大限制了化学吸收技术的推广应用。基于 30% MEA 的常规化学吸收工艺，应用于燃煤电厂烟气中的 CO_2 捕集，其设备投资成本约为 40 元/t CO_2，第一代吸收剂再生能耗为 3.5 ~ 4.0GJ/t CO_2，电耗约为 100kWh/t CO_2，考虑到设备投资后，CO_2 捕集成本约为 300 元/t CO_2。目前应用第二代混合胺吸收剂以及富液分级流、级间冷却等节能工艺，再生能耗可降低至 2.8GJ/t CO_2，电耗约 75kWh/t CO_2，CO_2 捕集成本约为 270 元/t CO_2。随着少水胺、胺基两相吸收剂以及离子液体等新型低能耗吸收剂的发展，再生能耗可进一步降低 2.2GJ/t CO_2。结合新型反应器的研发和工艺整合，预期到 2030 年我国化学吸收法燃烧后 CO_2 捕集装置单体规模可达百万吨，捕集成本可降到 220 元/t CO_2，2035 年可降到 190 元/t CO_2 以下，2050 年可降到 170 元/t CO_2 以下。

3. 安全性及环境影响

化学吸收法燃烧后 CO_2 捕集工艺有着长期运行经验，技术安全性较高，造成的环境污染较小可控。有机胺呈弱碱性和腐蚀性，对人员的安全和健康会造成一定影响；腐蚀性还会造成设备损坏，影响操作安全，也会增大泄露风险。有机胺具有一定的挥发性，经水洗塔后，可能有极少量挥发的有机胺排放到大气。有机胺还可能发生降解反应，降解产物在溶液中累积，变成废液，也可能产生硝胺、亚硝胺类产物，具有一定的危害。

与固体吸附法相比，化学吸收法在溶液挥发、毒性、设备腐蚀方面存在一定的安全和环境风险，长期运行后，存在一定量的废液排放。

4. 技术发展预测和应用潜力

化学吸收法燃烧后 CO_2 捕集技术推广的约束因素主要包括技术成熟度、经济性、应用场景约束等。从技术成熟度看，开发新型高效低能耗吸收剂，降低运行过程能耗，降低投资成本，是当前亟待解决的技术难题。能够大幅度降低再生能耗的第三代吸收剂，如少水胺、胺基两相、离子液体等吸收剂目前尚处于小试阶段，还需 2 年左右时间完成从实验室到工程示范的转变，实现能耗大幅降低；有机降解、污染物排放及水平衡等是长周期运行需要解决的难题。到 2030 年，预计完成多个百万吨级规模的 CO_2 工程装置。

从技术经济性来看，现阶段，化学吸收法燃烧后 CO_2 捕集工艺的设备投资成本较高，约 40 元/t CO_2，由于吸收剂再生能耗较高，导致系统运行能耗较高，考虑到运行成本，CO_2 捕集成本约为 270 元/t CO_2。随着新型吸收剂的发展和投资成本的降低，预计到 2030 年成本可控制在 220 元/t CO_2 左右，考虑碳交易，捕集成本还可降低 30 ~ 50 元/t CO_2。

从应用场景看，化学吸收法 CO_2 捕集是现阶段实现大幅度 CO_2 减排目标和高纯度 CO_2 生产的重要技术手段。我国是 CO_2 排放大国，燃煤电厂烟气是最大的 CO_2 排放源，化学吸收法是现阶段实现巴黎气候大会碳减排目标的必要技术途径。随着化学吸收法 CO_2 捕集技术的成熟，我国正逐步实现燃煤电厂烟气 CO_2 捕集的商业化运行。随着技术进步和 CO_2 捕集成本降低，化学吸收法燃烧后 CO_2 捕集技术有望为下游 CO_2（干冰）消费市场提供高纯度产品。

目前，化学吸收法燃烧后 CO_2 捕集技术在国外已陆续实现单体规模达百万吨级 CO_2 捕集装置的商业运行，最大 CO_2 捕集装置单体规模为 140 万 t/a。燃烧后化学吸收法国内 CO_2 捕集装置最大单体规模为 12 万 t/a，能耗水平约为 2.8GJ/t CO_2，捕集成本约为 300 元/t CO_2，达到国际同类水平，正处于商业示范阶段。我国燃煤/燃气等电厂 CO_2 年排放量超过 40 亿 t。综合考虑化学吸收技术成熟度、经济性、应用场景等约束条件，在与 CO_2 利用或封存匹配情况下，预计到 2030 年，化学吸收单体装置达到百万吨级，CO_2 年捕集总量达到 2.4 亿 t，捕集成本降低至 220 元/t CO_2，和 2020 年比较新增产值 390 亿元；预计到 2035 年，化学吸收单体装置规模达到 150 万 t，CO_2 年捕集总量达到 3 亿 t，捕集成本降低至 190 元/t CO_2，和 2020 年比较新增产值 450 亿元；预计到 2050 年，化学吸收法 CO_2 捕集装置单体规模达到百万吨级，CO_2 年捕集总量达到 8 亿 t，捕集成本降低至 170 元/t CO_2，和 2020 年比较新增产值 1200 亿元。

二、化学吸附法

化学吸附法燃烧后 CO_2 捕集技术是继溶液吸收法之后快速发展的第二代燃烧后碳捕集技术，在 CO_2 捕集容量、吸附/再生反应速率、综合能耗等方面具有较为明显的优势，可应用于火力发电、水泥、钢铁行业。目前国内外公开报道的化学吸附法燃烧后 CO_2 捕集技术尚处于由中试向工业试验过渡的阶段，其主要技术挑战在于研发高容量、低成本的吸附材料以及高效吸附/脱附双流化反应床体技术。随着吸附剂与反应床体技术的逐渐成熟，化学吸附法燃烧后 CO_2 捕集技术的应用将极大地助力国家发电企业与高耗能行业的绿色低碳发展。

1. 技术介绍

化学吸附法燃烧后 CO_2 捕集技术是指通过 CO_2 分子与固体材料表面某些原子或基团形成化学键合而产生的被吸附作用来实现 CO_2 捕集分离的技术。和溶液吸收法相比，无溶剂参与，工艺过程简化，无设备腐蚀，节能降耗明显。

化学吸附法燃烧后 CO_2 捕集工艺依托变温吸附系统进行，其典型工艺系统由吸附和脱附两个反应器组成（图 2-12）。烟气首先进入低温吸附反应器（吸附塔），与吸附剂发生反应，脱除烟气中的 CO_2；经过旋风分离器将富含 CO_2 的吸附剂与净化气分离；富含 CO_2 的吸附剂进入高温脱附反应器（解吸塔），通过加热再生继而释放其捕捉的 CO_2；再生后的吸附剂即 CO_2 贫乏的吸附剂，经过冷却器进行冷却后，返回吸附反应器，用于循环吸附 CO_2。能够对 CO_2 产生化学吸附的材料很多，包括固体胺、碱金属碳酸盐类低温吸附材料，以及氧化钙、正硅酸锂等高温吸附材料。

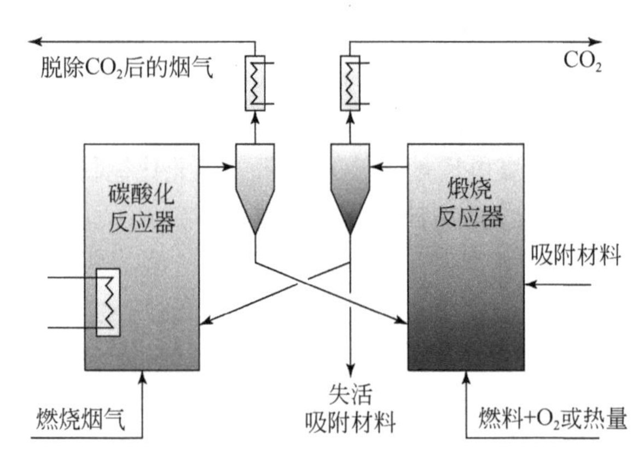

图 2-12　基于化学吸附法的燃烧后 CO_2 捕集过程

2. 技术成熟度和经济可行性

(1) 技术成熟度

化学吸附法燃烧后 CO_2 捕集技术正处于快速发展阶段。国际上基于该技术的装置大多处于中试阶段，并有少量项目已进入工业试验阶段（表 2-8）。目前已公开报道的化学吸附中试与工业试验项目多采用氧化钙、碱金属碳酸盐、固体胺类吸附材料实现 CO_2 的捕集与分离。基于氧化钙的化学吸附技术研究较早，技术发展也相对完善。自 2009 年起，西班牙国家煤炭研究所（INCAR-CSIC）联合西班牙国家电力公司等机构建立了一套 1.7MW 的双循环流化床装置（CaOling 项目）用以捕集 50MW 燃煤电厂的部分烟气，该装置已累计运行超过 1800h，CO_2 捕集率可达 90%，且同时可实现 95% 的 SO_2 脱除（Abanades et al., 2015）。在碱金属碳酸盐的化学吸附技术方面，韩国南方电力公司已建立了燃煤烟气处理量为 35 000Nm^3/h（万吨级）的快速输运床连续脱碳系统（Park et al., 2014），采用碳酸钾吸附材料，CO_2 捕集率为 80%，但未报道捕集能耗。固体胺基化学吸附技术发展相对较晚，2017 年日本川崎重工建立了一套千吨级移动床固体胺吸附装置（Okumuraa et al.，2018），吸附材料为介孔硅泡沫负载改性 TEPA，捕集率为 93%，纯度为 98%，综合能耗为 1.5GJ/t。美国 ADA 公司建立了一套 1MW 的双流化床固体胺吸附装置（Sjostrom and Senior，2019），实现了燃煤烟气中大于 90% 的 CO_2 捕集率。

表 2-8 国际化学吸附法燃烧后 CO_2 捕集项目情况

项目概况	气体来源	吸附材料	捕集规模	CO_2 捕集率（%）	主要实施机构
2009 年 CaOling 双循环流化床	燃煤烟气	CaO	1.7MW	>90	西班牙国家煤炭研究所
2010 年美国气流床+回转窑	燃煤烟气	CaO	120kW	>90	俄亥俄州立大学
2012 年韩国输运床+鼓泡床	燃煤烟气	K_2CO_3	10MW	>80	韩国能源研究所
2012 年德国双循环流化床	合成烟气	CaO	1MW	90～92	达姆施塔特工业大学
2017 年日本移动床	燃煤烟气	固体胺	1kt CO_2/a	93	川崎重工
2019 年美国双流化床	燃煤烟气	固体胺	1MW	90	ADA 公司

我国化学吸附法燃烧后 CO_2 捕集技术大部分处于中试阶段（表 2-9）。2009 年清华大学搭建了基于双鼓泡流化床的 CO_2 捕集装置，采用白云石作为吸附原料进行了连续实验，实现了 90%～95% 的 CO_2 捕集率（Fang et al.，2009）。2012 年，东南大学搭建了基于碳酸钾固体吸附材料的 30t CO_2/a 的双鼓泡流化床连续脱碳系统，CO_2 捕集效率超过 90%（Wu et al.，2013）。其后进一步对放大至 300t CO_2/a 系统的模拟研究表明，CO_2 捕集综合能耗可降至 1.5GJ/t 以下（Xie et al.，2019）。中国台湾工业技术研究院在原有 3kW 系统基础上于 2013 年开始建设规模为 1.9MW 的碳捕集系统，该系统中的碳酸化反应器为鼓泡床，煅烧反应器为回转窑形式，CO_2 捕集容量预计可达 1t/h，且捕集效率为 80%～95%（Chang et al.，2013）。2019 年，国家能源集团国华电力锦能电厂开工建设基于固体胺吸附剂的 1000t CO_2/a 流化床脱碳系统，捕集综合能耗预计将小于 2.2GJ/t CO_2。综合来看，我国在燃烧后化学吸附捕集技术的开发上多侧重于吸附材料方面，而在吸附/脱附反应器的设计、改造以及运行方面与国际上相比存在较大差距。这主要表现在中试或工业试验项目数量少、反应床体与捕集规模有限、装置的整体运行时间与经验积累上相对缺乏等。

表 2-9 我国化学吸附法燃烧后 CO_2 捕集项目情况

项目概况	气体来源	吸附材料	捕集规模	CO_2 捕集率（%）	主要实施机构
2009 年清华大学双鼓泡流化床	合成烟气	CaO	20kW	90～95	清华大学
2012 东南大学双鼓泡流化床	合成烟气	K_2CO_3	30t CO_2/a	>90	东南大学
2013 年中国台湾鼓泡床+回转窑	水泥厂烟气	CaO	1.9MW	—	中国台湾工研院

（2）经济可行性分析

相比溶液化学吸收法 CO_2 捕集技术，固体化学吸附燃烧后 CO_2 捕集系统避免了气化潜热所导致的高昂的热耗，其捕集热耗一般低于 2.0GJ/t。对 600MW 规模电厂采用 MEA 化学吸收与氧化钙化学吸附方法实现烟气中 90% 的 CO_2 捕集的研究表明，钙基 CO_2 化学吸附方法造成的净效率损失为6.4%~7.9%，低于MEA化学吸收法的9.5%~11.5%（Zhao et al.，2013；Hanak et al.，2015）。对于成本影响因素进行的敏感性分析表明，吸附材料成本、吸附材料/CO_2比率、吸附性能衰减速率以及材料循环率对于CO_2捕集成本具有最大的影响（MacKenzie et al.，2007）。另外，由于固体化学吸附规模一般不超过1万t/a，单位CO_2捕集设备投资较高，是当前化学吸收技术的5~10倍，化学吸附法燃烧后CO_2捕集成本在400元/t左右。考虑到2030年化学吸附法燃烧后CO_2捕集装置单体规模可达到10万t，捕集成本可降低至约270元/t CO_2；预期到2035年化学吸附法燃烧后CO_2捕集装置单体规模可达到20万t，捕集成本可降低至约225元/t CO_2；预期到2050年化学吸附法燃烧后CO_2捕集装置单体规模可达到50万t，捕集成本可降低至约170元/t CO_2，与化学吸收法捕集成本相当。

3. 安全性及环境影响

化学吸附法燃烧后CO_2捕集技术安全性较高，对环境影响小。CO_2化学吸附捕集通常采用固定床、移动床、流化床等设备在常压、变温工艺条件下进行，该过程简单安全、无溶剂挥发、无设备腐蚀等问题。

对固体氨基材料而言，长期运行后不满足工艺要求而被废弃的吸附材料可通过高温处理进行回收利用，或直接掺入煤中燃烧处理，燃烧产物为CO_2与水，无毒副产物排放，对环境无不利影响。对碱金属碳酸盐、氧化钙、正硅酸锂等固体吸附材料而言，生产工艺基本成熟，所用材料全部为无机材料，无毒、无害，对环境无不利影响。

4. 技术发展预测和应用潜力

化学吸附法燃烧后CO_2捕集技术的推广约束因素主要包括技术成熟度、经济性、应用场景约束等。从技术成熟度看，开发高容量、性能稳定的吸附材料，降低吸附材料的原料与制备成本，以及开发高效吸附/再生反应床体是当前亟待解决的技术问题。具备高吸附容量、性能稳定且成本可控的吸附材料预计通过3~5年的技术开发与中试可以基本研制成功；吸附/脱附循环过程依赖的反应床体已经具备多种设计形式，预计到2030年，通过5~10个规模化示范工程的部署可以实现成熟、可靠的应用。

从技术经济性来看，化学吸附法燃烧后CO_2捕集成本远低于商业化的MEA方法，其工业应用具有较为明显的经济优势。其中，碱金属碳酸盐与氧化钙基吸附材料的原料成本相对低廉可控。固体胺类吸附材料的生产成本较高，而采用短链的TEPA代替长链PEI并通过胺基功能化改造，材料的制造成本大幅降低，同时抗氧化和脲化能力显著增强、循环稳定性也得到了很大程度的提升。成本可控的固体胺类吸附材料目前尚在实验室开发阶段，还需要5~10年时间才能完成实验室到工程示范转化。

从应用场景看，与火电厂、水泥厂以及钢铁企业的耦合集成是化学吸附法燃烧后CO_2捕集技术未来的重要发展方向，而上述工业企业均发展成熟，且具有明显的规模优势。尽管现有的化学吸附法燃烧后CO_2捕集技术总体成熟度相对不高，规模化程度有限，但发展空间巨大，目前正在从千吨级向万吨级的捕集规模过渡。随着流化床技术在吸附分离上的应用和发展，预计在不久的将来会出现更大规模的捕集装置。预期到2030年捕集热耗可降低到1.8GJ/t以下，捕集成本降到270元/t，实现大规模商业化，全国总规模达到0.5亿t，和2020年相比新增产值50亿元；到2035年捕集热耗降到1.6GJ/t，捕集成本降到225元/t，全国总规模达到1亿t，和2020年相比新增产值150亿元；到2050年捕集热耗降到1.5GJ/t，捕集成本降到170元/t，全国总规模达到2亿t，和2020年相比新增产值290亿元。

三、物理吸附法

我国于20世纪80年代中期便实现了物理吸附技术的工业示范（费维扬等，2005）。在燃烧后碳捕集方面，物理吸附中的PSA技术主要应用于电厂烟气的碳捕集、水泥窑炉尾气的CO_2分离等领域。预计到2035年，物理吸附技术能够减排CO_2约0.2亿t，PSA技术将应用于全流程5万吨级工业规模CO_2捕集装置。目前，物理吸附法亟待解决的主要问题是高吸附性能、低成本的吸附剂研发以及物理吸附技术能耗的降低。随着这些问题的解决，物理吸附法工业应用的规模会逐渐扩大，从而助力于国家工业行业的绿色低碳可持续化发展。

1. 技术介绍

物理吸附法是基于气体与吸附剂表面活性点之间的分子引力对CO_2进行吸附的一种方法。常见物理吸附剂有活性炭、沸石、硅胶、分子筛、碳分子筛、活性碳纤维等。依照CO_2吸附、解吸方式的不同分为PSA、变温吸附法（thermal swing adsorption，TSA）以及变压与变温相结合的吸附方法（pressure-thermal swing adsorption，PTSA）。由于TSA在吸附和脱附过程中需要频繁变温，会造成较大的能量损失，因此，工业上多采用PSA。如图2-13所示，PSA技术工艺流程简单、能耗低、自动化程度高，CO_2捕集率为85%~90%且纯度高。目前，物理吸附法燃烧后CO_2捕集技术主要基于固定床变压工艺，一般采用多塔并联轮流进行吸附和脱附的间歇操作来实现CO_2的分离（Qi et al.，2012）。

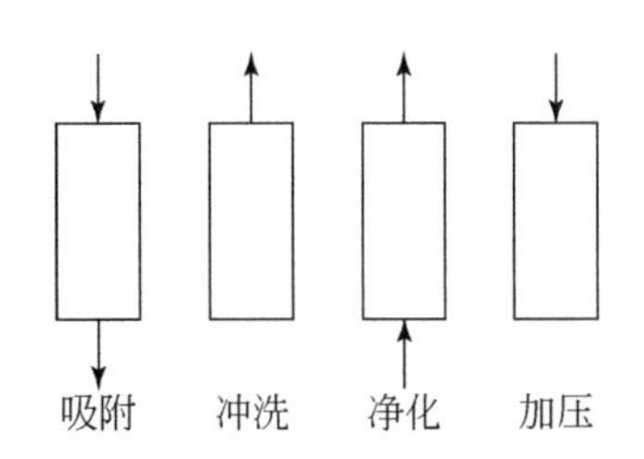

图2-13 PSA工艺流程示意图

资料来源：陈旭等，2019

2. 技术成熟度和经济可行性

(1) 技术成熟度

燃烧后PSA技术在电厂烟气的碳捕集、水泥窑尾气的CO_2分离等方面具有一定应用。目前，国内外均有万吨级运行装置，捕集能耗大于3.0GJ/t CO_2，捕集成本高于300元/t CO_2。1994年，日本东京电力公司开发了PTSA中试装置（Ishibashi et al.，1996），CO_2回收率达90%，纯度为99%，电耗量为2.02MJ/kg CO_2。2004年，韩国能源所研发了两段

PSA 技术用于回收烟气中的 CO_2，CO_2 回收率达 80%，纯度为 99%，电耗量为 2.3～2.8MJ/kg CO_2（Cho et al.，2004）。国际上在物理吸附法燃烧后 CO_2 捕集方面的部分项目见表 2-10。

表 2-10　国际物理吸附法燃烧后 CO_2 捕集项目

年份	装置	CO_2 捕集概况	主要实施机构	电耗量
1994	PTSA 中试装置	99% 纯度，90% 回收率	东京电力公司	2.02 MJ/kg CO_2
2004	两段 PSA 回收烟气中 CO_2 装置	99% 纯度，80% 回收率	韩国能源所	2.3～2.8 MJ/kg CO_2
2012	燃煤电厂烟气吸附法捕集 CO_2 装置	71%～81% 纯度，79%～91% 回收率	波尔图大学（Liu et al.，2012）	2.64～3.12 MJ/kg CO_2

我国于 1986 年便实现了物理吸附法燃烧后 CO_2 捕集技术的工业示范，目前已有大型工业化示范装置投入应用（表 2-11）。2013 年，华东理工大学建成了燃煤电厂烟气捕集 CO_2 的中试规模快速真空变压吸附（VPSA）装置，CO_2 回收率 90.2%，纯度 95.6%。2013 年，宁夏大荣集团在技改“烟道气二氧化碳回收项目”中利用水泥窑气采取 PSA 技术回收低浓度 CO_2 技术试车成功，CO_2 浓度达到 50%（中国无机盐工业协会镁化合物分会，2013）。2016 年，北京市琉璃河水泥有限公司所属窑尾烟气 CO_2 提纯产生的成品气与飞灰水处理工段中和罐联动运行（张国亮等，2016），进行了 CO_2PSA 工段与水处理工段持续 5d 试车工作，CO_2 产品气浓度均值为 57%。2019 年首钢京唐钢铁联合有限责任公司开工建设一条年产 5 万 t CO_2 的生产线（吉立鹏等，2019），从石灰窑尾气中回收 CO_2 用于炼钢冶炼，采用了 PSA+液化提纯联合方法实现 CO_2 纯度不小于 99.8% 的目标。总体上看，我国物理吸附法燃烧后 CO_2 捕集技术及其中试项目的建设与国外基本处于同一水平。此外，我国将物理吸附法应用于实际工业生产的研究更加广泛，这主要由于我国具有更加全面的工业门类，从而为其应用创造了有利条件。目前，许多国内外学者致力于设计新型 PSA 装置并进行中试规模的实验与仿真，以期在现有的生物质燃料热电联产装置或者电厂实现高效、低能耗的 CO_2 捕集目标。

表 2-11　我国物理吸附法燃烧后 CO_2 捕集项目

年份	装置	CO_2 捕集概况	主要实施机构	备注
2013	燃煤电厂烟气捕集 CO_2 的中试规模 VPSA 装置	95.6% 纯度，90.2% 回收率	华东理工大学	电耗量 2.44MJ/kg CO_2
2013	水泥窑气 PSA 回收低浓度 CO_2	50% 纯度	宁夏大荣集团	—
2016	CO_2PSA 工段与水处理工段	CO_2 产品气浓度 57%	北京市琉璃河水泥有限公司	日用电费 2 000～2500 元
2019	年产 5 万 t CO_2 生产线炼钢装置	99.8% 纯度	首钢京唐钢铁	—

（2）经济可行性分析

国内外许多研究机构已经就物理吸附法燃烧后 CO_2 捕集技术的经济可行性进行了论证。2013 年，华东理工大学建成了两套联合燃煤电厂烟气捕集 CO_2 的中试规模 VPSA 装置，

产品气中 CO_2 的回收率为 90.2%，纯度为 95.6%，CO_2 的总比电耗为 2.4GJ/t（Wang et al., 2013）。2017 年，英国爱丁堡大学设计了一种用于 CO_2 浓缩和回收的新型快速真空（RVPSA）装置，用于 10MW 生物质燃料热电联产装置，可实现 95% 的 CO_2 纯度和 90.9% 的 CO_2 捕集率，考虑压缩后电耗为 230kWh/t CO_2（Luberti et al., 2017）。综合相关信息并考虑设备投资后，物理吸附法燃烧后 CO_2 捕集成本目前高于 300 元/t CO_2，预期到 2030 年捕集成本可降到约 280 元/t CO_2，到 2050 年捕集成本可降到约 195 元/t CO_2。

3. 安全性及环境影响

物理吸附法燃烧后 CO_2 捕集技术的安全性相对较高，对环境的影响很小。燃烧后物理吸附工艺和设备较为简单，常见的沸石分子筛、活性炭等吸附材料使用寿命长且无副产物（Riboldi and Bolland, 2015），技术整体安全性高、风险低、对环境影响低。除此之外，吸附材料还能适应高湿度与高温的环境影响。

另外，若以富含碱土金属的矿石与废弃物作为吸附材料时，除可高温再生外，由于反应产物也可作为建筑用料，因此以废弃物捕获 CO_2，不仅可减少 CO_2 的排放，更具有废弃物资源化利用的附加价值。

4. 技术发展预测和应用潜力

物理吸附法燃烧后 CO_2 捕集技术随着高性能吸附材料的开发而发展，从技术成熟度角度来看，许多学者在寻求具有较高比表面积、高选择性的吸附剂和能够适应高湿度与高温环境的吸附剂方面进行了大量研究工作。近年来高性能新材料不断涌现，如金属有机骨架，已能在常温常压下对低浓度 CO_2 产生很强的物理吸附作用，在吸附分离方面展现出巨大优势和潜力。

从技术经济性来看，物理吸附法燃烧后 CO_2 捕集技术的捕集能耗约为 2.1GJ/t CO_2，运行成本约为 300 元/t CO_2，具有一定的经济可行性。其中，吸附材料为富含碱土金属的矿石与废弃物时，不仅可减少 CO_2 的排放，更具有废弃物资源化的附加价值。

从应用场景看，物理吸附法燃烧后 CO_2 捕集技术已应用于电厂烟气、水泥窑炉尾气的 CO_2 捕集。未来一段时间内，低成本吸附剂的开发应用仍将成为降低 CO_2 捕集成本的关键。预期到 2030 年捕集热耗可降低到 1.9GJ/t CO_2 以下，捕集成本降到 280 元/t CO_2 以下，对商业化应用来说，全国总规模可达 1000 万 t，和 2020 年相比新增产值 28 亿元；到 2035 年捕集热耗可降低到 1.8GJ/t CO_2 以下，捕集成本降到 245 元/t CO_2 以下，对商业化应用来说，全国总规模可达 2000 万 t，和 2020 年相比新增产值 49 亿元；到 2050 年捕集热耗降到 1.7GJ/t CO_2，可比成本降到 195 元/t CO_2，全国总规模可达到 5000 万 t，和 2020 年相比新增产值 97 亿元。

四、膜分离法

膜分离法燃烧后 CO_2 捕集技术具有能耗低、无溶剂挥发、占地面积小、放大效应不显著、适用各种处理规模等优点，应用前景广阔。烟道气捕集目标是 CO_2 捕集率≥90%、浓度≥95%，这是被国际广泛认可的也是美国能源部提出的烟道气 CO_2 捕集技术目标。预期到2030年，膜法的碳捕集潜力可达到500万t，到2050年，随着膜性能的提升和工艺流程的优化，应用潜力可达到5000万t。目前膜分离技术难点主要是适用于烟道气复杂组分的高性能膜材料研制以及膜分离系统集成工艺的开发。膜分离法可以用在处理量小、需即时开机停机等对操作灵活度要求高的场合，且对占地面积的要求低于化学吸收法，适用于海上平台等对占地要求严格的场合。

1. 技术介绍

膜分离法燃烧后CO_2捕集技术利用CO_2与待分离气体组分由于尺寸、冷凝性及反应性不同导致气体分子在膜内透过速率的差异实现分离，图2-14为该技术示意图。目前，用于燃烧后CO_2捕集的膜材料主要为聚合物材料，气体在膜内的传递机理主要包括溶解扩散机理和促进传递机理。醚氧类聚合物材料遵循溶解扩散机理，这类材料被认为是最适合强化CO_2溶解选择性的材料，是广泛用于燃烧后碳捕集的分离膜材料，这种材料制成的膜渗透性较好，代表性的醚氧类聚合物膜为Polaris以及Polyactive。用于烟道气CO_2捕集的促进传递的膜材料多为聚合物材料，常见载体包括吡啶基、胺基和羧酸根等碱性基团，其中以含氨基聚合物PVAm作为主体材料的分离膜具有较大的应用潜力。

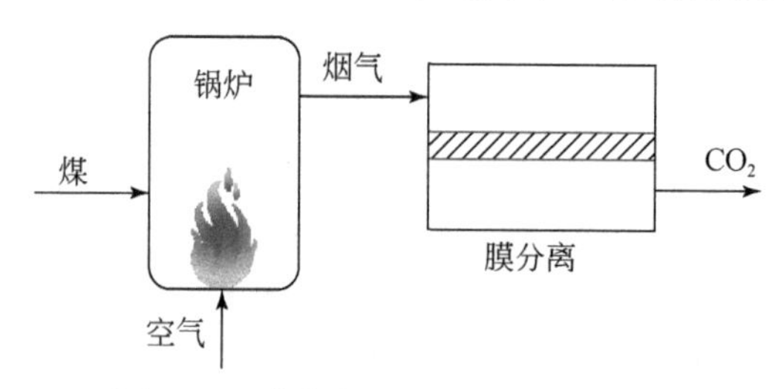

图2-14　膜分离法碳捕集技术示意图

由于烟气中CO_2含量较低，仅占10%~15%，通过一级一段过程且要实现燃烧后CO_2捕集分离目标，CO_2/N_2分离因子需高达数百，目前报道的各类膜材料性能均不能满足要求；如果采用二级过程（图2-15），CO_2/N_2分离因子不超过100就可以实现CO_2上述分离目标，目前已有少数几种膜材料可以满足要求，其中PVAm等氨基聚合物膜材料性能优异，具有工业化应用潜力。

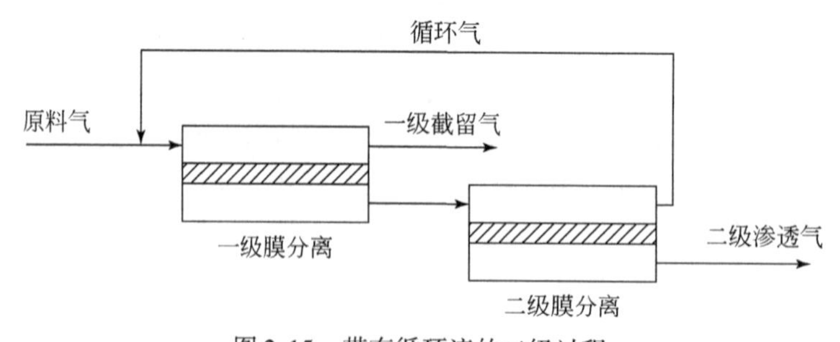

图2-15　带有循环流的二级过程

2. 技术成熟度与经济可行性

近十年以来，国际上关于烟气CO_2捕集膜技术的研究日益成熟，美国MTR公司的

Polaris 膜、德国 GKSS 公司的 Polyactive 膜以及天津大学的聚乙烯基胺（PVAm）类分离复合膜均性能优异且已实现规模化生产。美国、挪威和中国已经完成膜装备制造和应用示范的中试测试，我国的示范装置正处于建设阶段。表 2-12 总结了国内外大规模膜分离法燃烧后 CO_2 捕集项目。

表 2-12　膜分离法燃烧后 CO_2 捕集项目

膜材料	试验机构	国家	试验规模	烟道气来源	建成时间
PES	韩国化学技术研究所（KRICT）	韩国	1 000Nm³/d	液化天然气燃烧后气体	2012 年
Polaris©	麦特尔膜技术有限公司（MTR）	美国	86 000Nm³/d	燃气火力发电厂	2014 年
PolyActive©	亥姆霍兹吉斯达赫特研究所（Helmholtz-Zentrum Geesthacht）	德国	1 200Nm³/d	燃煤火力发电厂	2015 年
PVAm 类材料	挪威科技大学（NTNU）	挪威	960m³/d	水泥厂	2016 年
Ultrason©	国家碳捕集中心（NCCC）	美国	1.5Nm³/d	燃煤火力发电厂	2017 年
Polaris©	华润电力（海丰）有限公司	中国	86 000 万 Nm³/d	燃煤火力发电厂	2019 年
PVAm 类材料	天津大学	中国	720Nm³/d	模拟烟道气	2019 年
PVAm 类材料	天津大学	中国	50 000Nm³/d	燃煤火力发电厂	预计 2021 年

2012～2014 年，美国 MTR 公司利用其自行开发出的 Polaris™ 聚合物膜建成了碳捕集二段膜过程装置，对美国亚拉巴马州威尔逊维尔电厂烟道气进行处理。该系统的处理效率为 1t CO_2/d，稳定运行达 1000h。2015 年，在同一工厂开始运行 20t CO_2/d 的示范工程，得到 CO_2 捕集率约为 85%，CO_2 浓度约为 45%。

我国首套膜分离法燃烧后碳捕集技术测试平台于 2019 年 5 月在华润电力（海丰）有限公司开始调试投产，该套设备使用美国 MTR 公司的 Polaris™ 聚合物膜，设计处理量为 20t CO_2/d 并稳定运行 5500h。国内首套具有独立自主知识产权的 30Nm³/h 膜分离法燃烧后 CO_2 捕集中试装置于 2018 年底在中石化南京化工研究院有限公司完成设计，并于 2019 年 6 月完成调试并开始运行。目前，该团队正在进行 50 000Nm³/d 的电厂烟气脱碳示范工程设计，并将于 2021 年完成建设和调试运行。虽然目前国内仅处在中试研究阶段，但膜分离过程具有放大效应不明显的特点，继续开展放大一个数量级规模甚至更大规模的示范研究具有广阔的应用前景。

美国能源局（DOE）2007 年提出的碳捕集目标为 CO_2 捕集率≥90%、浓度≥95%，成本不高于 40 美元/t CO_2，但目前所有膜分离法烟道气碳捕集装置均未达到这一目标，国内的膜分离法碳捕集装置可实现 CO_2 捕集率和纯度同时大于 70%，成本大约为 60 美元/t CO_2。预计到 2030 年，随着膜性能（尤其是 CO_2 渗透速率）的进一步提高和膜分离法碳捕集系统集成工艺的深入研究，燃烧后膜分离法碳捕集技术有望达到 DOE 的碳捕集目标，综合成本比现有的膜分离法碳捕集技术降低 20% 左右。

3. 安全性及环境影响

膜分离法燃烧后 CO_2 捕集技术工艺简洁，设备简单，操作弹性大，不涉及化学过程，系统自动化控制程度高，过程安全可靠。另外，膜分离法碳捕集工艺可大大降低捕集过程的固定投资成本，如极大减少占地面积（吸收法与同等捕集量相比将节地约80%）、仪器设备投资等。

高效节能的膜分离法碳捕集技术具有无溶剂挥发，不产生二次污染，环境友好且高效节能等优点，是解决当前全球经济高速发展过程中所产生的环境污染和能源危机等问题的有效途径。此外同膜分离法燃烧前 CO_2 捕集技术一样，膜分离法燃烧后 CO_2 捕集技术同样存在捕集后 CO_2 的运输、封存以及对生态环境的破坏等问题。因此，应充分考虑膜分离法燃烧后碳捕集技术存在的优缺点才能加快推动该项技术的产业化进程。

4. 技术发展预测和应用潜力

对于烟气 CO_2 捕集过程，由于受到操作压力比的限制，分离膜的 CO_2/N_2 分离因子对膜过程的成本影响不大，一般分离因子大于50即可满足工艺要求，目前正在开发的多种膜材料均能达到此分离因子。分离膜的渗透速率对成本影响非常大，目前膜材料的渗透速率在1000GPU左右，进一步开发高性能耐杂质的膜材料、优化烟道气碳捕集膜过程工艺以及膜技术同其他碳捕集技术的耦合都是未来该领域需重点突破的方向。

预期到2030年，当膜的渗透速率达到2000GPU时，膜分离法的燃烧后 CO_2 捕集技术的耗电量可下降为原来一半，约为250kWh/t CO_2，总成本在210元/t CO_2 左右，应用潜力可达到500万t/a，和2020年相比新增产值10亿元/a；到2035年，耗电量将降至200kWh/t CO_2，总成本将降至180元/t CO_2 左右，应用潜力可达到1000万t/a，和2020年相比新增产值18亿元/a；到2050年，膜性能提高到4000～5000GPU，耗电量将降至120kWh/t CO_2，总成本将降至135元/t CO_2 左右，应用潜力可达到5000万t/a，和2020年相比新增产值67亿元/a。膜分离过程具有放大效应不明显的特点，虽然当前只开展了较小规模的示范研究，但可以为更大规模的试验装置提供数据和参考，继续开展放大一个数量级规模甚至更大规模的试验研究，具有广阔的应用前景。

第三节　富氧燃烧和化学链燃烧技术

富氧燃烧和化学链燃烧是新型的 CO_2 捕集技术。与燃烧前、燃烧后 CO_2 捕集技术相比，富氧燃烧和化学链燃烧技术的特点是燃烧烟气中几乎不含 N_2，CO_2 纯度高，从而避免了从复杂烟气中分离提纯 CO_2。富氧燃烧技术的优势包括全生命周期 CO_2 减排成本低、便于大型化等，同时富氧燃烧和化学链燃烧技术更适用于新建火电项目。

一、富氧燃烧技术

富氧燃烧技术具有燃烧速率高、燃尽率大、烟气量少、锅炉排烟损失低、硫氮污染物低等优点，受到国际燃烧科学技术领域的重要关注，相关基础研究和技术开发取得重要进展。国外富氧燃烧技术的发展比较成熟，在航空发动机和船舶燃烧系统中已有应用，且工业炉窑大部分都装配有富氧燃烧系统，并取得了明显的成效，在化学领域、石油领域也有应用。国内在炼铁高炉、玻璃熔炉、加热炉等有成功的应用案例，尤其在工业炉窑的应用方面不断趋于成熟。

1. 技术介绍

富氧燃烧（或称氧/烟气循环燃烧）是在现有电站锅炉系统基础上，用氧气代替助燃空气，同时结合大比例烟气循环（约70%）调节炉膛内的燃烧和传热特性，直接获得富含高浓度CO_2的烟气（高达80%），一部分烟气再循环进入炉膛，其目的是用来抑制燃烧温度过高，剩余部分烟气则进行冷却、压缩及分离等过程，以收集CO_2，实现CO_2减排，从而以较低成本实现CO_2捕集、封存或资源化利用（Buhre et al.，2005；Toftegaard et al.，2010；Stanger et al.，2015；Zheng et al.，2015）。富氧燃烧技术可分为常压富氧燃烧（atmospheric Oxygen-combustion，AOC）和增压富氧燃烧（pressurized Oxygen-combustion，POC）两类。AOC技术目前处于工业示范阶段，POC是在AOC基础上将燃烧系统的压力提升到10～15bar，充分回收烟气中水分的热焓，从而提高碳捕集系统效率的新型技术，目前还处于实验室基础研究阶段。

富氧燃烧最早由美国Abraham等（1982）提出的，目的是产生CO_2用来提高石油采收率。富氧燃烧技术可应用于燃煤电厂的CO_2捕集过程，是一种很有前景的燃烧中CCUS技术，该技术既能在新的电站燃煤锅炉中使用，也可以对旧的燃煤锅炉进行改造，相对于其他CCUS技术，在CO_2捕集过程中的能耗最小，且改造难度和成本最低，有学者研究表明，与现有的CCUS技术相比，将常规机组改造为富氧燃烧系统进行CO_2捕集的成本降低了35%（Chen et al.，2012）。另外，富氧燃烧气氛中N_2浓度较低、O_2浓度较高，因此燃烧烟气以H_2O与CO_2三原子气体为主，一方面，N_2含量降低将抑制NO_x的生成，另一方面，三原子气体H_2O与CO_2的由于热容高，辐射特性优于N_2，烟气的辐射特性与空气气氛相比有所增强。因此，富氧燃烧技术具有对环境影响小等优点。同时，有必要对富氧燃烧系统捕集的CO_2的纯度、温度、压力、捕集率等参数进行规范，这对评估富氧燃烧系统的CO_2捕集效果及经济可行性具有重要意义。

AOC技术基本流程如图2-16所示。富氧燃烧机组的汽水侧工艺流程和常规燃煤发电

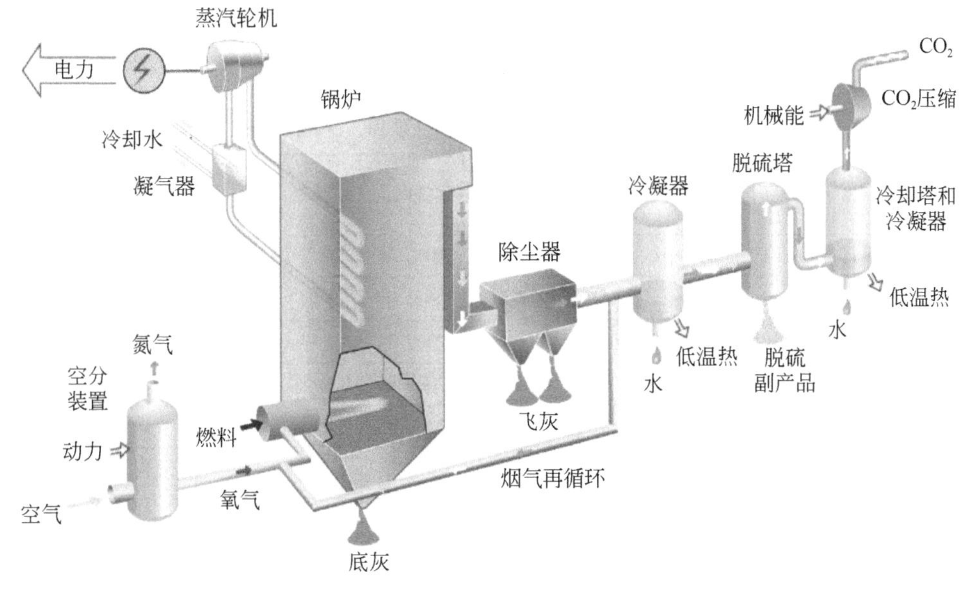

图2-16　AOC技术流程示意图

机组差异不大，烟风侧工艺流程变化主要体现在氧制备、氧/烟气循环燃烧和富 CO_2 烟气压缩纯化三个工艺系统上，具体对应空分系统、锅炉系统、压缩纯化系统。空分系统一般采用深冷技术，用于获得富氧燃烧所需的高纯氧。

POC 技术是在 AOC 基础上，将燃烧系统的压力提升到 10 ~ 15bar，充分回收烟气中水分的热焓，从而提高碳捕集系统效率的新型技术，目前还处于实验室基础研究阶段。图 2-17 所示为增压富氧燃烧系统示意图。

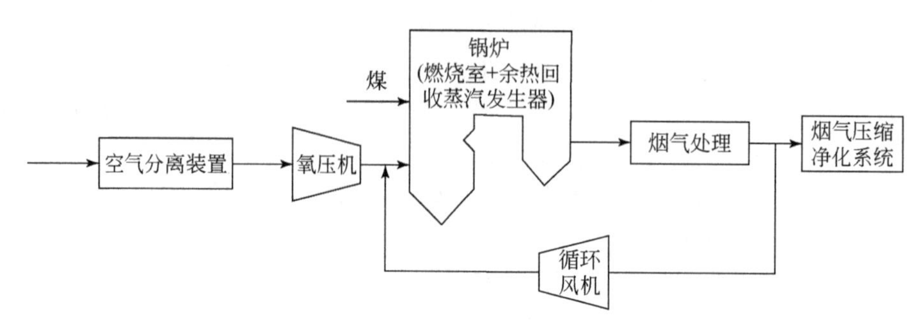

图 2-17　POC 系统示意图

2. 技术成熟度与经济可行性

(1) 技术成熟度

在全球范围内，AOC 技术已经完成了工业示范，验证了技术可行性。目前改造或新建的 AOC 工业示范装置已经超过 30 座，近年来，已有 10 座以上的中试及工业化应用平台投建并试运行。表 2-13 列举了国外主要的 AOC 工业示范项目。其中，德国 10 MWe 的 Vattenfall-Schwarze Pumpe 富氧燃烧项目总运行时间约 18 000h，在富氧燃烧模式下运行超过 13 000h；由 Alstom 和 AL 公司合作建成的法国 TOTAL-Lacq 10MWe 改造电厂运行时间超 11 000h，成功储存了约 51 000t CO_2；西班牙 Endesa-CIUDEN 富氧燃烧项目可实现 $20MW_{th}$ 富氧煤粉锅炉及 $30MW_{th}$ 富氧循环流化床锅炉的燃烧运行；澳大利亚 CS Energy-Callide 富氧燃烧项目总运行时间约 10 200h，同时实现了约 5600h 的 CO_2 捕集。

表 2-13　国际富氧燃烧工业示范项目（>10MWe）

国别	电厂/项目名称	进展	规模(MWe)	新建/改造	实施时间	主要燃料	是否发电	CO_2 是否浓缩	CO_2 是否分离利用
德国	Vattenfall-Shwartz Pumpe	中试	10	新建	2008 年	煤	否	是	是
美国	B&W-Alliance	中试	10	改造	2008 年	煤	否	—	否
美国	Jupiter Pearl	中试	22	改造	2009 年	煤	否	否	—
英国	Ds Babcock-Renfrew	中试	30	新建	2009 年	煤	否	—	否
法国	TOTAL-Lacq	中试	10	改造	2009 年	天燃气	是	是	是
西班牙	Endesa-CIUDEN	中试	10	新建	2010 年	煤	否	是	否
澳大利亚	CS Energy-Callide	中试	30	改造	2010 年	煤	是	是	否
意大利	ENEL-Brindisi	中试	16	—	2011 年	—	—	—	—
美国	Jamestown	中试	50	新建	2013 年	煤	否	否	—

续表

国别	电厂/项目名称	进展	规模(MWe)	新建/改造	实施时间	主要燃料	是否发电	CO_2是否浓缩	CO_2是否分离利用
西班牙	Endosa-Compostilla	商业	500	新建	2015年	煤	—	—	—
德国	Janschwalde	商业	500	改造	2015年	煤	是	是	是
芬兰	Fortum-Meri-Pori	商业	565	改建	2015年	煤	是	是	是
美国	B&W-Campbell	商业	100	新建	2016年	煤	是	是	是
韩国	Youngdong	商业	125	改造	2016年	煤	是	—	是

从20世纪90年代中期开始，我国一些科研机构开展了AOC技术研究，如浙江大学、华中科技大学、华北电力大学、东南大学、清华大学等。然而国内的研究主要集中在小型的试验台实验及数值模拟，以煤、焦、生物质固体燃料为主研究其燃烧特性、污染物排放特性及富氧气氛辐射传热计算方法。近年来也开展了一些大型的试验项目及中试电厂项目，如浙江大学与法液空联合建造了2.5MW卧式炉AOC试验台；华中科技大学完成了全流程3MW AOC CO_2捕集试验平台以及35MW中试电厂的建设，湖北应城35MW_{th}AOC工业示范项目是目前国内规模最大的燃煤AOC CO_2捕集示范系统（Stanger et al., 2015; Zheng et al., 2015），实现了富氧燃烧器、富氧锅炉、低纯氧空分等关键装备的研发，并完成了浓度高达82.7%的CO_2富集；国家能源集团对200MWe AOC发电机组开展了较详细的概念设计研究，但未涉及全厂系统的耦合优化，350MWe超临界AOC发电机组耦合优化研究刚启动，还有待深入研究。表2-14列出了我国重要的富氧燃烧技术示范工程项目情况。

表2-14　我国富氧燃烧碳捕获技术示范工程项目

项目名称	实施时间	实施地点	捕集规模（万t/a）	实施单位
3MW_{th}全流程试验平台	2011年	湖北武汉	1	华中科技大学
35MW_{th}中试电厂	2014年	湖北应城	10	九大盐业公司、华中科技大学
200MW_{th}示范工程	计划	陕西榆林	>100	国华神木电厂、华中科技大学

POC技术在全球范围内已经进行了多个兆瓦级的小试试验，但相对于AOC，POC的研发尚处于早期阶段。2006年，意大利国家电力公司率先建成了工作压力为4bar，5MW的FPOC（无焰加压富氧燃烧）试验平台，试验结果显示该系统相比常规AOC系统能效高出3%；美国圣路易斯华盛顿大学建立了100kW分级POC小试试验装置，开展了初步的天然气和干煤粉燃烧试验；美国天然气工艺研究院和加拿大矿物与能源研究中心联合在1MW加压鼓泡床上开展POC的试验；美国犹他大学在其加压燃烧实验台上开展了300kW水煤浆增压富氧燃烧的辐射传热特性试验。国内早在20世纪80年代就开展了增压流化床燃烧联合循环的工业试验，近年来在“十三五”国家重点研发计划支持下，国内多个高校已建立了适合POC研究的加压滴管炉、平面火焰炉、微型流化床等试验装置，由东南大学、中国科学院工程热物理研究所等单位牵头组织相关研究，有望在近几年获得多煤种的POC反应动力学和污染物生成特性基础数据。受益于煤加压气化领域长期的研发经验，国

内在干煤粉、水煤浆和流化床的小试和中试装置上均有所积累，将之进行适当改造即可开展加压富氧燃烧的试验研究。目前，流化床 POC 的 0.05～1MW 小试试验研究已经启动，而干煤粉和水煤浆增压富氧燃烧的相关工作还有待开展。

（2）经济可行性分析

德国、英国、美国、韩国和中国等已进行了多项 AOC 大型示范的可行性研究，其中包括美国 FutureGen 2.0 计划 168MWe、韩国 YONGDONG 100MWe、英国 White Rose 436MWe 及中国神华 200MWe 等。在国内，山西阳光热电、新疆广汇、黑龙江大庆等也先后与国外合作，进行了 350MWe 等级的 AOC 大型示范预可行性研究。表 2-15 列举了多国研究组织及机构对 AOC 的技术经济评价结果，得到的公认基本结论是：AOC 会导致电厂净效率减少 8%～12%，静态投资成本增加 50% 以上，平准化发电成本增加 33%～89%。

表 2-15　国内外 AOC 电厂经济性分析结果

地域	美国			英国		中国		
成本基准年	2007 年	2009 年	2018 年	2016 年		2009 年	2010 年	2015 年
项目或组织	NETL	GCCSI	FutureGen2.0	White Rose		NZEC	华中科技大学	神华
原始数据（均转化为美元）								
煤种	烟煤、亚烟煤、褐煤	亚烟煤、褐煤	烟煤	烟煤	烟煤	烟煤	烟煤	烟煤
电厂类型	SCPC	CFB	USCPC	SCPC	SCPC	USCPC	SCPC	HPC
电厂净功率（MW）	550	550	550	98	300	673	385	120
电厂净效率，LHV（%）	29.5～32.5	30.7～31.6	34.7	21.2		35.6	25.6	24.0
投资成本（美元/kW）	2660～3163	3491～3821	3985	3767	2871	1266	1187	1525
再处理后参数								
静态投资成本（美元/kW）	3555～4227	4665～5106	3962	3545	2882	1481	1225	1436
平准化发电成本（美元/MWh）	96～100	108～119	106	81	118	69	60	68
静态投资成本相对增长率（%）	69～80	92～99	57	72	63.2	58	51	53
平准化发电成本相对增长率（%）	60～72	84～89	51	40	53	36	42	33

注：单位投资成本不包括建筑期利息，但包括全部的所有者成本。2018 年美元平均汇率 6.62。NETL：美国国家能源技术实验室；GCCSI：全球碳捕集与封存研究院；NZEC：煤炭利用近零排放项目；SCPC：超临界煤粉燃烧锅炉；USCPC：超超临界煤粉燃烧锅炉；CFB：循环流化床；HPC：超高压煤粉燃烧锅炉

目前 AOC 技术的 CO_2 捕集成本大约为 380 元/t，其中捕集电耗为 380kWh/t，捕集成本主要来自深冷空分制氧的电耗；同时由于单体规模较小，设备投资也较高。预计到 2030 年，单体规模可达到百万吨，CO_2 捕集成本将降至 220 元/t，捕集电耗将降至 270kWh/t；预计到 2035 和 2050 年，CO_2 捕集成本可分别降至 190 元/t 和 140 元/t，捕集电耗将分别

降至250kWh/t和230kWh/t。

3. 安全性及环境影响

由于烟气循环，富氧燃烧不仅提高了烟气中CO_2的浓度，其污染物的浓度同样在炉内发生富集。烟气中高浓度的水蒸气和SO_2、SO_3等腐蚀性气体，也会引起锅炉尾部换热面、烟气管道及设备表面的腐蚀（Stanger et al.，2015）。通过对主要设备进行防腐处理，提高设备耐腐蚀性，结合气气换热器（GGH），提高脱硫净烟气的温度，从而避免锅炉岛部分的设备及管道烟气低温腐蚀等问题。富氧燃烧机组中的正压运行设备及临时开启的阀门会向环境泄漏高浓度的CO_2，而CO_2容易在低处聚集，造成环境缺氧，对人身健康和安全造成风险，严重时会导致人员窒息。

4. 技术发展预测和应用潜力

富氧燃烧技术的推广约束因素主要包括技术成熟度、经济性、应用场景约束等。从技术成熟度看，富氧燃烧碳捕集技术在$30MW_{th}$等级范围的全流程中试电厂的验证工作已基本完成，该等级的成功运行预示着富氧燃烧技术具备建设200～600MW商业规模示范电站的基础。然而，较高的附加投资成本（50%～70%）、运行成本（30%～40%）和碳捕集成本（40～60美元/t CO_2），仍是富氧燃烧技术研发和推广过程中面临的关键难点。未来需要从低能耗和低成本制氧、稳定放大富氧燃烧器、酸性气体共压缩、空分系统–锅炉系统–压缩纯化系统耦合优化、加压富氧燃烧技术的研发等方面，实现捕集成本的大幅降低。

目前我国富氧燃烧碳捕集装置单体规模为10万t/a，年捕集高浓度CO_2约10万t，CO_2捕集成本为380元/t。综合考虑富氧燃烧技术成熟度、经济性、应用场景等约束条件，在与CO_2利用或封存匹配情况下，预计到2030年，富氧燃烧装置规模可达100万t，年捕集高浓度CO_2约0.05亿t，CO_2捕集成本降至220元/t，和2020年相比新增产值11亿元；预计到2035年，富氧燃烧装置规模可达300万t，年捕集高浓度CO_2约3亿t，CO_2捕集成本可降至190元/t以内，和2020年相比新增产值570亿元；预计到2050年，富氧燃烧装置规模可达500万t，年捕集高浓度CO_2约6亿t，CO_2捕集成本保持为140元/t，和2020年相比新增产值840亿元。

二、化学链燃烧技术

化学链燃烧是一种新型CO_2捕集技术，被认为是最有潜力降低CO_2捕集成本的选择之一（US Department of Energy，2017）。化学链燃烧技术通常用于煤的低碳燃烧，同时也能用于生物质、石油焦、污泥以及天然气等燃料；能用于新建的燃煤发电装置，也能用于传统电站的改造。在全世界范围内已有超过19套化学链燃烧试验装置实现连续运行，这些装置的规模为0.5～$4MW_{th}$，运行总时间超过2700h（Adanez et al.，2018）。

1. 技术介绍

化学链燃烧技术是利用固体载氧体（金属氧化物等）将空气中的氧传递给燃料进行燃烧，避免了燃料与空气的直接接触，实现了在燃烧过程中CO_2的内分离。化学链技术的优势是：不需要空分制氧，在燃烧中可直接产生不含 N_2 的高浓度 CO_2 烟气，降低了 CO_2 捕集能耗和成本，减小了系统净效率损失。该技术应用的关键是开发高活性固体载氧体材料、结合新型反应器、系统过程整体耦合优化等（US Department of Energy，2017；Adanez et al.，2018）。

化学链燃烧技术可分为原位气化化学链燃烧（iG-CLC）和氧解耦化学链燃烧（CLOU）两种类型。图 2-18 给出了两种化学链燃烧技术的原理示意图。原位气化化学链燃烧利用 H_2O 或 CO_2 将燃料首先转化为 H_2、CO 及其他可燃挥发分，这些挥发分随后与铁矿石等载氧体发生气固氧化反应，生成以 CO_2 和 H_2O 为主要成分的烟气［图 2-18（a）］。氧解耦化学链燃烧采用能够释放气态氧的载氧体（如 CuO），气态氧有利于强化固体燃料和半焦的燃烧、提高碳转化率和 CO_2 捕集率［图 2-18（b）］。

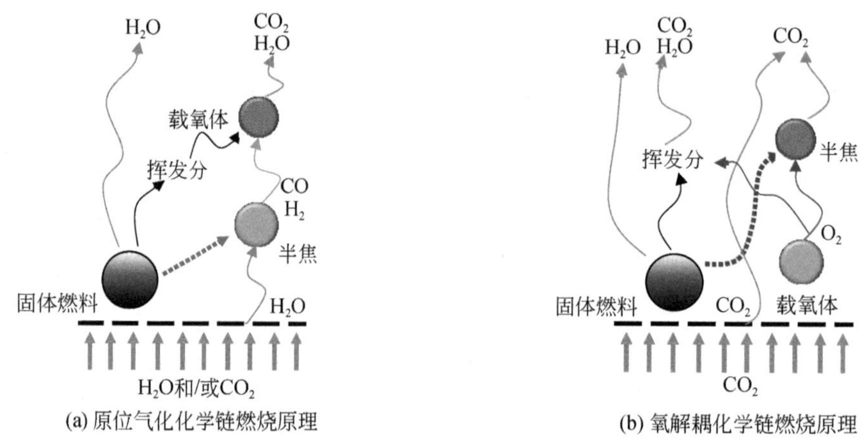

(a) 原位气化化学链燃烧原理　　(b) 氧解耦化学链燃烧原理

图 2-18　化学链燃烧技术原理示意图

原位气化化学链燃烧能够以廉价的铁矿石等作为载氧体，技术较成熟，得到了更多关注，但该类型的不足之处在于难以实现燃料的完全转化。氧解耦化学链燃烧能够释放气态氧分子，有利于提高燃料的转化率，但采用的载氧体（如 CuO）成本较高。

2. 技术成熟度与经济可行性

化学链燃烧技术在国外已完成了半工业化试验，已有的兆瓦级装置主要包括（Adanez et al.，2018）：瑞典查尔莫斯大学的 4MW“返料器—循环流化床”生物质化学链燃烧装置，采用钛铁矿和锰矿石作为载氧体，运行时间合计超过 1000h；美国阿尔斯通电力公司的 $3MW_{th}$ 双循环流化床煤化学链燃烧平台，采用 $CaSO_4$ 作为固体载氧体；德国达姆施塔特大学的 1MW 双循环流化床煤化学链燃烧装置，采用钛铁矿和铁矿石作为载氧体。此外，在美国、西班牙等国家已建成多个 25 ~ $100kW_{th}$ 级的小试装置。国外主要的化学链燃烧试验装置简况如表 2-16 所示。

表 2-16　国外化学链燃烧试验装置情况

机构	运行模式	实施时间	装置规模	封存情况
美国阿尔斯通电力公司	iG-CLC（煤）	2011 年	$3MW_{th}$	无
西班牙国家研究院	iG-CLC（煤）	2012 年	$50kW_{th}$	无

续表

机构	运行模式	实施时间	装置规模	封存情况
美国俄亥俄州立大学	iG-CLC（煤、生物质、冶金焦）	2012 年	$25kW_{th}$	无
德国达姆施塔特大学	iG-CLC（煤、生物质）	2012 年	$1MW_{th}$	无
瑞典查尔莫斯大学	iG-CLC（生物质）	2016 年	$4MW_{th}$	无
美国犹他大学	CLOU（煤、石油焦）	2017 年	$225kW_{th}$	无

化学链燃烧技术在国内的发展还处于实验室规模试验的阶段，已建成的装置包括：东南大学 $50kW_{th}$煤与石油焦燃烧平台、华中科技大学 $50kW_{th}$"鼓泡床—流化床"煤化学链燃烧平台、中国科学院广州能源所的 $10kW_{th}$生物质化学链燃烧装置。同时，在科技部重点研发计划等支持下，我国宁夏庆华集团、东方锅炉集团分别与东南大学、清华大学合作，正在建造 $3MW_{th}$规模的化学链燃烧装置，预计 2021 年投运。国内化学链燃烧实验装置的情况如表 2-17 所示。

表 2-17　国内化学链燃烧实验装置情况

机构	运行模式	实施时间	装置规模	封存情况
东南大学	iG-CLC（煤、石油焦）	2012 年	$50kW_{th}$	无
东南大学	iG-CLC（煤、生物质）	2012 年	$10kW_{th}$	无
中国科学院广州能源研究所	iG-CLC（生物质）	2014 年	$10kW_{th}$	无
华中科技大学	iG-CLC（煤）	2016 年	$50kW_{th}$	无

对比国内外化学链燃烧技术的进展可以发现：①目前投运的装置以双流化床反应器为主，但反应器的型式具有多样性，例如瑞典查尔莫斯大学的反应装置为改造装置，原流化床锅炉用作空气反应器、新增加的 2～$4MW_{th}$流化床气化炉作为化学链燃烧的燃料反应器；美国阿尔斯通电力公司的 $3MW_{th}$装置采用交联循环流化床，其特点是在燃料反应器内部也进行物料的循环；德国达姆施塔特大学与阿尔斯通电力公司合作建设的 $1MW_{th}$装置也为交联循环流化床；国内东南大学 $10kW_{th}$装置的燃料反应器采用喷动流化床以强化燃料与载氧体的混合，空气反应器采用快速流化床，$50kW_{th}$装置的两个反应器则均采用加压快速湍流流化床以减少载氧体的使用量；华中科技大学的 $50kW_{th}$装置的空气反应器采用循环流化床，燃料反应器则采用鼓泡流化床以延长半焦的反应时间。②目前投运的化学链燃烧装置主要在 iG-CLC 模式下运行，载氧体主要以铁基载氧体（Fe_2O_3）为主，但阿尔斯通电力公司 $3MW_{th}$和东南大学 $10kW_{th}$装置则进行了基于钙基载氧体（$CaSO_4$）、镍基载氧体（NiO）的测试。相反，在 CLOU 模式下开展的化学链燃烧试验很少，美国犹他大学在 $225kW_{th}$装置中进行了基于铜基载氧体（CuO）的测试，铜基载氧体成本较高、容易烧结是影响氧解耦化学链燃烧技术应用的关键因素。上述国内外研究现状表明，化学链燃烧技术实现了中试规模装置的运行，目前处于由实验室规模试验向工业示范的过渡阶段。为实现大规模商业化应用，需要根据燃料、载氧体的种类设计开发合适的化学链燃烧反应器，研发高活性、高强度、可在复杂气氛下长时间稳定工作的廉价载氧体，完成工业示范装置的全流程设计、建造和运行，实现载氧体性能与系统全过程的匹配优化。总体上，化学链

燃烧技术的商业化推广还有很长的路要走。

化学链燃烧在降低 CO_2 捕集能耗和成本方面极具优势。据报道，在考虑压缩 CO_2 和制备用于燃烧残碳所需氧气的条件下，化学链燃烧超临界电站的净发电效率为 35%~36%，化学链燃烧超超临界电站的净发电效率则可达 41%~42%，甚至超过 46%（Fan et al., 2017）。在 CO_2 捕集率>95% 的情况下，煤化学链燃烧相比传统燃煤电站的能量损耗仅为 2%~3%，远低于其他 CO_2 捕集技术的 7%~9%。IPCC（2005）在其发布的 CO_2 捕集与封存特别报告中认为化学链燃烧是最便宜的 CO_2 捕集技术之一。化学链燃烧技术的低能耗是其 CO_2 捕集成本低的主要原因。欧盟“强化 CO_2 捕集”（ENCAP）项目报告的结论也表明，采用化学链燃烧捕集 CO_2 所带来的电价增幅最小（Velazquez-Vargas et al., 2014），对于以烟煤为燃料的电厂，采用原位气化化学链燃烧捕集 CO_2 时电价仅增加 12%~22%（Adanez et al., 2018）。在考虑设备投资、残余碳燃烧所需氧气制备、载氧体成本等因素的情况下，2030~2035 年化学链燃烧技术的捕集成本预期可降到 80 元/t CO_2，2050 年的捕集成本可降到 65 元/t CO_2。

3. 安全性及环境影响

化学链燃烧技术安全性好、环境影响小。其安全性和环境影响主要取决于煤等燃料本身所含的污染性成分，需要考虑 CO_2 气体中污染物的脱除和气体净化，保证 CO_2 封存安全（Adanez et al., 2018）。

另外，化学链燃烧技术常采用天然铁矿石或锰矿石作为固体载氧体。虽然载氧体材料本身安全，没有环境毒性，但实际运行时仍需要恰当处置失活载氧体，避免其对环境的不利影响。固体载氧体磨损会产生微细颗粒，应从排放的气体中对其进行回收，防止排向环境或进入气体下游设备，避免造成环境污染以及设备堵塞等故障。

与同属于新型 CO_2 捕集技术的富氧燃烧相比，化学链燃烧反应器内不会富集 SO_2、SO_3 等腐蚀性气体，不容易引起锅炉尾部换热面、烟气管道及设备表面的腐蚀。此外，化学链燃烧也不容易发生燃烧不稳定、炉膛整体熄火等故障。因此，化学链燃烧的安全性较好，对环境的负面影响很小。

4. 技术发展预测和应用潜力

化学链燃烧技术的推广需要综合考虑技术成熟度、经济性、应用场景等多重因素的影响。从技术成熟度来看，化学链燃烧目前处于半工业化试验发展阶段。工业示范装置的自热运行与优化、工艺过程放大及与发电系统耦合集成、高性能和低成本载氧体的研发和批量制备等是该技术发展的关键和难点。近年，国外已开发出高机械强度、可在复杂“还原—氧化”气氛下长时间稳定工作的高活性载氧体，欧盟 ENCAP 项目首次设计了采用固体燃料的 455MW_e 级化学链燃烧电站，瑞典查尔莫斯大学设计了 400MW_e 化学链燃烧装置，并分析了其与大型循环流化床锅炉的差异和相似之处（Lyngfelt and Leckner, 2015）。诸多进展表明，化学链燃烧已成为一项可以实现商业化应用的 CO_2 捕集技术（US Department of Energy, 2017）。

从应用场景来看，化学链燃烧主要适合采用基于流化床的双反应器装置，可以通过原位气化燃烧或氧解耦燃烧的方式对煤、生物质、石油焦、污泥等多种燃料进行利用和实现

CO_2 捕集。化学链燃烧装置主要用于煤炭的清洁利用，既可以完全新建，也可以对传统的流化床装置进行升级改造。目前，影响化学链燃烧技术应用的最主要因素之一是反应装置放大比较困难，解决高循环量固体载氧体的物料循环问题和设计与物料循环、传热传质相匹配的高容量反应器是化学链燃烧技术应用规模突破的决定性因素。随着装置放大技术的突破和载氧体研发技术的进步，预计到 2030 年，化学链技术单体装置规模达到 10 万 t，捕集潜力达到百万吨，和 2020 年相比新增产值 0.8 亿元；到 2035 年，化学链技术单体装置规模达到 30 万 t，捕集潜力达到 0.5 亿 t，和 2020 年相比新增产值 37.5 亿元；到 2050 年，化学链技术单体装置规模达到 100 万 t，捕集潜力达到 2 亿 t，和 2020 年相比新增产值 130 亿元。

第四节　本章小结

本章就各类 CO_2 捕集技术的基本原理、技术成熟度和经济可行性、安全性及环境影响、技术发展预测和应用潜力等方面进行了分析和评估。

CO_2 捕集技术总体成熟度较高。其中化学吸收法燃烧前、物理吸收法燃烧前、PSA 法燃烧前、低温精馏法燃烧前、化学吸收法燃烧后、富氧燃烧法 CO_2 捕集技术已到达或接近达到商业应用阶段，化学吸附法燃烧后、化学链燃烧 CO_2 捕集技术处于中试阶段，膜分离燃烧后 CO_2 捕集技术处于基础研究阶段。

目前 CO_2 捕集技术能耗和成本总体偏高，燃烧后捕集能耗范围为 2.0～3.0GJ/t，成本范围为 270～400 元/t；预期到 2030 年捕集能耗可降低到 2.0GJ/t 以下，捕集成本降到 210～280 元/t，完全实现大规模商业化。燃烧前捕集技术目前热消耗范围为 0～2.4GJ/t，电耗范围为 20～200kWh/t，成本范围为 70～230 元/t；预期到 2030 年捕集热耗可降低到 2.0GJ/t 以下，电耗降低到 20～150kWh/t，捕集成本降到 70～200 元/t。富氧燃烧技术目前 CO_2 捕集电耗为 380kWh/t，捕集成本为 380 元/t。随着新技术的研发，预期到 2030 年 CO_2 捕集电耗降到 270kWh/t，成本可降低到 220 元/t。伴随化学链燃烧新技术的研发和示范，预期到 2030 年 CO_2 捕集成本降到 80 元/t。

我国 CO_2 捕集技术发展潜力巨大。考虑到 CO_2 捕集技术成熟度及在燃煤电厂、煤化工、钢铁、水泥等中高浓度气源的应用潜力，2030 年 CO_2 捕集技术的应用潜力为 6.0 亿 t，2035 年 CO_2 捕集技术的应用潜力为 10.9 亿 t，2050 年 CO_2 捕集技术的应用潜力为 23.1 亿 t。其中，在 2030 年以前具有较低成本优势的燃烧前物理吸收技术和具有规模优势的燃烧后化学吸收技术捕集潜力相当；到 2050 年，随着技术成熟度提高和捕集成本的降低，主要捕集潜力来自燃烧后化学吸收技术、富氧燃烧技术、燃烧前物理吸收技术以及化学链技术。与 2020 年相比，燃烧前、燃烧后以及富氧和化学链技术的实施可实现：在 2030 年新增产值分别达到 115 亿元、478 亿元以及 11.8 亿元，总计 604.8 亿元；在 2035 年和 2050 年新增产值总量则分别达到 1405.5 亿元和 2826 亿元。

各种现有捕集技术的主要参数，包括成熟度、耗热量、耗电量、材料费、耗水量、捕集率、总成本、减排潜力、安全环保等，列于表 2-18。总成本是除了人工成本以外的数据，基本是我国东部地区的价格。2020 年的是指现有装置的数据，2030 年、2035 年和 2050 年的数据是根据技术发展的可能性给出的估值，供参考。

表 2-18　CO_2 捕集技术评估表

指标评价层	评价指标		化学溶液吸收法燃烧前	物理溶液吸收法燃烧前	固体吸附法燃烧前	低温分馏法燃烧前	化学吸收法燃烧后	化学吸附法燃烧后	物理吸附法燃烧后	膜分离法燃烧后	富氧燃烧	化学链燃烧
技术成熟度	国际现状（分值）		4	5	4	4	5	3	4	3	4	2
	国内现状（分值）		4	5	4	4	4	2	4	2	4	1
	2030 年预期（分值）		4	5	4	4	5	3	4	4	5	3
	2035 年预期（分值）		5	5	5	5	5	4	5	4	5	3
	2050 年预期（分值）		5	5	5	5	5	4	5	5	5	4
捕集潜力	现状	单体规模（万 t/a）	10	150	70	4	12	0.1	0.3	0.5	10	0.6
		总捕集量（亿 t/a）	0.1	1	0.8	0.001	0.6	0.3	0.001	0.001	0.001	0.001
	2030 年	单体规模（万 t/a）	50	200	70	30	100	10	1	1	100	10
		应用潜力（亿 t/a）	0.2	1.6	1	0.05	2.4	0.5	0.1	0.05	0.05	0.01
	2035 年	单体规模（万 t/a）	50	200	100	50	150	20	5	1.5	300	30
		应用潜力（亿 t/a）	0.2	1.7	1.1	0.1	3	1	0.2	0.1	3	0.5
	2050 年	单体规模（万 t/a）	100	300	100	100	500	50	10	5	500	100
		应用潜力（亿 t/a）	0.3	2.2	1.3	0.3	8	2	0.5	0.5	6	2
工业成本	现状	热耗量（GJ/t）	2.4	1	0	0	2.8	2	2.1	0	0	/
		电耗量（kWh/t）	55	39	22	200	75	60	80	450	380	/
		设备投资（元/t）	40	80	60	100	40	240	150	150	240	/
		总成本（元/t）	230	167	70	170	270	400	330	310	380	/
	2030 年	热耗量（GJ/t）	2	0.6	0	0	2.2	1.8	1.9	0	0	/
		电耗量（kWh/t）	50	35	22	150	65	50	70	250	270	/
		设备投资（元/t）	40	70	60	80	40	120	120	120	120	80
		总成本（元/t）	200	125	70	135	220	270	280	210	220	80
	2035 年	热耗量（GJ/t）	1.8	0.5	0	0	1.8	1.6	1.8	0	0	/
		电耗量（kWh/t）	50	35	20	150	65	50	65	200	250	/
		设备投资（元/t）	40	70	50	80	40	90	90	105	100	75
		总成本（元/t）	190	120	60	135	190	225	245	180	190	75

续表

指标评价层	评价指标		化学溶液吸收法燃烧前	物理溶液吸收法燃烧前	固体吸附法燃烧前	低温分馏法燃烧前	化学吸收法燃烧后	化学吸附法燃烧后	物理吸附法燃烧后	膜分离法燃烧后	富氧燃烧	化学链燃烧
工业成本	2050年	热耗量（GJ/t）	1	0.3	0	0	1.6	1.5	1.7	0	0	/
		电耗量（kWh/t）	40	30	20	150	60	40	60	120	230	/
		设备投资（元/t）	30	65	40	70	30	50	50	90	60	65
		总成本（元/t）	115	100	50	124	170	170	195	135	140	65
经济可行性	商业可行性（成本投入与经济效益）		在有利的条件下不需碳收益可获得经济效益	在有利的条件下不需碳收益可获得经济效益	在有利的条件下不需碳收益可获得经济效益	在有利的条件下不需碳收益可获得经济效益	即使在有利的条件下也需要一定的碳收益才能获得经济效益	即使在有利的条件下也需要一定的碳收益才能获得经济效益	即使在有利的条件下也需要一定的碳收益才能获得经济效益	即使在有利的条件下也需要一定的碳收益才能获得经济效益	即使在有利的条件下也需要一定的碳收益才能获得经济效益	在有利的条件下无需碳收益可获得经济效益
	技术间的竞争能力对比		减排潜力和经济上均有竞争的技术	减排潜力和经济上均有竞争的技术	减排潜力有竞争的技术但受经济性限制	减排潜力和经济上均有竞争的技术	经济上有竞争的技术但受减排潜力限制	减排潜力和经济上均有竞争的技术	减排潜力和经济上均有竞争的技术	减排潜力和经济上均有竞争的技术	减排潜力和经济上均有竞争的技术	减排潜力上有竞争的技术但受经济性限制
安全环保	技术本身的安全性和稳定性		风险适中	风险适中	风险适中	风险适中	风险小	风险小	风险适中	风险小	风险适中	风险适中
	“三废”排放		中	低	低	低	中	中	低	低	低	低
	耗水量		中1	中1	无0	低1	中2	低1	无0	无0	中3	无0

注：（1）技术的成熟度。技术成熟度分为5个阶段：本项技术基本上处于概念阶段，尚未开展研发（0分）；基础研究以完成实验室规模的小型原理试验为标志（1分）；技术开发以完成全流程中试为标志（2分）；技术示范以完成全流程1万吨级示范为标志（3分）；工业应用指至少有1个全流程10万吨级工业规模装置正在运行（4分）；商业应用指多个全流程100万吨级工业规模装置正在运行（5分）。可根据试验进展与运行情况取小数。

（2）减排潜力。单体规模指单个工程可达到的最大捕集规模（万t/a）；总减排量指使用该技术全国可能实施的年捕集量。

（3）工业成本。耗热量：捕集每吨CO_2消耗热量，0～5.0GJ/tCO_2。以130℃蒸汽为标准。耗电量：捕集每吨CO_2消耗电量：0～250kWh/tCO_2。设备投资：按15年折旧的设备投资。总成本：捕集每吨CO_2的总成本（蒸汽60元/GJ，电0.3元/kWh，水1.0元/t。20%为其他运行维护费。）=（蒸汽×60+电×0.3+水×1+投资）×1.2。

（4）经济可行性。商业可行性指技术成熟的前提下考虑投入成本、产品收益、碳收益后获得的经济效益。通过以下方式进行描述，即一般情况下无需碳收益即可获得经济效益、在有利的条件下无需碳收益可获得经济效益、即使在有利的条件下也需要一定的碳收益才能获得经济效益。此处碳收益指通过CO_2减排从市场和政策中获得的收益。有利条件指工程实施所需的资源与原料来源、地理与地质及产品进入市场方面的各种非政策条件。技术间的竞争能力对比指，该捕集技术与其他CO_2减排技术相比是否具有减排潜力和经济性的竞争力。通过以下方式进行描述，即减排潜力和经济上均无竞争的技术、经济性上有竞争的技术但受减排潜力制约、减排潜力上有竞争的技术但受经济性限制、减排潜力和经济上均有竞争的技术。

（5）安全环保。技术本身的安全性和稳定性指从技术原理角度考虑，该技术在成熟情况下存在的风险大小。根据专家意见在1到5区间内选择分值（其中1、3和5分别代表：风险大、适中、小）。三废排放指该技术除CO_2减排以外可能减少或增加的环境影响程度（废水、废液、固废）。根据专家意见在-5到5区间内选择分值并注明比较技术的名称和说明理由。耗水量指该技术捕集CO_2过程中的水的消耗量，不含循环水量。根据专家意见在1到5区间内选择分值并注明比较技术的名称和说明理由（其中1、3和5分别代表低水耗（≤1t/tCO_2）、适中水耗（1～3t/tCO_2）、高水耗（≥3t/tCO_2））

参考文献

陈健，古共伟，郜豫川. 1998. 我国变压吸附技术的工业应用现状及展望. 化工进展，(1)：14-17.

陈全福. 2012. 精馏与低温提馏耦合——一种油田二氧化碳驱产出气回收新工艺. 油气藏评价与开发，2 (3)：42-47.

陈旭，杜涛，李刚，等. 2019. 吸附工艺在碳捕集中的应用现状. 中国电机工程学报，39 (Z1)：155-163.

樊强，许世森，刘沅，等. 2017. 基于 IGCC 的燃烧前 CO_2 捕集技术应用与示范. 中国电力，50 (5)：163-167，184.

费维扬，艾宁，陈健. 2005. 温室气体 CO_2 的捕集和分离——分离技术面临的挑战与机遇，化工进展，(1)：1-4.

桂霞，王陈魏，云志，等. 2014. 燃烧前 CO_2 捕集技术研究进展. 化工进展，33 (7)：1895-1901.

侯强. 2014. 二氧化碳驱伴生气分离技术综述. 广东化工，41 (6)：112-113，108.

黄斌，许世森，郜时旺，等. 2009. 华能北京热电厂 CO_2 捕集工业试验研究，中国电机工程学报，29 (17)：14-20.

黄家鹄，王斌，雍思昊，等. 2015. 热钾碱法与变压吸附法脱碳工艺比较. 氮肥技术，36 (5)：10-12，20.

吉立鹏，张丙龙，曾卫民. 2019. 基于石灰窑回收 CO_2 用于炼钢的关键技术分析. 中国冶金，29 (3)：49-52.

李蒙. 2016. 以低温甲醇与聚醇醚为溶剂的工业气净化工艺对比. 能源工业，37 (5)：71-76.

刘丽影，宫赫，王哲，等. 2018. 捕集高湿烟气中 CO_2 的变压吸附技术. 化学进展，30 (6)：872-878.

柳康，许世森，李广宇，等. 2018. 基于整体煤气化联合循环的燃烧前 CO_2 捕集工艺及系统分析. 化工进展，37 (12)：4897-4907.

毛薛刚，张玉迅，周洪富. 2007. 变压吸附技术在合成氨厂的应用. 低温与特气，25 (5)：39-43.

童武元. 2005. NHD 与低温甲醇洗净化工艺的比较与选择. 化肥工业，32 (3)：38-40.

王长尧. 2018. 华润海丰电厂亚洲首个碳捕集技术测试平台调试启动.

王甫，邓帅，赵军，等. 2016. 燃煤电厂 CO_2 捕集与系统集成的能耗与水耗分析. 工程热物理学报，37 (11)：2288-2295.

王田军，李军，崔凤霞，等. 2015. 二氧化碳捕集低温吸附剂研究进展. 精细石油化工，32 (4)：70-76.

徐贺. 2018. 提高变压吸附脱碳装置运行效率总结. 氮肥与合成气，46 (1)：25-26.

张国亮，邓华林，黄岚. 2016. 水泥窑尾烟气 CO_2 变压吸附技术工程化应用和探索. 中国水泥，(8)：81-83.

张华，全莉. 2019. 国家重点研发计划"膜法捕集 CO_2 技术及工业示范"项目中期检查工作顺利举行.

张旭，胡彪，梁金川，等. 2015. 高含 CO_2 天然气处理工艺研究. 当代化工，(11)：2697-2699.

中国电力顾问集团公司. 2009. 燃煤电厂 CO_2 捕集及相关技术研究.

中国无机盐工业协会镁化合物分会. 2013. 大荣成功实现 PSA 回收低浓度二氧化碳.

周德彪. 2014. EOR 采出气 CO_2 分离工艺模拟研究 . 青岛：青岛科技大学硕士学位论文.

Abanades J C, Arias B, Lyngfelt A, et al. 2015. Emerging CO_2 capture systems. International Journal of Greenhouse Gas Control, 40: 126-166.

Abraham B M, Asbury J G, Lynch E P, et al. 1982. Coal-oxygen process provides CO_2 for enhanced recovery. Oil Gas Journal, 80 (11): 68-75.

Adanez J, Abad A, Mendiara T, et al. 2018. Chemical looping combustion of solid fuels. Progress in Energy and

Combustion Science, 65: 299-326.

Bartels J, Pate M, Olson N. 2010. An economic survey of hydrogen production from conventional and alternative energy sources. International Journal of Hydrogen Energy, 35 (16): 8371-8384.

Buhre B J P, Elliott L K, Sheng C D, et al. 2005. Oxy-fuel combustion technology for coal-fired power generation. Progress in Energy & Combustion Science, 31 (4): 283-307.

Carbon Sequestration Leadership Forum. 2015. Supporting Development of 2nd and 3rd Generation Carbon Capture Technologies: Mapping technologies and relevant test facilities. https://wwwcslforumorg/cslf/sites/default/.

Casero P, García-Peña F, Coca P, et al. 2013. Elcogas pre-combustion carbon capture pilot real experience of commercial. Technology Energy Procedia, 37: 6374-6382.

Chang M H, Huang C M, Liu W H, et al. 2013. Design and experimental investigation of calcium looping process for 3-kWth and 1.9-MWth facilities. Chemical Engineering & Technology, 36: 1525-1532.

Chen L, Yong S Z, Ghoniem A F. 2012. Oxy-fuel combustion of pulverized coal: Characterization fundamentals stabilization and CFD modeling. Progress in Energy and Combustion Science, 38 (2): 156-214.

Cho S, Park J, Beum H, et al. 2004. A 2-stage PSA process for the recovery of CO_2 from flue gas and its power consumption. Studies in Surface Ence & Catalysis, 153: 405-410.

De Visser E, Hendriks C, Barrio M, et al. 2008. Dynamis CO_2 quality recommendations. International Journal of Greenhouse Gas Control, 2 (4): 478-484.

Deng L, Kim T J, Hägg M B. 2006. PVA/PVAm blend FSC membrane for CO_2-capture. Desalination, 199 (1): 523-524.

Deng X, Wang H, Huang, et al. 2010. Hydrogen flow chart in China. International Journal of Hydrogen Energy, 35 (13): 6475-6481.

Fan J M, Zhu L, Hong H, et al. 2017. A thermodynamic and environmental performance of in-situ gasification of chemical looping combustion for power generation using ilmenite with different coals and comparison with other coal-driven power technologies for CO_2 capture. Energy, 119: 1171-1180.

Fang F, Li Z S, Cai N S. 2009. Continuous CO_2 capture from flue gases using a dual fluidized bed reactor with calcium-based sorbent. Industrial & Engineering Chemistry Research, 48 (24): 11140-11147.

Han Y, Salim W, Chen K K, et al. 2019. Field trial of spiral-wound facilitated transport membrane module for CO_2 capture from flue gas. Journal of Membrane Science, 575: 242-251.

Hanak D P, Biliyok C, Anthony E J, et al. 2015. Modelling and comparison of calcium looping and chemical solvent scrubbing retrofits for CO_2 capture from coal-fired power plant. International. Journal of Greenhouse Gas Control, 42: 226-236.

IEA. 2011. World Energy Outlook 2011.

IPCC, 2005. IPCC Special Report on Carbon Dioxide Capture and Storage.

Ishibashi M, Ota H, kutsu N A, et al. 1996. Technology for removing carbon dioxide from power plant flue gas by the physical adsorption method. Energy Conversion & Management, 37: 6-8.

Kim T J, Uddin M W, Sandru M, et al. 2011. The effect of contaminants on the composite membranes for CO_2 separation and challenges in up-scaling of the membranes. Energy Procedia, 4: 737-744.

Krutka H S, Sjostrom T, Starns, et al. 2013. Post-combustion CO_2 capture using solid sorbents: 1 MWe pilot evaluation. Energy Procedia, 37: 73-88.

Lampert K, Ziebik A. 2007. Comparative analysis of energy requirements of CO_2 removal from metallurgical fuel gases. Energy, 32 (4): 521-527.

Li K K, Cousins A, Yu H, et al. 2016. Systematic study of aqueous monoethanolamine-based CO_2 capture process: model development and process improvement. Energy Science and Engineering, 4 (1): 23-39.

Li S, Jin H G, Mumford K A, et al. 2007. IGCC precombustion CO_2 capture using K_2CO_3 solvent and utilizing the intercooling heat recovered from CO_2 compressors for CO_2 regeneration. Journal of Energy Resources Technology, 137 (4): 042002.

Liu F, Fang M X, Dong W F, et al. 2019. Carbon dioxide absorption in aqueous alkanolamine blends for biphasic solvents screening and evaluation. Applied Energy, 233-234: 468-477.

Liu L, Wang S Q, Niu H W, et al. 2018. Process and integration optimization of post- combustion CO_2 capture system in a coal power plant. Energy Procedia, 154: 86-93.

Liu X Y, Chen J, Luo X B, et al. 2015. Study on heat integration of supercritical coal- fired power plant with post-combustion CO_2 capture process through process simulation. Fuel, 158: 625-633.

Liu Z, Wang L, Kong X, et al. 2012. Onsite CO_2 Capture from flue gas by an adsorption process in a coal-fired power plant. Industrial & Engineering Chemistry Research, 51 (21): 7355-7363.

Luberti M, Oreggioni G D, Ahn H. 2017. Design of a rapid vacuum pressure swing adsorption (RVPSA): process for post-combustion CO_2 capture from a biomass-fuelled CHP plant. Journal of Environmental Chemical Engineering, 5 (4): 3973-3982.

Lyngfelt A, Leckner B. 2015. A 1000 MWth boiler for chemical- looping combustion of solid fuels- Discussion of design and costs. Applied Energy, 157: 475-487.

MacKenzie A, Granatstein D L, Anthony E J, et al. 2007. Economics of CO_2 capture using the calcium cycle with a pressurized fluidized bed combustor. Energy Fuels, 21 (2): 920-926.

Mantripragada H C, Zhai H, Rubin E S. 2019. Boundary dam or Petra Nova- Which is a better model for CCS energy supply. International Journal of Greenhouse Gas Control, 82: 59-68.

Materazzi M R, Taylor P, Cozens, et al. 2018. Production of BioSNG from waste derived syngas: Pilot plant operation and preliminary assessment. Waste Manage, 79: 752-762.

Merkel T J, Kniep X, Wei, et al. 2015. Pilot testing of a membrane system for postcombustion CO_2/N_2 capture NETL CO_2 Capture Technology Meeting.

Nikolaidis G N, Kikkinides E S, Georgiadis M C. 2017. An integrated two- stage P/VSA process for postcombustion CO_2 capture using combinations of adsorbents Zeolite 13X and Mg- MOF- 74. Industrial & Engineering Chemistry Research, 56 (4): 974-988.

Okumuraa T, Yoshizawa K, Numaguchi R, et al. 2018. Demonstration plant of the Kawasaki CO_2 Capture (KCC): system with solid sorbent for coal- fired power stations. Australia: 14th International Conference on Greenhouse Gas Control Technologies.

Park Y C, Jo S H, Kyung D H, et al. 2014. Test operation results of the 10 MWe-scale dry-sorbent CO_2 capture process integrated with a real coal-fired power plant in Korea. Energy Procedia, 63: 2261-2265.

Petrakopoulou F, Tsatsaronis G. 2014. Can carbon dioxide capture and storage from power plants reduce the environmental impact of electricity generation. Energy & Fuels, 28 (8): 5327-5338.

Qi G, Fu L, Choi B H, et al. 2012. Efficient CO_2 sorbents based on silica foam with ultra- large mesopores. Energy & Environmental Science, 5 (6): 7368.

Riboldi L, Bolland O. 2015. Evaluating Pressure Swing Adsorption as a CO_2 separation technique in coal- fired power plants. International Journal of Greenhouse Gas Control, 39: 1-16.

Saima H Y, Mogi Y, Haraoka T. 2013. Development of PSA system for the recovery of carbon dioxide and carbon monoxide from blast furnace gas in steel works. Energy Procedia, 37: 7152-7159.

Sandru M, Kim T J, Capala W, et al. 2013. Pilot scale testing of polymeric membranes for CO_2 capture from coal fired power plants. Energy Procedia, 37: 6473-6480.

Sjostrom S, Senior C. 2020. Pilot testing of CO_2 capture from a coal-fired power plant-Part 2: Results from 1-MWe pilot tests. Clean Energy, 4 (1): 12-25.

Stanger R, Wall T, Spörl R, et al. 2015. Oxyfuel combustion for CO_2 capture in power plants. International Journal of Greenhouse Gas Control, 40 (1): 55-125.

Stéphenne K. 2014. Start-up of world's first commercial post-combustion coal fired CCS project: Contribution of shell cansolv to SaskPower Boundary Dam ICCS Project. Energy Procedia, 63: 6106-6110.

Subraveti S G, Pai K N, Rajagopalan A K, et al. 2019. Cycle design and optimization of pressure swing adsorption cycles for pre-combustion CO_2 capture. Applied Energy, 254: 113624.

Takeguchi T, Tanakulrungsank W, Inui T. 1993. Separation and/or concentration of CO_2 from CO_2/N_2 gaseous mixture by pressure swing adsorption using metal-incorporated microporous crystals with high surface area. Gas Separation & Purification, 7 (1): 3-9.

TanakaY Y, Sawada D, Tanase, et al. 2017. Tomakomai CCS Demonstration Project of Japan CO_2 injection in process. Energy Procedia, 114: 5836-5846.

Tao L, Xiao P, Qader A, et al. 2019. CO_2 capture from high concentration CO_2 natural gas by pressure swing adsorption at the CO_2CRC Otway site Australia. International Journal of Greenhouse Gas Control, 83: 1-10.

Toftegaard M B, Brix J, Jensen P A, et al. 2010. Oxy-fuel combustion of solid fuels. Progress in Energy & Combustion Science, 36 (5): 581-625.

US Department of Energy. 2017. Accelerating Breakthrough Innovation in Carbon Capture, Utilization and Storage. Report of the Carbon Capture Utilization and Storage Expert' Workshop.

Valencia J A, Denton R D. 2014. Controlled-Freeze-Zone Technology for the Distillation of High-CO_2 Natural Gas. Australia: SPE Asia Pacific Oil and Gas Conference and Exhibition.

Velazquez-Vargas L G, Devault D J, Flynn T J, et al. 2014. Techno-economic Analysis of a 550 MWe Atmospheric Iron-based Coal-direct Chemical Looping Process.

Wang L Y, Yang Y, Shen W L, et al. 2013. CO_2 Capture from flue gas in an existing coal-fired power plant by two successive pilot-scale VPSA units. Industrial & Engineering Chemistry Research, 52 (23): 7947-7955.

Wiheeb A D, Helwani Z, Kim J, et al. 2016. Pressure swing adsorption technologies for carbon dioxide capture. Separation and Purification Reviews, 45 (2): 108-121.

Wu Y, Chen X, Dong W, et al. 2013. K_2CO_3/Al_2O_3 for capturing CO_2 in flue gas from power plants Part 5: Carbonation and failure behavior of K_2CO_3/Al_2O_3 in the continuous co_2 sorption-desorption system. Energy Fuels, 27 (8): 4804-4809.

Xie W Y, Chen X P, Ma J L, et al. 2019. Energy analyses and process integration of coal-fired power plant with CO_2 capture using sodium-based dry sorbents. Applied Energy, 252: 113434.

Xue B, Yu Y, Chen J. 2017. Process simulation and energy consumption for CO_2 capture with different flowsheets. International Journal of Global Warming, 12 (2): 207.

Zeng S, Zhang X, Bai L, et al. 2017. Ionic-liquid-based CO_2 capture systems: Structure interaction and process. Chemical Reviews, 117 (14): 9625-9673.

Zhao M, Minett A I, Harris A T. 2013. A review of techno-economic models for the retrofitting of conventional pulverised-coal power plants for post-combustion capture (PCC) of CO_2. Energy & Environmental Science, 6 (1): 25-40.

Zheng C, Liu Z, Xiang J, et al. 2015. Fundamental and technical challenges for a compatible design scheme of oxyfuel combustion technology. Engineering, 1 (1): 139-149.

第三章

压缩、运输与注入技术

在 CCUS 技术产业链中，从源头处捕集的 CO_2 压缩后经特定途径输运至使用场所或封存地点。可靠、经济的运输技术是实现 CO_2 源汇匹配、利用及封存的关键环节，也是 CCUS 产业链运行的重要保障（叶云云等，2018；赵帅等，2014；Onyebuchi et al.，2018）。为提高效率，在运输过程中 CO_2 一般要处于高压状态。当 CO_2 运输至目的地后，将其注入目标设施（如注气井等）进而进入最为关键的 CO_2 利用与封存阶段，典型流程如图 3-1 所示。

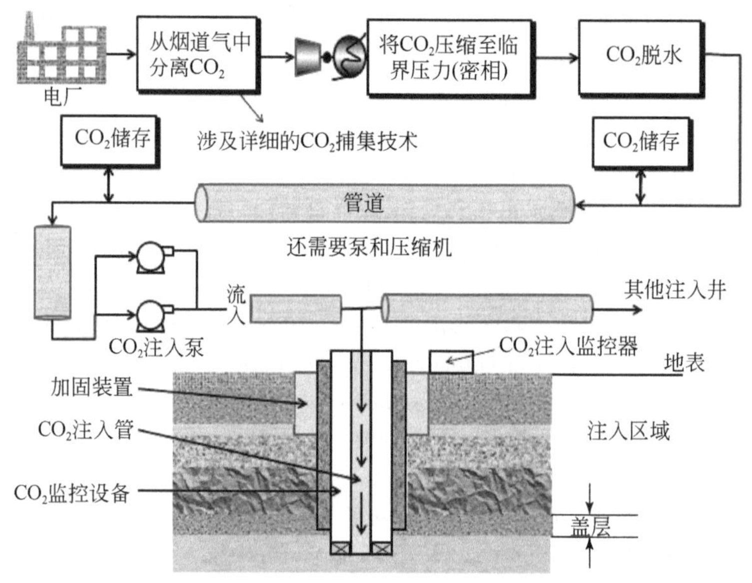

图 3-1　捕集后 CO_2 的压缩、运输和注入流程示意图

第一节　压缩技术

在 CO_2 被捕集后须先将其压缩注入容器，才可进一步由罐车、管道等输送至封存与利用地点。压缩环节处于捕集与输送之间，既要满足捕集的产品气纯度要求，又要考虑输送过程的经济性。一般来说，CO_2 的运输是采用低温低压液化或常温高压压缩两种方式（喻西崇等，2008）。但是，为了提高运输效率，CO_2 一般要处于高压状态，需要增加 CO_2 介质的压力。而且不同运输技术增压需求不同：罐车运输通常需增压至 2.5MPa；管道运输的增压数值依据输送工艺而定，一般在 10MPa 以上（白宏山等，2019；陆诗建等，2019）。

一、技术介绍

CO_2压缩技术是指提高CO_2介质压力至运输所需压力值的技术，一般采用压缩机进行增压。具体可分为低压等级增压（2.0～2.5MPag）、中压等级增压（4～7MPag）和高压等级增压（>10MPag）。CO_2压缩机作为增压和输送技术中最为核心的设备（赵帅等，2014），其性能对压缩及运输整个流程影响较大，因此开发新型CO_2压缩机以提高压缩性能来降低压缩CO_2气体的巨大成本和能耗，是提高CCUS系统效率、降低成本的重要途径（胡杨等，2013）。

当前适用于CCUS产业的CO_2压缩机主要有往复式压缩机、螺杆式压缩机和离心式压缩机，各类压缩机差异明显，主要特点对比如表3-1所示。简单来说，大规模（≥100万t/aCO_2捕集）、高中低压适用离心式压缩机，中小规模（<100万t/aCO_2捕集）、中低压适用螺杆式压缩机，中小规模（<100万t/aCO_2捕集）、高压适用往复式压缩机。近年来，各类压缩机在CO_2捕集压缩工程中均有广泛应用，而随着CO_2捕集增压工程的规模不断增加，离心式压缩机稳定性好的优势逐渐凸显。

表3-1　压缩机特点对比

序号	类型	特点
1	往复式压缩机	适用于中小气量；大多采用电动机拖动，一般不调速；气量调节通过补助容积装置或顶开进气阀装置，流量调节范围大；压力范围广泛，压比较高，尤其适用于高压和超高压；性能曲线陡峭，气量基本不随压力的变化而变化，排出压力稳定；绝热效率高；排气不均匀，气流有脉动，噪声大；机组结构复杂，外形尺寸和质量大，易损耗件多，维修量大
2	螺杆式压缩机	适用于中小气量，或含尘、湿、脏的气体；大多采用电动机拖动；气量调节可通过滑阀调节或调速来实现，功率损失较小；适用于中低压（<10MPa）；性能曲线陡峭，气量基本不随压力的变化而变化；排气均匀，气流脉动比往复压缩机小得多；绝热效率较高，低压力比、大气量时，η=0.65～0.75；机组结构简单，外形尺寸和质量小，与往复式压缩机相比，无气阀和活塞环等，易损件多，与离心压缩机相比，无喘振；连续运转周期时间长、运行可靠
3	离心式压缩机	适用于大中气量，要求介质为干净气体；转速高、排量大；气量调节常通过调速实现，功率损失小；压力范围广泛，适用于高中低压；性能曲线平坦，操作范围较宽；排气均匀、连续，无周期性脉动；结构紧凑、体积小、质量轻，易损件少，维修量小；连续运转周期长、运转可靠；压比较低，热效率较低，流量过小时会产生喘振

二、技术成熟度和经济可行性

国外的往复式压缩机和螺杆式压缩机产品性能比较先进，技术较为成熟。相比国外设备和技术，国内压缩机性能指标还存在一定差距，多为传统离心压缩机。随着国内技术的发展和进步，国外主要的往复式压缩机和螺杆式压缩机生产厂家逐渐增加了在我国的成撬商，允许我国厂家购买压缩机本体，国内成橇，如此可将分离器、辅助管线、冷却器和橇座等辅助设备的生产转至国内，相对于全部进口或主机进口成本明显降低。同时，通过引进国外先进技术并消化吸收国产化后，我国中高速往复式压缩机和螺杆压缩机与国外产品水平差距逐渐缩小，技术水平和可靠性方面也得到快速改进。

目前，罐车和轮船运输（压缩等级一般在2.5MPa）的CO_2压缩运行成本（含干燥）一般在40～60元/tCO_2，而且随着压缩规模继续增大，成本还可进一步降低。管道输送的CO_2压缩运行成本一般计算到管道输送成本中，对于超临界管道输送，运行成本和输送沿线地形地貌、人口密集度等直接相关，一般在0.4～1元/(tCO_2·km)。

三、安全性和环境影响

压缩技术安全性风险主要是出现故障时压缩机紧急停机，影响CO_2产品生产，并造成后续工艺干燥脱水及输送停车。同时需要放空系统内的CO_2。其中，常规CO_2管道输送放空将按照《二氧化碳输送管道设计标准》(SH/T 3202-2018）规范设置放空管，安全性高且环境影响较小。对于含CO_2、H_2S的酸气增压，安全性要求较高，输送距离短，一般对应一口井或几口井增压后直接注入，除常规安全措施外，还应设置火炬紧急燃烧系统、泄漏扩散范围警戒线和预警联防机制（张新军和陆诗建，2019；陆诗建等，2019）。而且，酸气增压工程一般在西北等人口稀少地区开展（如中石化塔河油田二号联酸气封存工程），安全性高且环境影响也较小。

四、技术发展预测和应用潜力

随着CCUS技术在不同行业的应用越来越多，捕集的CO_2技术参数越来越复杂，杂质含量也越来越高。因此，极端参数下的CO_2压缩技术逐渐成为未来重要的发展方向，例如大规模、大压缩比、高压力等级的CO_2压缩机技术，以及耐杂质（N_2、O_2、Ar、CH_4等）、耐酸（CO_2、H_2S）、耐氢的CO_2压缩机技术。这些压缩技术一旦实现，可直接应用于压缩不同行业捕集的CO_2，在节省除杂工艺的同时也提高了运输效率，应用潜力巨大。预计2030年CO_2单台压缩机规模可达300万t，2040年达到500万t。

第二节　运输技术

CO_2运输技术是指将捕集的CO_2运输至封存或利用场地的技术，是气源和封存、利用环节的中间纽带。合理的运输技术可以实现大规模碳源与碳汇的有效匹配（陈霖，2016），保障CCUS项目的经济性、安全性和稳定性。根据运输方式的不同，CO_2运输技术可分为罐车运输、船舶运输和管道运输。与CO_2增压对应，不同的运输技术所需的压力等级也各不相同，其中液态罐车运输、轮船运输对应低压力等级，气相或液相管道输送对应中压力等级，超临界管道输送对应高压力等级。运输方式的选择主要考虑三个方面因素：一是起点与终点位置和距离，二是输送量、温度与压力、输送过程成本，三是所需的输送设备，在此基础上来确定CO_2的最优输送方式（King，1982）。一般来说，管道运输是最经济的运输方式。根据每个碳排放源的特点不同，具体的运输流程应以经济合理为原则来设置。

一、罐车运输

1. 技术介绍

罐车通常可分为公路和铁路罐车，运输过程中罐车内 CO_2维持在-30～-20 ℃，1.7～2.0MPa 的状态。公路运输较为灵活，输送距离和地点不受限制；缺点是一次输送量较小，远距离输送的安全性较差，对罐车的输送安全条件要求较高，且成本较高。铁路运输的优点是成本比公路运输低，一次运输量比公路运输大，缺点是其必须依托现有的铁路设施，否则初始投资较大（陈兵等，2017）。在极其特殊条件下，气源地和注入地都接近铁路时，用铁路输送 CO_2液体具有一定的竞争力，但与管道输送相比成本依然较高，且铁路只能运输液态 CO_2，不能输送超临界气态 CO_2（郑建坡等，2018）。目前，中国已建成或运营的罐车运输 CO_2的万吨级 CCUS 示范项目（米剑锋和马晓芳，2019），如表 3-2 所示。由于示范项目规模在 12 万 t 以内，因此采用罐车运输比较合适。

表 3-2 中国已建成或运营的罐车运输 CO_2的万吨级 CCUS 示范项目

项目	捕集方式	运输	封存/利用	规模(万 t/a)	现状
中石化胜利油田捕集与驱油封存示范工程	燃煤电厂燃烧后捕集	罐车运输	EOR	4	2010 年投运
华能上海石洞口捕集示范项目	燃煤电厂燃烧后捕集	罐车运输	食品行业利用/工业利用	12	2009 年投运间歇式运营
中石化中原油田 CO_2-EOR 项目	炼油厂烟道气化学吸收	罐车运输	中原油田 EOR	10	2015 年建成捕集装置
延长石油榆林化工捕集项目	煤化工燃烧前捕集	罐车运输计划建 300～350km 管道	靖边油田 EOR	5	2012 年建成在运营
神华集团鄂尔多斯全流程示范项目	煤化工燃烧前捕集	罐车运输距离 17km	盐水层封存	10	2011 年投运间歇式运营
华中科技大学 35 兆瓦富氧燃烧项目	燃煤电厂富氧燃烧	罐车运输	市场销售工业应用	10	2014 年建成暂停投运
连云港清洁煤能源动力系统研究设施	IGCC 燃烧前捕集	管道运输	盐水层封存	3	2011 年投运在运营
天津北塘电厂 CCUS 项目	燃煤电厂燃烧后捕集	罐车运输	市场销售食品应用	2	2012 年投运在运营
新疆软化公司项目	石油炼化厂燃烧后捕集	罐车运输	克拉玛依油田 EOR	6	2010 年投运在运营

2. 技术成熟度和经济可行性

由于罐车的设计和制造已有规范统一的标准文件，国内外 CO_2罐车的制造和输送技术已经相当成熟（叶云云等，2018），主要应用于规模 10 万 t/a 以下的 CO_2输送。我国罐车运输技术与国际先进水平相当，罐车制造技术和规模已处于国际领先水平。罐车运输成本一般在1～1.5元/(t·km)。但是，与船舶运输和管道运输相比，罐车用以输运长距离和大量CO_2并不经济，故其通常仅用于CO_2输送规模非常小或者需要灵活运输的场合。且随着船舶和管道运输技术的发展，罐车运输终将会被替代。

3. 安全性和环境影响

罐车运输的安全风险和环境影响主要是指可能出现的交通事故和罐体超压破裂事故。目前，我国拥有完善的交通运输法规和特种设备法规，为保障罐车运输的安全提供了坚实基础和有力支持，安全性高。对应的环境问题是交通事故造成罐体CO_2泄漏和超压，导致安全阀开启泄放CO_2或罐体超压破裂导致CO_2泄漏。而CO_2泄漏的危害除了压力波对周围环境和人员产生安全方面的影响外，还包括低温冻伤和高浓度CO_2窒息，目前关于泄漏在低洼潮湿区域的CO_2对植物和土壤的相关影响还鲜见报道，由于罐车的可移动性和事故的偶然性，上述对环境的影响不会是长期的。

4. 技术发展预测和应用潜力

目前，由于CO_2管网建设和源汇匹配技术严重落后，我国CO_2管网建设能力远低于发达国家，在管道输运网络建成之前，仍会采用罐车输送技术来解决CCUS产业链条中CO_2的输送问题。预计2030年以后，随着管网建设的推进、源汇匹配的优化，大规模CO_2罐车输运将逐渐被管道输送方式所替代。

二、船舶运输

1. 技术介绍

CO_2船舶运输是指CO_2通过装载、运输、卸载和返港准备下次运输四个步骤完成从起点到目的地的运输方式。通常装载点与捕集源、卸载点与封存/利用点之间存在一定距离，故要求装载点与捕集源、卸载点与封存/利用点间布置“短距离管道”。船运CO_2主要包括压力式、低温式和半冷藏半加压式3种模式，其中压力式指船运的CO_2处于高压状态，在正常环境温度下不会沸腾或汽化；低温式指船运的CO_2处于足够低的温度，在常压下保持液态或固态；半冷藏半加压式为温度和压力条件组合使CO_2保持液态运送。船舶运输CO_2前需将CO_2液化，使其温度和压力分别达到-52℃和0.65MPa左右（绿色煤电有限公司，2008）。CO_2船舶运输的优点是运输方式灵活，允许不同来源的CO_2以低于管道输送临界尺寸的体积输送；缺点是需要液化装置和中间储存设施，成本会增加。

当前，国内外多个CCUS研究机构和项目采用或计划采用船舶运输CO_2，如日本新能源与工业发展机构（NEDO）“零排放煤气化发电CO_2储存创新”项目、韩国KIOST（韩国海洋科学技术研究所）、荷兰国家应用科学研究院（GCCSICINTRA）、挪威（Tel-Tek）+荷兰科学技术研究院（TNO）、新南威尔士大学（UNSW）+澳大利亚（CO_2CRC）、中国中石化黄桥等。

2. 技术成熟度和经济可行性

国外CO_2船舶运输技术相对比较成熟，例如挪威化学品船运公司Yara International

ASA 运营的 3 艘液态 CO_2专用运输船队，船队从荷兰斯勒伊斯基尔、挪威波什格伦、丹麦腓特烈西亚、德国多尔马根和英国威尔顿的生产工厂将液态 CO_2运往位于德国汉堡、法国蒙托伊尔、英国比灵赫姆的码头及泰晤士河码头以用于当地的食品行业，目前船队单个货物仓运输能力可以达到 1800t CO_2。CO_2船运属于液化气体船舶运输，我国已具备这类船舶的制造能力，拥有比较完备的技术体系，根据我国船级社发布的《散装运输液化气体船舶构造与设备规范（2018）》，对 CO_2（分为高纯度和再利用品质）运输船舶的技术设计要求也作了具体规定。

CO_2船舶运输是相对比较经济的运输方式，影响其成本的因素包括：气源到船运码头的短距离输送方式（采用管道运输还是罐车输送）、是否建立 CO_2中转站和中转站罐区建设、船运终点码头的卸料方式、终点码头到 CO_2利用点的输送方式（采用管道运输还是罐车输送）等。当输送距离大于 1500km，其优势更为明显（IPCC，2007；Boot-Handford et al.，2014；叶云云等，2018），运输成本会降至 0.1 元/(t · km)（IPCC，2005）。与其他运输方式相比，船舶运输成本要高于管道运输的成本，但是低于罐车运输成本。CO_2船舶运输成本一方面受运输距离和运输量的影响（Roussanaly et al.，2013；Roussanaly et al.，2014；Knoope et al.，2015），另一方面，CO_2液化系统的设计以及运输压力也将提升 CO_2船舶运输成本（Skagestad et al.，2014）。从热力学角度来看，CO_2压缩能耗与压力呈现 U 形关系，根据不同的液化压力要求，CO_2液化成本为 2 ~ 8 美元/tCO_2，液化中的电耗是最大的成本支出，占整个成本的 80% 左右。应该注意的是，从 CCUS 全链条上看捕获的 CO_2本身也需要经过压缩运输，因此 CO_2液化这部分成本是归到捕获还是运输部分，需要结合不同的船舶运输模式进行分析。

3. 安全性和环境影响

CO_2船舶运输的安全风险和环境影响包括触礁、碰撞等交通事故和液货舱满液、翻滚等事故（郭秀丽，2009）。船运液态 CO_2储存容器发生事故爆炸时，除了 CO_2本身会的急剧膨胀做功外，还包括低温液体的瞬间蒸发过程，而且饱和液态 CO_2的爆破能量远大于饱和气体（李文炜等，2010）。因船体空间有限，一旦发生上述事故将会对船员、船体等造成巨大伤害，同时会影响大气系统组成，造成海洋碳储量增加，加剧海洋酸化，对海洋生物和生态系统产生巨大影响（王双晶，2015；赵信国和刘广绪，2015），但是 CO_2船舶运输的安全环境风险整体处于可控范围内。CO_2船舶运输的安全环境风险与液化气（LPG、LNG）船舶输运相似，根据中国船级社发布的《散装运输液化气体船舶构造与设备规范（2018）》能够保证船舶的设计制造质量和安全使用要求，进而规避运输过程中 CO_2泄漏可能产生的窒息、低温和压力波伤害等安全环境风险。

4. 技术发展预测和应用潜力

目前，CO_2船舶运输还处于起步阶段。一方面，仅有少量小型轮船投入运行，还无大型船舶运输 CO_2；另一方面，大规模 CO_2船舶运输的实践仍较缺乏，这使得运输成本核算方法尚不成熟。但是当海上运输距离超过 1000km 时，船舶运输被认为是最经济有效的 CO_2运输方式。

源汇匹配的优化和基础设施建设是提升船舶输送 CO_2潜力的重要因素，而目前最重要

的挑战是整个 CO_2 运输网络还未建立。相比陆上管道运输，CO_2 船舶运输在 CO_2 运输体系中到底能发挥多大的作用，也存在一定的不确定性。但是，较小的运输成本可以在很大程度上支持近海封存。同时借鉴液化气船舶运输的经验，大规模的 CO_2 船舶运输可在较短时间内发展起来，未来达到和前者相一致的规模在技术上是可行的。根据我国现有技术和方法，预计于 2030 年实现万吨级建造及试验，并形成 5 万吨级船舶输送链；2040 年，达到 100 万 t 以上级船舶输送，商业应用逐渐推广；2050 年，全面实现船舶输送商业应用。

三、管道运输

1. 技术介绍

当运输量超过 100 万 t/a 时，管道运输是 CO_2 输送的最优选择（郭秀丽，2009）。CO_2 管道运输技术主要涉及 CO_2 相态、含杂质 CO_2 的输运、CO_2 管道系统和管网，以及泄漏、腐蚀与防护等方面。其中，适用于管道运输的 CO_2 相态有气相、液相、密相和超临界等多种相态，但对大规模、长距离管道运输，首选超临界和密相（叶云云等，2018）；杂质（如 N_2、O_2、Ar 等不凝性气体）的存在会显著影响 CO_2 物理性质，造成相平衡、临界点、密度、黏度、压缩性和黏度等参数的显著改变；腐蚀环境不同，CO_2 输送管道的腐蚀状况存在明显差异（蒋秀等，2013）。

管道输送与其他两种方式相比，成本最低，操作最方便，输送安全性最高，适用于远距离和大量 CO_2 的输送；缺点是只适用于固定地点之间的输送，初始投资大，需要特别注意输送过程中的管道腐蚀及泄漏问题（郑建坡等，2018）。

当前，美国、挪威等发达国家也未形成系列 CO_2 管道输送标准，部分相关的设计标准（ASME B31. 8、ASME831. 4、IP6、BS EN 14161、BS PD 8010 和 DNV- OS- F101）对现有 CO_2 管道建设起到了非常重要的作用，但这些标准在工艺条件、管道设计、安全与环境、材料选用、清洁与强度测试、施工技术、管线操作和测量等方面的细节仍需要补充完善。

2. 技术成熟度和经济可行性

国际上已有大量 CO_2 管道输送工程实践，至少有 22 套商业模式的 CO_2 长输管道运行。自 20 世纪 70 年代以来，以美国为代表的发达国家已广泛应用管道进行长距离、大规模 CO_2 运输，据统计美国正在运营的 CO_2 干线管网长度超过 6000km（宁雯宇等，2014）。随着 CO_2 的海洋封存逐渐引起人类关注，2008 年 5 月，全球唯一实现工业化输送 CO_2 的海底管道投入运营，从挪威北部 Hammerfest 到巴伦支海 Snhvit 油田，全长 153km。虽然国际上一些国家在 CO_2 管道的建设及运行方面取得了很大的突破，但也存在一些问题，例如对不同来源含杂质 CO_2 的管输知识体系未完全掌握，经验不足，风险不可控，急需管输 CO_2 的风险和不确定性指导规范。

近年来，国内 CO_2 的管道运输也陆续开展了一些实践研究，例如，中石化对齐鲁石化至胜利油区 50 万 t/a CO_2 管道工程、胜利电厂至胜利油区 100 万 t/a CO_2 管道工程、华东油气田 CO_2 驱工业化应用输送管道工程 3 项 CO_2 管道输送工程作了前期研究设计，分别从经济性、安全性、适应性等方面进行了探索（陈霖，2016）。但总体而言，中国与美国等发达国家存在显著差距（叶云云等，2014）。我国除了为数不多的示范项目，没有真正意义上的CO_2管道运输项目，技术成熟度较低，更没有带干线和支线的CO_2管道运输网络，谈不上源汇匹配和优化，但是现有的油气管道输运规模和经验有助于我国CO_2管道运输的快速发展。

为进一步探索管道运输成本，有研究基于现有CO_2海底管道的技术特征和成本分析方法（Johnson et al.，2008；Cao et al.，2020），建立了海底CO_2管道的技术经济模型，并利用该模型和中国价格参数对某CO_2海洋封存示范项目的运输部分进行了初步技术设计和成本分析，结果显示对于给定的100km管道，当设定运输量范围为3～20Mt/a时，平准化成本为0.10～0.41元（魏宁等，2015）。总之，与槽车运输、火车运输和轮船运输等其他运输方式相比，管道运输具有较强的经济可行性。槽车运输、火车运输和轮船运输成本在1元/(tCO_2·km)以上，而超临界管道运输成本在0.4～0.5元/(tCO_2·km)，未来随着输送规模的增大，预计管道运输成本可降至0.3元/(tCO_2·km)以下。

3. 安全性和环境影响

CO_2管道运输的安全风险及环境影响主要指由于管道腐蚀、管道断裂和管道密封件失效造成的泄漏、排放给周边带来的安全性影响，以及造成的大气环境改变。据统计，每1000km CO_2输送管道发生事故的数量大约是天然气管道的2倍，60%的事故是由腐蚀及管道附件溶胀失效等造成的。若CO_2泄漏而未被发现，叠加CO_2重气扩散的特征，将会聚集在低洼地区（如管道路线附近的山谷中），形成高浓度区域，进而对人体造成伤害（郭晓璐，2017）。但与罐车和船舶运输相比，管道运输仍是安全性最高的方式。另外，泄漏产生的低温可以使材料性能劣化，特别是材料韧性迅速降低，后果是缺陷位置裂纹迅速扩展，产生长程断裂，高压CO_2产生的爆炸冲击波对周围建筑物、设备、人员都能造成极大的伤害。泄漏造成的低温会冻伤人员、植被等。此外，泄漏时还会产生巨大噪声，在开展泄漏实验过程中测得泄漏口附近的最大噪声高达112dB，距离泄漏口100m位置处的噪声也达到了86.8dB（Cao et al.，2020），将对人员、牲畜等造成伤害。

4. 技术发展预测和应用潜力

在CCUS技术产业链中，碳源与碳汇之间的CO_2管道运输是实现CO_2大规模减排的必要条件。IEA预测，到2050年，全球CO_2运输管道总长度将达到95 000～550 000km（IEA，2012）。未来的技术发展集中在以下几个方面，适用于密相及超临界相CO_2管道运输的材料性能研究、基于地理信息数据的多源汇CO_2管道设计与优化、国内CO_2输运管道技术经济性分析方法。

“十三五”期间，随着西部地区煤制气、煤化工的规模化发展，我国将初步形成区域性的碳源，同时结合西部地区沉积盆地的碳汇资源，有望初步实现区域CO_2管道规模化。在此基础上，结合CO_2捕集总量、利用及封存需求量的平衡关系，逐步推进国内CO_2管道区域性的连通。预测于2030年前技术发展成熟，输送能力约为2000万t/a，管道长度达2000km以上，大型CO_2增压技术的提升将大幅增加陆地管道输送规模；2040年，输送能力约为3亿t/a，管道长度达12 000km以上；2050年，输送能力约为10亿t/a，管道长度达20 000km以上，海底管道输送技术实现商业应用。2050年，我国将基本完善全国性CO_2管网布局，为CCUS全流程工程的大规模输送提供支撑。

第三节　注入技术

在CO_2运输至目的地后，需将其注入目标设施，以最终实现CO_2高效安全封存。其中所需的重要技术手段就是CO_2注入技术，即将CO_2注入目标设施的技术。对于CO_2注入封存过程，一般要求CO_2纯度大于等于90 vol%。

一、技术介绍

CO_2注入技术的核心是注入系统，其主要由储罐、喂料泵、注入泵等组成，储罐中液态CO_2经喂液泵升压后，进入压注泵，增压至10～30MPa进入换热器加热。换热后的高压CO_2经配气阀组配注至各注气井。泵组（喂料泵、压注泵等）和调压计量阀组是CO_2注入工艺的核心，前者用于CO_2加压以实现注入需求，后者用于控制调节CO_2注入流量、注入压力等参数。

CO_2低温储罐是CO_2注入技术的主要设备，储罐中的CO_2以−23～−30℃液态存在，低温状态由制冷机维持。CO_2液相压注工艺采用喂液技术是为了防止CO_2注入泵发生“气锁”现象，在液态CO_2进入注入泵前，设置喂液泵进行增压，以克服进液阀的阻力损失，保证进入泵腔内的CO_2为过饱和蒸汽压以上的液相状态，同时弥补压注泵自吸时进口供液不足的缺点。

CO_2注气站喂料泵采用逆循环型屏蔽电泵，具有噪声低、无泄漏、运行稳定、寿命长和免维修等特点。逆循环型屏蔽电泵适用于输送易气化液体，泵本身无需排气阀，其逆循环管路可将电机循环液排到进液罐的气相区，从而保证泵和电机腔内无气体存在，确保轴承的润滑和电机的冷却，这种结构适合输送低温液化气体。注入泵可采用卧式三柱塞往复式CO_2注入泵，泵体采用对称设计，两面都有进、出口，便于摆放安装，其结构紧凑、体积小、重量轻、操作维修方便、运转平稳可靠、效率高。

二、技术成熟度和经济可行性

CO_2注入技术在国内外得到广泛应用，基本实现了集中化、规模化，技术成熟度高。在我国胜利油田、中原油田、江苏油田、吉林油田、延长石油等都有成熟的CO_2注入工程实施。作为CO_2注入技术的分支，酸气注入技术在美国、加拿大也实现了广泛的示范（白宏山等，2019）。胜利油田探索研制了橇装化、模块化的CO_2注入装备，有效降低了输送与配注成本。在经济可行性方面，目前CO_2注入成本在20～40元/tCO_2，偏远区块或单井CO_2注入工程成本仍较高。

三、安全性与环境影响

CO_2注入技术的安全风险和环境影响主要是CO_2外排。胜利油田对当前CO_2注入技术进行了改进，在注入泵出口增加了液相回流管线和气相回灌管线，解决了CO_2增压后有外排气的问题。此外，注入到井下后调剖技术是关键，目前国内的CO_2-EOR项目的CO_2与原油的置换率较低，范围为3～4.5t/t，由此，针对强非均质和高黏性油层的剖面控制与提高采收率技术需要重点解决。

四、技术发展预测和规模化潜力

我国胜利油田、中原油田、江苏油田、吉林油田和新疆油田等十多个油田均开展了CO_2驱油工程，但这些油田均存在超低渗储层、油稠、油井分散、边远区块较多等问题，从而导致了置换率低、采收率低与高成本，因此突破与开发调剖技术、大注入速率技术、智能化、橇装化、模块化的CO_2注入设备，研究水气交替注入技术，进一步降低单井和边远区块注入成本是注入技术未来发展的核心问题。

第四节　本章小结

CO_2压缩、运输与注入环节是CCUS系统中链接捕集与封存的重要环节。本章从技术成熟度、经济性、安全性和未来发展的规模方面研判了当前CO_2压缩、罐车运输、船舶运输、管道运输和CO_2注入技术的情况，得出结论如下：

1）整体来看，我国CO_2压缩、运输（除管道运输外）以及注入技术与西方先进国家的差距正在逐渐缩小，且部分技术已步入相对成熟阶段。近年来国内生产压缩机技术水平和可靠性迅速改善，但对复杂参数和工况的CO_2压缩还需进一步开发大流量、高压力、耐腐蚀的压缩技术及设备。在CO_2运输方面，罐车运输技术已十分成熟，陆地管道运输已达到工业示范阶段，而海底管道运输和大规模海上船舶运输还处于概念阶段，大量的基础及应用研究亟需开展。CO_2注入技术已实现了大规模集中注入和边远区块零散注入，基本处于商业化阶段，但注入成本较高。

2）针对安全性和环境影响，近年来我国CO_2压缩、运输（除管道运输外）以及注入环节中的问题逐渐改善。例如，酸气增压工程对安全性要求较高，一般在西北等人口稀少地区开展，降低了对环境的不利影响。我国完善的交通运输法规和特种设备法规，船舶的设计制造质量和安全使用的严格要求，提升了罐车和船舶运输的安全系数，确保安全环境风险处于可控范围内。

3）对标国际先进水平，我国压缩、运输及注入技术还具有一定上升空间和巨大潜力。极端参数下的CO_2压缩技术将成为未来重要的发展方向，应着眼大规模、大压缩比、特高出口压力等级压缩机研发。未来CO_2船舶输送相关技术标准将不断完善、相关配套设施会逐步建设，同时关注CO_2近海封存。基于地理信息数据的多源汇CO_2管道设计与优化等大量的基础及应用研究亟需开展。降低单井和边远区块注入成本是今后注入技术研究的核心，注入管道的完整性管理、注入安全和预警技术、大注入速率技术、水气交替注入技术、智能化设计、模块化设计也将成为未来重点研发方向。

参考文献

安德鲁 C. 帕尔默．罗杰 A 金．帕尔默等．2013. 海底管道工程．梁永图，张妮，黎一鸣，等译．北京：石油工业出版社．

白宏山，赵东亚，田群宏，等．2019. CO_2捕集、运输、驱油与封存全流程随机优化．化工进展，38（11）：4911-4920.

陈兵，白世星．2018. 二氧化碳输送与封存方式利弊分析．天然气化工（C1 化学与化工），43（2）：114-118

陈兵，肖红亮，曹双歌．2017. 适合陕北 CCUS 的含杂质的 CO2 气源品质指标研究．天然气化工，42（3）：63-66.

陈霖．2016. 中石化二氧化碳管道输送技术及实践．石油工程建设，42（4）：7-10.

戴兴旺，牛铮，范海俊，等．2019. 液态二氧化碳罐车的设计要点．化工机械，46（1）：25-28.

郭晓璐．2017. CO_2管道泄漏中介质压力响应，相态变化和扩散特性研究．大连：大连理工大学博士学位论文．

郭秀丽．2009. 东方 1-1 气田 CO_2储存与输送方案优化分析．北京：中国石油大学硕士学位论文．

胡杨，王志恒，席光．2013. 碳捕集与储存（CCS）系统中二氧化碳压缩机技术的研究进展．风机技术，86（4）：70-76.

蒋秀，屈定荣，刘小辉．2013. 超临界 CO_2管道输送与安全．油气储运，32（8）：809-813.

李文炜，狄刚，王瑞欣．2010. 船运液态二氧化碳储罐爆炸事故的原因分析．安全与环境工程，17（1）：95-98.

陆诗建，赵毅，姚丽蓉，等．2019. 酸气注入泄漏扩散模拟与应急处置．工业安全与环保，45（11）：5-9，48.

绿色煤电有限公司．2008. 挑战全球气候变化：二氧化碳捕集与封存．北京：中国水利水电出版社．

米剑锋，马晓芳．2019. 中国 CCUS 技术发展趋势分析．中国电机工程学报，（9）：2537-2544.

宁雯宇，陈磊，韩喜龙，等．2014. CO_2管道输送技术现状研究．当代化工，43（7）：1280-1282.

王双晶．2015. 二氧化碳增加和气候变化对海洋碳储量、酸化及氧储量的影响．杭州：浙江大学硕士学位论文．

魏宁，王倩，李小春，等．2015. CO_2海洋管道运输的技术经济分析．油气储运，34（11）：1141-1146.

叶云云，廖海燕，王鹏，等．2018. 我国燃煤发电 CCS/CCUS 技术发展方向及发展路线图研究．中国工程科学，20（3）：80-89.

喻西崇，李志军，郑晓鹏，等．2008. CO_2地面处理、液化和运输技术．天然气工业，28（8）：99-101.

张新军，陆诗建．2019. 酸气回注安全控制技术研究进展．化学与生物工程，36（8）：1-5.

赵帅，张建，李清方，等．2014. 含杂质二氧化碳管道输送．北京：中国石化出版社．

赵信国，刘广绪．2015. 海洋酸化对海洋无脊椎动物的影响研究进展．生态学报，35（7）：2388-2398.

郑建坡，史建公，刘志坚，等．2018. 二氧化碳管道输送技术研究进展．中外能源，23（6）：87-94.

Boot-Handford M E，Abanades J C，Anthony E J，et al. 2014. Carbon capture and storage update. Energy & Environmental Science：EES，7（1）：130-189.

Cao Q，Yan X Q，Liu S R，et al. 2020. Temperature and phase evolution and density distribution in cross section and sound evolution during the release of dense CO_2 from a large-scale pipeline. International Journal of Greenhouse Gas Control，96：103011.

IEA. 2012. Energy Technology Perspectives 2012：Pathways to a Clean Energy System.

IPCC. 2005. Special Report on Carbon Dioxide Capture and Storage.

IPCC. 2007. Intergovernmental Panel on Climate Change, Fourth Assessment Report. Cambridge and New York: The Physical Science Basis in Cambridge University Press.

Johnsen K, Helle K, Neid S, et al. 2011. DNV recommended practice: Design and operation of CO_2 pipelines. Energy Procedia, 4: 3032-3039.

Johnson K, Holt H, Helle K, et al. 2008. Mapping of potential HSE issues related to large-scale capture transport and storage of CO_2//Bongartz R, Linssen J, Markewitz P. CO_2 Transportation. Cham: Springer.

King G. 1982. Here are key design considerations for CO_2 pipelines. Oil Gas Journal, 80 (39): 219-222.

Knoope M M J, Ramirez A, Faaij A P C. 2015. Investing in CO_2 transport infrastructure under uncertainty: A comparison between ships and pipelines. International Journal of Greenhouse Gas Control, 41: 174-193.

Mai B, Adjiman C S, Andre B, et al. 2018. Carbon capture and storage: The way forward. Energy Enviromental Science, 11: 1062-1176.

Onyebuchi V E, Biliyok C, Hanak D P, et al. 2018. A systematic review of key challenges of CO_2 transport via pipelines. Renewable & Sustainable Energy Reviews, 81: 2563-2583.

Roussanaly S, Jakobsen J P, Hognes E H, et al. 2013. Benchmarking of CO_2 transport technologies: Part I—Onshore pipeline and shipping between two onshore areas. International Journal of Greenhouse Gas Control, 19: 584-594.

Roussanaly S, Brunsvold A L, Hognes E S. 2014. Benchmarking of CO_2 transport technologies: Part Ⅱ-Offshore pipeline and shipping to an offshore site. International Journal of Greenhouse Gas Control, 28: 283-299.

Skagestad R, Eldrup N, Hansen H R, et al. 2014. Ship Transport of CO_2: Status and Technology Gaps.

第四章

CO_2 化学和生物利用技术

CO_2化学和生物利用技术是指基于化学或生物技术，将 CO_2转化为其他产品，并在此过程中产生一定减排效应的技术手段（Hepburn et al.，2019）。该类技术在 CCUS 整体链条中处于下游，是一种有效的 CO_2处置手段，包括 CO_2化学转化制备化学品技术、CO_2矿化利用技术、CO_2生物利用技术。

CO_2化学和生物利用技术路线众多，能够与现有的能源、化工、生物等工艺过程实现深度耦合，产品往往具有较高的附加值。通过化学或生物的手段进行 CO_2的转化不但能够直接利用 CO_2，还能够实现对传统高碳原料的替代，降低石油、煤炭的消耗，因此兼具直接减排和间接减排效应，其综合减排潜力巨大。

CO_2化学和生物利用技术在近年受到了越来越多的关注，其可行性、经济性及减排潜力获得了广泛认可（刘昌俊等，2016；刘志敏，2018；白振敏等，2018；能源转型委员会和落基山研究所，2019；蔡博峰等，2020），并逐渐形成了与其他能源技术深入融合的良好趋势（巩金龙，2017；Buelens et al.，2019）。随着各国投入的增加，CO_2化学和生物利用领域的基础研究进展迅速，工程示范稳步推进，应用潜力日益突出。

本章从原理、成熟度、经济性、安全稳定性、环境社会影响、应用潜力和 CO_2减排潜力等八个方面对 CO_2化学和生物利用技术进行评价，为 CO_2利用的政策制定、投资决策及科学研究提供参考与借鉴。

第一节　CO_2 化学转化制备化学品

近年来，随着对 CO_2化学转化技术的系统研究，从 CO_2出发制备化学品的新兴路线已经成为学术界的前瞻热点，相关技术也受到了能源、化工等产业界的广泛关注，德国甚至提出了“以 CO_2转化技术为核心重塑德国化学工业”的宏伟目标。可以说，未来化学品合成必将从当前的石油和煤炭等化石原料逐渐转变为更加绿色、环保、可持续的 CO_2基路线。相关技术具有广阔的发展机遇和市场空间，将在未来全球经济稳定增长、产业结构调整升级、可持续发展、循环经济等领域扮演重要角色。根据产品类别，CO_2化学转化制备化学品技术主要包括制备能源化学品、精细化工品和聚合物材料技术。

一、CO_2重整甲烷（CH_4）制备合成气技术

合成气是指以 H_2和 CO 为主要组分的混合气体，是碳一化工过程中最为重要的反应原料，用于合成氨、甲醇、油品以及由此衍生的多种下游产品（陈嵩嵩等，2020）。基于我国“富煤少油”的资源禀赋特征，煤化工过程对于支撑我国社会经济发展和能源安全至关重要，而合成气正是大多数煤化工过程必经的中间产物。目前我国绝大多数合成气主要通

过煤气化技术制备（葛庆杰，2016），该过程成熟度高，但获取的合成气中 CO 含量过高，往往需要进一步通过水煤气变换反应将一部分 CO 转化为 CO_2，并通过低温甲醇洗技术分离出 CO_2，从而实现氢碳比的调节。总体而言，通过煤气化技术制备合成气碳效较低，是造成煤化工过程水耗大、排放高的主要原因，这已经成为制约大规模煤化工过程发展的重大瓶颈。因此，亟待发展更为绿色低碳的合成气制备技术，而随着煤层气、页岩气、可燃冰等非常规天然气资源开采技术的快速成熟，CO_2 重整 CH_4（CO_2 Reforming of Methane，CRM）制备合成气技术有望成为未来合成气制备技术的重要组成部分。

1. 技术介绍

CO_2 重整 CH_4 制备合成气技术是指在催化剂作用下，CO_2 和 CH_4 在 600～900℃的温度下反应生成合成气的过程，其反应方程式如下所示（Song et al.，2020a；Clarke et al.，2020）：

$$CO_2+CH_4=2CO+2H_2$$

相对于传统的合成气制备方法（煤气化、CH_4 水蒸气重整）而言，CO_2 重整 CH_4 制备合成气技术的主要特点包括：①能够同时将 CO_2 和 CH_4 两种温室气体转化为具有较高附加值的合成气产品，具有较好的温室气体减排效益；②所得合成气的氢碳比与下游利用过程的匹配性较好；③可直接利用煤化工副产的 CO_2，提升过程的整体碳效，显著降低煤化工产品的碳排放强度；④能够与 CH_4 水蒸气重整、CH_4 部分氧化等过程耦合形成“多重整”过程，在反应供能和合成气氢碳比调控等方面提供较高灵活性（常卉，2019；Tian et al.，2019）。

2. 技术成熟度和经济可行性

（1）技术成熟度

CO_2 重整 CH_4 制备合成气技术在全球范围的总体研究水平处于中试示范阶段，目前已经在高性能催化剂、专用反应器、中试技术验证等方面取得了重要进展，为技术的商业化示范和推广奠定了必要基础。

国外针对 CO_2 重整 CH_4 制备合成气技术的研究起始于 20 世纪 90 年代，由于 CO_2 重整 CH_4 反应过程中催化剂极易积碳和烧结，从而快速失活，因此早期工作主要集中在催化剂研发方面，围绕相对廉价的镍基催化剂开展了大量工作，但并未形成重大突破（余长春等，2020；付彧和孙予罕，2020；Guo et al.，2020；Vecchietti et al.，2020；Huang et al.，2020a）。同时，由于近年来合成气化工在发达国家的需求有所降低，针对 CO_2 重整 CH_4 制备合成气技术的应用研发缺乏动力，因此目前国外在该领域主要的工作集中在基础研究方面（Al-Fatesh et al.，2020；Aziz et al.，2020；Greluk et al.，2020；Zambrano et al.，2020）。截至 2020 年，国外只有德国林德公司于 2015 年在慕尼黑进行了中试验证，但其详细规模未见报道。

我国对煤化工技术的依赖度较高，因此在 CO_2 重整 CH_4 制备合成气技术的研发领域较为活跃，目前已经完成了中试示范研究，正在接近工业化生产阶段，总体处于世界领先地位。中国科学院上海高等研究院完成了世界上首套万方级 CO_2 重整 CH_4 过程示范，中国石油大学（北京）则正在建设 CO_2 重整 CH_4 制备富 CO 合成气技术的示范线，产物用于 30 万

t/a 气基直接还原铁还原气生产（中国石化有机原料科技情报中心站，2009）。表 4-1 为近年来 CO_2 重 CH_4 制合成气技术研发部署的主要项目。

表 4-1　近年来 CO_2 重整 CH_4 制合成气技术主要研发项目

项目名称	项目性质	实施单位	示范地点	示范时间
万方级 CH_4-CO_2 重整制备合成气技术示范	技术研发	中国科学院上海高等研究院	山西长治	2016 年
CH_4-CO_2 重整制合成气中试试验验证	技术研发	中国石油大学（北京）	山西左权	2020 年
千方级 CH_4-CO_2 重整中试验证	技术研发	林德	德国慕尼黑	2015 年

经过十余年的研发工作，我国在 CO_2 重整 CH_4 制备合成气技术的技术研究（如催化剂设计、反应机理、反应网络控制等）和应用研发领域（催化剂规模化生产、专属反应器设计、中试技术等）均取得了显著进步，并已经完成了中试规模的示范验证，后续发展没有明显的技术障碍。

CO_2 重整 CH_4 制备合成气技术预计将在 5 ~ 10 年内实现规模化应用推广，这一过程中可能面临的难点包括（Jang et al.，2019）：①降低反应温度和提升反应压力能够显著降低 CO_2 重整 CH_4 过程的能耗，并提高过程效率，对技术的规模化应用意义重大，但该条件下也会加剧催化剂积碳失活，因此对催化剂的设计和过程强化提出了更高要求；②需要进一步探索 CO_2 重整 CH_4 过程与现有煤化工技术的深度耦合方案，这是提升过程整体经济性，并充分发挥 CO_2 重整 CH_4 技术碳减排潜力的重要抓手；③研究煤化工驰放气、焦炉煤气等工业伴生气、废气的 CO_2 重整及其工程化，有望大大拓展 CO_2 重整技术的应用领域。

（2）经济可行性

CO_2 重整 CH_4 制备合成气技术的经济性受 CO_2 价格、天然气价格、技术应用环境、煤炭市场价格、合成气下游产品价格、激励政策等诸多因素影响。目前我国煤化工产业基础较好，过程中直接排放的高纯 CO_2 可直接用于 CH_4 重整反应，为技术的早期推广提供了优势，但我国天然气资源较为短缺，直接造成该技术经济性相比成熟的煤气化技术劣势明显，但随着非常规天然气开采技术的成熟和未来碳减排收益的提升，CO_2 重整 CH_4 制备合成气技术的经济性将逐渐具备优势（赵倩和丁干红，2020）。

3. 安全性及环境影响

CO_2 重整 CH_4 制备合成气技术与传统的煤气化、CH_4 水蒸气重整等合成气制备技术的安全风险基本相当，在目前的技术条件下风险可控，安全隐患较小。

在环境影响方面，CO_2 重整 CH_4 制备合成气技术优势明显，除具备显著的减排效应外，还能够更为明显地降低废气、废渣等污染物的排放。同时，该技术与现有能源化工体系的深入融合可能会引发煤化工和石化行业原料来源的变革，形成低碳绿色产业的新增长点。

4. 技术发展预测和应用潜力

CO_2 重整 CH_4 制备合成气技术的应用潜力主要取决于 CH_4 资源量、技术经济性、产品需求量、碳减排激励政策以及碳减排收益。

目前，我国 CH_4 资源较为匮乏，而煤炭资源相对丰富，这导致 CO_2 重整 CH_4 制备合成气技术的经济性无法与煤气化相比，也在一定程度上限制了当前技术的推广空间。但近年来我国页岩气、可燃冰等非常规天然气资源的探明储量显著上升，相关开采技术快速进步，可以预见，CH_4资源量和技术经济性对未来 CO_2 重整 CH_4 制备合成气技术的推广影响会逐渐减弱。

在产品需求方面，合成气是能源化工重要的平台化学品，对于保障国家经济发展和能源安全至关重要，其需求量巨大，因此 CO_2重整 CH_4 制备合成气技术不存在市场需求约束问题。

在政策激励方面，美国已经制定并实施了针对碳利用产业的经济补贴法案，我国也已经开展了碳交易试点，未来随着碳减排激励政策以及碳减排收益机制的成熟和实施，CO_2 重整 CH_4 制备合成气技术推广和应用的外部动力将大大加强。

在减排潜力方面，CO_2 与 CH_4 重整过程直接将 CO_2 转化成为下游产品，具备直接减排效应；同时，该过程能够替代煤气化过程实现合成气的制备，具备间接减排效应。CO_2 与 CH_4 重整制备合成气技术制备 1t 合成气，理论上可直接消耗 0. 73t CO_2。该过程是一个强吸热反应，采用与 CH_4 部分氧化释放出的大量热量过程进行耦合，可以大幅度降低过程的能耗。预计该技术成熟后每吨产品需要的能耗折算为标准煤在 0. 2t 左右（不考虑 CH_4 的消耗），排放的 CO_2 在 0. 5t 左右，因此，预测该技术净减排 CO_2 约 0. 2t。

当前合成气的工业生产方法主要为煤气化，每吨合成气需要消耗标准煤 0. 7t 左右，每吨标准煤排放的 CO_2 在 2. 6t 左右，同时，两个过程的其他能耗相近，因此，CO_2 与 CH_4 重整制备合成气技术将实现替代减排 CO_2 约 1. 8t。本技术生产的合成气产品不存在替代其他产品的问题，因此产品替代减排量为 0。该技术的综合减排量为 2. 0tCO_2/t 产品（陈倩倩等，2019）。

CO_2 重整 CH_4 制备合成气技术的中长期规模、减排潜力和产值预测如表 4-2 所示。目前 CO_2 重整 CH_4 制备合成气技术已经完成了万方级示范运行，预计到 2030 年进行商业运行，总体产能达到 1000 万 ~ 1500 万 t，相应 CO_2 减排潜力达到 2000 万 ~ 3000 万 t。2035 年技术进一步推广，产能达到 1500 万 ~ 2000 万 t，CO_2 减排潜力达到 3000 万 ~ 4000 万 t。2050 年技术的市场占有率显著提升，同时在驰放气、焦炉煤气等领域广泛应用，产能达到 2500 万 ~ 4000 万 t，CO_2 减排潜力达到 5000 万 ~ 8000 万 t。按照每吨合成气 900 元计算，预计本技术到 2030 年、2035 年、2050 年的产值将分别达到 90 亿 ~ 140 亿元、140 亿 ~ 180 亿元、220 亿 ~ 360 亿元。

表 4-2　CO_2 重整 CH_4 制备合成气技术的减排强度、中长期产能规模、减排潜力和产值预测

技术减排强度（t CO_2/t 产品）				
直接利用	直接减排	原料替代减排	产品替代减排	综合减排
0. 73	0. 2	1. 8	0	2. 0
中长期预测				
		2030 年	2035 年	2050 年
中长期产能规模（万 t 产品）		1000 ~ 1500	1500 ~ 2000	2500 ~ 4000
中长期减排潜力（万 tCO_2）		2000 ~ 3000	3000 ~ 4000	5000 ~ 8000
中长期产值（亿元）		90 ~ 140	140 ~ 180	220 ~ 360

二、CO_2裂解经一氧化碳（CO）制备液体燃料技术

CO是一种重要的有机化工产品和中间体合成原料，由CO出发可以制备几乎所有的液体燃料或基础化学品。随着石油资源的逐渐枯竭和合成化学的发展，由CO出发的碳一化学合成路线已成为一种重要的化学品生产途径，相应石化产品的产量也保持持续增长。例如，以CO为原料的醋酸生产技术长期占有约80%的市场份额，而截止到2019年上半年，国内醋酸的总产能已经接近1000万t（鲁思聪，2019）。此外，液体合成燃料技术的快速发展也大大带动了市场对CO的需求和消费。作为合成气的主要组分之一，目前CO主要通过煤气化过程进行制备，过程能耗高，CO_2排放量大。近年来，有研究者将太阳能集热和化学循环技术进行耦合，以期借助太阳提供高温环境，通过金属氧化物的氧化—还原循环将CO_2裂解为CO和O_2，从而形成了一条CO_2化学利用的新型路线，即CO_2裂解经CO制备液体燃料技术（CO_2 decomposition to CO for liquid fuels）。

1. 技术介绍

CO_2裂解经CO制备液体燃料技术是指在高温条件和具备氧化—还原循环能力的氧载体（一般使用金属氧化物）作用下，实现CO_2分子中一个C═O键的断裂，从而使CO_2分解为CO和O_2的过程，其反应方程式如下所示：

$$2CO_2 = 2CO + O_2$$

氧载体的氧化—还原循环在CO_2裂解过程中起到关键作用，其基本过程包括：①首先在高温条件下使Fe_3O_4、CeO_2等材料分解，该过程释放出O_2并将材料转化为还原态；②还原态的氧载体与CO_2反应产生CO，同时使氧载体被氧化再生，并进入第一步反应实现循环。两步反应交替进行，可连续地将CO_2裂解成为CO和O_2，并与合成气转化等成熟技术衔接，从而制备各类液体燃料或化学品（Jin et al.，2008；Lopez-Coballero et al.，2019；Zhang et al.，2017）。

相对于煤气化这一传统技术，CO_2裂解制备CO技术的主要特点包括：①直接使用气态CO_2作为唯一原料，绿色化程度高，污染小；②所需的高温条件可与太阳能集热技术耦合，能耗低，产品减排强度高；③能够与水的热分解反应耦合，同时实现合成气和O_2的制备，形成"人造光合作用"技术（Dong et al.，2010；Zhang et al.，2014；Maria et al.，2017；Wu and Ghoniem，2019）。

2. 技术成熟度和经济可行性

（1）技术成熟度

CO_2裂解经CO制备液体燃料技术目前在全球范围内还处于基础研究阶段，其难点在于高热稳定性的氧载体材料、太阳能集热技术、高温专属关键设备创制等方面。CO_2裂解经CO制备液体燃料技术于2009年由美国桑迪亚（Sandia）国家实验室的研究者提出并进行了氧载体材料和专属装置的小试验证（Service，2009），随后德国DLR技术热力学研究所、瑞士PSI研究所和美国加州理工学院等也开展了该技术的基础研究工作。2016年，瑞士苏黎世联邦理工学院在欧盟支持下开展了"Sun-to-Liquid"项目，在其研发工作中通过

太阳能集热技术实现了 CO_2 和 H_2O 共热解，在近 300 个化学循环过程中生产了约 700L 合成气用于下游油品的合成。相较国外，国内相关工作起步稍晚，目前仅有中国科学院大连化学物理研究所和中国科学院上海高等研究院等少数实验室围绕高热稳定性氧载体材料开展了初步的研究工作（蒋青青等，2014）。表 4-3 为近年来 CO_2 裂解经 CO 制备液体燃料技术研发部署的主要项目。

表 4-3　近年来 CO_2 裂解经 CO 制备液体燃料技术主要研发项目

项目名称	项目性质	实施单位
太阳能集热下 CO_2 热分解关键设备和材料研究	基础研究	美国桑迪亚国家实验室
CO_2 和水热分解经合成气制备液体燃料	基础研究	瑞士苏黎世联邦理工学院
太阳能光热分解 CO_2	基础研究	中国科学院大连化学物理研究所
CO_2 热分解过程高稳定氧载体材料研究	基础研究	中国科学院上海高等研究院

CO_2 裂解经 CO 制备液体燃料技术提出已经过去了十余年，目前大多数研究工作仍然停留在太阳能集热反应器技术和高稳定性氧载体材料方面。虽然技术的可行性已经得到验证，但总体成熟度较低。

CO_2 裂解经 CO 制备液体燃料技术预计需要 5 ~ 10 年完成规模化样机制造和中试验证，这一过程中可能面临的难点包括：①高稳定性氧载体材料的设计、合成及其失活行为机理和调控途径；②太阳能集热反应器和专属样机研制；③技术与当前能源化工产业的耦合途径。

（2）经济可行性

由于目前 CO_2 裂解经 CO 制备液体燃料技术尚处于基础研究阶段，使得相关过程成本较高且不易估算。但随着过程难点的突破以及可持续发展战略的继续延伸，其成本有望逐渐降低，在一定的政策导向和碳减排收益影响下，该技术可能成为具有商业可行性的 CO_2 利用途径之一。

3. 安全性及环境影响

CO_2 裂解经 CO 制备液体燃料技术与传统的煤气化制备 CO 相比，过程中不产生 H_2，因此易燃易爆风险显著降低，在采取必要手段降低高温影响后，安全性较好。

在环境影响方面，CO_2 裂解经 CO 制备液体燃料过程中没有粉尘和污染性废弃物产生，同时所需能耗主要通过可再生太阳能集热供给，环境影响显著优于传统技术。

4. 技术发展预测和应用潜力

从目前发展阶段看，CO_2 裂解经 CO 制备液体燃料技术的应用潜力主要取决于技术成熟度和经济性。

目前，CO_2 裂解经 CO 制备液体燃料技术仍处于基础研究阶段，成熟度较低。然而，由于该技术直接将可再生能源和 CO_2 转化耦合，中间环节少，减排潜力较高，因此国内外均有课题组长期开展针对性研究。随着未来碳约束条件的逐渐严苛，相关研究工作必将加速，从而形成对该领域关键科学技术问题的突破，提升技术应用潜力，并在 5 ~ 10 年内完成规模化验证。

经济性是阻碍CO_2裂解经CO制备液体燃料技术大规模推广的瓶颈之一。该技术面向液体燃料这一大宗化学品，必将面临合成气转化、可再生氢能等技术的强力竞争，因此预计只有在较高的碳减排收益条件下才能够充分发挥本技术的竞争力。

在减排潜力方面，通过热化学法CO_2分解技术制备1t CO，可直接利用1.57t CO_2。由于该过程直接使用CO_2作原料，目前该过程能耗主要与太阳能集热技术结合实现供给，因此净减排效果与其理论减排相同，即每生产1t CO可减少1.57t CO_2。当前CO的工业生产方法主要为煤气化，每吨CO需要消耗煤0.7t左右，每吨煤排放的CO_2在2.6t左右，因此，CO_2制备CO技术将实现替代减排CO_2约1.82t/tCO。本技术生产的产品不存在替代其他产品的问题，因此产品替代减排量为0。可以看出该技术的综合减排量为3.39tCO_2/t产品。

CO_2裂解经CO制备液体燃料技术的中长期规模、减排潜力和产值预测如表4-4所示。目前CO_2裂解经CO制备液体燃料技术仍处于基础研究阶段，预计到2030年形成若干中试示范，总体产能达到10万~30万t，相应CO_2减排潜力达到30万~100万t。2035年示范规模进一步扩大，产能达到30万~50万t，CO_2减排潜力达到100万~170万t。2050年技术成熟度显著提升，进入商业化示范阶段，产能达到100万~200万t，CO_2减排潜力达到340万~670万t。按照每吨合成气900元计算，预计本技术到2030年、2035年、2050年的产值将分别达到1亿~3亿元、3亿~5亿元和10亿~20亿元。

表4-4　CO_2经CO间接制备液体燃料技术的减排强度、中长期产能规模、减排潜力和产值预测

技术减排强度（t CO_2/t 产品）				
直接利用	直接减排	原料替代减排	产品替代减排	综合减排
1.57	1.57	1.82	0	3.39
中长期预测				
		2030年	2035年	2050年
中长期产能规模（万t产品）		10~30	30~50	100~200
中长期减排潜力（万tCO_2）		30~100	100~170	340~670
中长期产值（亿元）		1~3	3~5	10~20

三、CO_2加氢合成甲醇技术

甲醇是一种重要的平台化学品，被广泛的应用于化学品生产过程中（例如，作为溶剂或作为生产烯烃、甲醛、乙酸乙酯的中间体）。同时，甲醇作为安全的液体燃料，便于存储和运输，既可以与汽油混合，也可以直接用于甲醇燃料电池或者作为替代燃料。正如诺贝尔奖获得者Olah于21世纪初在"甲醇经济"中所预测的，近年来以甲醇燃料、甲醇制烯烃、甲醇制芳烃、甲醇制聚甲氧基二甲醚等为代表的甲醇下游新技术快速兴起和发展，大大延伸了甲醇产业链，进一步提升了甲醇在化学工业过程中的平台地位（Olah et al.，2009）。目前我国甲醇的生产主要通过煤气化—合成气路线进行，过程需要消耗大量的化石能源，同时伴随着水资源的消耗和污染物的排放，给生态环境造成了巨大的压力。CO_2

加氢合成甲醇技术（CO_2 Hydrogenation to Methanol）是一种新兴的低碳甲醇合成路线，近年来已经引起了广泛关注，将在未来低碳化工体系中扮演重要角色（Riaz et al., 2013）。

1. 技术介绍

CO_2加氢合成甲醇技术是指利用H_2与CO_2作为原料气，在催化剂（铜基或其他金属氧化物催化剂）作用下将CO_2还原成为甲醇的过程（贾晨喜等，2020；Matthias et al., 2020）。其反应方程式如下所示：

$$CO_2+3H_2=CH_3OH+H_2O$$

相对于传统甲醇合成路线（合成气制甲醇），CO_2加氢合成甲醇技术的主要特点包括：①能够将CO_2温室气体转化为具有巨大市场需求的甲醇产品，在具有经济价值的同时实现显著的减排效益；②可与清洁电力制氢技术深度融合，解决我国弃风弃光的问题，提升可再生能源消纳能力，实现资源的最大化利用；③可直接将煤化工产业中副产的高浓度CO_2和富氢弛放气进行整合再利用，提升煤化工过程的整体碳效，提高经济效益同时显著降低煤化工过程的碳排放强度；④以甲醇为中间桥梁，提高煤化工与下游产业融合的深度和广度（林海周等，2020）。

2. 技术成熟度和经济可行性

（1）技术成熟度

CO_2加氢合成甲醇技术目前已经完成了千吨级的中试示范，相关机构已经在高性能催化剂、过程强化、物质流—能量流耦合等方面积累了大量经验，具备了大规模示范和推广的技术条件。

国外对于CO_2加氢合成甲醇技术的研发起步较早（Zhong et al., 2020）。1993 年鲁奇（Lurgi）公司开展了世界上第一个CO_2加氢合成甲醇的示范项目。1996 年，日本再生能源和环境研究所（NIRE）和日本地球环境产业技术机构（RITE）设计和建造了第一家基于$Cu/ZnO/ZrO_2/Al_2O_3/SiO_2$催化剂的$CO_2$加氢合成甲醇示范线，其生产能力为50kg/d。2008 年日本三井公司建立了一个年产 100t 的CO_2加氢合成甲醇示范项目，其中CO_2来自电厂烟气排放，H_2通过光伏电解水制得。2010 年液化空气与能源公司（Air Liquide Forschung und Entwicklung GmbH，ALFE）和鲁奇公司进行了CO_2加氢合成甲醇的长期测试。2012 年，冰岛碳循环国际公司（Carbon Recycling International，CRI）完成了第一个将CO_2转化为可再生甲醇的商业化工厂，以CO_2和H_2为原料获得甲醇，其CO_2从附近地热发电厂的烟气中捕获而来，H_2通过自冰岛的可再生能源电解水制得。目前，CRI 当前的工厂项目年产甲醇 4000t，可回收约 5600t CO_2，已成为全球CO_2化学利用技术的典范。

我国CO_2加氢合成甲醇技术的研发起步稍晚，但十分活跃。中国科学院上海高等研究院在深入研究反应机理并解决了催化剂放大生产的基础上，已经完成了千吨级工业示范装置的建设（中国石化有机原料科技情报中心站，2016）。中国科学院大连化学物理研究所则完成了“10MW 光伏发电—1000m^3/h 电解水制氢—千吨级CO_2加氢制甲醇”的全流程“液态阳光”技术示范。表 4-5 为近年来CO_2加氢合成甲醇技术研发部署的主要项目。

表4-5　近年来 CO_2 加氢合成甲醇技术主要研发项目

项目名称	项目性质	实施单位	示范地点	示范时间
首个 CO_2 加氢合成甲醇示范项目	技术研发	Lurgi 公司	—	—
日产 50kg 的 CO_2 加氢合成甲醇示范项目	技术研发	NIRE 和 RITE 公司	—	—
年产 100t 的 CO_2 加氢合成甲醇示范项目	技术研发	三井公司	—	—
千吨级 CO_2 加氢合成甲醇中试	技术研发	冰岛 CRI 公司	冰岛	2014 年
千吨级高性能 CO_2 加氢合成甲醇中试	技术研发	中国科学院上海高等研究院	海南海口	2020 年
千吨级太阳燃料合成示范项目	技术研发	中国科学院大连化学物理研究所	甘肃兰州	2019 年

针对 CO_2 加氢合成甲醇技术，学术界和工业界已经开展了二十余年的研究工作，已经形成了较为完善的中试运行技术和放大经验，预计后续发展没有明显的技术障碍。

CO_2 加氢合成甲醇技术预计将于未来 3～5 年内完成工业化示范，并在 5～10 年内实现规模化推广和应用，在这一过程中可能面临的难点包括：①该技术对 H_2 的依赖程度较高，有研究工作发现 H_2 成本是技术整体成本的决定性因素；②通过过程强化突破过程传统热力学的限制，从而在保证较高甲醇选择性的同时，显著提高单程 CO_2 转化率；③大规模工程实施过程中的能量需要集成和优化，以提升能量利用效率，进一步提升过程经济性。

（2）经济可行性

CO_2 加氢合成甲醇技术的经济性受 CO_2 价格、H_2 价格、电力价格、固定投资、产品市场价格、下游需求环境、激励政策等诸多因素影响。目前我国煤化工产业基础较好，过程中排放的高纯 CO_2 可直接用于 CO_2 加氢合成甲醇过程，为技术的早期推广提供碳源优势。然而，我国 H_2 资源较为短缺，直接造成该技术经济性相比成熟的甲醇合成路线劣势明显。近年来我国可再生能源开发力度较大，未来可再生低碳 H_2 的经济性将得到明显改善。最后，随着技术成熟度的上升和未来碳减排压力的逐渐增大，预计传统甲醇合成路线的成本将逐渐上升，CO_2 加氢合成甲醇技术的经济性竞争力会相应增强（Asif et al.，2018；Pérez-Fortes et al.，2016）。

3. 安全性及环境影响

CO_2 加氢合成甲醇技术与传统的煤制甲醇、天然气制甲醇和焦炉煤气制甲醇技术的安全风险基本相当，在目前的技术条件下风险可控，安全隐患较小。

在环境影响方面，CO_2 加氢合成甲醇技术相比传统路线具有明显的碳减排能力，同时废气、废渣等污染物的排放显著降低，环境效益明显。与此同时，该技术还为未来廉价氢源的高值化利用提供了重要依托，促进新兴绿色甲醇产业形成（Kim et al.，2011；Szima and Cormos，2018；Alsayegh et al.，2019）。

4. 技术发展预测和应用潜力

CO_2 加氢合成甲醇技术的应用潜力主要取决于廉价氢的资源量、同类技术竞争、碳减排激励政策以及碳减排收益。

CO_2 加氢合成甲醇技术本质上是使用 H_2 还原 CO_2 的过程，耗氢量较大，而目前我国绝

大多数 H_2 是通过煤气化制取的“灰氢”，其碳排放强度较高，若将“灰氢”用于 CO_2 加氢合成甲醇过程则不会具有任何的减排效应。氢源问题的解决在早期可依赖驰放气、焦炉气以及盐卤化工过程副产的工业废氢予以过渡，未来随着可再生能源制氢成本的逐渐降低，预计 CO_2 加氢合成甲醇在氢资源方面的瓶颈会逐渐缓解。

CO_2 加氢合成甲醇技术还面临煤制甲醇技术的有力竞争。目前后者的技术成熟度、规模化程度、经济性等优势明显，但 CO_2 加氢合成甲醇作为一种绿色低碳技术，符合未来发展的需求，随着 CO_2 减排激励政策以及 CO_2 减排收益机制的成熟和实施，CO_2 加氢合成甲醇技术推广和应用的外部动力将大大加强。

在减排潜力方面，理论上生产1t甲醇消耗的 CO_2 为1.37t。与传统的合成气合成甲醇比较，本过程中还需要其他的外供能量，不考虑 H_2 的状况下，依据目前的技术数据，每生产1t甲醇，消耗的能量折算为煤炭，排放的 CO_2 约为0.6t。因此，该技术的 CO_2 的净减排量约为0.77t/t产品。目前甲醇生产几乎均采用以煤炭为原料经过气化合成甲醇的技术路线，生产1t甲醇消耗煤炭2.5t左右，排放 CO_2 在4t左右。可以看出，CO_2 加氢合成甲醇技术一旦获得产业化应用，将实现替代减排4tCO_2/t产品左右。本技术生产的产品不存在替代其他产品的问题，因此产品替代减排量为0。可以看出该技术的综合减排量为4.77tCO_2/t产品。

目前 CO_2 加氢合成甲醇技术已经完成了中试示范，预计到2030年将形成多套商业化运行装置，总体产能达到1000万～1500万t，相应 CO_2 减排潜力达到4800万～7200万t。2035年技术的市场占有率进一步提升，产能达到1500万～2000万t，CO_2 减排潜力达到7200万～9500万t。2050年实现大规模商业化应用，成为甲醇合成的主流技术，产能达到3000万～4000万t，CO_2 减排潜力达到14 000万～19 000万t。按照每吨甲醇2500元计算，预计本技术到2030年、2035年、2050年的产值将分别达到250亿～380亿元、380亿～500亿元、750亿～1000亿元。CO_2 加氢合成甲醇技术的中长期规模、减排潜力和产值预测如表4-6所示。

表4-6　CO_2 加氢合成甲醇技术的减排强度、中长期产能规模、减排潜力和产值预测

技术减排强度（t/t产品）				
直接利用	直接减排	原料替代减排	产品替代减排	综合减排
1.37	0.77	4.00	0	4.70
中长期预测				
		2030年	2035年	2050年
中长期产能规模（万t）		1000～1500	1500～2000	3000～4000
中长期减排潜力（万t）		4800～7200	7200～9500	14000～19000
中长期产值（亿元）		250～380	380～500	750～1000

四、CO_2 加氢直接制烯烃技术

低碳烯烃（乙烯、丙烯、丁烯）因其双键可聚合的特殊性质使其在化工生产中得到广泛的应用，成为现代化学工业的重要基础原料，可以生产塑料、纤维等重要化学产品（刘

剑等，2019；Wang et al.，2019）。通常，低碳烯烃是通过石油裂解路线制得，然而因为石油资源的储量有限，由石油裂解制备低碳烯烃的成本不断增加。因此，亟待开发从可再生原料生产低碳烯烃的新途径（高磊等，2019；Ronda-Lloret et al.，2019）。近年来，随着串联催化技术的不断发展，研究者们提出了通过多功能催化材料的耦合，直接实现 CO_2 加氢转化为低碳烯烃的新路线，即 CO_2 加氢直接制烯烃技术，该技术有望同时实现 CO_2 的减排和关键化学品的合成，具有显著的应用潜力（梁兵连等，2015；Zhou et al.，2019）。

1. 技术介绍

CO_2 加氢直接制烯烃技术的本质是通过串联催化过程，实现 CO_2 分步还原的一体化，直接获取低碳烯烃产物，其反应方程式如下所示：

$$nCO_2+3nH_2=C_nH_{2n}+2nH_2O$$

在过程机理方面，CO_2 加氢直接制烯烃技术有两种路线（Zhou et al.，2019；Ye et al.，2019）：一种是 H_2 与 CO_2 经逆水气转换反应转化为 CO，然后 CO 作为中间体经过费托路线合成烯烃（向航等，2015；史建公等，2019）；另一种是 CO_2 先加氢转化为甲醇，而后甲醇再转化为烯烃（王金玲，2016；Gao et al.，2017；Ye et al.，2019）。注意上述步骤的耦合是在相对微观的尺度下进行的，而通过多个反应器在宏观尺度上的过程集成不应归属为本技术。

相对于传统的烯烃制备方法（石油裂解、甲醇制烯烃）而言，CO_2 加氢直接制备烯烃技术的主要特点包括：①产物烯烃往往用于制备市场需求大、使用寿命长的聚合物产品，因此技术减排潜力高，固碳周期长；②可与清洁电力制氢技术深度融合，解决我国弃风弃光的问题，提升可再生能源消纳能力，实现资源的最大化利用；③烯烃也是新型煤化工技术的重要产品之一，而煤化工过程也大量排放高纯度 CO_2，因此 CO_2 加氢直接制烯烃技术与煤化工过程的耦合度较高，有望形成高效低碳的集成方案。

2. 技术成熟度和经济可行性

（1）技术成熟度

CO_2 加氢直接制烯烃技术在全球范围的总体研究还处于基础研究阶段，目前的研究重点主要集中在高性能、多功能催化体系的设计、优化以及反应微观机制和产物选择性控制的提升途径等方面，这些问题的突破将为技术验证和中试示范提供重要支撑。

国外在 CO_2 加氢直接制烯烃技术方面的研究单位主要包括意大利米兰理工大学、美国宾夕法尼亚州立大学、沙特阿卜杜拉国王科技大学等，其研究方向主要为铁基催化剂的改性优化，尤其在产物选择性调控和过程稳定性提升方面开展了大量工作，但总体而言，铁基催化剂的长周期寿命有待提升以满足进一步工业应用的需求（Li et al.，2018；Gao et al.，2018；Ye et al.，2019）。

中国在 CO_2 加氢直接制烯烃技术的研发方面处于国际并跑领先地位，进展较为迅速。中国科学院上海高等研究院研究团队开发的双功能催化剂，率先实现了 CO_2 加氢高选择性合成低碳烯烃。中国科学院大连化学物理研究所相关团队开发了 $ZnO\text{-}ZrO_2$ 与锌改性的 SAPO-34 机械混合形成串联催化剂，使烃类产物分布中低碳烯烃选择性达到 90%。厦门大学研究团队开发的 $ZnGa_2O_4$/SAPO-34 双功能催化剂则能够同时保证较高的低碳烯烃选

择性和 CO_2 转化率（Li et al.，2018；Gao et al.，2018；Zhou et al.，2019；Ye et al.，2019）。表4-7为国内近年来 CO_2 加氢直接制烯烃技术研发部署的主要项目。

表4-7　国内近年 CO_2 加氢直接制烯烃技术主要研发项目

项目名称	项目性质	实施单位
CO_2 选择性加氢制线性 α-烯烃新路线的研究	基础研究	中国科学院大连化学物理研究所
Fe 基双金属催化剂上 CO_2 加氢合成低碳烯烃的理论计算研究	基础研究	大连理工大学
CO_2 加氢制备烯烃串联体系的构建及协同机制的研究	基础研究	兰州大学
光热催化 CO_2 加氢制低碳烯烃铁基纳米催化材料的理性设计与性能调控	基础研究	中国科学院理化技术研究所
铟基氧化物/分子筛双功能催化 CO_2 加氢直接合成 C_{2+} 烃的研究	基础研究	中国科学院上海高等研究院

近年来，虽然 CO_2 加氢直接制烯烃技术被广为研究，学术界也围绕高性能催化材料、催化反应机理、反应网络构筑和调控等领域开展了大量工作，但目前该技术成熟度较低，尚未开展中试规模的技术验证。

CO_2 加氢直接制烯烃技术预计将在5～10年内完成中试示范，这一过程中可能面临的难点包括：①现有催化剂的性能尚不满足工业化应用的需求，尤其是在同时满足高 CO_2 转化率和高烯烃选择性方面有待进一步提升；②该技术将 CO_2 还原成为烃类的过程中，CO_2 分子中的两个氧原子都要通过 H_2 转化为水，因此过程耗氢量较高，其规模化应用对绿色廉价 H_2 源的依赖程度高；③该技术目前成熟度低，因此中试应用及进一步扩试过程中的难点和风险暂时难以预估。

（2）经济可行性

CO_2 加氢直接制烯烃技术的经济性受 CO_2 价格、H_2 来源及价格、烯烃下游产品价格、激励政策等诸多因素影响。目前该技术尚不成熟，而石油裂解、甲醇制烯烃等其他路线成本较低，且规模优势明显，因此 CO_2 加氢直接制烯烃技术在经济性方面的劣势较为明显。随着研发工作的深入，煤化工行业排放的高浓 CO_2 废气和焦化、盐卤化工等行业副产的低成本 H_2 可能为技术的中试提供早期机会。未来在技术成熟度显著提升，可再生制氢成本进一步下降的情况下，CO_2 加氢直接制烯烃技术的成本有望随之显著降低，在一定 CO_2 减排收益存在的情况下，技术的经济性将更加明显（Guo et al.，2018）。

3. 安全性及环境影响

CO_2 加氢直接制烯烃技术与传统的石油裂解等传统烯烃制备技术相比，在操作介质、总体流程、温度压力条件等方面处于类似量级，因此安全性基本相当，在目前的技术条件下总体可控，预计未来技术实施和推广的安全风险较小。

在环境和社会影响方面，CO_2 加氢直接制烯烃技术优势明显，一方面，该技术不但可以直接减少 CO_2 的排放，还能减少烯烃生产对于石油资源的依赖，对人类健康和社会环境具有重要的意义（Ronda-Lloret et al.，2019）。另一方面，该技术还能够通过与未来可再生能源制氢技术的耦合，提升可再生能源的消纳能力和高值化应用，形成可再生能源和现有化工产业的深度融合，推动新兴业态的形成（Guo et al.，2018）。

4. 技术发展预测和应用潜力

CO_2加氢直接制烯烃技术的应用潜力主要取决于市场需求、技术成熟度、H_2资源量、技术经济性、碳减排激励政策以及碳减排收益。

烯烃是现代化学工业生产的重要基础化工原料，对于保障国家经济发展和能源安全至关重要，其需求量巨大，因此CO_2加氢直接制烯烃技术不存在市场需求约束问题。

除技术成熟度外，H_2资源量也是影响CO_2加氢直接制烯烃技术推广潜力的重要因素之一，在煤化工、丙烷脱氢、乙烷裂解、焦炉煤气和氯碱化工领域，存在部分工业副产氢资源，可能为技术早期的推广提供机会，而未来随着可再生制氢技术的进一步发展，廉价绿氢的限制会得到较大缓解，为技术的推广奠定基础（Guo et al.，2018；Ronda-Lloret et al.，2019）。

预计在技术成熟度显著提升，氢资源成本显著降低后，CO_2加氢直接制烯烃技术的成本会显著降低，在一定CO_2减排激励政策和减排收益存在的条件下，技术经济性有望显著提升，从而大大刺激技术的推广应用潜力。

在减排潜力方面，以CO_2加氢制乙烯为例，假设原料气中的CO_2完全转化为乙烯，没有其他副产物生成，根据上述方程可以推导出生产1t乙烯消耗的CO_2为3.14t。目前CO_2加氢合成烯烃技术尚处于实验室研究阶段，根据估算，该生产过程中每生产1t乙烯产品的总体CO_2排放量约为2.05t，因此，该技术的CO_2的净减排量在1.09tCO_2/t产品左右。目前乙烯主要通过石油裂解技术生产，过程中产出1t乙烯的CO_2排放量约为2t，因此使用CO_2加氢合成烯烃技术能够替代石油裂解技术，原料替代减排2tCO_2/t产品。本技术生产的产品不存在替代其他产品的问题，因此产品替代减排量为0。可以看出该技术的综合减排量为3.09tCO_2/t产品。

CO_2加氢直接制烯烃技术的中长期规模、减排潜力和产值预测如表4-8所示。目前CO_2加氢直接制烯烃技术尚处于基础研发阶段，预计到2030年完成若干中试示范工程，总体产能达到80万~120万t，相应CO_2减排潜力达到250万~370万t。2035年技术有望形成工业规模的示范能力，产能达到250万~300万t，CO_2减排潜力达到770万~930万t。2050年技术初步开展商业化推广，市场占有率显著提升，产能达到800万~1200万t，CO_2减排潜力达到2500万~3700万t。按照每吨乙烯5000元计算，预计本技术到2030年、2035年、2050年的产值将分别达到40亿~60亿元、120亿~150亿元、400亿~600亿元。

表4-8　CO_2加氢直接制烯烃技术的减排强度、中长期产能规模、减排潜力和产值预测

技术减排强度（t CO_2/t 产品）				
直接利用	直接减排	原料替代减排	产品替代减排	综合减排
3.14	1.09	2.00	0	3.09
中长期预测				
		2030年	2035年	2050年
中长期产能规模（万t产品）		80~120	250~300	800~1200
中长期减排潜力（万t CO_2）		250~370	770~930	2500~3700
中长期产值（亿元）		40~60	120~150	400~600

五、CO_2光电催化转化技术

近年来我国在可再生清洁能源领域发展迅速，太阳能发电、风电等在全部发电装机容量中占比升高的接近15%。然而，太阳能、风能等具有很强的随机性、间歇性、波动性及反调峰性等特点，对电网的冲击较大而难以直接并网，因此弃风率、弃光率在部分地区分别高达30%、20%以上，造成了可再生能源的巨大浪费（Lin et al.，2020；Grim et al.，2020）。另外，CO_2是排放量最大的温室气体，也是重要的碳、氧资源，以CO_2为原料转化合成有价值的化学品是将其合理处置的最佳途径之一（Grim et al.，2020；Liu et al.，2020）。目前，CO_2合成化学品技术主要集中于热催化技术，这些过程往往在高温高压等苛刻反应条件下进行，耗能高、污染大，并且对氢资源的依赖程度较高。因此，亟须发展更加温和、绿色、高效的新型CO_2合成化学品技术（Zhu et al.，2016a；Xu et al.，2020）。从资源、能源发展战略的角度，通过CO_2光电催化转化技术，利用低品阶可再生能源实现CO_2向高附加值的化学品或者燃料的转化，将为可再生能源的合理利用和CO_2的资源化利用提供极大的发展空间，为能源和环境的可持续发展做出贡献（Lu and Jiao，2016；Mota and Kim，2019；Ross et al.，2019；Zhang et al.，2020）。

1. 技术介绍

CO_2光电催化转化技术指通过光电催化剂作用，将CO_2在电解质水溶液中还原生成不同产物的过程（陈为等，2017；Yang et al.，2018；张甄等，2019；赖洁等，2019；Mota and Kim，2019；Liu et al.，2020；Zhao et al.，2020；Song et al.，2020b），以CO为例，其反应方程式如下所示：

$$2CO_2=2CO+O_2$$

相对于传统的CO制备方法（煤气化、CH_4重整等）而言，CO_2光电催化转化技术的主要特点包括：①反应条件温和，常温常压条件下就能够高效将CO_2还原转化为目标产物，理论上无任何污染物产生，兼具高能效和减排效益；②设备装置简单、基建投入/产出比高，能够用相对较少的资金投入产生显著的效益；③供给的能量来源可完全来自低品阶的可再生能源，并将其转化为能量密度更高、可存储为化学能；④应用规模具有较大的灵活性，能够根据CO_2资源量、可再生能源调配量进行合理布置。

2. 技术成熟度和经济可行性

（1）技术成熟度

CO_2光电催化转化技术在全球范围的总体研究水平处于小试阶段，目前已经在高性能催化剂、专用反应器、技术验证、可再生能源匹配与集成等方面取得了一定进展，为技术的进一步放大奠定了必要基础（Lin et al.，2020；Kas et al.，2020；Hernandez-Aldave and Andreoli，2020）。

国外针对CO_2光电催化转化技术的研究极为活跃，美日欧等发达国家均启动了相关研究计划，并已经取得了较好的技术研究进展。美国能源部先后投资近2亿美元资助了“人工光合系统联合研究中心”（Joint Center for Artificial Photosynthesis，JCAP）的建立，该中心致力于研发一套完整的人工光合系统，利用太阳能、水和 CO_2 制取燃料，能量转化效率达到 10%。加州理工学院 Atwater 研究团队设计开发出了太阳能驱动 CO_2 还原制 CO 装置，在模拟太阳光条件下，该装置“太阳能至 CO”的转换效率高达 19.1%（Grim et al., 2020；Garg et al., 2020）。

目前，国内多家企业和相关科研单位均在开展相关技术的研究工作，例如天津大学与伊泰化工有限公司合作研发的 CO_2 电还原催化剂和电解反应器等关键技术，将建设百吨级电解制 CO 及合成气中试装置；中国科学院上海高等研究院则以廉价的商业铜粉为原料，完成了多孔铜电极的规模化制备以及光电催化 CO_2 还原过程的实验室侧线建设，并将该过程与可再生电能输出装备进行了关联，成功实现了实际工况条件下 CO_2 光电催化制备 CO 的长时间高效稳定运行。表 4-9 为近年来 CO_2 光电催化转化技术研发部署的主要项目。

表 4-9　近年来 CO_2 光电催化转化技术主要研发项目

项目名称	项目性质	实施单位	示范地点	示范时间
建立人工光合系统利用太阳能、水和 CO_2 制燃料中试	技术研发	美国人工光合系统联合研究中心（JCAP）	美国伯克利	2015～2019 年
电催化 CO_2 制乙烯实验室中试	技术研发	加拿大多伦多大学	加拿大多伦多	2020 年
电化学还原 CO_2 制 CO 实验室验证	技术研发	美国加州理工学院	美国帕萨迪纳	2020 年
电催化 CO_2 制 CO 实验室中试	技术研发	加拿大 Mantra 能源公司	加拿大温哥华	2017 年
电化学还原 CO_2 制 CO 实验室中试	技术研发	中国科学院上海高等研究院	上海张江	2020 年
光催化 CO_2 转化合成 CH_4 实验室验证	技术研发	韩国大邱庆尚北道科学技术研究院	韩国大邱	2020 年

经过多年研究，CO_2 光电催化转化的关键技术（如催化剂电极设计与构建、反应动力学调控、反应机理等）和应用研发（电极批量制备、专属反应器设计、中试技术等）均取得了较大进步，后续发展的技术障碍较小。

CO_2 光电催化转化技术预计将在 5～10 年内实现规模化应用推广，这一过程中可能面临的难点包括：①进一步优化光电催化反应过程动力学，并设计新型反应器，强化传质和电荷传递过程，促进 CO_2 更加高效转化还原，并提供过程能效，在更低能耗的基础上提高 CO_2 转化率；②需要进一步开发出高效光电催化剂材料，提高过程效率，降低产物分离难度；③与可再生能源供给系统的合理匹配、融合，充分利用可再生能源研究领域的新方法、新成果，与光电催化 CO_2 还原过程有效联合，为可再生能源的规模化消纳做出积极贡献。

（2）经济可行性

CO_2 光电催化转化技术的经济性受 CO_2 价格、技术应用环境、可再生能源发展水平、激励政策等诸多因素影响（Ross et al., 2019；Nitopi et al., 2019）。目前我国可再生能源发展非常迅速，但由于可再生能源具有很强间歇性、波动性等，导致其难以大规模并网，弃风率、弃光率在部分地区分别高达 30%、20% 以上，已成为可再生能源发展的严重阻碍。合理、有效、规模化利用可再生能源的相关政策法规正在出台并强制实施，为技术的早期推广提供了优势。同时，在我国 CO_2 排放较集中的区域，可再生能源资源潜力往往较大，这为 CO_2 与可再生能源的结合创造了条件，因此 CO_2 光电催化转化技术的经济性将逐渐具备优势。

3. 安全性及环境影响

CO_2 光电催化转化技术是一条绿色、可持续、可规模化的生产路线，与传统的煤气化、CH_4 重整，以及钢铁工业的高炉气和转炉气生产过程相比能够有效避免污染物排放（Chen et al., 2017a；Zhang et al., 2018）。CO_2 光电催化转化技术具有非常大的减排潜力与经济、社会效益。以 CO_2 光电催化还原制备 CO 为例，目前 CO 制备的主要方法与过程，如煤气化、CH_4 重整，以及钢厂炉气等，均严重依赖煤和天然气等不可再生的传统化石资源，还会产生大量 CO_2、PM2.5 等大气污染物。因此以 CO_2 为原料，通过光电催化转化制备出重要的化工中间产品 CO，节省了化石能源的消耗，极大避免了环境污染，该过程本身就具备直接减排效应。此外，从未来资源、能源战略角度，该过程通过利用低品阶的可再生能源，将其转化、存储为化学能，实现可再生能源的大规模合理消纳，也具有极其显著的间接减排效应（Grim et al., 2020）。

4. 技术发展预测和应用潜力

CO_2 光电催化转化技术的应用潜力主要取决于技术经济性、产品需求量以及可再生能源发展程度，如可再生能源进一步发展、可再生电能成本大幅降低等，都将促进该技术的发展与应用（Ross et al., 2019；Nitopi et al., 2019）。

在减排潜力方面，以 CO_2 光电催化还原制备 CO 为例，每生成 1t CO 理论上可减少 1.57t CO_2。由于该过程直接使用 CO_2 作为原料，并且所需能耗能够完全通过可再生电能、太阳能等进行供给，因此净减排效果与其理论减排相同，即每生产 1t CO 可减少 1.57t CO_2。当前 CO 的工业生产方法主要为煤气化，每吨 CO 需要消耗煤 0.7t 左右，每吨煤排放的 CO_2 在 2.6t 左右，因此，CO_2 光电催化制备 CO 技术将实现原料替代减排约 1.82tCO_2/t 产品。本技术生产的产品不存在替代其他产品的问题，因此产品替代减排量为 0。可以看出该技术的综合减排量为 3.39t CO_2/t 产品。

CO_2 光电催化转化技术的中长期规模、减排潜力和产值预测如表 4-10 所示。目前 CO_2 光电催化转化技术正在进行中试验证，预计到 2030 年可形成若干个小规模示范项目，总体产能达到 5 万 ~10 万 t，相应 CO_2 减排潜力达到 15 万 ~35 万 t。2035 年技术规模化程度显著提高，开始开展商业化示范，产能达到 10 万 ~15 万 t，CO_2 减排潜力达到35 万 ~50 万 t。2050 年技术进入商业化应用和推广阶段，与可再生能源实现深度融合，产能达到 50 万 ~100 万 t，CO_2 减排潜力达到 150 万 ~400 万 t。按照每吨 CO 900 元计算，预计本技术到 2030 年、2035 年、2050 年的产值将分别达到 0.5 亿 ~1 亿元、1 亿 ~1.5 亿元和 5 亿 ~10 亿元。

表 4-10 CO_2光电催化转化技术的减排强度、中长期产能规模、减排潜力和产值预测

技术减排强度（t CO_2/t 产品）				
直接利用	直接减排	原料替代减排	产品替代减排	综合减排
1.57	1.57	1.82	0	3.39
中长期预测				
		2030 年	2035 年	2050 年
中长期产能规模（万 t 产品）		5~10	10~15	50~100
中长期减排潜力（万 t CO_2）		15~35	35~50	150~400
中长期产值（亿元）		0.5~1	1~1.5	5~10

六、CO_2合成有机碳酸酯技术

有机碳酸酯种类众多，因含有活性羰基而被广泛应用于有机合成、药物合成、工程塑料、绿色添加剂、清洁剂等领域（Heyn，2015）。以碳酸二甲酯（Dimethyl Carbonate）为例，其分子中具有羰基、甲基、甲氧基和羰基甲氧基等活性官能团，可用作溶剂、原料、油品添加剂替代传统使用的剧毒光气、硫酸二甲酯以及氯甲酸甲酯等，是一种公认的低污染、环境友好型的绿色化学品（Tundo and Selva，2007；Pyo et al.，2017；Fiorani et al.，2018）。我国是世界上碳酸二甲酯的主要生产国和出口国之一，近几年的碳酸二甲酯产量、消费量、出口量均呈快速增长态势，预计 2025 年我国碳酸二甲酯的需求量将达到 400 万 t，2030 年达到 1000 万 t。目前，碳酸二甲酯的合成主要通过石油路线和光气路线进行，过程能耗高、污染重，安全风险较大，因此新的碳酸二甲酯合成途径是绿色合成领域的重大需求（Selva et al.，2019；胡宗贵等，2020）。随着光气路线的逐渐淘汰，预计未来有机碳酸酯产能缺口将在一段时间内持续增大，而 CO_2 合成碳酸二甲酯技术将提供有力补充（Sánchez et al.，2019；储华新，2019；史建公等，2019）。

1. 技术介绍

CO_2合成碳酸二甲酯技术是指将 CO_2 和甲醇作为反应原料，实现碳酸二甲酯的制备，该过程可以分为直接和间接两种路径：一是以 CO_2为原料，在催化剂的作用下，直接与甲醇反应生成碳酸二甲酯（史建公等，2019）；二是首先利用 CO_2和具有较高反应活性的环氧化合物合成环状碳酸酯，后者再与甲醇反应获取碳酸二甲酯，其反应方程式如下所示：

$$CH_3OH+2CO_2=CH_3OCOOCH_3+H_2O$$

R—环氧化合物 $+CO_2$ ⟶ R—环状碳酸酯

R—环状碳酸酯 $+CH_3OH$ ⟶ $CH_3OCOOCH_3+$ HO—CH(R)—CH₂—OH

相比于传统的碳酸二甲酯合成技术（石油路线、光气路线）而言，CO_2 合成碳酸二甲酯技术的主要特点包括：①反应体系的毒性和腐蚀性显著较低，环保性和绿色性显著提升；②产物碳酸二甲酯附加值较高，技术规模化推广有望达到较好的经济性；③下游产品

在消费过程中寿命较长，因此技术固碳周期长。

2. 技术成熟度和经济可行性

（1）技术成熟度

CO_2直接合成碳酸二甲酯技术仍处于技术基础研究阶段，需要对催化剂和催化反应过程进行深入系统的研究；CO_2经碳酸乙烯酯醇解间接制备碳酸二甲酯技术已经完成了万吨级全流程工业示范验证，是目前成熟度相对较高的技术路线。

国外针对CO_2经碳酸乙烯酯醇解间接制备碳酸二甲酯过程的研究较为典型的是美国Texaco公司开发的工艺，建立了2万t/a中试装置。然而装置中均相催化剂的使用带来了催化剂回收困难、用量大、效率低、工艺复杂等问题。除此外，包括日本三菱、美孚石油、陶氏等国外公司均进行了催化剂的研发，但在催化剂效率与稳定性方面始终未形成突破。

国内包括中国科学院化学研究所、中国科学院成都有机化学研究所、南开大学、大连理工大学等高校与科研院所均对该技术路线的催化剂进行了研究，取得了一定的进展，但是仍然未能突破碳酸二甲酯生产技术规模小、纯度低、效益差的不足，且研究均处于实验室阶段。中国科学院过程工程研究所首次开创了离子液体催化CO_2经碳酸乙烯酯醇解间接制备碳酸二甲酯绿色生产新路线，成功建立了世界首套万吨级工业示范装置，产品质量达到国标电池级要求。中国科学院山西煤炭化学研究所则通过多相催化的手段，开展了5万t/a尿素间接法合成碳酸二甲酯技术示范研究。表4-11为近年来CO_2合成碳酸二甲酯技术研发部署的主要项目。

表4-11　近年来CO_2合成碳酸二甲酯技术主要研发项目

项目名称	项目性质	实施单位	示范地点	示范时间
2万t/aCO_2经碳酸乙烯酯醇解间接合成碳酸二甲酯技术全过程中试	技术研发	美国Texaco公司	—	—
5万t/a尿素间接法合成碳酸二甲酯技术工业示范	技术研发	中国科学院山西煤炭化学研究所	山西长治	2020
3万t/aCO_2经碳酸乙烯酯醇解间接合成碳酸二甲酯技术全过程工业示范	技术研发	中国科学院过程工程研究所	江苏扬州	2018

我国历经十余年持续研发，先后完成了新技术的实验室研究、催化剂放大、工业侧线试验以及工艺系统集成设计，并形成完整的工艺数据包，取得了显著的进步。目前已完成万吨级CO_2经碳酸乙烯酯醇解间接制备碳酸二甲酯技术全过程工业示范装置验证，成功获得电池级碳酸酯与聚酯级乙二醇产品，后续发展没有明显的技术障碍。

CO_2合成有机碳酸酯技术预计将在5～10年内实现规模化应用推广，这一过程中可能面临的难点包括：①降低反应温度和降低反应压力能够显著降低过程能耗，对技术的规模化应用意义重大，但该条件下对催化剂的高活性设计和过程强化也提出了更高的要求；②需要进一步探索CO_2合成碳酸二甲酯过程与上游煤化工行业及下游聚碳产业链的深度耦合方案，这是提升过程整体经济性，并充分发挥技术碳减排潜力的重要途径；③研究煤化工焦炉煤气等工业伴生气、废气中CO_2做原料的技术路线的工程化，有望大大拓展CO_2合成碳酸二甲酯技术的应用领域。

(2) 经济可行性

CO_2合成有机碳酸酯技术的经济性受CO_2来源、甲醇价格、技术应用环境、石油市场价格、下游产品价格、激励政策等诸多因素影响。以碳酸二甲酯为例，目前我国石油化工产业仍具有较强生命力，乙烯的生产保障了下游环氧乙烷行业的发展，将副产的CO_2用于合成碳酸二甲酯反应，为技术的早期推广提供了优势。随着后期乙烯下游环氧乙烷产业推广饱和，该技术经济性将与成熟的尿素醇解法难分伯仲，但该技术同时联产乙二醇产品，由于我国乙二醇产品长期依赖进口现状短时间内不会改变，CO_2经碳酸乙烯酯醇解间接制备碳酸二甲酯技术有望具有更为显著的经济价值。最后，随着煤化工技术的发展和未来CO_2减排收益的提升，CO_2经碳酸乙烯酯醇解间接制备碳酸二甲酯技术的经济性优势将更为明显。

3. 安全性及环境影响

CO_2经碳酸乙烯酯醇解间接制备碳酸二甲酯与传统的光气法、甲醇氧化羰基化法等制备技术相比，无需使用具有极高毒性和腐蚀性的原料，其安全性得到显著提升。

在环境影响方面，CO_2制备碳酸二甲酯技术具备显著的减排效应且无三废排放，具有显著的环境效益。该技术与现有能源化工体系的深入融合可能会引发煤化工和石化行业原料来源的变革，形成低碳绿色产业的新增长点。

4. 技术发展预测和应用潜力

CO_2经碳酸乙烯酯醇解间接制备碳酸二甲酯技术的应用潜力主要取决于环氧乙烷原料量、技术经济性、产品需求量、碳减排激励政策以及碳减排收益。

近年来，随着我国环氧乙烷新增装置建设，我国环氧乙烷产量已经从高进口依赖性转为进口率为零的局面，未来有过剩趋势，因而CO_2经碳酸乙烯酯醇解间接制备碳酸二甲酯技术的推广能够在一定程度上促进环氧乙烷行业的发展并拓宽其下游产业链，消耗过剩产能，提升经济效益。可以预见，环氧乙烷原料量和技术经济性对未来CO_2制备碳酸酯技术的推广限制会逐渐减弱。

在产品需求方面，碳酸酯是能源化工重要的平台化学品与有机合成的重要基础原料，对于保障我国新能源新材料产业的发展至关重要。随着我国新能源汽车行业的快速发展，碳酸酯市场需求以每年25%~30%的速度递增；CO_2制备碳酸酯技术还可联产高需求的大宗化工品乙二醇，缓解我国当前对该产品的高需求现状，降低其居高不下的进口率(60%)。因此CO_2制备碳酸酯技术不存在市场需求约束问题。

在减排潜力方面，CO_2合成碳酸酯是CO_2的直接利用方式，可以实现规模化的CO_2减排。以碳酸二甲酯为例，每生产1t碳酸二甲酯可以消耗约0.5t CO_2。与目前酯交换路线相比较，该技术实现过程中需要采用额外的能量，折算为煤炭后，过程排放的CO_2约0.3t，因此，该技术净减排CO_2约为0.2t/t产品。与传统的酯交换和氧化羰基化合成碳酸二甲酯相比，生产1t碳酸二甲酯可以替代化石能源约0.2tce，因此该技术将实现替代减排0.5tCO_2/t产品。本技术生产的产品不存在替代其他产品的问题，因此产品替代减排量为0。可以看出，该技术的综合减排量为0.7t CO_2/t产品。

CO_2合成碳酸二甲酯技术的中长期规模、CO_2减排潜力和产值预测如表4-12所示。目前CO_2合成碳酸二甲酯技术已经开展了万吨级示范验证，预计到2030年建成若干商业示范装置，总体产能达到500万～700万t，相应CO_2减排潜力达到350万～500万t。2035年技术进一步推广，产能达到800万～900万t，CO_2减排潜力达到550万～650万t。2050年形成规模化应用，产能达到1000万～1200万t，CO_2减排潜力达到700万～850万t。按照每吨碳酸二甲酯2500元计算，预计本技术到2030年、2035年、2050年的产值将分别达到125亿～175亿元、200亿～225亿元和250亿～300亿元。

表4-12　CO_2合成碳酸二甲酯技术的减排强度、中长期产能规模、减排潜力和产值预测

技术减排强度（t CO_2/t 产品）				
直接利用	直接减排	原料替代减排	产品替代减排	综合减排
0.5	0.2	0.5	0	0.7
中长期预测				
		2030年	2035年	2050年
中长期产能规模（万t产品）		500～700	800～900	1000～1200
中长期减排潜力（万t CO_2）		350～500	550～650	700～850
中长期产值（亿元）		125～175	200～225	250～300

七、CO_2合成可降解聚合物材料技术

目前“白色污染”问题已成为影响我国生态文明建设的重要瓶颈之一。2019年9月中央全面深化改革委员会审议通过《关于进一步加强塑料污染治理的意见》，会议指出：积极应对塑料污染，要牢固树立新发展理念，有序禁止、限制部分塑料制品的生产、销售和使用。积极推广可循环易回收可降解替代产品，增加绿色产品供给，规范塑料废弃物回收利用，建立健全各环节管理制度，有力有序有效治理塑料污染。截至2020年8月，我国已有至少23个省市或地区推出禁塑令，生物降解塑料市场与产能之间存在巨大缺口，但目前大部分人工合成生物降解塑料价格比传统聚乙烯塑料高一倍以上，是推广生物降解塑料的主要障碍（刁晓倩等，2020；杨森，2020；Ciriminna and Pagliaro，2020）。同时，由于现有工业化生物降解塑料如聚乳酸（PLA）、聚对苯二甲酸己二酸-丁二醇酯（PBAT）阻隔性较差，无法用于对阻隔性有要求的包装材料或地膜材料，限制了生物降解塑料的大规模应用（丁茜等，2019）。CO_2基可降解聚合物材料（PPC）是目前成本最低的人工合成生物降解材料（Mikkelsen et al.，2010；Qin et al.，2015；Zhu et al.，2016b；Artz et al.，2018），其水蒸气阻隔性和氧阻隔性较好，也能够用于地膜和中阻隔包装材料，是促进生物降解材料大规模推广的关键材料之一（王献红和王佛松，2011）。

1. 技术介绍

CO_2合成可降解聚合物材料技术是指在催化剂作用下，CO_2与环氧丙烷等环氧化物在一定温度、压力下发生共聚反应制备脂肪族聚碳酸酯的相关技术（王恩昊等，2020），其反应方程式如下所示：

环氧丙烷 $+CO_2$ —Catalyst→ 聚碳酸丙烯酯(PPC) + 碳酸丙烯酯(PC)

CO_2合成可降解聚合物材料技术的主要特点包括：①材料40%以上质量来源于CO_2，使其成为成本最低的人工合成生物降解塑料；②产品具有较好的阻隔性和成膜性，可以广泛应用于地膜、一次性包装材料、食品药品包装材料等薄膜产品，通过与聚乳酸等高分子材料共混，也可用于制备注塑成型和吸塑成型材料；③采用该技术合成能够很大程度上缓解高分子材料合成对石油的依赖，实现CO_2的高附加值利用，所得的高分子材料又具有全生物降解特性，具有经济环保等多重意义（钱伯章，2013；Jiang et al.，2019）。

2. 技术成熟度和经济可行性

（1）技术成熟度

CO_2合成可降解聚合物材料技术已经进入产业化示范阶段，预期不久将实现大规模产业化应用，技术成熟度较高，推广潜力较大。采用该技术生产生物降解塑料具有一定的经济效益，但与传统塑料相比，产品价格稍有劣势，在一定环保政策的推动下有望具有客观的经济可行性。与此同时，所得产品附加值高、科技含量高，有望解决目前我国塑料行业整体利润低、技术与产品创新少等问题，对于推动经济发展和调整塑料产业结构具有重要意义。

由于CO_2的化学惰性，实现工业化聚合工艺对催化剂稳定性、反应过程控制和产品后处理要求较高，国外目前针对CO_2合成可降解聚合物材料技术的研究主要停留在试验和中试阶段，美国Empower Materials公司和韩国SK公司各有一套中试装置，用于试验和少量生产产品，但规模未知。

该技术在我国目前已经处于技术示范阶段。中国科学院长春应用化学研究所成功开发出了具有我国自主知识产权、可供工业化应用的稀土掺杂锌基催化剂，解决了CO_2快速、高效活化的难题及本体共聚合中的传质、传热等关键技术，突破了PPC的分离和后处理的瓶颈，改善了PPC的热稳定性，实现了PPC以薄膜为主的成型加工。目前与博大东方新型化工（吉林）有限公司合作，在吉林省吉林市完成了5万t/a生产示范装置建设。表4-13为近年来CO_2合成可降解聚合物材料技术研发部署的主要项目。

表4-13　近年来CO_2合成可降解聚合物材料技术主要研发项目

项目名称	项目性质	实施单位	示范地点	示范时间
百吨级超高分子量CO_2基生物降解塑料中试	技术研发	中国科学院长春应用化学所	吉林省	2016年
PPC树脂合成示范生产与生物降解渗水地膜产品研发	示范项目	中国科学院长春应用化学所	陕西省	2019～2020年
5万t/aCO_2基生物降解塑料项目	生产示范	博大东方新型化工（吉林）有限公司	吉林省	2020年
美国Empower Materials百吨中试	中试示范	美国Empower Materials公司	美国	2010年

经过二十余年的研发工作。目前我国在CO_2合成可降解聚合物材料的基础、应用研究和下游产品开发方面处于世界领先地位，已经具备了规模化生产的条件，但由于CO_2与环

氧化物反应过程复杂，反应体系黏度变化大，反应过程稳定性控制、低能耗产品—单体分离及高效低成本催化剂的研制是目前开展大规模工业化应用（单线30万t以上产能）的主要障碍。

随着国内绿色环保产业的高速发展，预计未来3～5年CO_2基可降解聚合物材料将实现大规模工业化应用，在此过程中，面临主要难点包括：①高效、低能耗连续聚合工艺包的研发与设计；②高效催化剂的工业生产技术，需要对新型非均相催化剂的制备机理、表面形貌及结晶控制方案进行深入研究。

（2）经济可行性

CO_2基生物降解塑料的经济性主要受环氧单体价格、催化剂价格、能源价格、生产规模及生物降解材料市场的影响。目前随着我国煤化工的迅速发展，丙烯产能逐步释放，环氧丙烷产能不断攀升，价格逐步下降。同时我国各地禁塑令、限塑令日趋严格，生物降解材料需求逐年提高。目前生物降解材料处于供不应求阶段，CO_2合成可降解聚合物材料已经具备扩大产能的技术条件和市场条件，将具备明显经济性优势。

3. 安全性及环境影响

CO_2合成可降解聚合物材料技术以环氧丙烷为原料，属于化工项目，安全性与现有树脂合成工艺相当，目前技术条件下风险可控，安全隐患较小。在环境影响方面该技术过程绿色环保，具备明显CO_2减排效应。此外，该技术能够减少合成塑料对化石资源的依赖，有助于保证国家石油安全。

4. 技术发展预测和应用潜力

CO_2合成可降解聚合物材料的应用潜力主要取决于高效、低成本催化剂的研发，新型连续低能耗聚合工艺及后处理工艺研究，国家环保政策的推广与执行力度的加强等方面。CO_2基生物可降解塑料性能与聚乙烯接近，能够广泛应用于地膜、一次性包装材料等传统聚乙烯应用领域以解决白色污染问题，但与聚乙烯相比，目前CO_2基可降解聚合物材料一方面工业化规模较小，很难体现规模效益；另一方面，催化剂成本依然较高，制约成本进一步降低，通过研发新型低成本、高效催化剂，可进一步降低成本，增强竞争力。通过研发低能耗连续聚合及后处理工艺，有望建设单线年产30万t生产线，从而体现规模效益，降低财务和销售成本。最后，随着国家环保政策的持续推出，执行力度也在逐步提高，因此CO_2合成可降解聚合物材料的发展潜力较好。

在减排潜力方面，以最为典型的产品PPC为例，生产1t该类产品的CO_2排放量仅为1.2t，显著低于聚乙烯（2.5tCO_2/t产品）和聚丙烯等传统高分子材料（1.9tCO_2/t产品）。随着产业化技术的改进，CO_2基塑料的生产耗能有望进一步下降，有望实现绝对减排的目标。CO_2与环氧丙烷共聚生成CO_2基塑料PPC，生产每吨产品大约消耗0.43t CO_2，理论直接CO_2利用量为0.43tCO_2/t产物。CO_2与环氧化物的共聚反应属于放热反应，因此聚合过程中耗能较少，生产1t塑料在聚合过程中耗能排放的CO_2大约是0.18t（此过程不包括反应过程中副产物回收等耗能）。因此，该过程可以实现直接减排大约0.25tCO_2/t产物。CO_2基塑料暂无相同产品可比，但是可假定CO_2替代部分环氧丙烷作为原料（/t CO_2可替代约0.43t环氧丙烷），其替代减排量即生产环氧丙烷的CO_2排放量，生产1t环氧丙烷大约排放 0.85t CO_2，即每生产 1t 聚合物可实现替代减排 CO_2 大约为 0.37t。本技术生产的产品与可能替代的聚乙烯等聚合物产品相比类似，因此产品替代减排量为 0。可以看出，该技术的综合减排量为 0.62tCO_2/t 产品。

CO_2 合成可降解聚合物材料技术的中长期规模、减排潜力和产值预测如表 4-14 所示。目前 CO_2 合成可降解聚合物材料技术已经进入产业化阶段，预计到 2030 年将形成若干商业化装置，总体产能达到 50 万～100 万 t，相应 CO_2 减排潜力达到 30 万～60 万 t。2035 年技术进一步推广，产能达到 80 万～150 万 t，CO_2 减排潜力达到 50 万～90 万 t。2050 年技术得到大规模应用，产品下游进一步延伸，产能达到 150 万～250 万 t，CO_2 减排潜力达到 90 万～150 万 t。按照每吨可降解塑料 20 000 元计算，预计本技术到 2030 年、2035 年、2050 年的产值将分别达到 100 亿～200 亿元、160 亿～300 亿元、300 亿～500 亿元。

表 4-14　CO_2 合成可降解聚合物材料技术的减排强度、中长期产能规模、减排潜力和产值预测

技术减排强度（tCO_2/t 产品）				
直接利用	直接减排	原料替代减排	产品替代减排	综合减排
0.43	0.25	0.36	0	0.61
中长期预测				
		2030 年	2035 年	2050 年
中长期产能规模（万 t 产品）		50～100	80～150	150～250
中长期减排潜力（万 tCO_2）		30～60	50～90	90～150
中长期产值（亿元）		10～200	160～300	300～500

八、CO_2 合成异氰酸酯/聚氨酯技术

异氰酸酯是制备战略性工程塑料聚氨酯的重要原料，其中二苯甲烷二异氰酸酯（Methylene diphenyl diisocyanate，MDI）是量大面广的代表性产品，大量用于汽车、风电、高铁、军工等领域，年需求量超 800 万 t，我国需求量超 400 万 t，且每年以 20% 增加，未来仍是全球主要的 MDI 需求增长区域（戚桂超和迟洪泉，2018；杨学萍，2019）。MDI 现有生产技术均采用基于石油路线的剧毒光气法路线，操作条件苛刻，设备投资大，存在重大的环境生态安全隐患（Andreas，2011；Eric，1996）。光气法生产技术主要由拜耳、巴斯夫、亨斯迈、陶式化学等跨国公司掌握，国内仅烟台万华公司掌握了光气法生产技术。近年来，包括拜耳、巴斯夫、中石油、陕西煤业等国内外企业都在迫切寻求源头替代剧毒光气的低成本清洁合成工艺。伴随煤化工、天然气化工产业的快速发展，世界范围内尿素产量将进一步增加并出现平衡性过剩，尿素高价值下游产品的开发引起广泛关注，CO_2 经尿素转化为大宗有机化学品已经成为 CO_2 化学利用的重要途径之一（Shukla and Srivastava，2017；赵新强等，2002；Wang et al.，2017），基于我国“富煤少油”的资源禀赋特征，以尿素为 CO_2 有效载体，从甲醛、苯胺、尿素等传统大宗煤化工基础原料出发，间接非光气合成异氰酸酯/聚氨酯不仅可以取代原有光气工艺路线的剧毒原料光气，而且可以实现经济可行的 CO_2 高值利用，将开拓 CO_2 化学转化生产大宗高值化工产品的新途径，同时大幅度减轻对化石资源的依赖。

1. 技术介绍

CO_2合成异氰酸酯/聚氨酯技术是指以 CO_2 为羰基化试剂，将其与苯胺、甲醛共同反应，经脱水后获得异氰酸酯，并进一步转化为聚氨酯的过程，其合成异氰酸酯反应方程式如下所示：

$$CO_2 + \text{C}_6\text{H}_5\text{-NH}_2 + HCHO \xrightarrow{-3H_2O} OCN\text{-C}_6\text{H}_4\text{-CH}_2\text{-C}_6\text{H}_4\text{-NCO}$$

相比异氰酸酯/聚氨酯的传统合成路线（光气法），CO_2合成异氰酸酯/聚氨酯技术的主要特点包括：①以 CO_2 为羰基化试剂，取代剧毒光气，使得异氰酸酯/聚氨酯生产过程安全性大大提高，从源头解决了光气法生产工艺的重污染和重大安全隐患；②不涉及光气法安全控制问题，不但能够形成百万吨级别的工业装置，同时适合中小规模，有利于构建甲醇下游耦合利用生产（MDI）多元化体系；③同时实现 CO_2 直接减排和间接减排；④产品质量不受残余氯的影响。

2. 技术成熟度和经济可行性

（1）技术成熟度

CO_2合成异氰酸酯/聚氨酯技术目前已经完成了中试验证，在高效催化体系、专属反应装置、中试运行技术等方面均取得了一定突破，正在进入工程化示范阶段，已经基本具备了商业化推广能力。

目前国外主要采用光气路线进行异氰酸酯的生产，其操作条件苛刻，设备投资大，存在重大的环境生态安全隐患，相关技术主要由拜耳、巴斯夫、亨斯迈、陶式化学等跨国公司掌握。德国拜耳、巴斯夫、日本三井化学等大型企业均投入大量人力物力开展非光气合成异氰酸酯的研究工作（Franz，1982；Klaus，1983）。巴斯夫公司提出将氨基甲酸酯于氯苯等溶剂中在不同压力条件下分解为 MDI，相对效率较低。总体来看，国外研究工作主要集中在实验室小试，MDI 合成反应时间长且收率低，且尚未见中试放大装置的报道。

国内科研机构近年来逐渐加强非光气异氰酸酯技术开发，包括华东理工大学（朱银生等，2009）、河北工业大学等报道了非光气合成 MDI 的研究进展（An et al.，2014；彭向聪等，2019）。中国科学院过程工程研究所（Gao et al.，2007a；2007b）团队在 2003 年开始开展非光气法合成 MDI 清洁工艺路线研究，成功开发了苯胺和尿素耦合的 CO_2间接合成非光气 MDI 新工艺技术，建立了完善的异氰酸酯反应工艺优化、分析检测、工程放大和过程集成平台。完成了百吨级全过程连续化扩大试验与核心单元千吨级验证，形成了煤基非光气 MDI 总体工艺路线和万吨级工艺技术软件包，为非光气异氰酸酯清洁工艺的进一步工程化关键技术研发和示范夯实了基础。表 4-15 为近年来 CO_2 合成异氰酸酯技术研发部署的主要项目。

表 4-15　近年来 CO_2 合成异氰酸酯技术主要研发项目

项目名称	项目性质	实施单位	示范地点	示范时间
万吨级 CO_2 非光气合成异氰酸酯 MDI 工程示范	技术研发	中国科学院过程工程研究所	陕西华县	2020 年
CO_2 非光气合成异氰酸酯 MDI 小试试验	技术研发	德国巴斯夫/日本三井	—	—

经过十余年的研发工作，我国在 CO_2 非光气合成异氰酸酯技术研究（如催化剂设计、反应机理、反应网络控制等）和应用研发领域（催化剂规模化生产、专属反应器设计、中试技术等）均取得了显著进步，并已经开展了示范验证，后续发展没有明显的技术障碍。

CO_2 合成异氰酸酯技术预计将在3～5年内完成万吨级全流程示范工程，相比传统光气法，设备投资降低50%，水耗减少50%；并进行十万吨级产业化装置建设，开展十万吨级产业化装置稳定运行。预期10年内进一步拓展非光气异氰酸酯下游产品市场，相关技术实现多台套推广应用，支撑形成百万吨级大宗基础化工原料—异氰酸酯—聚氨酯绿色化工产业链。

（2）经济可行性

CO_2 非光气制备异氰酸酯技术的经济性具备一定的优势，受 CO_2、合成氨、苯胺和甲醛价格等诸多因素影响。目前我国煤化工产业基础较好，过程中直接排放的高纯 CO_2 可直接用于尿素合成反应。氨是 CO_2 非光气制备异氰酸酯中副产品，可用于合成尿素，且甲醛、苯胺是传统大宗煤化工基础原料，这些因素为技术的规模化应用提供了便利条件。伴随煤化工、天然气化工产业的快速发展，世界范围内尿素产量将进一步增加并出现平衡性过剩。另外，非光气法可以避免光气法中由腐蚀性氯化氢和剧毒光气等引起的额外的装置投资费用。

3. 安全性及环境影响

CO_2 合成异氰酸酯技术避免了有毒有害光气合成过程，大幅度缩短工艺流程，实现污染物的源头减量，解决了传统路线的重大安全隐患。CO_2 合成异氰酸酯/聚氨酯技术中，首先利用 CO_2 合成尿素，并进一步生产异氰酸酯，一方面过程能够实现 CO_2 直接固定减排；另一方面，传统路线中使用的光气需要以煤炭为原料，CO_2 合成异氰酸酯/聚氨酯技术通过对光气的替代，能够减少煤炭使用，实现间接减排。相比于传统的光气法生产，煤基异氰酸酯（MDI）新工艺属于绿色技术，可在异氰酸酯、聚氨酯行业内实现绿色清洁生产，从源头上解决环境污染和安全隐患，为我国能源基地煤炭清洁利用提供绿色、低碳新技术应用示范，支撑清洁能源和聚氨酯产业的可持续发展。

4. 技术发展预测和应用潜力

CO_2 合成异氰酸酯技术的应用潜力主要取决于技术经济性、产品需求量、碳减排激励政策以及碳减排收益。

目前我国煤化工产业基础较好，以尿素为 CO_2 有效载体，从甲醛、苯胺、尿素等传统大宗煤化工基础原料出发，间接非光气合成异氰酸酯/聚氨酯不仅可以取代原有光气工艺路线的剧毒原料光气，而且可以实现经济可行的 CO_2 高值利用，预计 CO_2 非光气制备异氰酸酯技术受原料价格影响较小。

在减排潜力方面，非光气法生产每吨MDI产品将直接固定0.35t CO_2，即直接 CO_2 利用量0.35tCO_2/t产品。CO_2 合成异氰酸酯/聚氨酯技术与传统光气法过程能耗基本持平，约为每吨产品消耗标准煤1.65t。因此，与传统光气法相比，CO_2 间接非光气合成MDI技术不会因为能耗增加而带来 CO_2 新增排放量。CO_2 合成MDI过程中每吨产品替代CO气体原料0.24t，按生产1t CO需要消耗0.7tce、排放约1t CO_2 计算，非光气过程每生产1t MDI

可以实现原料替代减排约为0.24tCO_2。本技术生产的产品市场已经存在，不存在产品替代，因此产品替代减排量为0。可以看出，该技术的综合减排量为0.49tCO_2/t产品。

目前CO_2合成异氰酸酯技术已经开展了万吨级示范验证，预计到2030年形成商业运行，总体产能达到700万～800万t，相应CO_2减排潜力达到350万～400万t。2035年技术进一步推广，产能达到800万～900万t，CO_2减排潜力达到400万～450万t。2050年形成大规模应用，产能达到900万～1100万t，CO_2减排潜力达到450万～550万t。按照每吨异氰酸酯20 000元计算，预计本技术到2030年、2035年、2050年的产值将分别达到1400亿～1600亿元、1600亿～1800亿元、1800亿～2200亿元。CO_2合成异氰酸酯技术的中长期规模、减排潜力和产值预测如表4-16所示。

表4-16　CO_2合成异氰酸酯技术的减排强度、中长期产能规模、减排潜力和产值预测

技术减排强度（t CO_2/t产品）				
直接利用	直接减排	原料替代减排	产品替代减排	综合减排
0.35	0.35	0.24	0	0.49
中长期预测				
		2030年	2035年	2050年
中长期产能规模（万t产品）		700～800	800～900	900～1100
中长期减排潜力（万t CO_2）		350～400	400～450	450～550
中长期产值（亿元）		1400～1600	1600～1800	1800～2200

九、CO_2制备聚碳酸酯/聚酯材料技术

聚碳酸酯（PC）是分子链中含有碳酸酯基的高分子聚合物，根据酯基的结构可分为脂肪族、芳香族、脂肪族-芳香族等多种类型。聚碳酸酯具有高强度、高韧性、高抗热性、高抗冲击性及较好的加工性能和形状、颜色稳定性等，已广泛应用于电子器件、通信、医疗器械、建筑、光盘片、汽车、服装、包装材料、光学器械等行业，是一种重要的工程塑料（Brunelle and Korn，2005；Brunelle，2014）。有报道认为，未来我国聚碳酸酯的需求增速将维持在6%～8%，且产能也将相应增加，该过程中势必会淘汰部分环境不友好技术，因此新型聚碳酸酯合成技术的研发和推广势在必行（张桂华等，2018；中国合成树脂供销协会，2019；宋倩倩等，2019）。CO_2制备聚碳酸酯/聚酯材料技术无需使用剧毒光气，对于我国发展具有自主知识产权的聚碳酸酯工业，满足我国未来对聚碳酸酯不断增长的市场需求意义重大（Liu and Wang，2017；Darensbourg et al.，2010；Fukuoka et al.，2019；Huang et al.，2020b）。

1. 技术介绍

CO_2制备聚碳酸酯/聚酯材料技术基于CO_2与环氧乙烷合成碳酸乙烯酯，碳酸乙烯酯继而和有机二元羧酸酯耦合反应合成乙烯基聚酯（PET）以及聚丁二酸乙二醇酯（PES），

同时联产碳酸二甲酯（DMC），DMC 和苯酚合成碳酸二苯酯（DPC），DPC 继而和双酚 A 合成芳香族聚碳酸酯（PC）。CO_2间接合成 PC、PET、PES 反应方程式如下所示：

$$n\,(\text{碳酸乙烯酯}) + nH_3CO-\overset{O}{\overset{\|}{C}}-C_6H_4-\overset{O}{\overset{\|}{C}}-OCH_3 \xrightarrow[\triangle]{\text{催化剂}} nH_3CO-\overset{O}{\overset{\|}{C}}-OCH_3 + PET$$

$$n\,(\text{碳酸乙烯酯}) + n\,H_3CO-\overset{O}{\overset{\|}{C}}-CH_2CH_2-\overset{O}{\overset{\|}{C}}-OCH_3 \xrightarrow[\triangle]{\text{催化剂}} nH_3CO-\overset{O}{\overset{\|}{C}}-OCH_3 + PES$$

$$H_3CO-\overset{O}{\overset{\|}{C}}-OCH_3 + 2\,C_6H_5OH \xrightarrow[\triangle]{\text{催化剂}} C_6H_5-O-\overset{O}{\overset{\|}{C}}-O-C_6H_5 + 2CH_3OH$$

$$C_6H_5-O-\overset{O}{\overset{\|}{C}}-O-C_6H_5 + nHO-C_6H_4-C(CH_3)_2-C_6H_4-OH \xrightarrow[\triangle]{\text{催化剂}} PC + 2n\,C_6H_5OH$$

CO_2间接合成聚酯/聚碳酸酯产业链与现有光气法制备工艺技术相比，具有如下特点：①能够将工业废气CO_2转化为附加值较高的 PC 等产品，具有环保效益和减排效果；②光气作为一种有毒化学品，需采用严格的过程设计及严密的分析监测，该技术避免使用光气，可降低投资成本，从而加快工艺生产的开发；③该技术过程全封闭，无副产物，而光气法生产过程中光气的氯被转换为利用率较低的氯化钠废盐。

2. 技术成熟度和经济可行性

（1）技术成熟度

目前，对于不同的产品，CO_2制备聚碳酸酯/聚酯材料技术成熟度有一定差异，国内CO_2间接合成 PC 技术处于中试示范至工业应用阶段，CO_2间接合成 PES、PET 等处于基础研究至技术研发阶段。

在 PC 合成方面，目前国外很多公司都采用非光气酯交换熔融缩聚法，通用公司和拜耳公司已经将非光气法生产 PC 技术推向工业化生产。通用公司是目前世界上最大的 PC 生产商，公司在西班牙塔拉戈纳建成了 12 万 t/a 的装置，拜耳也在比利时安特卫普建造了 4 万 t/a 的非光气熔融法工艺的装置。目前较少有从CO_2出发合成碳酸二甲酯（DMC）后再采用酯交换熔融缩聚法合成 PC 的规模化生产线。在 PES 和 PET 合成方面，目前该领域技术主要处在基础研究阶段。

我国于 1965 年实现了光气法合成 PC 工业化，但至目前生产能力较低。中国科学院成都有机化学有限公司经过长期攻关，已经完成了 DPC 千吨级中试，中试产品满足制备 PC 的要求。国内非光气酯交换熔融缩聚法制备 PC 有湖北甘宁石化 7 万 t/a 非光气法聚碳酸酯项目在建，海南华盛新材料 2×26 万 t/a 非光气法聚碳酸酯项目（一期）在建。表 4-17 为近年来CO_2合成聚碳酸酯/聚酯材料技术研发部署的主要项目。

表 4-17 近年来 CO_2 合成聚碳酸酯/聚酯材料技术主要研发项目

项目名称	项目性质	实施单位	示范地点	示范时间
千吨级 CO_2 合成 PC 中试验证	技术研发	中国科学院成都有机化学有限公司	河北省唐山市朝阳化工总厂	—
2×26 万 t/a 非光气法聚碳酸酯	工业应用	华盛新材料	海南省东方市工业园区	在建
12 万 t/a 非光气法聚碳酸酯	工业应用	通用	西班牙塔拉戈纳	—
4 万 t/a 非光气法聚碳酸酯	工业应用	拜耳	比利时安特卫普	—

经过近年来的研发，我国在 CO_2 间接合成 PC 技术研究（如催化剂的设计、反应机理等）和应用研发领域（如催化剂规模化生产、中试技术）等方面取得了较大成果，完成了中试验证。但 CO_2 间接合成 PES 和 PET 还处于基础研究和技术研发阶段。目前 CO_2 间接合成 PC 技术主要存在高效反应器和高性能催化剂的放大研制等技术难点。

CO_2 间接合成 PC 技术已完成中试示范，其中酯交换熔融缩聚法合成 PC 已有较为成熟的工艺流程，预计 5～10 年内实现规模化推广，后续工作方向为：①避免技术工程化放大中的尺寸效应；②催化剂的优化及放大工作，避免过程中产生较高含量的支链芳基酮，导致产品流变性等性能变差。

（2）经济可行性

CO_2 制备聚碳酸酯/聚酯材料技术的经济性受 CO_2 价格、环氧乙烷、有机二元羧酸酯、双酚 A 等原料价格、聚碳酸酯/聚酯材料下游产品价格、激励政策等诸多因素影响。目前我国煤化工行业基础较好，过程中大量排放的高浓度 CO_2 为技术的早期推广提供了优势，环氧乙烷、有机二元羧酸酯、双酚 A 等原料价格较稳定，因此 CO_2 制备聚碳酸酯/聚酯材料技术具备一定经济性优势。

3. 安全性及环境影响

CO_2 制备聚碳酸酯/聚酯材料技术无需使用剧毒的光气作为原料，不但有助于降低生产过程对化石资源的依赖，还能显著提升产品的绿色化程度，降低了环境制约和政策限制。该技术的产业化将促进我国经济发展和产业结构的调整，对国家能源和安全有较大的贡献。

4. 技术发展预测和应用潜力

CO_2 间接合成聚碳酸酯技术以工业废气 CO_2 为原料，是目前国际最先进的清洁生产路线。该技术的应用潜力主要取决于环氧乙烷、有机二元羧酸酯、双酚 A 等原料的市场供应能力，PC、PET 和 PES 产品需求量，国家碳减排激励政策以及碳减排收益。

在原料的市场供应方面，目前几种原料价格都相对比较稳定，随着该技术的发展，这几种原料的市场需求量会明显增加，因此需要提前做好相关原料生产线的布置，确保稳定的原料价格。

在产品需求方面，PC 制品已广泛应用于电子器件、通信、医疗器械、光盘、汽车、包装、光学器械等行业；PET 主要用作纤维、薄膜、容器、工程塑料等；PES 可替代通用塑料，用于塑料薄膜、包装材料、生物材料等方面。总体上看，产品的需求量巨大，因此市场需求对产品影响较小。

在政策方面，我国也已经开展了碳交易试点，未来随着碳减排激励政策以及碳减排收益机制的成熟和实施，该技术的生产成本将进一步降低，竞争力进一步增强。

在减排潜力方面，每吨PC直接利用0.17tCO_2，替代化石燃料的替代减排量为0.03tCO_2/tPC，能耗相比现有工艺的减排量为0.12tCO_2/tPC，直接减排量约为0.29tCO_2/tPC，综合减排量为0.32tCO_2/t产品。

CO_2合成聚碳酸酯/聚酯技术的中长期规模、减排潜力和产值预测如表4-18所示。目前CO_2合成聚碳酸酯/聚酯技术正在开展工业示范，预计到2030年初步形成商业化运行，总体产能达到80万~120万t，相应CO_2减排潜力达到25万~35万t。2035年技术进一步推广，产能达到120万~150万t，CO_2减排潜力达到35万~50万t。2050年技术大规模商业化推广，同时下游产业链充分发展，需求进一步扩大，产能达到250万~350万t，CO_2减排潜力达到80万~110万t。按照每吨PC 15 000元计算，预计本技术到2030年、2035年、2050年的产值将分别达到120亿~180亿元、180亿~230亿元、370亿~520亿元。

表4-18　CO_2合成聚碳酸酯/聚酯技术的减排强度、中长期产能规模、减排潜力和产值预测

技术减排强度（t CO_2/t产品）				
直接利用	直接减排	原料替代减排	产品替代减排	综合减排
0.17	0.29	0.03	0	0.32
中长期预测				
		2030年	2035年	2050年
中长期产能规模（万t产品）		80~120	120~150	250~350
中长期减排潜力（万t CO_2）		25~35	35~50	80~110
中长期产值（亿元）		120~180	180~230	370~520

第二节　CO_2矿化利用

工业固体废物（简称工业固废）是指在工业生产活动中产生的固体废物，包括工业生产过程中排入环境的各种废渣和粉尘等，如采矿废石、选矿尾矿、燃料废渣、冶炼及化工过程废渣等。2018年，我国工业固废总量高达30亿t，资源化利用程度低，对土壤、大气和水体造成污染，存在巨大的环境隐患。目前我国主要的工业固废处置技术包括填埋、焚烧和固化，但总体处置率低，经济性差。

另外，在大力开展基础设施建设的背景下，我国混凝土产业发展迅速，有报道指出我国混凝土的消费量以达到全球消费量的54%，预计未来还将持续增长（杜康武，2018）。目前，我国混凝土行业普遍存在技术门槛低、资源消耗大和环境污染严重等重大缺陷，在未来环境保护要求日益严格的必然趋势下，高性能混凝土的环保生产技术至关重要。

CO_2矿化利用主要是通过天然矿物、工业材料和工业固废中钙、镁等碱性金属将CO_2碳酸化固定为化学性质极其稳定的碳酸盐，这一过程恰恰是固废处置和混凝土生产共有化学本质。因此，CO_2矿化利用技术已经引起了广泛关注，有望为CO_2的长期固定提供可行的解决方案。根据过程特性，CO_2矿化利用技术可分为：①与固废处理过程深度耦合，实现碳减排的同时达到固废处置及资源化利用的目的，例如钢渣矿化利用 CO_2 和磷石膏矿化利用 CO_2 技术；②与特殊资源提取相结合，能够实现高值化产品产出的技术，其中钾长石加工联合 CO_2 矿化技术最具代表性；③与高性能水泥材料密切结合，兼具减排效应和强化材料性能的混凝土养护技术。

一、钢渣矿化利用 CO_2

钢渣是炼钢过程中的一种副产品，由生铁中的硅、锰、磷、硫等杂质在熔炼过程中氧化而成的各种氧化物以及这些氧化物进一步转化生成的盐类所组成。钢渣成分复杂，一般含有金属铁2%~8%，氧化钙40%~60%，氧化镁3%~10%，氧化锰1%~8%。近年来，我国粗钢产量基本维持在8亿~9亿t，而钢渣排放量约占粗钢产量的12%~15%，按照2018年全国粗钢产量8.56亿t来计算，则2018年钢渣产量至少为1.03亿t，其有效利用率低，环保压力大。目前钢渣的回收处理技术集中在铁、锰等有价元素回收，而钙、镁等资源仍难以利用。我国钢铁工业既是温室气体 CO_2 排放大户，又是大宗钙基固废的主要来源，发展钢渣矿化利用 CO_2 技术具有显著的社会环境效益。

1. 技术介绍

钢渣矿化利用 CO_2 技术是指以钢铁生产过程产生的大量钢渣为原料，利用其富含钙、镁组分的特点，通过与 CO_2 碳酸化反应，将其中的钙、镁组分转化为稳定的碳酸盐产品，使利用后的钢渣得到稳定化处理，实现工业烟气中 CO_2 直接原位固定与钢渣工业固废协同利用。其反应方程式如下所示：

$$(Ca, Mg)_xO_x + xCO_2 \rightarrow x(Ca, Mg)CO_3$$

钢渣矿化利用 CO_2 技术的主要优势包括：①能够实现钢渣中钙、镁资源的回收利用，从而形成对现有钢渣处理技术的重要补充；②能够在钢铁行业内部形成废渣和废气的协同消化能力，显著提升钢铁生产技术的绿色化和可持续程度；③过程产物可作为建筑材料，形成规模化、长周期减排能力；④废弃钢渣的来源通常离 CO_2 的产生源较近，并能够大量获得，节省大量原料运输成本；⑤钢渣本身颗粒较小，反应活性较高，能够节省研磨等预处理的能耗；⑥钢渣矿化利用 CO_2 的同时还能获得贵重金属等高附加值产物，降低其经济成本（包炜军等，2007）。

2. 技术成熟度和经济可行性

（1）技术成熟度

目前钢渣矿化利用 CO_2 相关技术已经进入工程示范阶段，前期工作已在矿化工艺集成、专用装备研制等方面取得重要进展，并完成了千吨级 CO_2 矿化装置的研制及集成，为技术的商业化示范和推广奠定了必要的基础。

国外针对钢渣矿化利用 CO_2 技术的相关研究较少，相关报道包括日本NKK钢铁公司通过钢渣-CO_2 碳酸化过程生产立方体钢渣块后用于填海材料；美国Carnegie-Mellon University曾对钢渣矿化利用 CO_2 技术进行流程建模评估，操作成本预计在8美元/t CO_2；澳大利亚Monash大学对钢渣 CO_2 碳酸化最优反应条件进行了系统研究（Stolaroff et al.,

2005；Ukwattage et al.，2017）。

我国钢铁产业较为发达，相应的钢渣处置压力较大，因此钢渣矿化利用 CO_2 技术受到了一定关注。中国科学院过程工程研究所已经在矿化反应机理、专属装备创制、中试技术等方面取得一定突破，开展了 50 000t/a 钢渣矿化工业验证，预计本技术后续发展没有明显的技术障碍。表 4-19 为近年来钢渣矿化利用 CO_2 技术研发的主要项目。

表 4-19　近年来钢渣矿化利用 CO_2 技术主要研发项目

项目名称	项目性质	实施单位	示范地点	示范时间
50000t/a 钢渣矿化工业验证	技术研发	中国科学院过程工程研究所	四川达州	2017 年

钢渣矿化利用 CO_2 技术预计在未来 5～10 年具备规模化推广能力，这一过程中可能面临的难点包括：①非常规介质体系钢渣固碳组分高效提取与加压碳酸化转化工艺优化与专属装备研制；②非常规介质体系钢渣分级浸出预处理残渣质量调控与再资源化利用工艺优化；③高附加值产品的回收以及钢渣 CO_2 矿化产品性能稳定性；④整体工艺的大规模工业示范技术（王晨晔等，2016；包炜军等，2009；房延凤等，2020）。

（2）经济可行性

钢渣矿化利用 CO_2 技术的经济性受原材料 CO_2 市场价格、钢渣的运输能力、钢渣预处理能耗、高附加值产品的回收率、矿化工艺条件和产能以及激励政策等诸多因素影响。一方面，我国具有较为发达的钢铁产业，钢铁市场需求大，另一方面，我国钢渣资源综合利用率目前不足 40%，且堆存量巨大，因此钢渣矿化利用 CO_2 在原材料方面具有经济性优势，对我国节能环保与发展循环经济具有重要意义（Iizuka et al.，2013；王晨晔等，2016）。

3. 安全性及环境影响

钢渣矿化利用 CO_2 技术过程的安全性较好，风险低。我国钢铁工业既是温室气体 CO_2 排放大户，又是大宗钙基固废的主要来源，因此钢渣矿化利用 CO_2，既能实现多点源 CO_2 排放分布式原位固定，又能实现钙基固废的资源化利用，具有显著的社会环境效益。

4. 技术发展预测和应用潜力

钢渣矿化利用 CO_2 技术上游衔接我国产量大、利用率低的钢铁产业固废，2015 年我国钢渣堆存量超过 3 亿 t，资源综合利用率不足 40%；下游又能够延伸到建材等具有较大需求的产品门类，基于钢渣矿化利用 CO_2 技术进行优化和改良可获得高品质的钢渣制品，用途广泛，因此技术需求显著。与此同时，钢渣矿化利用 CO_2 技术具有较好的技术成熟度，已经进入工业化示范阶段，市场推广潜力良好。但是，钢渣 CO_2 矿化产品的生产工艺研究目前大都还处于实验室阶段（王晨晔等，2016；魏欣蕾等，2019；房延凤等，2020）。

在减排潜力方面，钢渣中富含氧化钙，其总氧化钙含量达到 40%～60%，是 CO_2 矿化固定的良好原料，每吨钢渣理论上可固定 CO_2 300～400kg，折算吨钢渣微粉产品可减排约 0. 25t CO_2。以 5 万 t/a 钢渣直接矿化 CO_2 工业示范线为例，通过综合考虑技术与经济因素，钢渣中的钙、镁组分难以完全转化为碳酸盐，因此吨钢渣可直接利用约 100kg CO_2，五万吨级示范工程可直接固定 CO_2 5000t，并生产混凝土掺和料替代水泥熟料的钢渣微粉 4 万 t 以及用作干混砂浆的固碳钢渣 1.5 万 t。生产过程消耗电能大约 300 万 kWh，按照电能 CO_2 排放系数为 0.346kg/kWh，相当于吨钢渣微粉直接减排 CO_2 0.1t。钢渣直接矿化所得钢渣微粉产品可替代水泥，目前吨水泥熟料排放 1t CO_2，即每生产 1t 钢渣微粉可实现原料替代减排 CO_2 大约为 1t。本技术不存在原料替代，因此原料替代减排量为 0。可以看出，本技术的综合减排量为 1.1tCO_2/t 产品。

目前钢渣矿化利用 CO_2 技术已经开展了示范验证，预计到 2030 年形成若干大规模示范案例，总体产能达到 100 万～150 万 t，相应 CO_2 减排潜力达到 100 万～150 万 t。到 2035 年，技术开始商业化运行，产能达到 200 万～250 万 t，CO_2 减排潜力达到 200 万～250 万 t。2050 年技术大范围推广，同时受到钢铁废渣治理和碳减排政策的激励，产能达到 500 万～600 万 t，CO_2 减排潜力达到 500 万～600 万 t。按照每吨矿化产品 4500 元计算，预计本技术到 2030 年、2035 年、2050 年的产值将分别达到 45 亿～70 亿元、90 亿～110 亿元、220 亿～270 亿元。钢渣矿化利用 CO_2 技术的中长期规模、CO_2 排潜力和产值预测如表 4-20 所示。

表 4-20　钢渣矿化利用 CO_2 技术的减排强度、中长期产能规模、减排潜力和产值预测

技术减排强度（tCO_2/t 产品）				
直接利用	直接减排	原料替代减排	产品替代减排	综合减排
0.25	0.1	0	1.0	1.1
中长期预测				
		2030 年	2035 年	2050 年
中长期产能规模（万 t 产品）		100～150	200～250	500～600
中长期减排潜力（万 tCO_2）		100～150	200～250	500～600
中长期产值（亿元）		45～70	90～110	220～270

二、磷石膏矿化利用 CO_2 技术

磷石膏主要成分为硫酸钙，是磷化工的固体废弃物，每年产量巨大，约 4500 万 t。目前部分磷石膏用于建筑材料、水泥添加、土壤添加剂等，但每年约 4000 万 t 磷石膏仍无法有效处理，带来巨大环境挑战问题。开发磷石膏矿化利用 CO_2 技术，将磷石膏中的钙资源进行碳酸化稳定，不仅能实现大规模的固碳，还可以减少固废堆填的危害，因此该类技术具有固废处理及 CO_2 减排的双重环保意义。

1. 技术介绍

磷石膏矿化利用 CO_2 技术主要是利用硫酸钙和碳酸钙在硫酸铵中的溶度积差别，在氨介质体系中，使磷石膏中的硫酸钙与 CO_2 发生反应生成碳酸钙和硫酸铵。所得固体碳酸钙产品可以加工成高附加值的轻质碳酸钙产品，硫酸铵母液进一步转化制备硫酸钾及氯化铵钾等硫基复肥产品，由此实现磷石膏中钙、硫资源的高值化回收利用（李季等，2015；包炜军等，2017）。其具体反应方程式如下所示：

$$CO_2+CaSO_4\cdot 2H_2O+2NH_3 \rightarrow (NH_4)_2SO_4+CaCO_3+H_2O$$

2. 技术成熟度和经济可行性

（1）技术成熟度

磷石膏矿化利用 CO_2 技术已经开展了长期的技术研究，并完成了工业示范，目前仍需要进一步开展工艺和设备优化以降低技术成本。

西班牙韦尔瓦大学 Contreras 课题组采用两步法对磷石膏矿化 CO_2 进行了实验室研究，首先将磷石膏加入氢氧化钠溶液中使其转化为氢氧化钙和硫酸钠，而后通入一定压力的 CO_2 使氢氧化钙转化为碳酸钙，获得了较好的转化效果。南非威特沃特斯兰德大学的 Msila 课题组则借鉴 Mersberg 法硫铵生产工艺，将 CO_2 气体直接通入氨水与磷石膏的悬浊液中，使其与硫酸钙发生碳酸化反应生成硫酸铵和碳酸钙，磷石膏的最大转化率达到了 95%。上述研究尽管在实验室取得了较好的实验结果，但未见后续的工业化生产和应用（Cardenas-Escudero et al., 2011；Contreras et al., 2015；Msila et al., 2016）。

我国在磷石膏矿化利用 CO_2 领域也进行了许多研究，四川大学、西南科技大学、中国科学院过程工程研究所对磷石膏固定 CO_2 的反应温度、时间，以及液固比和氮硫比对固碳率的影响进行了相关实验室研究（何思祺等，2013；朱家骅等，2013；李季等，2015；Zhao et al., 2015；包炜军等，2017），其中四川大学联合中石化等公司启动了“低浓度尾气 CO_2 直接矿化磷石膏联产硫基复肥技术开发项目”，利用瓮福集团磷肥厂排出的磷石膏废渣对中石化普光气田天然气净化过程中排放的 CO_2 进行矿化处理，实现 CO_2 减排和磷石膏处理为一体的绿色低碳技术路线，目前已经在技术研究（如矿化反应机理等）和应用研发领域（规模化生产、专属设备研制、中试技术等）等方面取得了显著进步（刘项等，2015；崔文鹏等，2015）。表 4-21 为近年来磷石膏矿化利用 CO_2 技术研发部署的主要项目。

表 4-21　近年来磷石膏矿化利用 CO_2 技术主要研发项目

项目名称	项目性质	实施单位	示范地点	示范时间
100Nm^3/h 低浓度尾气 CO_2 直接矿化磷石膏联产硫基复肥工程示范	技术研发	四川大学、中国石化中原油气田普光分公司	四川达州	2016 年
万吨级高浓度 CO_2 矿化磷石膏工程示范	技术研发	中国科学院过程工程研究所、中化重庆涪陵化工有限公司	重庆涪陵	2017 年

磷石膏矿化 CO_2 联产复合肥技术预计将在 10 年内实现规模化应用推广，这一过程中可能面临的难点包括：①需要优化尾气吸收工艺，提高 CO_2 吸收率和碳酸铵溶液浓度；②需要进一步优化尾气洗涤工艺，降低氨的扩散逃逸速率；③优化工艺条件尤其是解决由于液固相存在而导致的管道堵塞问题。

（2）经济可行性

磷石膏矿化利用 CO_2 技术的经济性受 CO_2 捕集成本、硫酸铵产品价格、碳减排激励政策等诸多因素影响。目前我国大流量、低浓度尾气 CO_2 的捕集成本较高，通过本技术把低浓度尾气 CO_2 转化为碳酸钙（水泥原料）的同时，又能将磷石膏中硫组分转化为化肥产品，是一个加工增值的生产过程。同时，国内传统焦化行业如己内酰胺生产过程均大量产出硫酸铵产品，因此硫酸铵产品价格波动大，有一定市场风险。

3. 安全性及环境影响

与市场上较为成熟的先捕集后矿化的工艺路线相比，低浓度尾气 CO_2 直接矿化磷石膏工艺需要用到特殊的反应器，工艺参数和工艺系统均是全新设计，尚未完全成熟，但在目前的技术条件下风险可控。在环境影响方面，磷石膏矿化利用 CO_2 可以直接利用 CO_2 工业废气，同时联产硫酸铵化肥产品，并将磷石膏中氟、磷等元素返回磷酸生产过程，所得固化产物为碳酸钙，可以用于水泥熟料生产代替天然石灰石，由此实现磷石膏全组分资源化利用。磷石膏矿化利用 CO_2 技术同时利用了 CO_2 和磷化工生产过程产生的磷石膏废弃物，有望解决磷石膏规模化再利用的难题，因此具有较好的环境社会效益。

4. 技术发展预测和应用潜力

磷石膏矿化 CO_2 技术的应用潜力主要取决于我国磷化工产业的发展、CO_2 捕集成本、化肥价格、CO_2 减排激励政策等。一方面，我国磷化工产业发展迅速，磷石膏保有量将始终维持在较高水平，而目前通过化学转化实现资源化利用的不足 20%；另一方面，我国 CO_2 排放量稳居世界第一，有较大的减排压力。磷石膏矿化 CO_2 技术原料来源广，产物用途广泛，能够实现以废制废，提高 CO_2 和磷石膏资源化利用的经济性。在落实节能减排，实现低碳发展要求下，随着技术的进一步成熟和我国对固废处置要求的进一步提升，技术的推广潜力有望逐渐提升。

在减排潜力方面，磷石膏中氧化钙干基含量达到 35% 左右，每吨磷石膏理论上可矿化固定 CO_2 约 250kg，因此磷石膏矿化利用 CO_2 制备硫酸铵可实现理论减排 0. 33tCO_2/t 硫酸铵产品。以 10 万 t 磷石膏矿化固定 CO_2 工业示范线为例，利用 10 万 t 磷石膏，可以生产 6. 4 万 t 硫酸铵化肥和 5. 5 万 t 碳酸钙，相当于吨硫酸铵产品直接利用 CO_2 0. 36t。但生产过程消耗电能 144 万 kWh，低压蒸汽 1. 8 万 t，按照吨低压蒸汽排放 CO_2 0. 43t 以及电能 CO_2 排放系数 0. 346kg/kWh 计算，吨硫酸铵产品净减排 CO_2 0. 23t。磷石膏矿化利用 CO_2 制备硫酸铵过程相当于代替硫酸与氨溶液反应生产硫酸铵，1t 硫酸铵产品约消耗 0. 8t 硫酸，按每吨硫酸耗电 120kWh 计算，相当于通过原料替代实现替代减排 0. 03tCO_2/t 硫酸铵产品。本技术不存在产品替代，因此产品替代减排量为 0。可以看出，该技术的综合减排量为 0. 26tCO_2/t 产品。

磷石膏矿化利用 CO_2 技术的中长期规模、减排潜力和产值预测如表 4-22 所示。目前磷石膏矿化利用 CO_2 技术正在进行中试示范，预计到 2030 年形成若干大规模应用案例，总体产能达到 400 万 ~ 600 万 t，相应 CO_2 减排潜力达到 100 万 ~ 150 万 t。2035 年技术初步进入商业化运营阶段，产能达到 750 万 ~ 1000 万 t，CO_2 减排潜力达到 200 万 ~ 250 万 t。2050 年技术在固废处理等激励政策的作用下大规模推广，产能达到 2000 万 ~ 3000 万 t，CO_2 减排潜力达到 500 万 ~ 800 万 t。按照每吨磷石膏 700 元计算，预计本技术到 2030 年、2035 年、2050 年的产值将分别达到 30 亿 ~ 40 亿元、50 亿 ~ 70 亿元、140 亿 ~ 210 亿元。

表 4-22　磷石膏矿化利用 CO_2 技术的减排强度、中长期产能规模、减排潜力和产值预测

技术减排强度（tCO_2/t 产品）				
直接利用	直接减排	原料替代减排	产品替代减排	综合减排
0.33	0.23	0.03	0	0.26
中长期预测				
		2030 年	2035 年	2050 年
中长期产能规模（万 t 产品）		400～600	750～1000	2000～3000
中长期减排潜力（万 tCO_2）		100～150	200～250	500～800
中长期产值（亿元）		30～40	50～70	140～210

三、钾长石加工联合 CO_2 矿化技术

钾是农业生产的三大营养元素之一，对保障粮食安全具有重大意义。自然界钾资源主要为盐湖钾资源及钾长石资源，我国钾长石资源储量巨大，为 97.14 亿 t，是盐湖钾资源总储量的 46 倍。因此开发钾长石资源提钾技术具有重要的战略意义。钾长石，又称正长石，单斜晶系，结构稳定，传统加工技术通常采用高温煅烧活化、碱熔抽提、酸溶浸出等，反应条件苛刻。因此，开发钾长石加工联合 CO_2 矿化技术对钾长石提钾利用具有重要的环保和经济意义。

1. 技术介绍

钾长石加工联合 CO_2 矿化技术是指在钾长石加工制取钾肥过程中，利用提钾废渣中的二价钙离子（Ca^{2+}）与 CO_2 反应，起到矿化固定 CO_2 效果，同时减少废弃物排放（Gan et al., 2016; Shangguan et al., 2016）。开发钾长石资源是中国资源战略的需要，因此，突破钾长石加工联合 CO_2 矿化技术对于钾长石的综合利用意义重大。其化学反应通式如下所示：

$$2KAlSi_3O_8+CaX+CO_2 \rightarrow CaCO_3+Al_2O_3 \cdot 2SiO_2+4SiO_2+2KX$$

与常规钾长石提钾工艺相比，该技术在不附加能量消耗情况下，吸收并固化 CO_2。常规工艺利用钾长石生产钾肥，需要以 $CaCl_2$、$CaSO_4$ 或 CaO 等作为活化剂，高温煅烧后，水浸提取钾肥。与常规工艺相比，该工艺是在水浸过程中通入高压 CO_2，使所交换的钙离子矿化为碳酸钙，可以在不外加能源情况下实现 CO_2 矿化减排。

2. 技术成熟度和经济可行性

（1）技术成熟度

钾长石加工联合 CO_2 矿化技术在全球范围的总体研究水平处于技术研发阶段，正在进行中试研究，距离工业化应用还有一定距离。

目前国际上主要以水溶性钾矿资源生产钾肥，该技术在大规模 CO_2 捕集与矿化封存方面还集中在实验室研发阶段。Seifritz（1990）利用天然碱性矿石矿化来实现 CO_2 的封存，此外还有研究利用橄榄石、蛇纹石、硅灰石、白云石等天然矿石对 CO_2 进行捕集与矿化

(Carroll and Knauss, 2005; Huijgen et al., 2006; Oelkers et al., 2008)。目前，还未见矿石加工联合 CO_2 矿化技术对其综合利用的报道。

钾长石生产钾肥为我国较为有特色的研究领域（陶红等，1998）。在我国，由于水溶性钾肥资源匮乏，钾肥供给不足，自20世纪50年代开始我国就开始了钾长石制备钾肥的相关研究，但一直处于工业试验和基础技术储备阶段，其主要工艺为高温焙烧、热分解水浸等。我国首先提出了将 CO_2 矿化与钾长石提钾工艺结合的CCU路线，其难点在于矿物活化和矿渣的综合利用（谢和平等，2012；梁斌等，2014；李如虎等，2017；莫淳等，2017）。目前钾长石加工联合 CO_2 矿化技术已完成万吨级中试研究，项目由四川大学在中国西昌开展。其钾长石矿化 CO_2 过程主要采用钙法低温活化技术，该技术经过约十年的不断发展，在技术研究（如活化反应机理、矿化反应机理等）和应用研发领域（规模化生产、专属设备研制、中试技术、尾矿处理等）均取得了显著进步，后续发展没有明显的技术障碍。表4-23为近年来开展钾长石加工联合 CO_2 矿化技术研发的主要项目。

表4-23　近年来钾长石加工联合 CO_2 矿化技术主要研发项目

项目名称	项目性质	实施单位
万吨级钾长石矿化 CO_2 联产钾肥中间试验	技术研发	四川大学

钾长石加工联合 CO_2 矿化技术预计将在5～10年内实现规模化应用推广，这一过程中可能面临的难点包括：①钾长石晶体结构非常稳定，依靠自然界中 CO_2 矿化需要漫长的时间，需要研发破坏钾长石稳定结构及与 CO_2 高效反应的方法；②钾长石与 CO_2 矿化反应后生成的碳酸盐稳定性较差，因此需要钙离子等参与矿化反应；③该技术目前的经济性较差，需实现矿物活化和矿化渣的综合利用，同时还需要政策扶持。

（2）经济可行性

钾长石联合 CO_2 矿化技术的经济性受钾长石价格、钾肥市场价格及政策等因素的影响。我国非水溶性富钾矿藏量巨大，可开采的钾长石总量远远超过目前钾长石的利用量，矿石开采成本较低。针对目前钾肥市场价格，如按钾长石矿化 CO_2 生产钾肥单一产品算，在经济性上很难超过现有钾肥生产方法。由于该技术能够有效利用温室气体 CO_2 且具有固废利用功能，在考虑环境补偿和碳收益的情况下可提高该技术的经济性。

3. 安全性及环境影响

钾长石联合 CO_2 矿化技术利用提钾废渣中的二价钙离子直接与 CO_2 反应，既能矿化固定 CO_2，同时还能减少废弃物排放。该技术在目前技术条件下风险可控，预计未来技术实施和推广的安全风险较小。

钾长石联合 CO_2 矿化技术将实现钾资源的综合利用，工艺过程中并不会带来新的能耗和污染，反而能够提高其产品的综合利用效益，具有良好的环保和减排效益。同时，我国钾资源相对短缺，通过钾长石资源生产钾肥对我国意义重大。

4. 技术发展预测和应用潜力

钾长石联合 CO_2 矿化技术的应用潜力取决于钾长石矿藏量、产品需求量、技术经济性、环境补偿激励政策及碳减排收益等方面。

目前，我国已探明的钾长石矿藏如将其开采利用可满足国内一百多年的钾肥需求，且在全球范围内，钾长石资源量也非常大，可作为钾资源的储备。作为该技术的主要原料，其可利用量巨大，十分有利于该技术的推广。

在产品需求方面，我国钾肥市场容量很大，因此钾长石联合CO_2矿化技术的市场前景很好，其未来发展潜力主要取决于其相对传统钾肥生产技术的经济性。目前，我国已经开展了碳交易试点，在未来更为严格的环保政策和碳约束条件下，该技术将具有一定的经济性优势，技术推广的潜力将得到显著提升。

在减排潜力方面，在钾长石联合CO_2矿化的高温反应过程中，K^+与Ca^{2+}交换，所交换的Ca^{2+}可以定量矿化CO_2。每置换1mol K_2O，需要1mol Ca^{2+}，可以固化1mol CO_2。工艺中采用$CaCl_2$和$CaSO_4$为活化剂时，钾肥产品分别为KCl和K_2SO_4，每生产1t钾肥（K_2O计）理论上矿化固定CO_2 0.468t。采用电石渣CaO时，钾肥产品为K_2CO_3，矿化CO_2量将达到0.936t。与常规钾长石提钾工艺相比，该过程并未增加工艺过程和能耗，碳酸钙固体进入浸出渣，也不增加分离能耗。唯一增加的能耗为CO_2压缩功，压缩0.468t CO_2需约50kWh，根据电能排放系数0.346kg/kWh计算，生产每吨钾肥产品（折合为纯K_2O计）直接减排CO_2 0.45t。由于该工艺与常规钾长石提钾工艺相比较，并未新增产品和使用新原料替代，因此没有替代减排。可以看出，该技术的综合减排量为0.45tCO_2/t产品。

钾长石联合CO_2矿化技术的中长期规模、减排潜力和产值预测如表4-24所示。目前钾长石矿化CO_2联产钾肥技术虽然已经完成了规模化示范，但其面临传统技术的竞争，预计到2030年能够在一定的资源禀赋匹配条件下形成少量商业化案例，总体产能达到40万～60万t，相应CO_2减排潜力达到20万～30万t。2035年技术进一步推广，产能达到80万～100万t，CO_2减排潜力达到40万～50万t。2050年技术在相应激励政策的作用下实现规模化推广，产能达到400万～500万t，CO_2减排潜力达到200万～250万t。按照每吨钾长石矿化产品3500元计算，预计本技术到2030年、2035年、2050年的产值将分别达到15亿～20亿元、30亿～35亿元和140亿～180亿元。

表4-24 钾长石联合CO_2矿化技术的减排强度、中长期产能规模、减排潜力和产值预测

技术减排强度（tCO_2/t产品）				
直接利用	直接减排	原料替代减排	产品替代减排	综合减排
0.47	0.45	0	0	0.45
中长期预测				
		2030年	2035年	2050年
中长期产能规模（万t产品）		40～60	80～100	400～500
中长期减排潜力（万tCO_2）		20～30	40～50	200～250
中长期产值（亿元）		15～20	30～35	140～180

四、CO_2矿化养护混凝土技术

混凝土以其强度高、耐久性好、价格经济等综合优势成为应用最广泛的主要建筑材料

之一。但混凝土原材料的生产过程伴随着高能耗和高排放，特别是在水泥生产环节，按照水泥行业的现有水平，每生产 1t 水泥熟料约排放 940kg CO_2。其次，在混凝土养护环节，常规的蒸汽（蒸压）养护也会带来一定的能耗及 CO_2 排放。总体而言，常规的混凝土砖生产过程仍会带来能耗高、CO_2 排放量大的问题，如何采取合理有效措施实现建材生产和使用阶段的节能减排已经成为亟待解决的重大课题之一。随着我国低碳绿色建材的需求逐步扩大，能够实现大规模 CO_2 与固废资源化利用的 CO_2 矿化养护混凝土技术（CO_2 carbonsation curing of concrete）有望成为未来建材生产的重要技术之一。

1. 技术介绍

CO_2 矿化养护混凝土技术是指模仿自然界化学风化过程，利用早期水化成型后混凝土中的碱性钙镁组分，包括未水化的硅酸二钙和硅酸三钙，以及水化产物氢氧化钙和 C—S—H 凝胶和 CO_2 之间的加速碳酸化反应，替代传统水化养护或蒸汽（蒸压）养护实现混凝土产品力学强度等性能的提升。其反应方程式如下（Kashef-Haghighi et al.，2015）：

$$3CaO \cdot SiO_2 + CO_2 + H_2O \rightarrow CaCO_3 + SiO \cdot nH_2O$$

$$\beta\text{-}2CaO \cdot SiO_2 + CO_2 + H_2O \rightarrow CaCO_3 + SiO \cdot nH_2O$$

$$Ca(OH)_2 + CO_3^{2-} + H^+ \rightarrow CaCO_3 + H_2O$$

$$3CaO \cdot 2SiO_2 \cdot 3H_2O + CO_3^{2-} + H^+ \rightarrow 3\ CaCO_3 \cdot 2SiO_2 \cdot 3H_2O$$

由于我国工业固废排放量大，来源广泛，且富含碱性钙镁组分，因此可以替代水泥用作辅助胶凝材料，并与 CO_2 反应增加强度，进一步降低高温煅烧水泥熟料（1450 ℃）所带来的 CO_2 排放（Pan et al.，2016；Pan et al.，2020）。

相对于传统的混凝土养护技术，CO_2 矿化养护混凝土技术的主要优势包括：①将 CO_2 温室气体转化为高附加值利用产品，避免传统蒸汽养护技术中加热蒸汽带来的能耗；②能够实现大规模的固废资源化利用；③有助于混凝土产品早期强度的提高；④大幅缩短养护周期，提高生产效率，在低碳绿色建材领域具有广阔的应用前景。

2. 技术成熟度和经济可行性

（1）技术成熟度

CO_2 矿化养护混凝土技术概念最早在 20 世纪 70 年代提出，但由于纯 CO_2 的成本及碳酸化的负面影响，并未得到重视。直至近十几年，研究证明经 CO_2 矿化养护后，水泥的强度大幅增加，同时也带来产品耐久性能的提高，矿化养护技术重新开始被广泛研究。CO_2 矿化养护混凝土技术目前总体处于技术研发阶段，已经在反应器放大设计、中试示范验证等方面取得了重要进展，为矿化养护混凝土的商业化示范和推广提供了技术支撑。

美国普渡大学和加利福尼亚大学、加拿大麦克吉尔大学、新加坡南洋理工大学、英国剑桥大学、格林威治大学、帝国理工学院、韩国科学技术院、法国格勒诺布尔大学和法国国家科学研究中心等知名高校与研究机构均发表了基础研究成果，围绕传统波特兰水泥（Ordinary Portland cement，OPC）及其硅酸钙组分的碳酸化机制、镁基水泥矿化材料、粉煤灰和高炉渣等固废材料添加的矿化反应进行了实验室研发阶段的研究。此外，也有部分公司进行了工业化应用，美国 Solidia Technologies 公司进行了矿化养护低钙水泥的小范围工业应用，加拿大 CarbonCure 科技公司进行了矿化预拌混凝土的工业应用。

我国在CO_2矿化养护混凝土的领域也进行了许多研究。浙江大学、湖南大学、河南理工大学、大连理工大学、武汉理工大学、香港理工大学均进行了不同添加剂下的矿化养护混凝土研究，尤其在矿化养护固废基混凝土技术领域开展了深入的研究，分别对添加钢渣、赤泥、建筑固废等矿化养护混凝土的配方和工艺进行了优化，此外还研究了矿化养护加气混凝土的矿化机理和工艺。表4-25为近年来开展CO_2矿化养护混凝土技术研发部署的主要项目。

表4-25　近年来CO_2矿化养护混凝土技术主要研发项目

项目名称	项目性质	实施单位	示范地点	示范时间
CO_2深度矿化养护制建材万吨级工业试验	技术研发	浙江大学	河南焦作	2020年
CO_2矿化预拌混凝土工业应用	技术研发	CarbonCure科技公司	加拿大	2016年
CO_2矿化养护低钙水泥工业应用	技术研发	Solidia Technologies公司	美国	2013年
CO_2矿化养护低钙胶凝材料（γ-C_2S和粉煤灰、高炉渣）混凝土工业项目	技术研发	日本CO_2-SUICOM公司	日本	2014年

总体来说，经过近十年的研究，我国在CO_2矿化养护混凝土技术的机理研究和应用研究领域均取得了显著的进步，总体处于世界前列。在机理研究方面，国内仍与国外有一定差距，在应用研究方面，国内特定产品已形成较成熟的工艺，正在开展中试研究，但达到大规模工业化应用水平仍需一段时间。

CO_2矿化养护混凝土技术预计将在2～3年内完成中试，5～10年内实现工业化推广，接下来可能有以下几个研究方向：①着眼于微观反应机制和矿物材料特性，开发有效的矿化反应强化方法；②研究添加固废材料的矿化养护混凝土的环境稳定性和重金属析出等问题；③针对矿化养护混凝土实际使用中的结构稳定性和耐久性能进行进一步的长期测试；④研发针对矿化养护混凝土技术的特定工艺和装置；⑤进一步形成CO_2捕集技术与矿化养护技术的耦合方案。这些研究的成果有望积极推进矿化养护技术的工业化应用。

（2）经济可行性

CO_2矿化养护混凝土技术的经济性受CO_2价格、原料价格、技术应用环境、混凝土砖产品等级和市场价格、政策激励等诸多因素影响。但与传统的蒸压和蒸汽养护方式相比，矿化养护技术具有相对更优的经济效益，能有效缩短养护时间，由传统水化养护的28天和蒸汽/蒸压养护的6～14h缩短至矿化养护2～4h，且能获得产品力学性能的提升，提高产品等级。另外，矿化养护技术无需新建生产线，可在原有蒸汽/蒸压养护生产线的基础上进行改造，项目初期投资小，因此具有良好的工业应用前景。

3. 安全性及环境影响

在安全性方面，CO_2矿化养护混凝土技术与传统的混凝土蒸汽养护和蒸压养护相比，养护压力稍有提高，但在目前的技术条件下风险可控，安全隐患较小。

在环境影响方面，水泥和混凝土中的碱性钙镁组分可以在养护釜中直接吸收并固定CO_2工业废气，生产多种类型矿化养护混凝土砌块。同时，由于采用更多CO_2活化的胶凝材料，如硅灰石、工业固废等代替普通水泥，矿化养护混凝土产品可减少单位产品的生产能耗并降低温室气体排放。此外，用矿化养护工艺替代传统的蒸汽养护工艺，可显著减少蒸汽或蒸压养护过程中的升温加压带来的碳排放。未来，该技术可能会为低碳绿色建材带来新的变革和增长点。

4. 技术发展预测和应用潜力

在技术发展潜力方面，CO_2矿化养护技术的应用潜力主要取决于技术成熟度、技术经济性、产品需求量、碳减排激励政策以及碳减排收益等因素。

目前，CO_2矿化养护混凝土的长期耐久性能和可能存在的重金属析出问题仍未有统一的结论，限制了混凝土砖产品的进一步工业推广应用。但随着研究的进一步深入，对相关宏观性能进行验证和提升后，可以预见，CO_2矿化养护混凝土将有较大的发展空间。

技术经济性方面，CO_2矿化养护技术相对于传统养护技术具有更优的经济效益，通过进一步优化工艺、提高效率，将会进一步促进该技术的发展。

产品需求量方面，我国混凝土砖的市场需求量巨大，随着我国绿色化建材在建筑产业逐渐受到关注，不存在市场需求方面的约束问题。

在碳减排激励政策及收益方面，我国已经开展了碳交易试点，未来相关政策和机制的成熟化运行，将大大推动国内混凝土企业对矿化养护混凝土技术的工业化应用。

在减排潜力方面，由于碱性钙镁组分难以完全转化为碳酸盐，普通波特兰水泥砌块中的水泥胶凝材料的固碳率为16.3wt.%，胶凝材料占混凝土砌块总质量的18.5wt.%，则总固碳量约为3.02wt.%，即单位质量矿化养护普通波特兰水泥砌块产品可直接利用CO_2约为0.03t/t。在硅灰石水泥砌块中的水泥和硅灰石胶凝材料的平均固碳率18.54wt.%，胶凝材料占混凝土砌块总质量的18.5wt.%，则总固碳量为3.43wt.%，即单位质量矿化养护硅灰石水泥砌块产品可直接利用CO_2约0.034t/t。因此，总直接利用量为0.030～0.034tCO_2/t产品。

与常规蒸汽养护混凝土生产工艺相比，矿化养护工艺主要增加能耗为CO_2压缩功。以某中高压大型活塞式CO_2压缩机（排气量为10m^3/min，功率120kW）进行计算，1t CO_2压缩消耗电能6.67kWh，根据电能排放系数0.346kgCO_2/kWh，压缩1t CO_2将排放2.308kg CO_2，即2.308×10^{-3}t CO_2，与直接利用相比可忽略不计。故直接减排量与直接利用量相当，为0.030～0.034tCO_2/t产品。

与蒸汽养护传统波特兰水泥砌块产品相比，矿化养护普通波特兰水泥砌块的原料相同，无原料替代减排。矿化养护硅灰石水泥砌块利用硅灰石替代煅烧温度高的水泥熟料，减少碳排放。根据文献，水泥熟料的碳排放量为0.866tCO_2/t熟料，天然硅灰石的碳排放量为0.021tCO_2/t硅灰石。单位质量（1t）矿化养护硅灰石砌块中硅灰石替代水泥的质量占总质量的3.7wt.%，则硅灰石砌块的原料替代减排量为0.031tCO_2/t产品（0.866～0.021tCO_2/t硅灰石×3.7wt.%）。因此，综合原料替代减排量的是0～0.031tCO_2/t产品。

本技术产品可替代传统蒸汽养护混凝土产品。1m^3混凝土产品消耗蒸汽量约为0.146t，按平均容重为2 000kg/m^3计算，1t蒸养混凝土产品消耗蒸汽0.073t。养护所需特定温度压力的蒸汽碳排放量约为0.289tCO_2/t蒸汽，即蒸养混凝土产品的碳排放量约为0.021tCO_2/t混凝土产品，故产品替代减排量为0.021tCO_2/t混凝土产品。可以看出，该技术的综合减排量为0.051～0.086tCO_2/t混凝土产品。

CO_2矿化养护混凝土技术的中长期规模、减排潜力和产值预测如表4-26所示。目前CO_2矿化养护混凝土技术已经开展了中试验证，应用前景较好。预计2030年本技术的产能将达到60 000万～75 000万t，相应CO_2减排潜力达到4000万～4500万t。2035年技术将形成大规模推广，产能达到150 000万～170 000万t，CO_2减排潜力达到9000万～10 000万t。2050年技术全面商业化推广，市场占有率显著提升，产能达到250 000万～300 000万t，CO_2减排潜力达到15 000万～18 000万t。按照每吨水泥250元计算，预计本技术到2030年、2035年、2050年的产值将分别达到1500亿～1800亿元、3700亿～4200亿元、6200亿～7500亿元。

表4-26　CO_2矿化养护混凝土技术的减排强度、中长期产能规模、减排潜力和产值预测

技术减排强度（tCO_2/t产品）				
直接利用	直接减排	原料替代减排	产品替代减排	综合减排
0.030～0.034	0.030～0.034	0～0.031	0.021	0.051～0.086
中长期预测				
		2030年	2035年	2050年
中长期产能规模（万t产品）		60 000～75 000	150 000～170 000	250 000～300 000
中长期减排潜力（万tCO_2）		4 000～4 500	9 000～10 000	15 000～18 000
中长期产值（亿元）		1 500～1 800	3 700～4 200	6 200～7 500

第三节　CO_2生物利用技术

绿色植物利用太阳的光能，将CO_2和水转化成为有机质并释放O_2的过程称为光合作用，是自然界重要的固碳方式。CO_2生物利用技术是指以生物转化为主要特征，通过植物光合作用等，将CO_2用于生物质的合成，并在下游技术的辅助下实现CO_2资源化利用。近年来，CO_2生物利用技术已经成为CO_2利用技术中的后起之秀（叶云云等，2018），不仅将在CO_2减排方面发挥显著作用，还将带来巨大的经济效益，对我国工农业的可持续发展具有重大意义。

一、CO_2微藻生物利用技术

CO_2温室气体积累而导致的全球性气候变化引起了人们的广泛重视。与其他固碳方法相比，生物固碳通过高等植物和自养微生物的光合作用固定CO_2（任德刚，2010），并生成生物质，具有环境友好、能耗更低、生物质可转化为高附加值产品等特点，更加贴近可持续发展的碳中性技术路径。由于微藻生长快，固碳效率是植物的数十倍，且微藻的应用面广、经济价值高（孙俊楠等，2006），因而微藻固碳已成为近年来国际上CO_2减排领域的研究热点，被认为是持续降低CO_2水平最环保安全的方式。

1. 技术介绍

CO_2微藻生物利用技术是微藻通过光合作用将CO_2转化为多碳化合物用于微藻生物质的生长，经下游利用最终实现CO_2资源化利用的技术，比如微藻固定CO_2转化为生物燃料和化学品技术、微藻固定CO_2转化为食品和饲料添加剂技术、微藻固定CO_2转化为生物肥料技术等。微藻通过光合作用固定CO_2的总方程式如下所示：

$$6CO_2+6H_2O(\text{光照、叶绿体}) \rightarrow C_6H_{12}O_6[(CH_2O)_n]+6O_2$$

相比于物理化学固定CO_2方法，CO_2微藻生物利用技术具有如下众多的优点：①微藻可以直接利用太阳能进行光合固碳，节省了大量的能源；②微藻生长速度快，且固碳效率是一般陆生植物的10～50倍，占地面积小，生长条件范围广，可在极端条件下生存，如高温、高盐度、极端pH、高光照强度及高CO_2浓度环境等（Cheng et al.，2016）；③可以与废水处理工业相结合，在有效去除水中氮磷的同时，降低微藻生产成本（李磊等，2020）；④产生的微藻生物质具有广泛的应用（蒋丽群，2019）。

2. 技术成熟度和经济可行性

（1）技术成熟度

CO_2微藻利用技术的全技术链条已经打通，但微藻生物质利用的场景不同，各技术的成熟度亦有所不同。相对而言，国外对CO_2微藻利用技术所涉及的科学问题研究更加深入，而国内对技术的应用更加广泛。

微藻固定CO_2转化为生物燃料和化学品技术在国内外都处于中试阶段（孙芝兰等，2014），在高产藻种的选育与改造、高效光反应器的设计和加工与微藻高密度培养等技术研究方面都有了显著进步（张芳等，2009），但存在优化工艺欠缺、生产成本过高的问题。微藻固定CO_2转化为功能食品及饲料添加剂技术中（白文敏，2015），目前已经实现大规模商业化生产的微藻主要有小球藻、螺旋藻和雨生红球藻，除作为饲料添加剂或水产饵料直接使用外，从这些藻类中提取的藻胆蛋白、多聚糖、类胡萝卜素和脂肪酸也被二次加工成高价值产品（朱江煜，2019）。如玛氏、亿滋、雀巢和联合利华等食品巨头公司都加大了对使用微藻原料的植物基产品的投资及研发。微藻固定CO_2转化为微藻生物肥料技术仍处于中试阶段，但随着近年来化肥使用量零增长、土壤改良及面源污染控制等政策文件的出台，市场对微藻生物肥的技术需求越来越大，加速了与现代农业技术的有机结合与推广示范（陈萌萌，2019）。表4-27为近年来国内外开展CO_2微藻生物利用技术研发部署的主要项目。

表4-27　近年来CO_2微藻生物利用技术主要研发项目

项目名称	项目性质	实施单位
菌株定向选育及高效光合反应器研发	技术研发	太平洋西北国家实验室、全球微藻创新院、科罗拉多矿业学院、科罗拉多州立大学
开发高通量筛选方法和育种策略	技术研发	加利福尼亚大学圣地亚哥分校
高盐高碱介质培养微藻和建立代谢模型	技术研发	托莱多大学、蒙大纳州立大学、北卡罗来纳大学
微藻生态工程化	技术研发	劳伦斯·利弗莫尔国家实验室
微藻固定万吨级煤化工厂烟气提纯CO_2	商业应用	鄂托克旗螺旋藻产业园

迄今为止，仅有少数几种微藻（如螺旋藻、小球藻、盐藻及雨生红球藻等）技术实现产业化，而且整体产业规模仍然较小，全球微藻藻粉的年产量约为数万吨，远远没有发挥微藻资源的开发价值。当前微藻生物技术产业化在技术层面主要需要集中攻克以下几个方面问题：①光生物反应器及微藻培养工艺的优化与放大；②微藻高效光合固碳和生长代谢网络的认识与改造；③碳源选择、CO_2的高效吸收及其与微藻光自养培养过程的耦合；④微藻养殖用水的循环利用及处理；⑤微藻光自养培养过程敌害生物的有效防治；⑥微藻生产系统的原料、过程、产物检测方法与标准；⑦微藻采收，色素、蛋白、油脂等有效成分提取及产品加工与应用；⑧集“微藻能源、微藻固碳、高附加值产品”一体化技术的集成、优化与示范。

（2）经济可行性

因 CO_2和无机营养盐来源、地域气候条件、反应器类型的不同，微藻培养成本差异较大，同时微藻终端产品的市场价格也有较大差异。在发展微藻产业时应根据所在地区的气候条件、资源禀赋及市场需求选择合适的 CO_2微藻生物利用技术。比如国内螺旋藻产业主要集中于内蒙古鄂尔多斯鄂托克旗螺旋藻产业园和云南丽江程海湖畔，原因是两处均有丰富的盐碱水，可满足螺旋藻养殖的需求，极大降低了无机盐成本。云南地区属于高原山地性气候，阳光强烈、温度适合、四季如春、雨量不多，非常适合雨生红球藻的生长，因此成为我国雨生红球藻产业的聚集地。我国西部具有适合微藻产业发展的有利自然条件，丰富的光热资源适合微藻的养殖，大量未利用的土地为微藻生物肥和土壤改良剂提供了应用场所，具有较大的经济可行性和市场前景。

3. 安全性及环境影响

微藻作为一种高效光合微生物，与工业、农业和城市废水治理相结合，用于制备具有广泛用途的微藻生物质，具有重要的环境社会影响（杨忠华等，2011）。CO_2 微藻生物利用技术不仅可实现 CO_2生态减排，还有助于降低化肥使用量、改良土壤、降低农业面源污染，对缓解我国能源压力、保障能源安全具有重要意义。

4. 技术发展预测和应用潜力

制约 CO_2微藻生物利用技术产业化的瓶颈为微藻生产的高成本，导致高成本的主要原因是系统的基础研究和技术优化集成方面的研究不足。未来的技术发展应主要集中在以下方向：①筛选及构建工业化藻株，继续开发新的藻种资源，特别是具有工业应用性状、高附加值产品联产性状的特色藻种的发掘及筛选，加大利用现代生物技术进行微藻藻种的改良与构建；②开发高效低成本的大规模培养技术及系统，建立低成本、高密度、低能耗、低水耗的微藻创新培养方法，建立基于富含氮磷的废水和 CO_2废气等资源化利用的微藻培养技术体系，解决户外大规模培养过程中的敌害生物防治问题；③构建产业技术模式，开展突出微藻高值化产品耦联及与碳减排耦联的微藻能源生产技术模式的创立与示范，加强微藻生物炼制技术的研发，以大幅降低微藻生物能源的综合成本，促进微藻固碳能源产业的形成。

当前微藻生物利用技术已步入快速发展阶段，除了把微藻开发成传统意义上的新食品原料、功能食品外，随着新能源、CO_2减排和环保等方面的迫切需要，微藻在生物能源、生物固碳、富含 N/P 废水、动物饲料及食品等行业具有广阔的应用前景。尤其是在生物能源与固碳减排方面，微藻具有无可比拟的独特优势。以微藻能源为例，多数微藻能源公司和研究机构纷纷转向开发耦合“微藻能源、碳减排、废水资源化利用、高附加值产品开发”的一体化技术，在追求高产的同时均采用了多联产策略以缓解成本压力，并大力推进成果转化，开展工程示范。

在减排潜力方面，微藻生物技术的 CO_2减排包括直接减排和间接减排。直接减排主要是微藻通过光合作用将 CO_2转变为生物质，生产每吨干重的藻粉可固定 1.83tCO_2。间接减排主要包括生物燃料替代化石燃料，从而减少化石燃料利用过程中 CO_2的排放，由于实际应用量较少，暂不计入计算。

CO_2微藻生物利用技术的中长期规模、减排潜力和产值预测如表 4-28 所示。目前 CO_2微藻生物利用技术已经完成了规模化示范运行，初步进入商业化应用阶段，预计到 2030 年技术的商业化推广范围进一步扩大，总体产能达到 60 万～100 万 t，相应 CO_2减排潜力达到 110 万～180 万 t。2035 年微藻下游转化技术进一步完善，产能达到120 万～150 万 t，CO_2减排潜力达到 220 万～270 万 t。2050 年微藻下游产业链极大丰富，技术产能超过 400 万～550 万 t，CO_2减排潜力达到 700 万～1000 万 t。以每吨微藻产品平均价格 2000 元计算，预计本技术到 2030 年、2035 年、2050 年的产值将分别达到 10 亿～20 亿元、25 亿～30 亿元、80 亿～110 亿元。

表 4-28　CO_2微藻生物利用技术的减排强度、中长期产能规模、减排潜力和产值预测

技术减排强度（tCO_2/t 产品）				
直接利用	直接减排	原料替代减排	产品替代减排	综合减排
1.83	1.83	0	0	1.83
中长期预测				
		2030 年	2035 年	2050 年
中长期产能规模（万 t 产品）		60～100	120～150	400～550
中长期减排潜力（万 tCO_2）		110～180	220～270	700～1000
中长期产值（亿元）		10～20	25～30	80～110

二、CO_2气肥利用技术

维持温室内适宜的 CO_2浓度是促进作物增收的重要因素之一。作物的光合作用所需 CO_2最适浓度一般是 800～1000ppm①，大部分蔬菜作物 CO_2饱和点在 1000～1600ppm，空气中 CO_2的浓度含量在 320ppm 左右（刘文香，2010），明显低于其最适浓度，导致作物因缺乏原料而减缓光合作用，容易造成减产减收（Zhang et al.，2013；Sánchez-Molina et al.，2014；Xu et al.，2014；Manderscheid et al.，2014）。因此，通过科学方法提高温室棚室内

① $1ppm=1\times10^{-6}$。

CO_2浓度，即CO_2气肥利用技术可以大幅度提高产量，并增强作物抗病能力和提高产品品质，具有重要的意义（王天水，2006）。

1. 技术介绍

CO_2气肥利用技术是将从能源、工业生产过程中捕集、提纯的CO_2注入温室，增加温室中CO_2的浓度来提升作物光合作用速率，以提高作物产量的技术。该技术通过CO_2的生物利用发挥CO_2减排的环境效益，是国际碳捕集封存与利用领域可行的发展方向。

通常CO_2气肥施用方法包括通风换气法、有机发酵法、化学反应法、固体CO_2气肥施放法等（牛淑芳，2019）。因不同作物在各个生长阶段光合作用所需CO_2浓度不同，所以，在温室大棚内增施不同比例的CO_2气肥能够有效提高相应作物的生产效益。合理施用CO_2肥料必须要注意以下问题：①温室大棚内施用CO_2气肥，要求设施结构应具有良好的密闭性能；②增施CO_2气肥基本上不改变原有的田间管理方法，同时应避免水肥过多而造成徒长；③防止CO_2浓度过高对作物造成危害，其浓度应控制在作物饱和点以下；④连续施用CO_2气肥比间歇或时用时停的增产效果好；⑤使用有机物发酵法时可释放出部分有害气体，要注意栽培管理措施的配套，防止气体中毒（刘国富，2019）。

2. 技术成熟度和经济可行性

（1）技术成熟度

传统的CO_2气肥施用技术已经进入商业化阶段。例如CO_2发生器装置（稀硫酸与碳酸氢铵化学反应）、CO_2气肥棒技术、双微CO_2气肥、新型CO_2复合气肥（颗粒气肥）和液化气等。但目前CO_2温室气肥利用技术具有一次投入成本较高、操作复杂等缺点，仍处于技术研发阶段。

近年来，国外非常重视CO_2气肥方面的研究与应用，因CO_2气肥能够使作物增产保质，还能提早上市获得更多的效益。在美国，50%~75%的温室对作物进行CO_2气肥增施技术，在荷兰、挪威、日本等国家也约有70%的温室采取CO_2气肥技术（Tongbai et al., 2010）。早在19世纪初期，De Saussure就在高浓度CO_2培养箱中对豌豆进行试验处理，研究CO_2浓度对其生长的影响。20世纪20年代，德国率先提出"碳酸气施肥"方法后，荷兰和丹麦等国家先后将CO_2施肥技术用于温室作物生产中。60年代以后，荷兰的Businger在建立的温室稳态模型中，最先对温室内CO_2浓度进行了简单的描述，日本、美国等国家也相继在温室、人工环境控制箱等封闭或半封闭的环境条件下，开展增施CO_2与作物生长发育关系的研究，至此正式进入CO_2温室气肥利用技术应用与研究阶段（侯召龙，2015）。

与国外相比，我国CO_2温室气肥利用技术起步相对较晚，改革开放以来国家开始加大对农业生产的重视，使我国设施农业得以迅速发展。目前，许多农业科研人员已经对温室CO_2气肥进行了试验研究，在作物施肥算法与模型，生理变化与需求等方面都有了很大突破。在现有的设施栽培条件下，CO_2气肥将是提高温室作物生产能力的一种有效方式。中国拥有250万hm^2温室，是世界设施园艺面积最大的国家，CO_2温室气肥利用技术具有广阔的发展前景（侯召龙，2015）。

（2）经济可行性

目前市场条件下，相比于传统气肥施用技术，该技术优势不明显，投入和运行成本较高，收益处于较低水平。造成投入成本高的主要原因是缺少高度集成、大规模生产的成熟产品。因而，CO_2温室气肥利用技术的经济可行性较低。因而，该技术需要开展进一步研发，形成低成本、用户友好的成熟产品投入市场。同时，需要鼓励CO_2温室气肥利用技术在我国主要温室农业生产省份的示范与推广。

3. 安全性及环境影响

CO_2气肥利用技术规模化应用于温室作物，在制备和应用过程中基本没有污染，在促进作物增产的同时明显降低了病虫害的发病率和农药施用量，其具有良好的环境效益和社会效益。CO_2气肥利用技术具有较强的减排潜力，该过程直接将CO_2转化为生物质，具备直接减排效应。

4. 技术发展预测和应用潜力

CO_2气肥利用技术生产1t干物质，理论上可直接消耗1.63tCO_2，但每生产1t作物温室动力控制系统能耗折算排放0.77tCO_2。因此，捕集CO_2温室气肥利用技术预测净减排0.86t CO_2/t产品。本技术生产的产品不存在替代其他产品的问题，因此产品替代减排量为0。可以看出，该技术的综合减排量为0.86tCO_2/t产品。

CO_2气肥利用技术的中长期规模、减排潜力和产值预测如表4-29所示。目前，CO_2温室气肥利用技术仍处于研发示范阶段。主要受初次投入成本和技术复杂性的限制，其在全国温室生产面积中的应用比例极低。未来需要通过进一步的技术研发，降低一次投入成本，形成用户友好的成熟产品。预计技术到2030年形成若干试点，总体产能达到10万～20万t，相应CO_2减排潜力达到10万～15万t。2035年技术逐渐成熟，并获得进一步推广，产能达到20万～30万t，CO_2减排潜力达到15万～25万t。2050年技术进入商业化推广，产能达到60万～120万t，CO_2减排潜力达到50万～100万t。按照每吨产品平均价格10 000元计算，预计本技术到2030年、2035年、2050年的产值将分别达到10亿～20亿元、20亿～30亿元和60亿～120亿元。

表4-29 CO_2气肥利用技术的减排强度、中长期产能规模、减排潜力和产值预测

技术减排强度（tCO_2/t产品）				
直接利用	直接减排	原料替代减排	产品替代减排	综合减排
1.63	0.86	0	0	0.86
中长期预测				
		2030年	2035年	2050年
中长期产能规模（万t产品）		10～20	20～30	60～120
中长期减排潜力（万tCO_2）		10～15	15～25	50～100
中长期产值（亿元）		10～20	20～30	60～120

三、微生物固定CO_2合成苹果酸

苹果酸（2-羟基丁二酸）是一种自然界广泛存在的天然有机酸，尤其在不成熟的苹

果、樱桃、桃子和葡萄果实的浆汁中含量非常高。自然界苹果酸主要有D-苹果酸，L-苹果酸和DL-苹果酸，但只有L-苹果酸可被生物体直接利用并参与体内三羧酸循环，因此被广泛应用于食品添加和保鲜、化妆品、医药保健、化工和可降解塑料合成等领域。目前苹果酸主要生产国有美国、加拿大、日本等，世界总产量每年约为10万t，其中L-苹果酸产量每年约为4万t，保持年均10%左右的速度高速增长（吴军林等，2014；娄菲，2016；董晓翔，2016）。未来，全球市场L-苹果酸潜在需求量将达到每年20万t（Kajiyama et al., 2003；Dai et al., 2018；Kilein et al., 2020）。我国主要苹果酸生产厂家包括常茂生物化学工程股份有限公司（酶转化法）和雪郎生物科技股份有限公司等（化学合成法）（阳静，2018；吴亚斌，2012；郝夕祥等，2011）。

苹果酸目前的主要生产方法有植物提取法、化学合成法、酶转化法及微生物发酵法（王元彩，2016；汪定奇，2019；陈修来等，2019）。植物提取法的特点是产量低；化学合成法的产品均为DL-苹果酸，具有一定毒性且提纯成本高；酶转化法依赖高纯度昂贵的富马酸为底物；微生物发酵法具有产物相对单一、底物要求不高、产率较高的优点。但目前L-苹果酸微生物工业化发酵生产方法主要利用丝状真菌，其存在菌株质量差、菌丝成团导致搅拌困难、提取工艺效率低、发酵时间长等问题，因此新型生产技术的研发有望大大降低相关技术成本，推动相关产业链的发展（郝夕祥等，2011；洪鹏辉，2017）。

1. 技术介绍

生物合成苹果酸因其绿色可循环的特点成为研究热点。目前已知的L-苹果酸生物合成路径有5条（王元彩，2016；郝夕祥等，2011；姜绍通和李兴江，2019）：①还原性TCA途径（细胞质还原型TCA，rTCA）；②经典TCA循环途径；③乙醛酸循环途径；④不完整的乙醛酸循环途径；⑤经过磷酸烯醇式丙酮酸的还原性TCA途径（重组大肠杆菌）。其中第一条和第五条途径具有相同理论产量。野生株或代谢工程改造菌株利用rTCA途径可以实现每合成1分子L-苹果酸固定1分子CO_2，因此也称为CO_2固定途径。由于其代谢路径相对最短、理论产率最高、代谢调控难度小且可固定温室气体CO_2，故而学界研究最多（Chen et al., 2017b；Dai et al., 2018；Sun et al., 2020）。目前主要利用基因工程技术基于代谢路径对例如乳酸菌、酿酒酵母、枯草芽孢杆菌等模式菌株进行改造后生产L-苹果酸（吴军林等，2014；吴亚斌，2012）。具体来说，在微生物细胞内，rTCA途径中来源于糖酵解的2分子磷酸烯醇式丙酮酸（PEP）或丙酮酸在羧化酶的作用下生成草酰乙酸（OAA），同时伴随2分子CO_2的固定，而后草酰乙酸在L-苹果酸脱氢酶（MDH）作用下，消耗2分子还原态烟酰胺腺嘌呤二核苷酸（NADH）生成2分子L-苹果酸。其途径总反应方程如下：

$$C_6H_{12}H_6+2CO_2=2C_4H_6O_5$$

该反应实现了微生物发酵1分子葡萄糖，固定2分子CO_2，合成2分子L-苹果酸。通过葡萄糖等化学能驱动微生物CO_2固定，可以将CO_2中的碳氧资源传递到大宗化学品苹果酸中。目前研究中L-苹果酸发酵的原料倾向使用山芋粉、木薯干、玉米、纤维素、甘油及废糖蜜等替代优质糖质原料（娄菲，2014），在我国这类原料丰富且廉价，该技术具有很大的经济效应和社会环保效益。

2. 技术成熟度和经济可行性

改造微生物固定 CO_2生产 L-苹果酸已经成为国内外代谢工程领域的研究热点，在大肠杆菌、酿酒酵母、乳酸菌、枯草芽孢杆菌和多个丝状真菌系统方面均有报道（吴军林等，2014；娄菲，2016；董晓翔，2016；阳静，2018；吴亚斌，2012）。其中丝状真菌系统方面的研究取得了较大的进步，最接近工业化水平，一些企业及研究机构已经进行了中试放大研究。目前国内多家企业和相关科研单位均在开展相关技术的研究工作，例如中国科学院天津工业生物技术研究所开发了利用玉米纤维素等多种碳源驱动 CO_2固定合成苹果酸技术，正在与相关企业合作正在进行中试放大研究。表 4-30 为近年来开展微生物固定 CO_2合成苹果酸技术研发的主要项目。

表 4-30　近年来微生物固定 CO_2合成苹果酸技术主要研发项目

项目名称	项目性质	实施单位
CO_2固定合成苹果酸技术中试	技术研发	中国科学院天津工业生物技术研究所

3. 安全性及环境影响

CO_2固定合成苹果酸，与传统石化炼制相比是一条清洁生产路线。同时，由于苹果酸代表的 C4 二羧酸是构建可降解塑料的重要单体，该技术与下游材料技术结合，有望形成低碳绿色产业的新增长点。因此，该技术的推广对于社会的可持续发展具有重要的经济、社会和环境效益。微生物发酵合成苹果酸过程可以直接将 CO_2转化成为下游产品，通过发展与之配套的气体发酵工艺，具备直接减排潜力；同时，发酵法合成苹果酸，能够替代现有石化炼制制备苹果酸技术，具备间接减排效应。

4. 技术发展预测和应用潜力

2mol CO_2与 1mol 葡萄糖经微生物发酵合成 2mol 苹果酸，即每合成 1t 苹果酸理论上可直接消耗 0. 32t CO_2。发酵过程条件温和（45℃，常压发酵），其能耗引起的碳排放约为 0. 15tCO_2/t 产品，因此产品直接减排量为 0. 17tCO_2/t 产品。苹果酸的传统制备方法为苯的催化氧化方法，每吨产品约消耗粗苯 2t，而粗苯主要来源为石油裂解，因此可通过原料替代减排约 3. 50tCO_2/t 产品。该技术生产的产品不存在替代其他产品的问题，产品替代减排量为 0。可以看出，该技术的综合减排量为 3. 67tCO_2/t 产品。

微生物固定 CO_2合成苹果酸技术的中长期规模、减排潜力和产值预测如表 4-31 所示。目前微生物固定 CO_2合成苹果酸技术已经完成了千吨级中试，预计技术到 2030 年形成若干商业化案例，总体产能达到 10 万～20 万 t，相应 CO_2减排潜力达到 40 万～80 万 t。2035 年技术进一步推广，产能达到 20 万～30 万 t，CO_2减排潜力达到 80 万～120 万 t。2050 年技术进入商业化推广，并形成完善的下游产业链，产能达到 40 万～50 万 t，CO_2减排潜力达到 140 万～180 万 t。按照每吨产品平均价格 20 000 元计算，预计该技术到 2030 年、2035 年、2050 年的产值将分别达到 20 亿～40 亿元、40 亿～60 亿元和 80 亿～100 亿元。

表 4-31　微生物固定 CO_2 合成苹果酸技术的减排强度、中长期产能规模、减排潜力和产值预测

技术减排强度（tCO_2/t 产品）				
直接利用	直接减排	原料替代减排	产品替代减排	综合减排
0.32	0.17	3.50	0	3.67
中长期预测				
		2030 年	2035 年	2050 年
中长期产能规模（万 t 产品）		10～20	20～30	40～50
中长期减排潜力（万 tCO_2）		40～80	80～120	140～180
中长期产值（亿元）		20～40	40～60	80～100

第四节　本章小结

CO_2化学和生物利用技术将 CO_2作为碳氧资源，转化为其他产品，在实现碳减排的同时产生额外的经济效益，是目前能源和化工领域的研发热点。近年来，各国大力推动 CO_2化工和生物利用技术的研发和推广，以 CO_2重整 CH_4 制备合成气、CO_2加氢合成甲醇、CO_2合成可降解聚合物材料、钢渣直接矿化利用 CO_2、CO_2矿化养护混凝土、CO_2微藻生物利用等为代表的技术已经进入规模化验证阶段，为 CO_2的化工和生物利用提供了重要的示范作用。另一方面，CO_2加氢制烯烃、CO_2光电催化转化等新兴技术和策略不断涌现，相关的基础研究进展迅速，这不但为 CO_2化工和生物利用过程提供了新思路，也为 CCUS 与其他能源技术的深度融合提供了集成性解决方案。总体而言，CO_2化工和生物利用技术将在未来高碳行业的低碳转型升级中扮演重要角色，有助于在传统能源化工的基础上，形成新兴业态，实现大规模减排。根据测算，CO_2化工和生物利用技术到 2030 年将实现显著的减排效益。随着技术的进步和碳排放标准的制定，其中长期减排潜力和产值将迅速增加（表 4-32），这无疑将为缓解我国紧迫的减排压力作出重要贡献，同时助力形成新兴产业，推动传统低碳产业的绿色升级。

表 4-32　CO_2化工和生物利用技术评估汇总表

技术名称		技术成熟度			碳减排潜力（万 t）*			预期产值（亿元）*		
		2030 年	2035 年	2050 年	2030 年	2035 年	2050 年	2030 年	2035 年	2050 年
CO_2化学转化制备化学品	CO_2重整 CH_4 制备合成气技术	4	4.5	5	2 000～3 000	3 000～4 000	5 000～8 000	90～140	140～180	220～360
	CO_2裂解经一氧化碳制备液体燃料技术	2.5	3	4	30～100	100～170	340～670	1～3	3～5	10～20
	CO_2加氢合成甲醇技术	5	5	5	4 800～7 200	7 200～9 500	14 000～19 000	250～380	380～500	750～1 000

续表

技术名称		技术成熟度			碳减排潜力（万 t）*			预期产值（亿元）*		
		2030 年	2035 年	2050 年	2030 年	2035 年	2050 年	2030 年	2035 年	2050 年
CO_2化学转化制备化学品	CO_2加氢制烯烃技术	3	3.5	4	250～370	770～930	2 500～3 700	40～60	120～150	400～600
	CO_2光电催化转化技术	2.5	3	4	15～35	35～50	150～400	0.5～1	1～1.5	5～10
	CO_2合成有机碳酸酯技术	5	5	5	350～500	550～650	700～850	125～175	200～225	250～300
	CO_2合成可降解聚合物材料技术	5	5	5	30～60	50～90	90～150	100～200	160～300	300～500
	CO_2合成异氰酸酯/聚氨酯技术	5	5	5	350～400	400～450	450～550	1 400～1 600	1 600～1 800	1 800～2 200
	CO_2制备 PC 技术	5	5	5	25～35	35～50	80～110	120～180	180～230	370～520
CO_2矿化利用	钢渣矿化利用CO_2	3.5	4.5	5	100～150	200～250	500～600	45～70	90～110	220～270
	磷石膏矿化利用CO_2技术	4.5	5	5	100～150	200～250	500～800	30～40	50～70	140～210
	钾长石加工联合CO_2矿化技术	3.5	4	5	20～30	40～50	200～250	15～20	30～35	140～180
	CO_2矿化养护混凝土技术	4	5	5	4 000～4 500	9 000～10 000	15 000～18 000	1 500～1 800	3 700～4 200	6 200～7 500
CO_2生物利用技术	CO_2微藻生物利用技术	5	5	5	110～180	220～270	700～1 000	10～20	25～30	80～110
	CO_2气肥利用技术	3	4	5	10～15	15～25	50～100	10～20	20～30	60～120
	微生物固定CO_2合成苹果酸	3	4	5	40～80	80～120	140～180	20～40	40～60	80～100
总计	—	—	—	—	11 230～16 805	21 895～26 855	40 400～54 360	3 756.5～4 749	6 739～7 926.5	11 025～14 000

*数值上下限对应有无政策支持

参考文献

白文敏. 2015. 基于“异养—稀释—光诱导串联培养技术”的蛋白核小球藻粉生产过程中杂菌控制的研究. 上海：华东理工大学硕士学位论文.

白振敏，刘慧宏，陈科宇，等. 2018. 二氧化碳化学转化技术研究进展. 山东化工，47（11）：70-72，76.

包炜军，李会泉，张懿. 2007. 温室气体CO_2矿物碳酸化固定研究进展. 化工学报，58（1）：1-9.

包炜军，李会泉，张懿 . 2009. 强化碳酸化固定 CO_2 反应过程分析与机理探讨 . 化工学报，60（9）：2332-2338.
包炜军，赵红涛，李会泉，等 . 2017. 磷石膏加压碳酸化转化过程中平衡转化率分析 . 化工学报，68（3）：1155-1162.
蔡博峰，李琦，林千果，等 . 2020. 中国二氧化碳捕集、利用与封存（CCUS）报告（2019）.
常卉 . 2019. 甲烷二氧化碳催化重整制合成气的研究进展和工艺技术 . 化工设计通讯，45（9）：56-57.
陈萌萌 . 2019. 微藻–生物炭联合固沙及其对荒漠土壤的改良作用 . 衡阳：南华大学硕士学位论文 .
陈倩倩，顾宇，唐志永，等 . 2019. 以二氧化碳规模化利用技术为核心的碳减排方案 . 中国科学院院刊，34（4）：478-487.
陈嵩嵩，张国帅，霍锋，等 . 2020. 煤基大宗化学品市场及产业发展趋势 . 化工进展，39（12）：5009-5020.
陈为，魏伟，孙予罕 . 2017. 二氧化碳光电催化转化利用研究进展 . 中国科学：化学，47（11）：1251-1261.
陈修来，王元彩，董晓翔，等 . 2019. 代谢工程改造酿酒酵母生产 L- 苹果酸 . 食品与生物技术学报，38（2）：72-80.
储华新 . 2019. 利用二氧化碳和甲醇资源生产碳酸二甲酯 . 化肥工业，46（6）：52-54，58.
崔文鹏，刘亚龙，卫巍，等 . 2015. 尾气二氧化碳直接矿化磷石膏理论与实践 . 能源化工，36（3）：53-56.
刁晓倩，翁云宣，宋鑫宇，等 . 2020. 国内外生物降解塑料产业发展现状 . 中国塑料，34（5）：123-135.
丁茜，余佳，蒋馨漫，等 . 2019. 生物降解地膜材料的研究进展 . 工程塑料应用，47（12）：150-153.
董晓翔 . 2016. 代谢工程改造 Escherichia coli 生产 L- 苹果酸 . 无锡：江南大学硕士学位论文 .
杜康武 . 2018. 中国商品混凝土发展现状及预测 . 科技创新导报，15（11）：152，154.
房延凤，王丹，王晴，等 . 2020. 碳酸化钢渣及其在建筑材料中的应用现状 . 材料导报，34（2）：03126-03132.
付彧，孙予罕 . 2020. CH_4-CO_2 重整技术的挑战与展望 . 中国科学：化学，50（7）：816-831.
高磊，赵明，徐晨辰，等 . 2019. CO_2 加氢制低碳烯烃催化剂的研究进展 . 现代化工，39（5）：47-51.
葛庆杰 . 2016. 第六章 合成气化学 . 工业催化，24（3）：82-104.
巩金龙 . 2017. CO_2 化学转化研究进展概述 . 化工学报，68（4）：1282-1285.
郝夕祥，赵祥颖，田延军，等 . 2011. CO_2 固定途径在 L- 苹果酸积累中的作用 . 山东食品发酵，（1）：23-26.
何思祺，孙红娟，彭同江，等 . 2013. 磷石膏碳酸化固定二氧化碳的实验研究 . 岩石矿物学杂志，32（6）：899-904.
洪鹏辉 . 2017. 木糖生物合成 L- 苹果酸的代谢工程研究 . 北京：北京化工大学硕士学位论文 .
侯召龙 . 2015. 温室大棚内多因素综合控释 CO_2 气肥系统的研究 . 大庆：黑龙江八一农垦大学硕士学位论文 .
胡宗贵，朱桂生，黄诚，等 . 2020. 国内碳酸二甲酯技术进展及市场应用前景 . 乙醛醋酸化工，（6）：11-16.
贾晨喜，邵敬爱，白小薇，等 . 2020. 二氧化碳加氢制甲醇铜基催化剂性能的研究进展 . 化工进展，39（9）：3658-3668.
蒋丽群 . 2019. 植物激素提高微藻在废水中的活性和生物质积累的过程及机制 . 济南：山东大学博士学位论文 .
蒋青青，童金辉，陈真盘 . 2014. 太阳能光热化学分解 CO_2 和 H_2O 的研究进展 . 中国科学：化学，44（12）：1834-1848.

姜绍通，李兴江. 2019. 苹果酸生物炼制研究进展. 食品科学技术学报，37（2）：1-9.
赖洁，杨楠，袁健发，等. 2019. 电化学催化还原二氧化碳研究进展. 新能源进展，7（5）：429-435.
李季，周加贝，朱家骅，等. 2015. 磷石膏强化氨法 CO_2 捕集机理与模型. 化工学报，66（8）：3218-3224.
李磊，张红兵，李文涛，等. 2020. 光生物反应器培养微藻研究进展. 生物技术进展，10（2）：117-123.
李如虎，李春，岳海荣，等. 2017. 温度制度对钾长石–硫酸钙–碳体系焙烧提钾、还原脱硫以及 CO_2 矿化的影响. 化工矿物与加工，4：20-24，61.
梁斌，王超，岳海荣，等. 2014. 天然钾长石–磷石膏矿化 CO_2 联产硫酸钾过程评价. 四川大学学报（工程科学版），46（03）：168-174.
梁兵连，段洪敏，侯宝林，等. 2015. 二氧化碳加氢合成低碳烯烃的研究进展. 化工进展，34（10）：3746-3754.
林海周，罗志斌，裴爱国，等. 2020. 二氧化碳与氢合成甲醇技术和产业化进展. 南方能源建设，7（2）：14-19.
刘斌，喻健，李聪明，等. 2018. 二氧化碳直接合成碳酸二甲酯研究进展. 天然气化工（C1 化学与化工），43（2）：119-126.
刘昌俊，郭秋婷，叶静云，等. 2016. 二氧化碳转化催化剂研究进展及相关问题思考. 化工学报，67（1）：6-13.
刘国富. 2019. 论大棚蔬菜二氧化碳施肥方法. 农民致富之友，（11）：143.
刘剑，汲永钢，万书宝，等. 2019. 低碳烯烃生产技术新进展. 乙烯工业，31（1）：12-15.
刘文香. 2010. 二氧化碳气肥施用原理及方法. 现代农村科技，（2）：46.
刘项，祁建伟，孙国超. 2015. 利用低浓度 CO_2 矿化磷石膏制硫酸铵和碳酸钙技术. 磷肥与复肥，30（4）：38-40.
刘志敏. 2018. 二氧化碳化学转化. 北京：科学出版社.
娄菲. 2016. 大肠杆菌好氧发酵生产苹果酸的代谢工程研究. 天津：天津大学硕士学位论文.
鲁思聪. 2019. 醋酸供仍大于求防产能过剩. 广州化工，47（15）：5.
莫淳，廖文杰，梁斌，等. 2017. 工业固废活化钾长石——CO_2 矿化提钾的生命周期碳排放与成本评价. 化工学报，68（6）：2501-2509.
能源转型委员会，落基山研究所. 2019. 中国 2050：一个全面实现现代化国家的零碳图景.
牛淑芳. 2019. CO_2 气肥技术在设施蔬菜上的应用. 中国果菜，39（1）：57-59.
彭向聪，王志苗，李红芹，等. 2019. 溶剂热浸渍法制备高稳定性 $Zn(OAc)_2/SiO_2$ 催化剂及其催化合成苯氨基甲酸甲酯. 化工进展，38（3）：1396-1402.
戚桂超，迟洪泉. 2018. MDI 市场分析及前景展望. 中国石油和化工经济分析，（7）：62-64.
钱伯章. 2013. CO_2合成可降解塑料研发新进展. 国外塑料，31（2）：41-45.
任德刚. 2010. 利用微藻固定 CO_2和生产生物燃料技术的研究进展. 电力科技与环保，26（6）：61-62.
史建公，刘志坚，刘春生. 2019. 二氧化碳为原料合成碳酸二甲酯研究进展. 中外能源，24（10）：49-71.
宋倩倩，马宗立，王红秋，等. 2019. 聚碳酸酯市场供需现状与发展趋势. 世界石油工业，26（5）：53-57.
宋兆军. 2009. 二氧化碳气肥施用技术. 吉林蔬菜，（6）：59.
孙俊楠，张建安，杨明德，等. 2006. 利用微藻热解生产生物燃料的研究进展. 科技导报，24（6）：26-28.
孙新宗，吴昕昊. 2019. 工业固废的收集、处理与资源化利用技术. 化工管理，（9）：62-63.
孙芝兰，黄芸，陈以峰. 2014. 微藻气肥光生物反应器研究进. 中国农业科技导报，16（6）：117-123.

陶红，马鸿文，廖立兵 . 1998. 钾长石制取钾肥的研究进展及前景 . 矿产综合利用，(1)：28-32.
王晨晔，包炜军，许德华，等 . 2016. 低浓度碱介质中钢渣碳酸化反应特征 . 钢铁，51 (6)：87-93.
汪定奇 . 2019. 代谢工程改造谷氨酸棒状杆菌生产 L- 苹果酸的研究 . 武汉：武汉科技大学硕士学位论文 .
王恩昊，曹瀚，周振震，等 . 2020. 从二氧化碳制备生物降解塑料：机会与挑战 . 中国科学：化学，50 (7)：847-856.
王金玲 . 2016. 二氧化碳催化转化制烃类研究 . 当代化工研究，(11)：84-85.
王天水 . 2006. 日光温室 CO_2 气肥技术应用与对策 . 山西农业科学，34 (2)：49-51.
王献红，王佛松 . 2011. 二氧化碳的固定与利用 . 北京：化学工业出版社 .
王元彩 . 2016. 代谢工程改造酿酒酵母 rTCA 路径和 C_4- 二羧酸转运系统生产 L- 苹果酸 . 无锡：江南大学硕士学位论文 .
魏欣蕾，倪文，王雪，等 . 2019. 钢渣碳化技术研究进展 . 矿产保护与利用，39 (3)：99-104.
吴军林，吴清平，张菊梅，等 . 2014. L- 苹果酸生物合成研究进展 . 食品科学，35 (3)：238-242.
吴亚斌 . 2012. 产 L- 苹果酸重组大肠杆菌的构建和发酵性能研究 . 无锡：江南大学硕士学位论文 .
向航，李静，曹建新，等 . 2015. CO_2 绿色化合成低碳烯烃 Fe 基催化剂研究进展 . 现代化工，35 (2)：27-31，33.
谢和平，王昱飞，鞠杨，等 . 2012. 地球自然钾长石矿化 CO_2 联产可溶性钾盐 . 科学通报，57 (26)：2501-2506.
阳静 . 2018. 乙醛酸通路调控促进聚苹果酸合成研究 . 重庆：西南大学硕士学位论文 .
杨森 . 2020. "禁塑" 时代生物塑料的应用及其发展 . 塑料科技，48 (2)：149-152.
杨学萍 . 2019. 二苯基甲烷二异氰酸酯生产技术进展及市场分析 . 石油化工技术与经济，35 (1)：27-31.
杨忠华，杨改，李方芳，等 . 2011. 利用微藻固定 CO_2 实现碳减排的研究进展 . 生物加工过程，9 (1)：66-75.
叶云云，廖海燕，王鹏，等 . 2018. 我国燃煤发电 CCS/CCUS 技术发展方向及发展路线图研究 . 中国工程科学，20 (3)：80-89.
余长春，李然家，王伟，等 . 2020. CO_2/CH_4 干重整转化催化剂的积碳控制研究 . 石油化工，49 (10)：925-930.
张芳，程丽华，陈欢林 . 2009. 微藻生物固定与转化 CO_2 强化技术 . 昆明：二氧化碳减排与捕集、封存及绿色化利用研讨会 .
张桂华，牛建洲，郭兴田 . 2018. 我国聚碳酸酯生产及市场应用前景分析 . 化学工业，36 (5)：45-51，56.
张甄，王宝冬，赵兴雷，等 . 2019. 光电催化二氧化碳能源化利用研究进展 . 化工进展，38 (9)：3927-3935.
赵倩，丁干红 . 2020. 甲烷二氧化碳重整工艺研究及经济性分析 . 天然气化工（C1 化学与化工)，45 (4)：71-75，81.
赵新强，邬长城，杨红健，等 . 2002. 尿素与甲醇均相催化合成碳酸二甲酯的研究 . 化学反应工程与工艺，18 (3)：200-205.
中国合成树脂供销协会 . 2019. 我国聚碳酸酯产业发展现状 . 中国塑料，33 (10)：105-109.
中国石化有机原料科技情报中心站 . 2009. 甲烷/CO_2 重整反应制合成气技术获得突破 . 石油炼制与化工，40 (8)：45.
中国石化有机原料科技情报中心站 . 2016. 上海高等研究院与上海华谊集团完成 CO_2 制甲醇技术工艺包 . 石油炼制与化工，47 (12)：58.
朱家骅，郭鑫楠，谢和平，等 . 2013. CO_2 减排 CCS 与 CCU 路线的热力学认识 . 四川大学学报（工程科学版)，5 (5)：1-7.

朱江煜．2019．微藻富集虾青素，藻蓝蛋白，副淀粉等产物的技术研究．扬州：扬州大学硕士学位论文．
朱银生，王贺玲，刘海华，等．2009．二苯甲烷二异氰酸酯的绿色催化合成．广东化工，36（11）：19-21.
Al-Fatesh A S, Kumar R, Fakeeha A H, et al. 2020. Promotional effect of magnesium oxide for a stable nickel-based catalyst in dry reforming of methane. Scientific Reports, 10 (1): 13861.
Alsayegh S, Johnson J R, Ohs B, et al. 2019. Methanol production via direct carbon dioxide hydrogenation using hydrogen from photocatalytic water splitting: Process development and techno-economic analysis. Journal of Cleaner Production, 208: 1446-1458.
An H, Zhang L, Zhao X, et al. 2014. Effect of preparation conditions on the catalytic performance of Cu-Fe/ZrO_2 for the synthesis of DPU from aniline and CO_2. Chemical Engineering Journal, 255: 266-273.
Andreas W. 2011. Methodproducing diisocyanates. US 7915444.
Artz J, Muller T E, Thenert K, et al. 2018. Sustainable conversion of carbon dioxide: An integrated review of catalysis and life cycle assessment. Chemical Reviews, 118 (2): 434-504.
Ashford B, Wang Y L, Poh C K, et al. 2020. Plasma-catalytic conversion of CO_2 to CO over binary metal oxide catalysts at low temperatures. Applied Catalysis B: Environmental, 276: 119110.
Asif M, Gao X, Lv H J, et al. 2018. Catalytic hydrogenation of CO_2 from 600MW supercritical coal power plant to produce methanol: A techno-economic analysis. International Journal of Hydrogen Energy, 43 (5): 2726-2741.
Aziz M A A, Jalil A A, Wongsakulphasatch S, et al. 2020. Understanding the role of surface basic sites of catalysts in CO_2 activation in dry reforming of methane: A short review. Catalysis Science & Technology, 10: 35-45.
Brunelle D J. 2014. Polycarbonates: Kirk-Othmer Encyclopedia of Chemical Technology. New Jersey: John Wiley & Sons, Inc.
Brunelle D J, Korn M. 2005. Advances in polycarbonates (ACS Symposium Series (898)). Washington: American Chemical Society.
Buelens L C, Poelman H, Marin G B, et al. 2019. 110th anniversary: Carbon dioxide and chemical looping: current research trends. Industrial & Engineering Chemistry Research, 58 (36): 16235-16257.
Cardenas-Escudero C, Morales-Florez V, Perez-Lopez R, et al. 2016. Procedure to use phosphogypsum industrial waste for mineral CO_2 sequestration. Journal of Hazardous Materials, 196: 431-435.
Carroll S A, Knauss K G. 2005. Dependence of labradorite dissolution kinetics on $CO_{2(aq)}$, $Al_{(aq)}$, and temperature. Chemical Geology, 217 (3-4): 213-225.
Chen Y, Wang D K, Deng X Y, et al. 2017a. Metal-organic frameworks (MOFs) for photocatalytic CO_2 reduction. Catalysis Science & Technology, 7 (21): 4893-4904.
Chen Z L, Wang Y C, Dong X X, et al. 2017b. Engineering rTCA pathway and C_4-dicarboxylate transporter for L-malic acid production. Applied Microbiology and Biotechnology, 13 (101): 4041-4052.
Cheng J, Lu H X, Huang Y, et al. 2016. Enhancing growth rate and lipid yield of chlorella with nuclear irradiation under high salt and CO_2 stress. Bioresource Technology, 203: 220-227.
Chi Z, Wang Z P, Wang G Y, et al. 2014. Microbial biosynthesis and secretion of L-malic acid and its applications. Critical Reviews in Biotechnology, 36 (1): 99-107.
Ciriminna R, Pagliaro M. 2020. Biodegradable and compostable plastics: A critical perspective on the dawn of their global adoption. ChemistryOpen, 9: 8-13.
Clarke P, Chester U D, Simon S, et al. 2020. Dry reforming of methane catalysed by molten metal alloys. Nature Catalysis, 3 (1): 83-89.

Contreras M, Pérez-López R, Gázquez M J, et al. 2015. Fractionation and fluxes of metals and radionuclides during the recycling process of phosphogypsum wastes applied to mineral CO_2 sequestration. Waste Management, 45: 412-419.

Dai Z G, Zhou H Y, Zhang S J, et al. 2018. Current advance in biological production of malic acid using wild type and metabolic engineered strains. Bioresource Technology, 22 (258): 345-353.

Darensbourg D J, Andreatta J R, Moncada A I. 2010. Polymers from carbon dioxide: Polycarbonates, polythiocarbonates, and polyurethanes//Michele A. Carbon Dioxide as Chemical Feedstock. Weinheim: Wiley-VCH Verlag GmbH & Co. KGaA.

Dong X L, Jin W Q, Xu N P. 2010. Reduction-tolerant oxygen-permeable perovskite-type oxide $Sr_{0.7}Ba_{0.3}Fe_{0.9}Mo_{0.1}O_{3-\delta}$. Chemical Materials, 22 (12): 3610-3618.

Eric B. 1996. Process for the production of diisocyanates. US 5516935.

Fiorani G, Perosa A, Selva M. 2018. Dimethyl carbonate: A versatile reagent for a sustainable valorization of renewables. Green Chemistry, 20 (2): 288-322.

Franz M. 1982. Thermal Decomposition of Aryl Urethanes. US 4330479.

Fukuoka S, Fukawa I, Adachi T, et al. 2019. Industrialization and expansion of green sustainable chemical process: A review of non-phosgene polycarbonate from CO_2. Organic Process Research & Development, 23 (2): 145-169.

Gan Z X, Cui Z, Yue H R, et al. 2016. An efficient methodology for utilization of K-feldspar and phosphogypsum with reduced energy consumption and CO_2 emissions. Chinese Journal of Chemical Engineering, 24 (11): 1541-1551.

Gao J J, Li H Q, Zhang Y, et al. 2007a. A non-phosgene route for synthesis of methyl N-phenyl carbamate derived from CO_2 under mild conditions. Green Chemistry, 9: 572-576.

Gao J J, Li H Q, Zhang Y, et al. 2007b. Synthesis of methyl N-phenyl carbamate from dimethyl carbonate and 1, 3-diphenyl urea under mild conditions. Chinese Chemical Letters, 18: 149-151.

Gao P, Li S G, Bu X N, et al. 2017. Direct conversion of CO_2 into liquid fuels with high selectivity over a bifunctional catalyst. Nature Chemistry, 9 (10): 1019-1024.

Gao Y, Liu S, Zhao Z, et al. 2018. Heterogeneous catalysis of CO_2 hydrogenation to C_{2+} products. Acta Physico-Chimica Sinica, 34 (8): 858-872.

Garg S, Li M, Weber A Z, et al. 2020. Advances and challenges in electrochemical CO_2 reduction processes: An engineering and design perspective looking beyond new catalyst materials. Journal of Materials Chemistry A, 8 (4): 1511-1544.

Greluk M, Rotko M, Sylwia T S. 2020. Enhanced catalytic performance of La_2O_3 promoted Co/CeO_2 and Ni/CeO_2 catalysts for effective hydrogen production by ethanol steam reforming. Renewable Energy, 155: 378-395.

Grim R G, Huang Z, Guarnieri M T, et al. 2020. Transforming the carbon economy: challenges and opportunities in the convergence of low-cost electricity and reductive CO_2 utilization. Energy & Environmental Science, 13 (2): 472-494.

Guo D, Lu Y, Ruan Y Z, et al. 2020. Effects of extrinsic defects originating from the interfacial reaction of CeO_{2-x}-nickel silicate on catalytic performance in methane dry reforming. Applied Catalysis B-Environmental, 277: 119278.

Guo L, Sun J, Ge Q, et al. 2018. Recent advances in direct catalytic hydrogenation of carbon dioxide to valuable C_{2+} hydrocarbons. Journal of Materials Chemistry A, 6 (46): 23244-23262.

Hepburn C, Adlen E, Beddington J, et al. 2019. The technological and economic prospects for CO_2 utilization and removal. Nature, 575: 87-97.

Hernandez-Aldave S, Andreoli E. 2020. Fundamentals of gas diffusion electrodes and electrolysers for carbon dioxide utilisation: challenges and opportunities. Catalysts, 10 (6): 713-747.

Heyn R H. 2015. Organic carbonates//Styring P, Quadrelli E A, Armstrong K. Carbon Dioxide Utilisation: Closing the Carbon Cycle. Amsterdam: Elsevier.

Huang J J, Yan Y, Saqline S, et al. 2020a. High performance Ni catalysts prepared by freeze drying for efficient dry reforming of methane. Applied Catalysis B-Environmental, 275: 119109.

Huang J, Worch J C, Worch A P, et al. 2020b. Update and challenges in carbon dioxide-based polycarbonate synthesis. ChemSusChem, 13 (3): 469-487.

Huijgen W J J, Witkamp G J, Comans R N J. 2006. Mechanisms of aqueous wollastonite carbonation as a possible CO_2 sequestration process. Chemical Engineering Science, 61 (13): 4242-4251.

Iizuka A, Yamasaki A, Yanagisawa Y. 2013. Cost evaluation for a carbon dioxide sequestration process by aqueous mineral carbonation of waste concrete. Journal of Chemical Engineering of Japan, 46 (4): 326-334.

Jang W J, Shim J O, Kim H M, et al. 2019. A review on dry reforming of methane in aspect of catalytic properties. Catalysis Today, 324: 15-26.

Jiang S, Cheng H Y, Shi R H, et al. 2019. Direct synthesis of polyurea thermoplastics from CO_2 and diamines. ACS Applied Materials & Interfaces, 11 (50): 47413-47421.

Jin W Q, Zhang C, Chang X F, et al. 2008. Efficient catalytic decomposition of CO_2 to CO and O_2 over Pd/mixed-conducting oxide catalyst in an oxygen-permeable membrane reactor. Environmental Science & Technology, 42: 3064-3068.

Kajiyama T, Taguchi T, Kobayashi H, et al. 2003. Synthesis of high molecular weight poly (α, β-malic acid) for biomedical use by direct polycondensation. Polymer Degradation and Stability, 81 (3): 525-530.

Kas R, Yang K, Bohra D, et al. 2020. Electrochemical CO_2 reduction on nanostructured metal electrodes: fact or defect? Chemical Science, 11 (7): 1738-1749.

Kashef-haghighi S, Shao Y, Ghoshal S. 2015. Mathematical modeling of CO_2 uptake by concrete during accelerated carbonation curing. Cement & Concrete Research, 67 (67): 1-10.

Kilein A, Kubisch C, Cai L, et al. 2020. Malic acid production from renewables: a review. Journal of Chemical Technology and Biotechnology, 95 (3): 513-526.

Kim J Y, Henao C A, Johnson T A, et al. 2011. Methanol production from CO_2 using solar-thermal energy: process development and techno-economic analysis. Energy & Environmental Science, 4: 3122-3132.

Klaus K. 1983. Process for the continuous thermal cleavage of carbamic acid esters and preparation of isocyanates. https://xueshu. baidu. com/usercenter/paper/show? paperid = a676c7e6bf6bb32467bfd88edfaed764&site=xueshu_se.

Kuroyanagi T, Yasuba K, Higashide T, et al. 2014. Efficiency of carbon dioxide enrichment in an unventilated greenhouse. Biosystems Engineering, 119 (1): 58-68.

Li W, Wang H, Jiang X, et al. 2018. A short review of recent advances in CO_2 hydrogenation to hydrocarbons over heterogeneous catalysts. RSC Advances, 8 (14): 7651-7669.

Lin R, Guo J, Li X, et al. 2020. Electrochemical reactors for CO_2 conversion. Catalysts, 10 (5): 473-507.

Liu A, Gao M, Ren X, et al. 2020. Current progress in electrocatalytic carbon dioxide reduction to fuels on heterogeneous catalysts. Journal of Materials Chemistry A, 8 (7): 3541-3562.

Liu S, Wang X. 2017. Polymers from carbon dioxide: Polycarbonates, polyurethanes. Current Opinion in Green and Sustainable Chemistry, 3: 61-66.

Lopez-Caballero P, Hauser A W, de Lara-Castells M P. 2019. Exploring the catalytic properties of unsupported and TiO_2-supported Cu-5 clusters: CO_2 decomposition to CO and CO_2 photoactivation. The Journal of Physical

Chemical C, 123 (37): 23064-23074.

Lu Q, Jiao F. 2016. Electrochemical CO_2 reduction: Electrocatalyst, reaction mechanism, and process engineering. Nano Energy, 29: 439-456.

Manderscheid R, Erbs M, Weigel H J. 2014. Interactive effects of free-air CO_2 enrichment and drought stress on maize growth. European Journal of Agronomy, 52 (12): 11-21.

Maria T, Ronald M, Aldo S. 2017. Solar-driven thermochemical splitting of CO_2 and *In Situ* separation of CO and O_2 across a ceria redox membrane reactor. Joule, 1 (1): 146-154.

Matthias S F, Cecilia M, Marion I M S, et al. 2020. Methanol as a hydrogen carrier: Kinetic and thermodynamic drivers for its CO_2-based synthesis and reforming over heterogeneous catalysts. ChemSusChem, 13: 1-9.

Mikkelsen M, Jørgensen M, Krebs F C. 2010. The teraton challenge: A review of fixation and transformation of carbon dioxide. Energy Environ Science, 3 (1): 43-81.

Mota F M, Kim D H. 2019. From CO_2 methanation to ambitious long-chain hydrocarbons: alternative fuels paving the path to sustainability. Chemical Society Reviews, 48 (1): 205-259.

Msila X, Billing D G, Barnard W. 2016. Capture and storage of CO_2 into waste phosphogypsum: the modified Merseburg process. Clean Technologies and Environmental Policy, 18 (8): 2709-2715.

Nitopi S, Bertheussen E, Scott S B, et al. 2019. Progress and perspectives of electrochemical CO_2 reduction on copper in aqueous electrolyte. Chemical Reviews, 119 (12): 7610-7672.

Oelkers E H, Gislason S R, Matter J. 2008. Mineral carbonation of CO_2. Elements, 4 (5): 333-337.

Olah G A, Goeppert A, Prakash G K S. 2009. Chemical recycling of carbon dioxide to methanol and dimethyl ether: from greenhouse gas to renewable, environmentally carbon neutral fuels and synthetic hydrocarbons. The Journal of Organic Chemistry, 74 (2): 487-498.

Pan S Y, Chen Y H, Fan L S, et al. 2020. CO_2 mineralization and utilization by alkaline solid wastes for potential carbon reduction. Nature Sustainability, 3 (5): 399-405.

Pan S Y, Hung C H, Chan Y W, et al. 2016. Integrated CO_2 fixation, waste stabilization, and product utilization via high-gravity carbonation process exemplified by circular fluidized bed fly ash. ACS Sustainable Chemistry & Engineering, 4 (6): 3045-3052.

Pérez-Fortes M, Schöneberger J C, Boulamanti A, et al. 2016. Methanol synthesis using captured CO_2 as raw material: techno-economic and environmental assessment. Applied Energy, 161: 718-732.

Pyo S H, Park J H, Chang T S, et al. 2017. Dimethyl carbonate as a green chemical. Current Opinion in Green and Sustainable Chemistry, 5: 61-66.

Qin Y S, Sheng X F, Liu S J, et al. 2015. Recent advances in carbon dioxide based copolymers. Journal of CO_2 Utilization, 11: 3-9.

Riaz A, Zahedi G, Klemes J J. 2013. A review of cleaner production methods for the manufacture of methanol. Journal of Cleaner Production, 57: 19-37.

Ronda-Lloret M, Rothenberg G, Shiju N R. 2019. A critical look at direct catalytic hydrogenation of carbon dioxide to olefins. Chemsuschem, 12 (17): 3896-3914.

Ross M B, De Luna P, Li Y F, et al. 2019. Designing materials for electrochemical carbon dioxide recycling. Nature Catalysis, 2 (8): 648-658.

Sánchez A, Gil L M, Martín M. 2019. Sustainable DMC production from CO_2 and renewable ammonia and methanol. Journal of CO_2 Utilization, 33: 521-531.

Sánchez-Molina J A, Reinoso J V, Acién F G, et al. 2014. Development of a biomass-based system for nocturnal temperature and diurnal CO_2 concentration control in greenhouses. Biomass & Bioenergy, 67: 60-71.

Seifritz W. 1990. CO_2 disposal by means of silicates. Nature, 345 (6275): 486-486.

Selva M, Perosa A, Rodriguez- Padron D, et al. 2019. Applications of dimethyl carbonate for the chemical upgrading of biosourced platform chemicals. ACS Sustainable Chemistry & Engineering, 7 (7): 6471-6479.

Service R F. 2009. Sunlight in your tank. Science, 326 (5959): 1472-1475.

Shangguan W J, Song J M, Yue H R, et al. 2016. An efficient milling- assisted technology for K- feldspar processing, industrial waste treatment and CO_2 mineralization. Chemical Engineering Journal, 292: 255-263.

Shukla K, Srivastava V C. 2017. Synthesis of organic carbonates from alcoholysis of urea: A review. Catalysis Reviews-Science and Engineering, 59 (1): 1-43.

Song Y D, Ozdemir E, Ramesh S, et al. 2020a. Dry reforming of methane by stable Ni- Mo nanocatalysts on single-crystalline MgO. Science, 367 (6479): 777-781.

Song R B, Zhu W L, Fu J J, et al. 2020b. Electrode materials engineering in electrocatalytic CO_2 reduction: energy input and conversion efficiency. Advanced Materials, 32 (27): 1903796.

Stolaroff J K, Lowry V L, Keith D W. 2005. Using CaO- and MgO-rich industrial waste streams for carbon sequestration. Energy Conversion and Management, 46 (5): 687-699.

Sun W H, Jiang B, Zhang Y, et al. 2020. Enabling the biosynthesis of malic acid in lactococcus lactis by establishing the reductive TCA pathway and promoter engineering. Biochemical Engineering Journal, 161: 107645.

Szima S, Cormos C C. 2018. Improving methanol synthesis from carbon- free H_2 and captured CO_2: A techno-economic and environmental evaluation. Journal of CO_2 Utilization, 24: 555-563.

Tian S C, Yan F, Zhang Z T, et al. 2019. Calcium-looping reforming of methane realizes in situ CO_2 utilization with improved energy efficiency. Science Advances, 5 (4): eaav5077.

Tongbai P, Kozai T, Ohyama K. 2010. CO_2 and air circulation effects on photosynthesis and transpiration of tomato seedlings. Scientia Horticulturae, 126 (3): 338-344.

Tundo P, Selva M. 2007. Dimethyl carbonate as a green reagent. //Methods and Reagents for Green Chemistry: An Introduction. Vol. 1. New Jersey: John Wiley & Sons, Inc.

Ukwattage N L, Ranjith P G, Li X. 2017. Steel- making slag for mineral sequestration of carbon dioxide by accelerated carbonation. Measurement, 97: 15-22.

Vecchietti J, Lustemberg P, Fornero E L, et al. 2020. Controlled selectivity for ethanol steam reforming reaction over doped CeO_2 surfaces: The role of gallium. Applied Catalysis B-Environmental, 277: 119103.

Wang H, Xin Z, Li Y H. 2017. Synthesis of ureas from CO_2. Topics in Current Chemistry, 375 (2): 49.

Wang Q, Chen Y, Li Z H. 2019. Research progress of catalysis for low- carbon olefins synthesis through hydrogenation of CO_2. Journal of Nanoscience and Nanotechnology, 19 (6): 3162-3172.

Wu X Y, Ghoniem A F. 2019. Mixed ionic- electronic conducting (MIEC) membranes for thermochemical reduction of CO_2: A review. Progress in Energy and Combustion Science, 74: 1-30.

Xu L Y, Xiu Y, Liu F Y, et al. 2020. Research progress in conversion of CO_2 to valuable fuels. Molecules, 25 (16): 3653.

Xu S P, Zhu X S, Li C, et al. 2014. Effects of CO_2 enrichment on photosynthesis and growth in Gerbera jamesonii. Scientia Horticulturae, 177: 77-84.

Xu Y X, Zhou Y T, Cao W, et al. 2020. Improved production of malic acid in aspergillus niger by abolishing citric acid accumulation and enhancing glycolytic flux. ACS Synthetic Biology, 9 (6): 1418-1425.

Yang H B, Hung S F, Liu S, et al. 2018. Atomically dispersed Ni (i) as the active site for electrochemical CO_2 reduction. Nature Energy, 3 (2): 140-147.

Ye R P, Ding J, Gong W B, et al. 2019. CO_2 hydrogenation to high- value products via heterogeneous catalysis. Nature Communications, 10: 5698.

Zambrano D, Soler J, Herguido J, et al. 2020. Conventional and improved fluidized bed reactors for dry reforming of methane: Mathematical models. Chemical Engineering Journal, 393: 124775.

Zhang H G, Li J Z, Tan Q, et al. 2018. Metal-organic frameworks and their derived materials as electrocatalysts and photocatalysts for CO_2 reduction: Progress, challenges, and perspectives. Chemistry-a European Journal, 24 (69): 18137-18157.

Zhang K, Zhang G R, Liu X T, et al. 2017. A study on CO_2 decomposition to CO and O_2 by the combination of catalysis and dielectric-barrier discharges at low temperatures and ambient pressure. Industrial & Engineering Chemistry Research, 56 (12): 3204-3216.

Zhang K, Zhang G R, Liu Z K, et al. 2014. Enhanced stability of membrane reactor for thermal decomposition of CO_2 via porous-dense-porous triple-layer composite membrane. Journal of Membrane Science, 471: 9-15.

Zhang S, Fan Q, Xia R, et al. 2020. CO_2 reduction: From homogeneous to heterogeneous electrocatalysis. Accounts of Chemical Research, 53 (1): 255-264.

Zhang Z M, Liu L H, Zhang M, et al. 2013. Effect of carbon dioxide enrichment on health-promoting compounds and organoleptic properties of tomato fruits grown in greenhouse. Food Chemistry, 153: 157-163.

Zhao H T, Li H Q, Bao W J, et al. 2015. Experimental study of enhanced phosphogypsum carbonation with ammonia under increased CO_2 pressure. Journal of CO_2 Utilization, 11: 10-19.

Zhao J, Xue S, Barber J, et al. 2020. An overview of Cu-based heterogeneous electrocatalysts for CO_2 reduction. Journal of Materials Chemistry A, 8 (9): 4700-4734.

Zhong J W, Yang X F, Wu Z L, et al. 2020. State of the art and perspectives in heterogeneous catalysis of CO_2 hydrogenation to methanol. Chemical Society Reviews, 49 (5): 1385-1413.

Zhou W, Cheng K, Kang J C, et al. 2019. New horizon in C1 chemistry: Breaking the selectivity limitation in transformation of syngas and hydrogenation of CO_2 into hydrocarbon chemicals and fuels. Chemical Society Reviews, 48 (12): 3193-3228.

Zhu D D, Liu J L, Qiao S Z. 2016a. Recent advances in inorganic heterogeneous electrocatalysts for reduction of carbon dioxide. Advanced Materials, 28 (18): 3423-3452.

Zhu Y Q, Romain C, Williams C K. 2016b. Sustainable polymers from renewable resources. Nature, 540 (7633): 354-362.

第五章

CO_2 地质利用与封存技术

CO_2地质利用与封存是指将 CO_2注入条件适宜的地层，利用其驱替、置换、传热或化学反应等作用生产具有商业价值的产品，同时实现其与大气长期隔绝的工业过程。根据所生产资源或能源品种的不同，CO_2地质利用与封存技术主要包括强化采油、强化开采甲烷（CH_4）、浸采采矿、采热以及强化深部咸水开采与封存技术五大类。相对于早期的枯竭油气藏、深部咸水层 CO_2地质封存等单纯 CO_2封存概念，CO_2地质利用与封存技术具有多样化的应用领域，能够在实现 CO_2直接地质封存的同时，不同程度地提高资源或者能源的开采效率，降低封存成本，具有更广阔的发展前景。本章将对上述五大类 CO_2地质利用与封存技术的原理、成熟度和经济可行性、安全性及环境影响，以及技术发展预测和应用潜力等几个方面进行系统评价；同时对作为共性关键技术的 CO_2监测技术也进行了评述，以期为 CO_2地质利用与封存政策制定、投资决策及科学研究提供必要参考。

第一节　CO_2 强化采油技术

CO_2强化采油（CO_2 enhanced oil recovery，CO_2-EOR）技术是我国利用 CO_2的主要方式，对我国保障油气安全和减少温室气体排放具有重要意义。根据国家重点基础研究发展计划（973 计划）“温室气体提高采收率的资源化利用及地下埋存”项目的分析，我国约有 130 亿 t 原油地质储量适合 CO_2强化采油，可将采收率提高 15%，增加石油可采储量 19.2 亿 t，同时可封存 47 亿～55 亿 t CO_2。如 CO_2强化采油技术得到广泛应用，可在实现大幅度降低 CO_2排放的同时提高石油产量，不仅有利于提升油气产业的经济效益，更有助于缓解石油对外依存度不断上升所带来的能源安全挑战。

一、技术介绍

CO_2强化采油技术是指将 CO_2注入油藏，补充油藏能量，同时利用 CO_2与原油的相互作用，实现原油增产并封存 CO_2的技术。CO_2强化采油技术可以简称为 CO_2驱油技术，是国际上应用最广泛的一种 CO_2地质利用与封存技术。

根据 CO_2与石油接触状态，CO_2驱油技术可分为混相驱油技术和非混相驱油技术。CO_2混相驱油技术提高原油采收率幅度较大，一般在 7% 以上。CO_2非混相驱油技术提高原油采收率幅度较小，一般在 5% 以下。这两种技术的差别在于实施 CO_2驱油过程中的地层压力是否达到 CO_2与原油的最小混相压力（minimum miscibility pressure，MMP），当地层压力高于 MMP 时，称之为 CO_2混相驱油；当地层压力低于 MMP 时，称之为 CO_2非混相驱油。稀油油藏 CO_2驱油主要采用 CO_2混相驱油，而稠油油藏主要采用 CO_2非混相驱油（表 5-1）。

表 5-1　CO_2驱筛选标准

类型	原油相对黏度	油藏深度（m）	原油黏度（MPa·s）
CO_2混相驱油	<0. 825	>762	<10
	0. 865 ~ 0. 825	>853	<10
	0. 887 ~ 0. 865	>1006	<10
	0. 922 ~ 0. 887	>1219	<10
CO_2非混相驱油	0. 98 ~ 0. 922	549	<600

数据来源：中国 21 世纪议程管理中心，2014

在 CO_2驱油项目中，有 50%~67% 的 CO_2会和原油一起被开采出来。为了降低操作成本往往会把采出的 CO_2从原油中分离出来再回注入地层中，实现 CO_2再利用。

另外，部分注入后的 CO_2也能够溶于地层流体、成矿固化，或被构造圈闭捕集，实现永久封存于储层中。当油藏开采到没有经济价值时，CO_2驱油技术即转化为枯竭油藏 CO_2地质封存，注入后的 CO_2会以各种方式被捕集（构造捕集、束缚气捕集、溶解捕集或矿化捕集等）并封存在地层中。

二、技术成熟度和经济可行性

1. 技术成熟度

国外 CO_2 驱油技术有 60 多年的发展历史，已达到商业应用水平。目前全球 19 个运行的大型 CCUS 项目中，14 个是 CO_2驱油技术。美国在 CO_2驱油技术处于全球领先水平，截至 2017 年，全球共实施逾 375 个 CO_2驱油项目中 40% 以上分布在北美洲（IEA，2018）。美国国内已建成约 8000km 的 CO_2输送管网，占全球 CO_2管道总里程的 85%（NETL，2020）。目前美国通过 EOR 安全封存的人为 CO_2量约为 2400 万 t/a，在未来 5 ~ 7 年内有可能大幅增加（NPC，2019）。2014 年，通过 CO_2-EOR 项目，每天生产约 30 万桶石油，占美国石油产量的 2% 以上（Kuuskraa and Wallace，2014）。

我国 CO_2驱油技术尚处于工业试验阶段。2000 年以来，国家和各大油公司相继设立了多个不同层次的 CO_2驱油技术研发项目，包括国家 973 计划、国家高技术研究发展计划（863 计划）项目、国家重大科技专项以及油公司级重大支撑项目。在上述科技计划的支持下，我国已建成多个 CO_2驱油示范工程，2010 ~ 2017 年的 CO_2累计注入量近 200 万 t，累计原油产量近 70 万 t。

经过近 20 年的不断发展，我国 CO_2驱油技术取得了长足的进步，已经完成工业示范，进入商业应用阶段。但是与美国、加拿大等国家相比，我国在 CO_2强化采油技术应用方面仍存在较大差距，主要包括：①对陆相沉积油藏、较高密度、较高黏度原油的强化采油科学认识尚不充分，原油增产效果并未得到广泛的证实；②高压、大排量 CO_2注入、输送、分离回注、存储、CO_2检测、监测等设备尚未成熟成套；③相关的融资、商业模式、区域基础设施和配套政策等尚未建立（中国 21 世纪议程管理中心，2014；秦积舜等，2020）。预计这些问题尚需要 5 ~ 10 年才能得到逐步解决。

2. 经济可行性

CO_2驱油成本包括CO_2购入价格、运输（管线或车船）设备投资及运输费用、注入和采出井投资及操作费用、包括CO_2在内的流体集输处理与循环利用投资及操作费用、税费等。CO_2驱油项目效益随油藏地质条件、碳源类型、运输距离、经济环境及政策措施的不同而差别很大。CO_2驱油的额外收益主要在于增产原油为企业和地方社区创造经济效益，并有助于维持和扩大与石油和天然气生产有关的就业机会（NETL，2020）。

据中石化胜利油田测算，按CO_2购入成本300元/t、注入成本80元/t、换油率（吨油耗气量）3∶1（即3t CO_2可驱替1t原油）计算，采出每吨原油所需CO_2成本为1140元/t，扣除CO_2成本的吨油完全成本1900～3000元，CO_2驱油成本为3040～4140元/t。根据延长石油测算，按照CO_2购入价300元/t、平均运输成本350元/t、注入成本70元/t、按照陕西省测试油田的换油率5∶1计算，则采出每吨原油所需CO_2成本为3600元，扣除CO_2成本，吨油完全成本按1600元计算，CO_2驱油吨成本为5200元/t。油价过低时，CCUS项目很难有经济效益。

CO_2驱油技术的经济可行性受油价波动影响明显。2000～2014年，原油价格持续升高，给CO_2驱油项目带来利润空间，新建投资项目不断增加。据2014年数据，美国已有超过130个CO_2驱油项目在实施，CO_2驱油年产量约为1600万t（Koottungal，2014）。2014年以后的国际油价持续在低位徘徊，导致全球驱油项目数量没有明显增加（秦积舜等，2020）。

CO_2驱油技术的经济性还受益于各级政府的激励措施。以美国为例，2008年美国国会通过碳封存税收法案（45Q），法案规定CO_2捕集企业将CO_2用于驱油或进行地质封存，分别可获得10美元/t和20美元/t的免税补贴。在“振兴煤炭”政策背景下，2018年2月，美国进一步修订了45Q法案，大幅提高对CCUS项目的税收补贴强度和支持范围。新法案规定，企业将捕集的CO_2进行咸水层封存，免税补贴50美元/t；将捕集的CO_2用于利用（如驱油），免税补贴35美元/t。同时，将补贴总量由累计7500万t CO_2的限制调整为补贴总量上不封顶，这些政策措施的实施有效提高了CO_2驱油技术的经济性。

三、安全性及环境影响

CO_2驱油对减少CO_2排放、促进“低碳能源”的发展和环境的改善具有十分重要意义。大量的油田生产和CO_2驱油工程实践表明，在CO_2驱油及封存过程中，CO_2向地面大量泄漏的可能性很小，通过科学的井筒修复与防腐，以及科学的工程监测，CO_2驱油技术安全及环境风险可控。此外，用CO_2驱油替代水驱采油，可减少水资源消耗，对于我国干旱缺水地区具有特殊的意义。

四、技术发展预测和应用潜力

CO_2驱油技术在未来一段时间内依旧是全球CO_2地质利用与封存技术最主要的增长点。2019年12月，美国国家石油委员会（NPC）提出在未来10年内由国会拨款1亿美元，研

究可改善 CO_2 驱油的方法，以促进 5～10 年内广泛部署 CO_2 驱油。为鼓励在低油价时期对驱油项目进行投资，NPC 提出将安全封存 CO_2 的驱油项目的石油参考价格提高到 50 美元/桶以上。若能够获得经济可用的 CO_2 加之驱油技术的进步，将使美国的 CO_2 驱油封存容量提高到 2740 亿～4790 亿 t。此外，在获得税收抵免、管道基础设施支持条件下，可进一步获得更多 CO_2 驱油封存容量（NPC，2019）。

结合我国主要盆地地质特征和碳排放源分布，我国可实施 CO_2 驱油重点区域为东北的松辽盆地区域、华北的渤海湾盆地区域、中部的鄂尔多斯盆地区域、西北的准噶尔盆地和塔里木盆地区域。预计到 2030 年，在产业配套政策落实情况下，我国能够建成多个不同类型油藏的年百万吨级 CO_2 驱油工程，CO_2 减排潜力达 1800 万～3600 万 t，原油价格按 3059 元/t 考虑，工业产值达到 233 亿～467 亿元；到 2035 年，CO_2 驱油技术能够在我国得到广泛商业应用，CO_2 减排潜力达 3000 万～6000 万 t，工业产值达到 467 亿～778 亿元；到 2050 年，CO_2 减排潜力达 6000 万～12 000 万 t，工业产值达到 778 亿～1556 亿元。

第二节　CO_2 强化开采 CH_4 技术

以甲烷（CH_4）为主要成分的天然气是重要的清洁能源，主要来源包括常规气和非常规气（包括煤层气、页岩气及天然气水合物等）。根据《中国统计年鉴》相关数据，2019 年我国天然气生产总量为 5.7 万 tce，消费总量为 8.1 万 tce，天然气生产和消费之间缺口巨大。CO_2 强化开采 CH_4 技术可增加常规天然气、煤层气、页岩气和天然气水合物开采规模并提高其开采效率，在减少 CO_2 排放的同时有效缓解我国天然气需求压力。

一、CO_2 驱替煤层气技术

煤层气资源的大规模开发和利用对缓解国家能源供需矛盾具有重要意义。根据中国矿产资源报告（2019），我国 2019 年较 2018 年新增煤层气探明地质储量 64.08 亿 m^3，累计探明地质储量为 3110.38 亿 m^3，已探明煤层气田 25 个。我国煤层渗透率普遍较低，现有煤层气开采工艺产气量小、采收率低，无法支撑我国煤层气大规模高效开采，导致我国煤层气整体利用水平较低。截至 2019 年底，累计生产煤层气 244.78 亿 m^3，为探明煤层气总量的 7.9%，仅占我国 CH_4 产量的 1%。当前，亟须大力发展煤层气开采技术，实现煤层气大规模高效开采。

1. 技术介绍

CO_2 驱替煤层气（CO_2-enhanced coalbed methane recovery，CO_2-ECBM，简称 CO_2 驱煤层气）技术是指将 CO_2 或者含 CO_2 的混合流体注入至深部不可开采煤层中，以实现在 CO_2 长期封存同时强化煤层气开采的技术（图 5-1）。

CO_2 驱煤层气技术的主要机理包括置换与驱替增采作用：①煤对 CO_2 比 CH_4 具有更强的吸附性，注入的 CO_2 促进 CH_4 脱附并置换吸附的 CH_4；②维持煤层压力，减缓开采导致煤层的被压缩与渗透系数降低问题；③维持压力及压力梯度，促使煤层气渗流、弥散并扩散到生产井，强化煤层气开采。

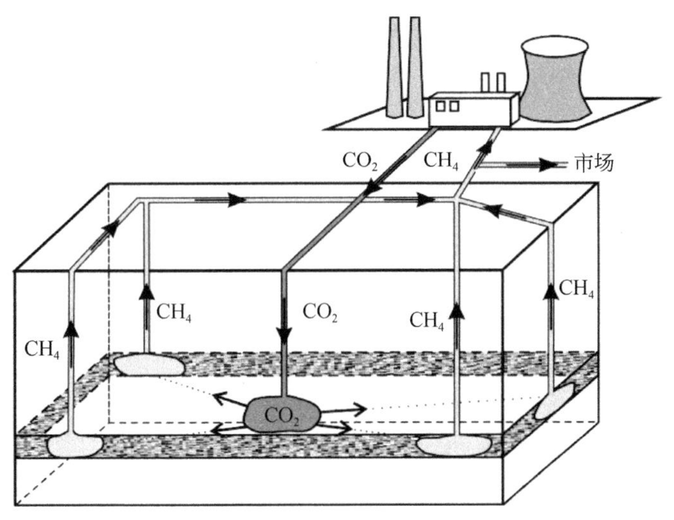

图 5-1　CO_2驱煤层气技术概念图

相对于传统的单纯抽采工艺而言，CO_2驱煤层气技术的主要优势有：①可大幅提高煤层气采收率，依靠CO_2注入提高压力梯度、竞争吸附作用有效实现煤层气增产；②利用煤层裂隙、孔隙对CO_2吸附作用实现CO_2的长期封存；③可有效降低煤层自燃和高含CH_4（瓦斯）煤田发生爆炸的可能性。

2. 技术成熟度和经济可行性

（1）技术成熟度

CO_2驱煤层气技术在全球范围的总体研究水平处于先导试验或小规模示范阶段，现场试验效果差异较大，对技术的可行性、风险管理等方面的认识和经验尚不充分。

国外CO_2驱煤层气技术的研究始于20世纪90年代初。美国是世界上对该技术研究最早、也是研究投入最多的国家，加拿大、欧盟、日本等国家或地区也在积极开展CO_2驱煤层气示范项目。截至2020年，全球范围内共进行了不同规模CO_2驱煤层气示范项目18项（表5-2），其中美国是进行CO_2驱煤层气示范项目最多的国家，共8项，其次是中国6项。自2010年以来，美国共进行CO_2驱煤层气示范项目，累计向煤层注入CO_2约7000t。

表 5-2　全球 ECBM 示范项目

项目名称	国家	地点	项目开始时间	开始注气时间	CO_2总注入量	煤层深度（m）
Allison Unit	美国	新墨西哥州	1995年	1995～2001年	277kt	950
Tanquary Well Project	美国	伊利诺伊州南部	2007年	2008年	91t	273
Lignite CCS Project	美国	北达科他州西部	2005年	2009年	80t	500
Central Appalachian Basin Coal Test	美国	弗吉尼亚州西南部与西弗吉利亚南部	—	2009年	907t	490～670
Black Warrior Project	美国	亚拉巴马州	2006年	2010年	252t	460～470

续表

项目名称	国家	地点	项目开始时间	开始注气时间	CO_2总注入量	煤层深度（m）
Pump Canyon CO_2-ECBM/Sequestration Demonstration	美国	新墨西哥州		2008 年	16.7kt	910
Marshall County Project	美国	西弗吉尼亚州阿帕拉其亚盆地北部	—	2009 年	4507t	365～548
Buchanan County Project	美国	弗吉尼亚州阿帕拉其亚盆地中部	—	2015 年	1470t	275
Fenn-Big Valley	加拿大	艾伯塔省	1997 年	1998 年	200t	—
CSEMP	加拿大	艾伯塔省	2002 年	2005 年	10kt	—
Recopol	波兰	卡尼奥	2003 年	2004 年	760t	1 050～1 090
Qinshui Basin	中、加	沁水盆地	2001 年	2004 年	192t	478
Yubari Project	日本	Ishikari Coal Basin	2002 年	2004 年	0.884kt	890
Qinshui Basin	中、澳	山西省柳林县	2010 年	2011 年	460t	560
Northern Shizhuang, Qinshui Basin	中国	柿庄北，沁水盆地	—	2010 年	233.6t	
Zhangzi	中国	山西长子	2013 年	2013 年	4491t	950
Zhangzi	中国	山西长子	2015 年	2017 年	1001t	1000
Jincheng	中国	山西晋城	2018 年	2020 年	计划 2000t	645

我国对该技术的研究处于小规模示范阶段。中联煤层气有限责任公司自 2004 年开始至今，在沁水盆地和鄂尔多斯盆地共开展了 7 次 CO_2注入试验，实现了从浅部煤层注入发展为深部煤层井组注入。截至 2021 年，我国已累计向煤层注入 CO_2达到约 1 万 t。2010 年以来，在科技部的持续支持下，我国相继开展了 5 次不同规模的 CO_2驱煤层气示范项目（表 5-3）。通过这些示范项目，我国在 CO_2注入泵、CO_2注入控制、驱煤层气监测等方面取得丰富的成果，为我国进一步推广该技术奠定了坚实的基础。

表 5-3　我国 2010 年以来支持的 CO_2驱煤层气研究项目情况

项目名称	来源	实施时间	主持与参与机构
国家重大科技攻关项目——注 CO_2提高煤层气采收率效果评价研究：微型先导性试验的数值模拟和经济评价	科技部	2010 年	中联煤层气公司
中国—澳大利亚政府合作项目——煤层气增产注气项目	科技部	2012 年	中联煤层气公司、澳大利亚联邦科学组织
国家重大专项——深煤层注入 CO_2置换 CH_4技术研究及装备研制	科技部	2013～2015 年	中联煤层气公司、中国矿业大学、中国地质大学（北京）
“十二五”国家科技支撑技术项目——燃煤电厂 CO_2捕集、驱替煤层气利用与封存技术研究与试验示范	科技部	2015～2017 年	中国华能集团公司、中国科学院武汉岩土力学研究所、中国地质大学（北京）、中联煤层气公司

续表

项目名称	来源	实施时间	主持与参与机构
"十三五"国家重点研发计划项目——CO_2驱替煤层气关键技术	科技部	2018~2021年	中联煤层气公司、中国矿业大学、西南石油大学、中国矿业大学（北京）、煤炭科学技术研究院有限公司

经过近20年的研发示范，我国CO_2驱煤层气的基础理论与测试技术、模拟方法、评价体系和工程示范都取得了显著进步，已经达到全流程中间示范水平，预计还需10年研发示范才能进行商业化应用推广。目前，油气、煤层气或非常规油气行业所需的共性技术和设备大多已经实现国产化，没有明显的技术和设备发展障碍。

当前我国CO_2驱煤层气技术部分领域尚需要进一步优化完善，主要包括：①低渗透煤层的注入性差是制约该技术可行性的关键因素，低渗透煤层增渗技术亟须突破；②气体在煤层中的运移监测难度较大，现有监测技术不能完全满足驱替过程优化调控和安全性监测的需要；③超过1000m的深部试验较少，大规模示范工程经验不足，对于该技术的适用条件、系统优化、过程控制等方面的认识存在局限性；④具有更好适用性和经济性的混合气体驱煤层气技术有待加强以解决低渗透性煤层的增渗及增产问题。

（2）经济可行性

CO_2驱煤层气技术的经济性受技术方案、煤层地质、CO_2价格、源汇距离、煤层气市场价格、激励政策等诸多因素影响。美国由于页岩气革命等造成天然气价格下降，煤层气开采整体处于萎缩状态，CO_2驱煤层气技术规模化的经济性较差。

根据相关项目测算，从煤制油工厂中以80%的捕集率捕集CO_2，运输距离200km、按照换气率（吨CH_4耗气量）5.5∶1（即5.5t CO_2可驱替1t CH_4）计算，采用CO_2驱煤层气技术的CH_4成本为0.77元/m^3，低于现有市场CH_4价格，但该成本受地形、地质和CO_2捕集源影响较大（Yu et al.，2017）。由于我国煤层的低渗透性特征，CO_2驱煤层气技术只有在非常理想的技术经济条件下才有可能获得盈利，一般情况下，在碳市场和政府财政支持缺失的情况下，CO_2驱煤层气项目的经济效益较差（Zhang et al.，2018）。

3. 安全性及环境影响

CO_2驱煤层气技术相对于传统抽采法在场地安全性及环境方面的风险有所增加，主要体现在CO_2注入压力过高可能诱发盖层开裂、地面变形甚至诱发微地震的风险。同时，盖层开裂也可能导致CO_2和CH_4泄漏的风险。因此，在CO_2注入过程中需要控制压力以维持煤层上覆地层的完整性，这也是我国以低渗透煤层为主的地质背景下面临的重要技术挑战。

4. 技术发展预测和应用潜力

CO_2驱煤层气技术的应用潜力主要取决于煤层气资源量、源汇匹配、技术成熟度、技术经济性以及产品的市场需求。

目前看来，煤层气资源量储备充足、市场需求旺盛。我国煤层气盆地CO_2驱煤层气技术理论碳封存潜力达 114 亿 t，可增产煤层气 5080 亿 m^3（Xie et al.，2014；Wei et al.，2015）。从市场需求来看，2015～2019 年中国天然气进口量稳步增长，2019 年我国天然气进口量为 9656 万 t，同比增长 6.9%。由此可见，CO_2驱煤层气不存在资源储量和市场需求约束问题。

我国各煤层气盆地 CO_2源汇匹配条件较好，其中鄂尔多斯盆地、准噶尔盆地、吐哈盆地、海拉尔盆地 CO_2驱煤层气碳封存潜力最大，吐哈盆地、三塘湖盆地、阴山盆地和依兰—伊通盆地单位面积 CO_2减排潜力最大，技术经济性相对较好（图 5-2）。

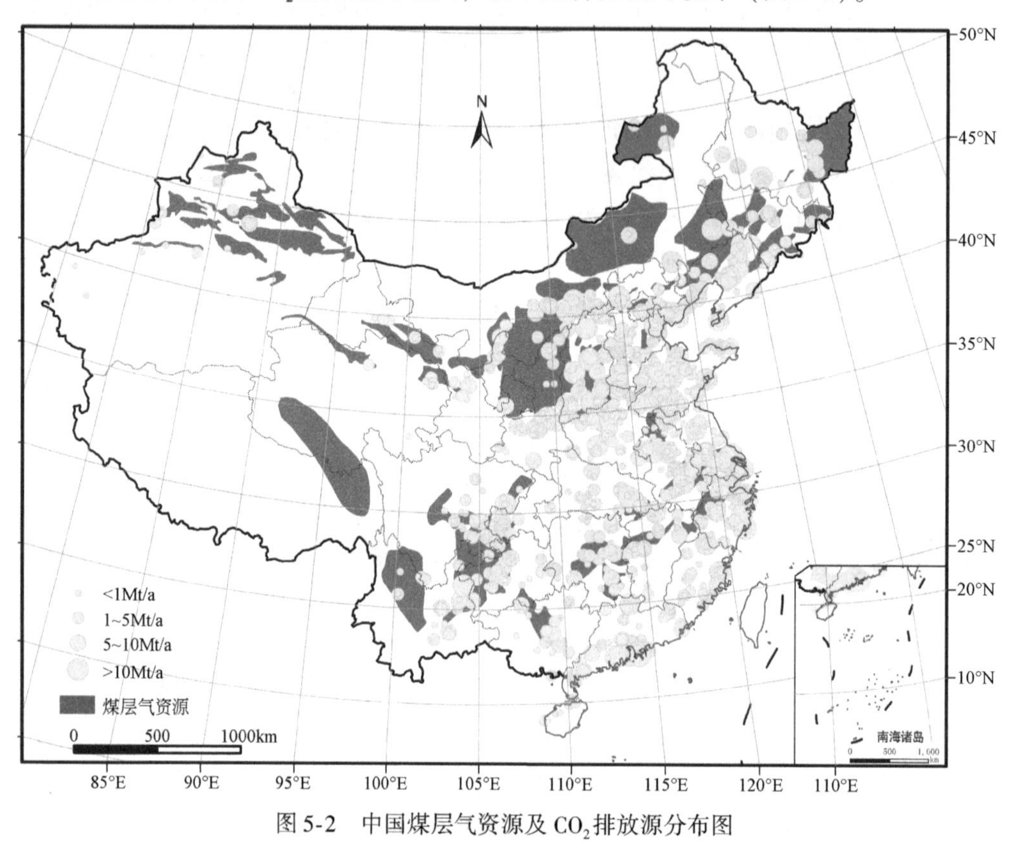

图 5-2　中国煤层气资源及 CO_2排放源分布图

暂无台湾省数据

该技术未来推广应用的主要约束是其技术成熟度较低和经济性较差。根据全球碳捕集与封存研究院（GCCSI）有关统计，世界范围内已经开展多个 CO_2 驱煤层气技术小型示范，但尚没有在建或运行的工业规模和商业化规模的示范项目。从技术发展水平的角度，未来 5～10 年应重点突破低渗煤层可注入性差这一技术难题。

二、CO_2强化天然气开采技术

随着国家对低碳绿色能源的倡导，天然气需求量急剧增加，供需矛盾日趋显著。在此背景下，亟需研发推进新技术研发提升天然气的采收率（邹才能等，2018；贾爱林，2018）。CO_2强化天然气开采技术作为一种以提高常规天然气和致密气采收率（孙龙德等，2019；Jia et al.，2019）并封存 CO_2为目的的新兴 CO_2地质利用与封存技术，对提升我国天

然气产量，缓解我国天然气供需矛盾，同时减少温室气体排放具有重要意义。

1. 技术介绍

CO_2强化天然气开采（CO_2-enhanced natural gas recovery，CO_2-EGR，简称 CO_2驱天然气）技术是指将 CO_2注入天然气藏，促进天然气开采，同时实现 CO_2长期封存的技术。天然气藏包括致密气藏（冀光等，2019）和衰竭常规天然气藏（Al-Hashami et al.，2005）。

CO_2驱天然气的原理主要是利用超临界 CO_2和天然气的物性差别和重力分异，结合天然气藏的地质特征，提高天然气采收率，如图 5-3 所示。具体过程是：从气藏底部注入超临界 CO_2，由于重力分异的作用，较轻的天然气会被驱赶至气藏圈闭的上部，从而被此处的生产井采出，而超临界 CO_2由于密度较大，则沉降在气藏圈闭下部被封存起来。在这个过程中，超临界 CO_2与天然气处于不完全互溶的非平衡态，且两者之间的对流扩散过程很弱，可在较长时间内保持该非平衡态。在地层温度及 10～20MPa 的压力范围内，封存前缘与驱替前缘的流体密度差可达 500kg/m^3。超临界 CO_2带是封存的主力地带，超临界 CO_2-天然气过渡带是驱气的主要动力带。

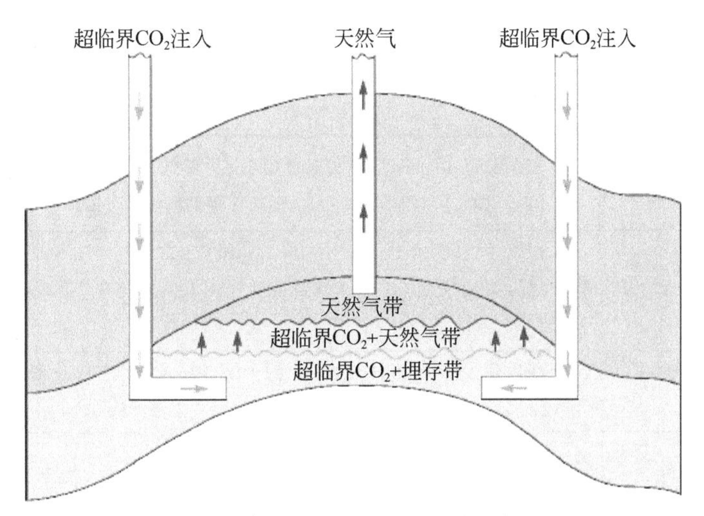

图 5-3　超临界 CO_2-天然气驱替垫气原理

资料来源：史云清等，2017

CO_2驱天然气适合以地层压力为驱动力的气藏类型。随着天然气的开采，地层压力下降到了枯竭压力，不足以支撑气井自喷而枯竭，此时的天然气采收率可以达到 75%～90%。此后，通过注入 CO_2 来恢复地层压力并驱替天然气，可以获得更高的采收率并封存 CO_2。

我国 1/3 的天然气资源需从致密低渗透气藏开采，但由于致密低渗气藏储层物性差，非均质强，孔隙结构复杂，导致采出程度不高。而 CO_2强化天然气开采技术恰好弥补了常规采气方式的不足，将 CO_2以超临界相态形式注入，提高了致密低渗气藏采收率。其中最关键的技术在于控制 CO_2（超临界流体）与天然气的相态差别，减少 CO_2向天然气中的弥散。

2. 技术成熟度和经济可行性

(1) 技术成熟度

CO_2驱天然气技术总体研究水平处于先导试验或小规模工业示范阶段，需要进行更大规模的工业示范，进一步积累技术可靠性、安全性以及风险管理等方面的经验。

国外CO_2驱天然气技术处于初期或中期工业技术示范阶段。在20世纪90年代中后期，国外科研人员开始进行CO_2提高气藏采收率研究。荷兰、德国、匈牙利相继开展了CO_2驱天然气项目（表5-4），例如荷兰K12-B近海油田、德国Altmark气田等，其中K12-B已长期运行。以上项目初步证明CO_2驱天然气技术提高天然气采收率并实现CO_2封存的可行性，同时也显示了CO_2驱天然气技术的安全稳定性。2010年以来，全球范围内未出现新的CO_2驱天然气现场试验或示范项目。

表5-4 CO_2驱天然气技术示范项目

项目	特性描述	目标
K12-B近海气田，荷兰北海（2004～2017年）	将CO_2从将近枯竭的天然气（13% CO_2）气藏中分离出来，回注到深度为4000m的天然气储层；CO_2平均注入速率为30 000 Nm^3/d，13年累积注入量为10万t，世界上首个CO_2回注项目	封存、CO_2驱天然气
Altmark气田，德国（2008～2011年）	将电厂富氧燃烧捕集的CO_2注入到将近枯竭的天然气气藏中；在德国的Altmark气田实施的CO_2驱天然气项目在两年内注入10万tCO_2，由于区块较大，预计气藏平均压力仅增加0.2MPa	CO_2驱天然气
Budafa Szinfelleti，匈牙利	在20世纪80年代，匈牙利将CO_2和CH_4混合气体注入临近衰竭的天然气藏，6年间累计注入CO_2量6.9万t，采收率提高11.6%	CO_2驱天然气
Albert气田，加拿大艾伯塔（2002～2005年）	将含有少量H_2S（≤2%）的CO_2注入枯竭的Long Coulee Glauconite F气藏；由于发生酸性气体气窜而停注	封存、CO_2和酸性气体回注

目前国内在该领域主要开展实验及机理模拟研究，仍处于探索阶段，尚未开展大规模的现场试验。中国石油勘探开发研究院、中国石油大学（北京）、中国石化勘探开发研究院、西南石油大学和中国石油大学等开展了“十三五”国家科技重大专项“大型油气田及煤层气开发”和“致密气富集规律与勘探开发关键技术”，中国石油科技重大专项“长庆油田5 000万t持续高效稳产关键技术研究与应用”“天然气藏开发关键技术”等项目的研究。

(2) 经济可行性

CO_2驱天然气的经济性主要取决于其运行成本和天然气价格。其中运行成本目前主要取决于CO_2驱天然气实施的技术方案、目标天然气藏的条件、CO_2的捕集/运输和注入成本等因素。目前我国CO_2捕集、运输成本为160～500元/tCO_2，注入成本为35～150元/t（5～20美元/t），天然气/CO_2（CH_4/CO_2）比值按0.03～0.20中值0.1计算，则每吨天然气对应需要10t CO_2，其价格按中值计算为3500元，超过液化天然气价格（LNG，45美元/t），因此目前条件下不具备直接的经济效益。同时，目前天然气价格和页岩气等非常规油气价格有竞争，价格低迷，直接的经济效益不能得到市场认可。因此，CO_2驱天然气技术推广亟须其他的政策激励机制。

3. 安全性及环境影响

CO_2驱天然气安全性及环境影响与CO_2驱油类似，地质历史时期气藏的稳定性决定了该技术的安全及环境风险较低，但仍然存在CO_2泄漏的风险。CO_2注入过程中会和气藏中的水混合产生酸性物质，若逃逸到封存体之外，可能对地下水、土壤、生态系统或周边的资源产生影响。泄漏主要有两种形式：一是沿着注入井或者附近未封闭好的井泄漏，泄漏范围小但浓度较高，是最常见的泄漏形式；二是因选址不当导致沿断层断裂的泄漏，泄漏范围广但浓度低。两种泄漏风险都有比较成熟的早期预警机制和治理措施。总体上，CO_2驱天然气的环境与安全风险与常规天然气抽采相当或者略高。

4. 技术发展预测和应用潜力

CO_2驱天然气的应用潜力主要取决于技术发展水平、枯竭天然气藏的容量、源汇匹配及天然气的市场需求，我国天然气田及CO_2排放源分布如图5-4所示。与其他技术相似，技术发展水平和枯竭气藏的封存容量是制约应用潜力的主要因素。

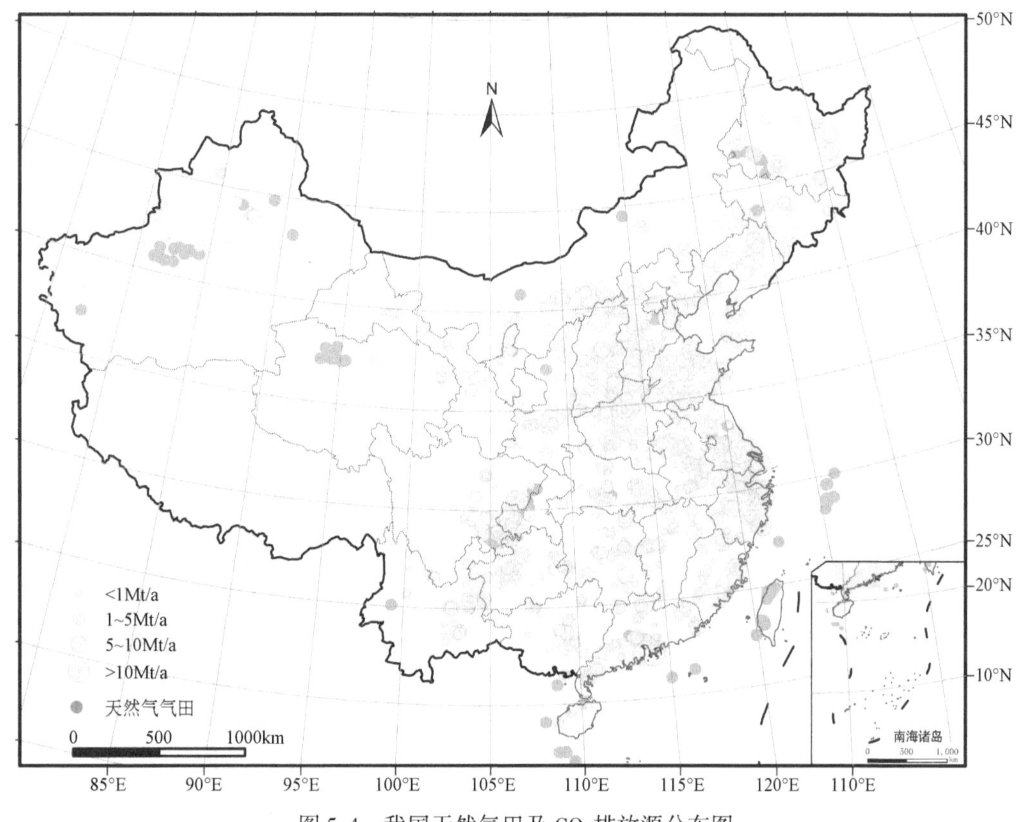

图5-4 我国天然气田及CO_2排放源分布图

资料来源：李小春等，2019

技术发展水平方面，CO_2驱天然气与其他地质利用与封存技术具有相似的工艺，如注气、监测、抽采等共性要素技术可以转用，虽然CO_2驱天然气的绝大部分要素技术均已成熟，但仍然存在个别关键技术需要突破。CO_2驱天然气技术在全球范围内仅匈牙利、荷兰和德国开展了小规模现场试验，国内仅开展了理论探索。CO_2（超临界流体）与天然气（气态）的混合抑制工艺是该技术的关键难题，缺乏足够现场试验验证。未来需加快关键技术的突破和验证，推动CO_2驱天然气技术快速发展。

目前四川盆地已有一批中小气田已经枯竭，具备开展多个10万~100万t/a现场试验的条件（图5-5），封存成本在317元/t CO_2左右。预计在2030年前后，CO_2驱天然气潜力较大的鄂尔多斯盆地、准噶尔盆地、塔里木盆地、柴达木盆地也会逐步出现枯竭气田。此外，南海部分离岸气田已经进入枯竭期，除进行天然气强化开采，也应结合气田枯竭时间，充分利用已有离岸设备，考虑对离岸气田的直接封存。

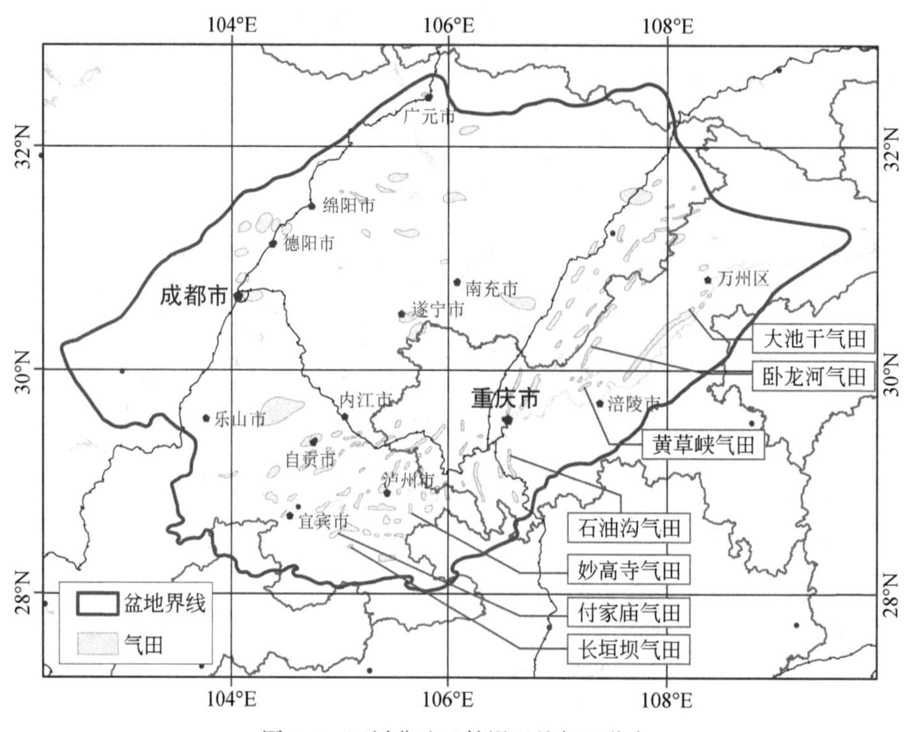

图5-5 四川盆地已枯竭天然气田分布

根据以上分析，在枯竭天然气藏的封存容量方面，CO_2驱天然气的CO_2封存容量为40.2亿t，可增采天然气647亿m^3（Wei et al.，2015）。在相关产业政策配套落实情况下，预计到2030年，我国基本完成CO_2驱天然气工业示范，CO_2减排潜力为1811万t，增产天然气1390万m^3，按照2019年天然气井口价中值1.2元/m^3计算，工业产值为0.17亿元；至2035年，我国CO_2驱天然气技术在多个盆地的气田进行工业示范，CO_2减排潜力为9056万~18 112万t，增产天然气6950万~13 900万m^3，工业产值为0.83万~1.67亿元；至2050年，该技术开始商业化应用，并在多个含气盆地广泛实施，CO_2减排潜力达14.4893亿~18.116亿t，增产天然气111 200万~139 000万m^3，工业产值为13.34亿~16.68亿元。

三、CO_2强化页岩气开采技术

我国页岩气资源储量丰富、分布广泛、地质年代跨度时间长、沉积环境多样（Zou et al., 2019）。中国矿产资源报告（2018）显示，我国埋深4500m以浅的页岩气地质资源量为122万亿m^3，可采资源量为22万亿m^3，丰富的页岩气资源有改变能源结构、影响气候政策的潜力（Pieere et al., 2017；Waters et al., 2009），页岩气高效开发对缓解天然气供需矛盾、推动经济发展、促进环境保护等具有重要意义。

1. 技术介绍

CO_2强化页岩气开采（CO_2-enhanced shale gas recovery，CO_2-ESGR）技术是指利用超临界CO_2或者液态CO_2代替水压裂页岩，并利用CO_2吸附性比CH_4强的特点，置换CH_4，从而提高页岩气开采率并实现CO_2封存的技术（图5-6）。CO_2压裂技术的施工流程为：在地面通过加压降温操作使支撑剂达到液态CO_2的储罐压力和温度，将液态CO_2输送到混砂罐与支撑剂（或增稠剂）混合，最后在高压泵的作用下将混合流体泵入井筒（吴金桥等，2014）。

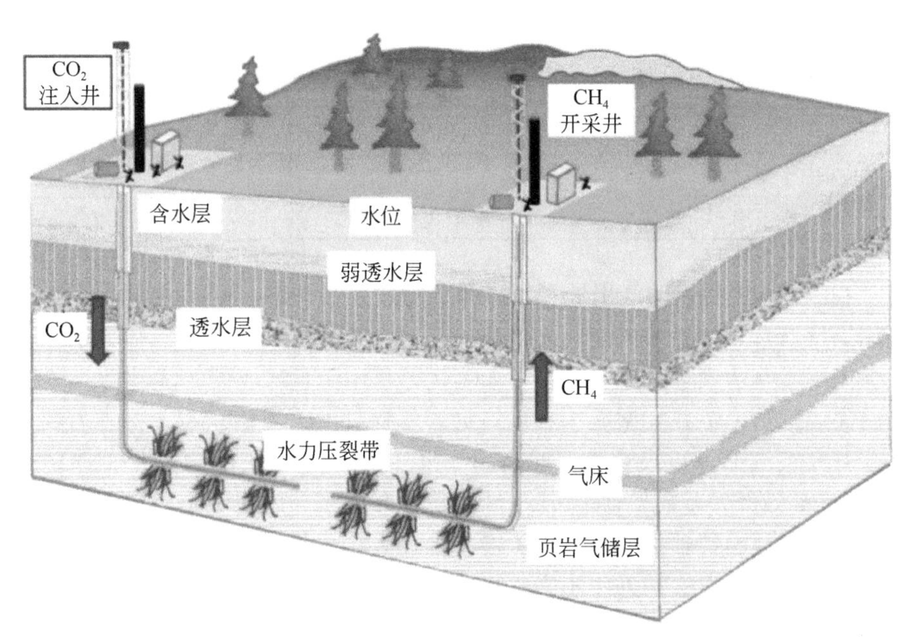

图5-6　CO_2驱页岩气（CO_2-ESGR）技术概念图

与水基压裂液不同的是，CO_2压裂液主要成分为CO_2，当温度和压力分别超过31.26℃和7.38MPa时，CO_2会以低分子间作用力、无表面张力、似气体流动性和类液体密度的超临界流体形式存在。相比于水力压裂，超临界CO_2压裂的优势主要包括：①超临界CO_2黏度低、储层伤害小、易进入微小孔隙与裂隙，因而可以促进裂缝延伸与拓展；②因压裂液组分为CO_2，水资源的需求量小，而且返排率高；③利用页岩储层对CO_2的强吸附能力，提高页岩气采收率；④可以在增采页岩气的同时，实现CO_2封存，达到减排的目的

(Middleton et al., 2015；Cai et al., 2018；Zhang et al., 2016)。

2. 技术成熟度和经济可行性

(1) 技术成熟度

CO_2驱天然气在全球范围内的总体研究水平仍处于现场先导试验阶段，在技术可行性与风险管控等方面的认识尚有不足。

采用CO_2作为压裂液的技术最早是由Bullen和Lillies以专利的形式提出，自20世纪90年代以来，随着施工技术水平的不断提高，CO_2压裂技术在德国和加拿大有了更广阔的应用前景。2000年，美国的Tempress公司开启了先导性的超临界CO_2流破岩实验，结果发现超临界CO_2破岩门限压力（55MPa）远远小于水的破岩门限压力（124MPa），因而可以大幅提高钻井速度。2008～2012年，为缓解水资源压力，加拿大Monteny页岩气井中有部分井采用了CO_2泡沫压裂，结果发现施工用水量显著降低，同时作业时间也进一步缩短。2014年，美国GE公司斥资100亿美元与挪威国家石油、美国能源部门合作研发CO_2压裂技术，他们认为与常规水力压裂方法相比，采用CO_2做压裂液的方法能显著加大储层的压力，促使油气产量大幅提高。目前，国外已报道的CO_2驱页岩气场地主要为美国的Devonian Ohio shale和Chattanooga shale（表5-5），两个项目累计向页岩层注入CO_2约600t。

表5-5 国外CO_2驱天然气项目

岩层	国家	地点	项目注气时间	CO_2总注入量（t）	岩层深度（m）
Devonian Ohio shale	美国	Eastern Kentucky	2012年	87	188～510
Chattanooga shale	美国	North-central Tennessee	2014年	510	777～1120

目前，我国的CO_2驱天然气仍处于基础研究阶段。2011年，王海柱等（2011）等结合页岩气藏储层特点及超临界CO_2特性提出超临界CO_2开采页岩气技术，解决了水力压裂中页岩层内黏土膨胀及水锁等效应，证实了CO_2代替水用于页岩压裂的优越性。2013年，延长石油先后完成延页平1井大型压裂和4口页岩气探井CO_2增能压裂，标志着我国在陆相页岩气勘探开发领域取得重大突破。2014年，以武汉大学牵头的国家973计划“超临界CO_2强化页岩气高效开发基础”项目启动，该项目开展了超临界CO_2破岩、压裂增渗、置换页岩气机理等方面的基础理论研究与关键技术攻关，最终形成超临界CO_2强化页岩气高效开发理论体系与技术方法。近些年来，在我国西南油气田和长庆油田地区，逐步成功开展了小规模CO_2压裂试验，用于提高页岩油产量。

近10年来，在科技部大力支持下，我国通过对压裂、渗流、吸附、化学反应等物理、化学与力学多场耦合机理的探讨（表5-6），丰富了CO_2驱天然气的基础理论，为开展CO_2驱天然气现场试验奠定了基础。尽管相关理论已取得了显著进步，但相比于美国，我国页岩气开发依然面临储层埋藏深度大、孔隙度低、渗透率小、地形复杂等问题。为了进一步明确CO_2驱页岩气技术可行性，在加强基础理论研究的同时，也需要选择典型页岩气开采示范区，进行现场中试实验，预计这一过程需要5～10年。

表 5-6　科技部资助的 CO_2驱页岩气研究项目统计

项目名称	资金来源	实施日期	主持与参与机构
超临界 CO_2磨料射流射孔数值模拟与实验研究	科技部	2013 ~ 2015 年	中国石油大学（北京）
基于页岩气藏 CO_2封存的 CO_2-CH_4-页岩体相互作用机理研究	科技部	2013 ~ 2015 年	重庆大学
超临界 CO_2致裂强化页岩气开采机理研究	重庆市科委	2014 ~ 2017 年	重庆大学
CO_2页岩气藏封存与强化页岩气开采的固流耦合机制研究	科技部	2014 ~ 2017 年	重庆大学
973 计划——超临界 CO_2强化页岩气高效开发基础	科技部	2014 ~ 2018 年	武汉大学、重庆大学、中国石油大学（华东）、西南石油大学、陕西延长石油（集团）有限责任公司、中国石化石油物探技术研究院、中国石化江汉油田分公司、中国科学院武汉岩土力学研究所
低渗岩层中超临界 CO_2的地球化学反应运移机理研究	科技部	2016 ~ 2019 年	中国地质大学（武汉）
CO_2-水-页岩地球化学作用对页岩层的改造机制研究	科技部	2017 ~ 2019 年	武汉科技大学
超临界 CO_2强化页岩气开采与地质封存的多尺度多物理场耦合数值研究	科技部	2018 ~ 2020 年	北京科技大学
基于 CO_2气驱提高页岩气采收率渗流机理及竞争吸附机制的研究	科技部	2019 ~ 2022 年	湖南大学
压裂页岩吸附超临界 CO_2驱替 CH_4 渗流与损伤耦合机理研究	科技部	2020 ~ 2023 年	辽宁工程技术大学

（2）经济可行性

CO_2驱页岩气的实施成本包括 CO_2捕集（或购买）和注入成本、页岩气的生产及天然气与液化天然气的分离与储存成本、利用天然气的发电成本及全过程气体运输成本等；而收益则来自天然气发电、液化天然气用作原料及 CO_2减排等。

为直观比较 CO_2驱页岩气技术和水力压裂技术的成本与收益，Ahn 等（2020）以美国 Marcellus 页岩气藏为例，基于 Peters 等（2010）提出的 10 口注入井和 20 口生产井情景，比较了单纯水力压裂、购买 CO_2驱页岩气、捕集 CO_2驱页岩气三种情景下生产 10 年的成本与收益，结果见表 5-7。单纯水力压裂的净收益为 2. 36 亿美元，购买 CO_2驱页岩气可使收益提高 2. 56%，达到 2. 42 亿美元，而捕集 CO_2驱页岩气的净收益则仅为 2. 14 亿美元，比单纯水力压裂和购买 CO_2驱页岩气的收益要分别低 9. 32% 和 11. 57%，这一现象的主要原因在于构建 CO_2捕集设施的成本较高。从单独的成本和收益项上看，页岩气开发的支出主要来自页岩气处理，而收益则主要来自天然气的发电。

表 5-7 不同情景下的页岩气开发成本与收益分析

收支项		单纯水力压裂	购买 CO_2 驱页岩气	捕集 CO_2 驱页岩气
收益项（10^6 美元）	天然气发电	415	433	433
	液化天然气售卖	28	29	29
	CO_2 减排	—	—	5
支出项（10^6 美元）	页岩气开采	11	12	12
	气体运输	4	4	5
	气体处理	158	159	156
	天然气与液化天然气储存	0	0	0
	电厂发电	21	22	22
	废水处理	9	10	11
	干净水体运输	4	4	4
	CO_2 捕集	—	—	39
	CO_2 注入	—	4	4
	CO_2 购买	—	5	—
净收益（10^6 美元）		236	242	214

资料来源：Ahn et al.，2020

根据 Tayari 等（2015）对工业 CO_2 注入到枯竭页岩气藏的成本估算，每吨 CO_2 运输与封存的平均成本为 40～80 美元，且这一成本主要受井距、井底压力、CO_2 运输距离和天然气价格的影响（Hasaneen et al.，2018）。相比于水力压裂，CO_2 驱页岩气技术的经济优势体现在压裂液价格低、压裂工作压力小、设备功率需求小和环境污染少等方面。尽管从环境角度来看，CO_2 驱页岩气技术更可取，但从经济性角度出发其优势并不显著（表 5-8）。因此，需要 CO_2 减排政策激励机制提高 CO_2 驱页岩气技术的经济性，以推动基础设施的建设来促进 CO_2 驱页岩气技术的发展（Hasaneen et al.，2018）。

表 5-8 CO_2 压裂与水力压裂成本对比

压裂技术	价格（美元/t）	工作压力（MPa）	设备功率要求	环境控制成本
水力压裂	116～166	≥124	相当较高	返排液处置成本高
CO_2 压裂	13～51 或更多	55	相对较低	环境友好

注：工作压力以 100kW 功率，50mm 半径来进行计算

3. 安全性及环境影响

相比常规水力压裂，CO_2 压裂技术具有明显的优势（邵明攀等，2016），降低了用水需求和地下水污染风险，同时避免了水力压裂容易诱发地震、造成地层圈闭的风险。此外，页岩气藏一般分布于构造较为稳定、断裂不发育、出现地震等灾害事件概率小的区域，从而保证了 CO_2 封存的长期性和安全性。需要指出的是，CO_2 会与页岩中的一些碱性矿物发生反应，使矿物溶解从而引起某些有害元素的溶解释放，造成邻近含水层系统中的地下水污染，导致潜在的人体健康风险（Shao et al.，2015；Xiao et al.，2017）。因此，需要对工程区域在压裂至封存全过程进行预测和监测。

4. 技术发展预测和应用潜力

研究表明，中国分布有 35 套富有机质页岩区，地质年代跨度从中古生代至新生代，包含海相、海陆过渡相和陆相三种沉积环境。其中，南方地区晚奥陶系—早志留系五峰组、龙马溪组海相富有机质页岩，松辽盆地晚白垩系青山口组和鄂尔多斯盆地中、晚三叠系延长组淡水湖相黑色页岩，以及准噶尔盆地中二叠统芦草沟组盐湖相富有机质页岩是我国非常规页岩油气勘探和开发的主要目标（Zou et al.，2019）（图 5-7）。

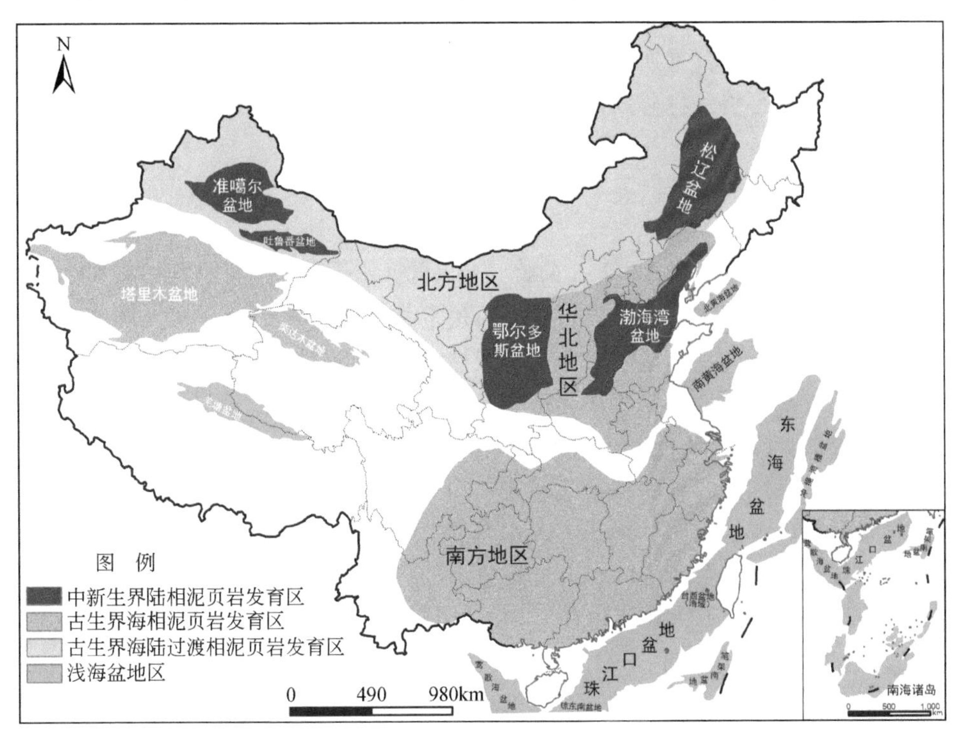

图 5-7　中国主要页岩气资源分区

资料来源：邹才能等，2010

迄今为止，全球范围内 CO_2 驱页岩气技术仍处于基础研究阶段。储层压力梯度、竞争吸附、渗流动态和页岩非均质性是控制 CH_4 采收率和 CO_2 封存量的重要因素。未来 CO_2 驱页岩气技术的研究需重点关注的方向包括 CO_2 注入对页岩基质性质的诱导效应、页岩储层中的 CO_2 和 CH_4 多组分竞争吸附与渗流动力学过程、非均质页岩储层的复杂孔隙系统等。

根据技术的难度与发展趋势预测，2030 年可完成万吨级现场试验，碳综合减排潜力为 2174 万 t/a，以 2019 年川东井口价 1.2 元/m^3 作为入网价，并考虑国家补贴 0.2 元/m^3，工业产值为 0.23 亿元；2035 年碳综合减排潜力为 1.09 亿 t，工业产值为 1.17 亿元；2050 年碳综合减排潜力为 21.74 亿 t，生产页岩气 16.7 亿 m^3，工业产值为 23.38 亿元。

据此预测 2030 年可实现多个井组总封存量达到十万吨级的工业示范，碳综合减排潜力为 515 万 ~ 1030 万 t，按单价 2 元/m^3（2019 年其他油田井口价 1.61 元/m^3，国家补贴 0.3 元/m^3，地方补贴 0.1 元/m^3）考虑，工业产值 55 亿 ~ 111 亿元。2035 年可完成 50 万 ~ 100 万 t 规模工业推广，碳综合减排潜力为 644 万 ~ 1236 万 t/a，工业产值 69 亿 ~

133 亿元。2050 年可在多个煤层气项目中实现商业化应用，碳综合减排潜力 1236 万～2472 万 t，工业产值为 133 亿～266 亿元。

四、CO_2置换天然气水合物中的 CH_4技术

天然气水合物的大规模开发和利用对保障国家能源供给安全具有重要意义。2013 年和 2016 年，南海珠江口盆地东部海域和神狐海域分别发现了超千亿立方米级的天然气水合物矿藏。2019 年，在南海重点海域新区首次发现厚度大、纯度高、类型多、呈多层分布的天然气水合物矿藏。采用 CO_2置换天然气水合物中的甲烷，不仅可以实现能源增产，缓解我国天然气紧张的供给形势，保障我国能源供应安全，还可实现 CO_2封存，减少温室气体排放的环境效益。

1. 技术介绍

CO_2置换天然气水合物中的 CH_4（简称“CO_2置换水合物”）技术是指将 CO_2注入天然气水合物储层，利用 CO_2水合物形成时放出的热量使天然气水合物分解，从而开采 CH_4的技术。相比于目前常用的加热法、降压法等天然气水合物开采技术，CO_2 置换水合物技术具有能耗低、效率高、对地层影响小、可同时封存 CO_2等优点。

由图 5-8 可知，CO_2和 CH_4在形成水合物时温度和压力均存在一定差异，因此在天然气水合物处于稳温稳压边界外的特定区域中，CO_2水合物仍处于稳定状态，故完全可能在促进天然气水合物分解的同时，形成 CO_2水合物。根据理论分析，CO_2水合物的形成不仅可以消耗天然气水合物分解产生的水，且释放出的热量有利于天然气水合物的继续分解并维持地层的稳定性，实现 CO_2地质封存。

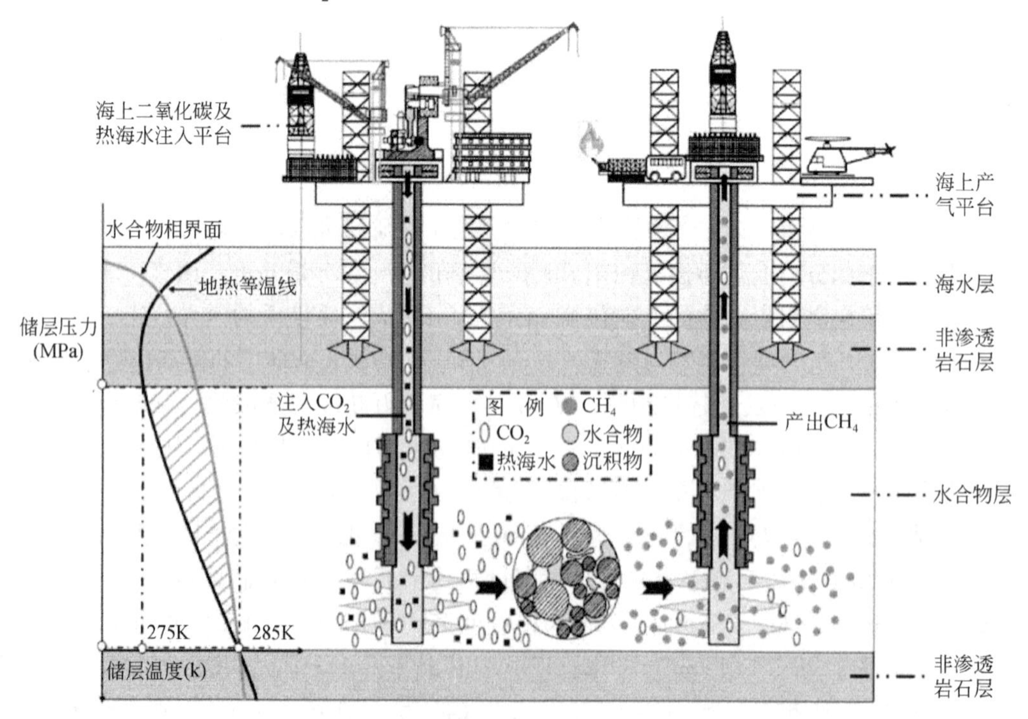

图 5-8　深海海底地层采用 CO_2置换天然气水合物中 CH_4相图

资料来源：赵佳飞等，2013

2. 技术成熟度和经济可行性

CO_2置换水合物技术概念最早于1996年提出（Ohgaki et al.，1996），在之后的20年间各国学者对该技术科学原理、可行性、经济性等进行了大量研究（Ebinuma，1993；Ota et al.，2005；Ersland et al.，2010；Bai et al.，2012；Zhao et al.，2012；Lee et al.，2014；Xu et al.，2015；Khlebnikov et al.，2016；Wu et al.，2019），但目前仅在日本有工业化试点（Hachikubo et al.，2005；Li et al.，2016），且经济可行性尚不明确。

该技术在国内尚处于实验室研究阶段，在南海神狐海域开展的两次试采工程中应用，其机理、可行性、风险等方面均有系统研究，但实施方法、工艺流程、装置要求等仍未有定论。

3. 安全性和环境影响

相比于目前常用的天然气水合物开采工艺，CO_2置换水合物技术具有对地层伤害小（Collett et al.，2014）、反应可控（Gambelli and Rossi，2019），安全性高等优点，并能够实现CO_2地质封存。以南海北坡矿区神狐探区和东沙探区为例，两探区资源量总和为1200亿~1700亿t，按CO_2封存率75%、饱和度50%计算，该区域理论CO_2封存量为450亿~637.5亿t，相当于2017年我国碳排放总量的5~7.3倍。

4. 技术发展预测和应用潜力

研究结果表明，我国南海北坡天然气水合物矿区临近珠江三角洲地区（金晓辉等，2013；石思思等，2019），该地CO_2排放量大，能够为CO_2置换天然气水合物提供充足的CO_2气源。同时，随着研究的深入，该技术的实施工艺不断被优化，并能与其他开采方法混合使用，实现协同增效。但是，目前该技术缺乏大规模试验，经济性、可靠性尚不明确，发展潜力尚待工业试点验证。此外受天然气水合物矿藏分布局限性的影响，由于目前发现的矿藏都在南海海域，该技术应用的地理位置有局限性。

预计在2050年前，该技术处于基础研究状态将难以改观，难以发挥显著的减排贡献。我国在未来短期内可选择南海北坡矿区开展先导性试验，评估技术可行性和经济性等，为后期工程示范或大规模应用奠定基础。

第三节　CO_2地质浸采与原位矿化技术

一、CO_2铀矿地浸开采技术

中国工程院《能源中长期（2030、2050）发展战略研究》提出了核电中长期发展目标：2030年核电总装机规模达到2亿kW，核电装机占电力总装机的10%，2050年核电总装机规模达到4亿kW，核电装机占电力总装机的16%。2016年我国在新疆建成了首个千吨级铀矿大基地，但国内天然铀需求缺口仍然很大，尚不能满足核能快速发展的需求，对外依存度在60%以上。因此，亟须大力发展铀矿开采技术以缓解我国严峻的铀供应形势，保障我国铀供应安全。

1. 技术介绍

CO_2铀矿浸出增采技术（CO_2-enhanced uranium leaching，CO_2-EUL），是指将CO_2与溶浸液注入砂岩型铀矿层，通过抽注平衡维持溶浸流体在铀矿床中运移，促使含铀矿物发生选择性溶解，在浸采铀资源的同时实现CO_2地质封存的技术（图 5-9）。

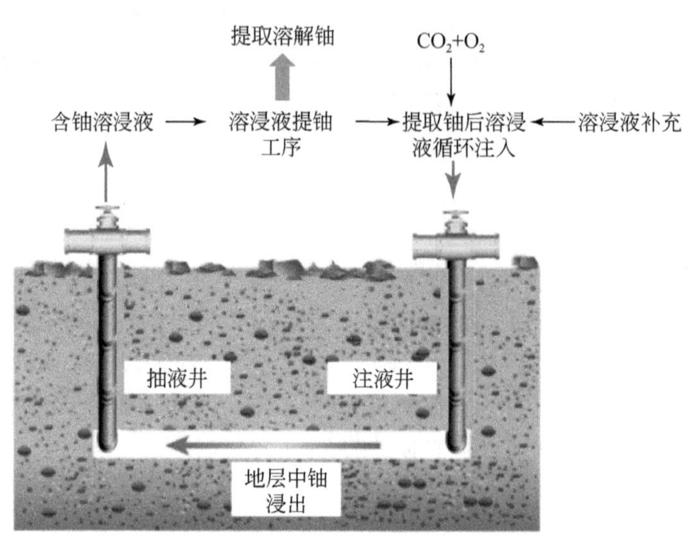

图 5-9　CO_2铀矿浸出增采工艺流程示意图

资料来源：中国CO_2地质封存环境风险研究组，2018

CO_2铀矿浸出增采技术的原理主要有两方面：一是常规的碳酸盐浸出原理，即通过通入CO_2调整和控制浸出剂的碳酸盐浓度和酸度，促进砂岩铀矿床中铀矿物的配位溶解，提高铀的浸出率；二是CO_2促进浸出的原理，即CO_2的加入可控制地层内碳酸盐矿物的影响，避免以碳酸钙为主的化学沉淀物堵塞矿层，同时能够有效地溶解铀矿床中的碳酸盐矿物，提高矿床的渗透性，由此提高铀矿开采的经济性（苏学斌等，2005；田新军等，2006）。

2. 技术成熟度和经济可行性

CO_2铀矿浸出增采技术已经发展成熟，被国际社会广泛应用。美国正在运行的 3 座地浸矿山均采用CO_2作为溶浸剂（苏学斌等，2005；张飞凤等，2012；张建国等，2005）。

我国经过近年的实验研究和工程试验已形成完整的CO_2地浸采铀技术体系，成为继美国之后第一个成功掌握CO_2+O_2地浸采铀技术的国家。建成的地浸采铀生产矿山多数工程技术经济指标接近或达到国外先进水平，形成了一套包括地浸砂岩型铀资源评价、地浸方法、钻孔结构设计与施工工艺、钻孔排列与钻孔间距的优化确定、溶浸范围模拟与控制、浸出液处理技术、地浸矿山环境保护等为主体的地浸采铀技术体系。我国 2002 年开始了CO_2+O_2地浸工艺的研究，2009 年钱家店铀矿床CO_2+O_2地浸工业试验取得成功，2011 年我国第一个CO_2+O_2地浸工程建成并投产，标志着我国已经基本掌握第三代天然铀生产技术。2011 年以来，中核通辽铀业有限公司将这项技术首先成功应用于内蒙古通辽钱家店Ⅱ

块铀矿床地浸采铀工程的设计和建设过程中，开发了 CO_2+O_2溶浸液配制和使用技术、地浸采铀井场地下水影响范围控制技术等一系列关键技术，实现年 CO_2减排近万吨（汤庆四等，2016）。2013 年以来，CO_2地浸采铀技术已在新疆伊犁盆地蒙其古尔铀矿床、新疆吐哈盆地十红滩铀矿床得到应用，开发了 CO_2+O_2地浸采铀加氧液体止回装置、地下水无污染循环技术、CO_2+O_2溶浸范围控制技术等关键技术工艺，实现铀矿年产量千余吨，年减排 CO_2数万吨（曾国勤等，2017；陈梅芳等，2018；苏学斌等，2016）。

根据内蒙古通辽钱家店铀矿床和新疆伊犁盆地蒙其古尔铀矿床的 CO_2+O_2地浸采铀运行数据测算，该技术 CO_2消耗量为 10～20tCO_2/t 铀（苏学斌等，2005；杜志明等，2013）。因每吨铀的国际市场价格很高，CO_2地浸采铀技术的经济效益较为显著。按 2018 年 11 月铀价（28.75 美元/磅，折合 6.4 万美元/t（王林，2018））计算，若不考虑其他运行及人工成本，开采每吨天然铀的获利可达几十万元。但国内多数地浸采铀矿山的年产铀量仅为百吨级，受铀矿较低年产量的限制，每座矿山在扣除运行及人工成本后的年净收益较有限。

3. 安全性及环境影响

与常规原地浸出技术相比，CO_2-EUL 可大幅度降低铀矿开采水土污染，有利于开采完毕后的地下水环境修复。CO_2地浸采铀方法地下矿石不输送至地面，没有尾矿、废渣和粉尘污染问题（杜志明等，2013；张青林等，2012）。同时，CO_2地浸采铀技术因 CO_2注入规模较小，具有良好的安全性。但由于大多数现有铀矿储层埋深较浅，若盖层发生破裂或存在未知的 CO_2泄漏途径，则会存在 CO_2污染浅层可利用地下水的风险。

4. 技术发展预测和应用潜力

CO_2-EUL 适合于高碳酸盐砂岩型矿床开采，对于非均质性强的铀矿床，CO_2地浸液容易沿高渗透性的孔隙或裂隙运移扩散，低渗透区铀矿石无法与 CO_2充分接触，造成铀开采率较低，需要在实际工程应用过程中通过合理布设注入井和采出井以及优化压力控制等提高铀采出率。因此，未来针对非均质性强的铀矿床，CO_2地浸采铀技术的工艺还需要进一步优化。

以我国目前探明的砂岩型铀矿总量推算，CO_2地浸采铀的 CO_2封存总容量约为数百万吨。若基于经济合作与发展组织核能署（OECD-NEA）和国际原子能机构（IAEA）的中国铀储量估计值（超过 200 万 t）（OECD-NEA and IAEA，2018），我国地浸采铀技术的远景 CO_2地质封存潜力约为 4000 万 t。该技术在吐哈盆地、松辽盆地、鄂尔多斯盆地、伊犁盆地等区域实施条件良好，有望与其他 CO_2捕集及利用技术形成产业示范集群（科学技术部社会发展科技司，2019）。

目前，我国 CO_2地浸采铀技术已实现工业应用，预计至 2030 年将实现广泛商业化。天然铀作为核电最主要的燃料，其发电几乎不产生 CO_2，与传统的火力发电相比，具有无比的碳减排优势，预计 2030 年、2035 年、2050 年直接与间接的碳减排潜力将分别达 4000 万～8000 万 t、6750 万～13 500 万 t、13 500 万～27 000 万 t。

二、CO_2原位矿化封存技术

CO_2原位矿化模拟了自然界钙镁硅酸盐的风化过程，即利用富含 Ca、Mg 等元素的天然矿物在地层原位完成 CO_2的矿物化反应，生成永久的、更为稳定的碳酸盐，从而达到永久且高效封存 CO_2的目的。相较于非原位矿化技术而言，原位矿化技术有着封存量大和成本低的优点。

1. 技术介绍

CO_2原位矿化封存技术（in-situ mineral carbonation）是指直接将 CO_2注入到富含硅酸盐的地层中，在地层原位完成 CO_2与含有碱性或碱土金属氧化物的天然矿石反应，生成永久的、更为稳定的碳酸盐的这一系列过程，从而实现 CO_2永久性的大规模封存（图 5-10）。该技术要求被注入的地质构造中必须含有大量易溶解的碱性金属离子、足够的渗透率和孔隙度以封存注入的 CO_2以及碳酸盐产物。现阶段，原位封存 CO_2的储层主要是以富含硅灰石（$CaSiO_3$）、镁橄榄（Mg_2SiO_4）、蛇纹石（$Mg_3Si_2O_5(OH)_4$）、滑石（$Mg_3Si_4O_{10}(OH)_2$）的玄武岩和超基性岩层为主，其原位矿化反应通式可总结如下（Goff and Lackner，1998）：

$$M_xSi_yO_{x+2y+z}H_{2z}+xCO_2 \rightarrow xMCO_3+ySiO_2+zH_2O \qquad \Delta H<0$$
$$M=Mg，Ca$$

但上述岩石地层含量不高，从而限制了其在原位矿化中的应用。除此之外，玄武岩近也被证实具有原位矿化封存 CO_2的潜力，其因含有高达 25wt% 的含钙、铁和镁矿物（主要以氧化物形式存在）而具有与 CO_2的高反应活性，反应式可总结如下：

$$CaO+CO_2 \rightarrow CaCO_3+179kJ \cdot mol^{-1}$$

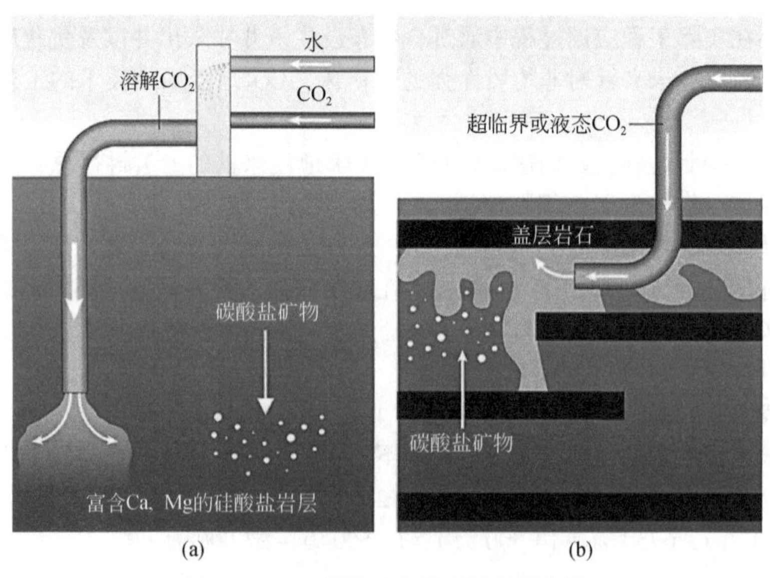

图 5-10　CO_2原位矿化封存技术概念图

$$MgO+CO_2 \rightarrow MgCO_3+118kJ \cdot mol^{-1}$$

从热力学角度来看，反应产物碳酸盐的标准吉布斯自由能要比 CO_2 的标准吉布斯自由能低 0～180kJ/mol，也就是说，该反应是一个由高能态到低能态的过程，生成的碳酸盐相对稳定。理论上，该技术在自然条件下便可将 CO_2 转化为碳酸盐从而实现矿化封存，即便经历漫长的地质年代也不会分解。与其他封存技术相比，CO_2 原位矿化封存避免了 CO_2 封存过程存在 CO_2 泄露的风险，克服了地质封存的局限性，且无需投入后续监测成本，减少了对环境的污染和危害，可以有效实现 CO_2 的永久安全封存。

2. 技术成熟度和经济可行性

目前 CO_2 原位矿化技术在全球范围内的总体研究水平处于现场先导试验阶段，在技术可行性与实施方法、工艺流程、装置要求等方面未有定论。

自 Seifritz（1990）提出 CO_2 矿化封存技术以来，各国学者在之后的 30 年间对该技术反应机理、矿化封存原料、工艺过程等进行了大量研究（Lackner et al.，1997；Huijgen et al.，2006；Kodama et al.，2008；Zevevnhove et al.，2011；Bobicki et al.，2012；Sanna et al.，2014；Cuéllar- Franca and Azapagic，2015；Matter et al.，2016；Chiang and Pan，2017；Wang et al.，2018；Jiang et al.，2018；Snæbjornsdottir et al.，2020）。迄今为止，原位矿化封存技术已取得阶段性的进展，其中最成功的是由冰岛、美国、英国、法国、荷兰、澳大利亚以及丹麦共同合作的冰岛 CarbFix 试点项目。即利用玄武岩层成功将从当地 Hellisheidi 地热发电厂捕集的 CO_2 进行矿化封存，其中 95% 的 CO_2 仅在两年的时间里便转化成稳定的碳酸盐，成功将该电厂的 CO_2 排放量减少了三分之一，相当于封存 12 000t 的 CO_2（图 5-11）。CarbFix 项目成功的基础上，美国哥伦比亚地区开始进行另一项原位矿化试点项目 Big Sky Regional Partnership。由于原位矿化反应过程中容易产生水分供应不足的问题，

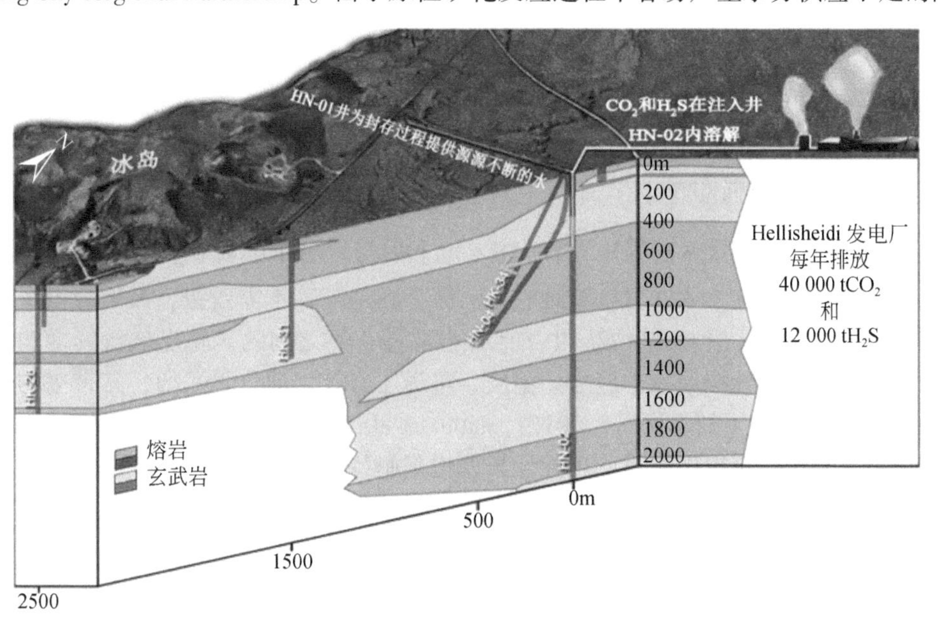

图 5-11　冰岛 CarbFix 项目原位矿化封存 CO_2 项目示意图

矿化过程生成惰性 SiO_2 层阻碍原位矿化反应的进一步进行，目前原位矿化过程中 CO_2 转化率仍处于较低水平。

岩石的钙镁元素含量是其矿化 CO_2 的重要指标。理论上，完全吸收 1kg 的 CO_2 需要 1.8kg 的含镁矿石，或者需要 3.6kg 的含钙矿石（Goldberg et al., 2001）。CO_2 原位矿化封存涉及的岩石主要为玄武岩、硅灰石和橄榄石。橄榄岩和玄武岩作为地球上最常见的岩石类型之一，覆盖了大陆表面积的 10% 和大部分的海底（表 5-9），硅灰石的储量约为 5Gt，预期储量在 6Gt 左右，其理论矿化封存 CO_2 效率可达到 91.1%。全球玄武岩的 CO_2 封存量可达到 102Gt 以上，封存成本约为 546 元/tCO_2。相比于玄武岩，超基性岩层中的橄榄石和蛇纹石的矿化反应活性略低，但自然界储量巨大，其矿化封存能力可达所有已知煤炭燃烧释放的 CO_2 总量，约 10 000Gt，封存成本约为 330 元/tCO_2（Power et al., 2013）。我国适用 CO_2 原位矿化封存技术的地区主要集中在新疆西南部，其封存潜力有待进一步评估。（Goldberg et al., 2001）研究认为地球上可用于 CO_2 原位矿化封存的矿石原料远远超过化石能源的储量，因而人类生产生活排放的 CO_2 可以完全被矿物吸收（Sanna et al., 2014）。

表 5-9　具有封存潜力的主要玄武岩原位矿化区域

地理位置	储层岩性	盖层岩性	封存潜力
美国纽约州	由斜长石、辉石和白云石构成，目标区域渗透率为 5%	纽瓦克盆地的湖相沉积；泥岩，碳酸盐和碎屑岩地层	待准确测算
美国华盛顿州、俄勒冈州和爱达荷州	由单斜辉石和斜长石构成，总体积达 244 000km^3，目标区域孔隙率 10% ~25%	由极低渗透率的玄武岩层构成	10 ~50$GtCO_2$
美国东海岸	Sandy Hook 盆地玄武岩，孔隙率 15%	沉积层、泥岩、淤泥和黏土构成	900 Mt CO_2
美国西海岸	玄武岩，平均孔隙率 10%	细粒度的浑浊相地层和黏土沉积	920Gt CO_2
冰岛	橄榄石-辉绿岩组成的（45% ~49% SiO_2）玄武岩和透明质岩	由低孔隙度的玄武岩构成	12$MtCO_2$

3. 安全性及环境影响

应用 CO_2 原位矿化技术过程中，CO_2 注入地下后与地层中的岩石、地层水发生化学反应，生成碳酸盐类沉淀，永久且安全地将 CO_2 储存在地下，不需监控，极大降低了封存过程中 CO_2 泄露的风险。但 CO_2 与岩层中的天然硅酸盐矿物之间的矿化反应持续增加地层的孔隙压力，这将破坏地层原始的应力、温度、渗透压力等物理化学平衡，其带来的长期地质影响目前难以估量（刘志坚等，2017；Matter et al., 2016）。此外，在原位矿化反应过程中有害金属离子的析出以及反应可控性较差也是亟待解决的问题之一。

4. 技术发展预测和应用潜力

CO_2 原位矿化封存技术的应用潜力主要取决于地层中含钙镁碱土金属离子的硅酸盐矿物储量、源汇匹配、技术发展水平及政策与法规。目前该技术缺乏大规模试验，经济性和可靠性尚不明确，尚待工业试点验证。CO_2 原位矿化封存技术在全球范围内（美国、芬兰、英国、德国和意大利）已经开展了小规模现场试验。我国 CO_2原位矿化封存技术目前仍处于基础研究阶段。为了实现未来大规模工业化应用，建议对国内天然矿物的 CO_2封存潜力进行调查评估，进行可行性分析，开展更为深入的封存机理研究，探索加速矿化的新工艺。根据技术的难度与发展趋势预测，在 2030 年前，全球仍将处于小规模现场试验阶段，难以发挥显著的减排贡献。我国在未来短期内可选择新疆西南部开展先导性试验，评估技术可行性和经济性等，为后期工程示范或大规模应用奠定基础。

第四节　CO_2 采热技术

我国地热资源丰富，开发利用地热能对改善我国能源结构意义重大。2017 年我国《地热能开发利用“十三五”规划》中指出，我国埋深在 3 ~ 10km 的干热岩资源量折合 856 万亿 tce。据统计 2016 年全国一次能源表观消费总量约为 41.8 亿 tce，对干热岩资源进行少量开发利用就能够缓解我国能源压力和减少环境污染，促进国民经济健康持续发展。因此，利用 CO_2采热技术进行地热资源的开发，尤其是增强型地热系统备受关注。

一、技术介绍

CO_2采热技术是指以 CO_2为工作介质的地热开采利用技术，包括 CO_2羽流地热系统（CO_2-plume geothermal system，CPGS）和 CO_2增强地热系统（CO_2-enhanced geothermal system，CO_2-EGS）（图 5-12）。CPGS 以 CO_2作为传热工质，开采高渗透性天然孔隙储层中的地热能。CO_2-EGS 以超临界 CO_2作为传热流体，替代水开采深层增强型地热系统中的地热能。两者均能达到地热能获取和 CO_2地质封存的双重效果。

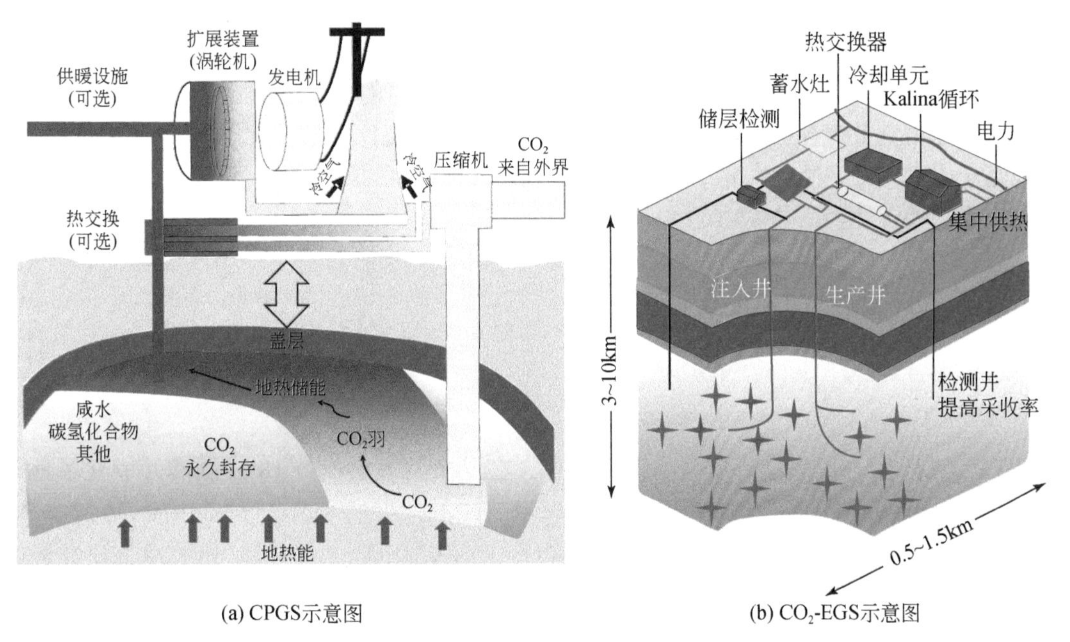

图 5-12　CO_2采热技术示意图

资料来源：石岩，2014；张乐，2017

CO_2采热的技术机理包括：①具备压裂功能，可改善干热岩渗透性，利于建造人工热储；②具备换热、传热作用，将地下热能传至地表。传统的增强型地热系统使用水从地热系统中开采地热资源（即 W-EGS），水在储层中流动换热存在一定的滤失，从而造成水资源的大量消耗。另外岩层中的矿物和水在高温环境下发生化学作用，造成水中掺杂矿物质，纯度降低，对地面利用设备造成一定损害。

表 5-10　增强型地热系统中传热流体 CO_2 和水的对比

流体特征	CO_2	水
化学特征	非极性溶剂；对岩石矿物溶解度低	对岩石矿物溶解
井孔中的流体循环特征	较大的可压缩性和膨胀性→受到较大的浮力作用；具有较低的能量消耗，可保持流体的循环	较小的可压缩性；中度的膨胀性→受到较小的浮力作用；需要使用较大的抽水设备提供能量来保持流体的循环
储层中的流体流动特征	较低的黏度，较低的密度	较高的黏度，较高的密度
流体传热特征	较小的比热	较大的比热
流体损失特征	可能有助于温室气体（CO_2）的地质封存→通过对温室气体的减排获得一定的经济效益，以抵消热能开采中的一部分费用	由于水分损失会增加工程费用（尤其在干旱区）→阻碍对储层的地热开发

资料来源：张炜等，2013

与水相比（表 5-10），超临界 CO_2 具有以下优势：①对岩石矿物溶解度低，对地面设备损害小；②可压缩性和膨胀性大，使得工质在系统内产生流动自驱动力；③CO_2 黏度和密度较低，系统流动阻力小；④CO_2 可直接对透平做功，减少与二次流体的换热损失；⑤CO_2-EGS 工程中流体损失的同时实现了 CO_2 地质封存的目的。总之，作为地热开发的载热流体，其热力学及流体力学性质均表明，CO_2 作为工作流体能够比水更有效地提取地热。将地热产出和 CO_2 地质封存相结合，将提高 CO_2 地质封存的经济性和可行性，解决大规模工程应用的关键性经济技术难题。

二、技术成熟度和经济可行性

1. 技术成熟度

澳大利亚积极重视 CO_2-EGS 的研发工作，在昆士兰大学投资 1830 万澳元成立了地热能中心，重点进行 CO_2-EGS 的研发工作。起初国际上较大的 EGS 项目均以 W-EGS 为主，虽然 CO_2-EGS 具有较强的应用前景，但也存在很多基础问题待探讨。相关理论研究成熟之后，CO_2-EGS 得到了快速发展，如澳大利亚 Geodynamics 公司开展 CO_2-EGS 的现场测试工作，美国 GreenFire Energy 公司在亚利桑那州和新墨西哥州边界附近建立一个 2MW 的 CO_2-EGS 示范电厂。2015 年美国能源部启动了“地热能研究前沿瞭望台”（FORGE）计划，旨在通过开展单纯干热岩资源的开发实践，形成具有推广潜力的 EGS 建设模式。2015

~2018 年，该计划投入 0.5 亿美元进行了地质条件调查及干热岩资源评价工作，已优选出犹他州米尔福德（Milford）场地；2018 ~ 2023 年将投入 1.3 亿美元，完成两眼钻井，进行压裂和井间连通试验，重点研究储层的激发机制，预期建成循环流速达 60L/s、压裂体积 1km^{3}以上的裂隙储层。该项目还建立了 Collab 野外试验平台，作为室内实验机理研究与工程应用的支撑。世界主要发达国家 CO_2-EGS 项目如表 5-11 所示。

表 5-11 世界主要发达国家 EGS/HDR 项目一览表

项目	类型	国家	规模（MW）	电厂类型	深度（km）	状况
Soultz	研发	法国	1.5	二元型（Binary）	4.2	运作
Desert Peak	研发	美国	11 ~ 50	二元型		开发
Landau	商业	德国	3	二元型	3.3	运作
Paralana（Phase 1）	商业	澳大利亚	7 ~ 30	二元型	4.1	钻探
Cooper Basin	商业	澳大利亚	250 ~ 500	Kalina	4.3	钻探
The Geysers	示范	美国	—	Flash	3.5 ~ 3.8	正在进行
Bend, Oregon	示范	美国	—	—	2 ~ 3	许可
Ogachi	研发	日本	—	—	1.0 ~ 1.1	CO_2实验
United Downs, Redruth	商业	英国	10	二元型	4.5	集资
Eden Project	商业	英国	3	二元型	3 ~ 4	集资

欧美国家通过工程实践，发展了较完备的干热岩开发技术体系（表 5-12），为我国干热岩的开发利用提供了可借鉴的理论及实践经验。2011 年，中国地质调查局开展了陆区干热岩资源潜力评估，据估算，中国大陆 3 ~ 10km 深处干热岩资源总量为 2.52×10^{25}J，集中分布于藏南地区、东南沿海、华北（渤海湾盆地）、东北（松辽盆地）等地。2012 年，吉林大学牵头承担完成了首个干热岩领域科技攻关项目“干热岩热能开发与综合利用关键技术研究”，以松辽盆地火成岩基底为目标靶区，结合地球物理探测技术，提出了我国首部干热岩靶区定位行业规程；通过室内实验及数值模拟，形成了降温储层压裂工艺，提出了不同排量、渗透率下的优化压裂方法。该项目的顺利完成，填补了我国干热岩开发利用研究的空白，促进了地热领域技术进步。2014 年我国首次在青海省贵德盆地 3km 深钻获 151℃的干热岩；2017 年共和盆地 GR1 井在 3705m 深处钻遇 236℃干热岩，实现干热岩资源勘查重大突破，证实了该地区优越的干热岩资源禀赋，为我国干热岩开发利用示范基地的建设和干热岩能量获取与利用关键技术研究奠定了坚实基础。

表 5-12　国外从事干热岩研究的主要代表机构

序号	机构名称	相关研究内容	相关研究成果	成果应用情况
1	美国犹他大学	干热岩勘查和开发	干热岩资源的综合调查评价方法，高温储层的建造及评价	应用于美国 Desert Peak、Raft River 等地热田的地热资源评价；遴选出米福尔德 FORGE 干热岩场地
2	苏黎世联邦理工学院	储层改造和储层裂隙换热理论与模拟	地壳中的反应流体和热能运移传递过程的仿真实验设备和模拟工具	欧盟“地平线 2020”计划地热储层的软刺激示范项目
3	美国 AltaRock 公司	干热岩储层改造	提出利用热降解材料的干热岩多段压裂技术	建立 Newberry 干热岩示范工程，实现单井的多层裂隙激发
4	德国拜罗伊特大学	地热发电	提出了双级 ORC 地热发电系统	在德国 Kirchstockach，建成了 5.5MW 地热电站
5	法国 ES-Géothermie 公司	干热岩工程建立、运行及维护	建立运行 Soultz、Rittershoffen 等干热岩示范工程	全球干热岩资源综合开发的典范

CO_2采热技术涉及复杂的地下物理、化学、热力学和水动力学过程，系统中的水—岩—气相互作用对热储层的矿物组分、水化学成分、物理特征（如孔隙度、渗透率等）有重要的影响，最终影响储层的产能和净热提取效率。因此，关于 CO_2采热技术的研究方法由单一的理论分析、公式计算发展到多组分、多相态的复杂数值模拟，由纯粹的流体、热学计算发展到化学、流体、热、力学等多过程的耦合计算。随着数值模拟技术的发展，CO_2采热技术理论得到了快速完善和发展（侯兆云等，2016；Wan et al.，2016；李静岩，2018；那金等，2018；王昌龙，2016；雷宏武，2014）。

2. 经济可行性

CO_2-EGS 技术的经济可行性取决于成本和收益两个方面。由于高温地热的主要用途是发电，CO_2-EGS 的技术经济性应综合考虑地热田开发以及地热发电系统的经济性。麻省理工学院 2006 年的报告认为，影响 EGS 发电成本的主要因素是热源温度、热流量以及热电转换效率。目前 W-EGS 发电成本可达到 3.9 美分/kWh。美国 GreenFire Energy 公司正推动的 2MW 的 CO_2-EGS 示范电厂，预期成本为 200 万 ~ 400 万美元。Karsten Pruess 根据在 Fenton Hill 热干岩项目得出，假定长期运行以 CO_2为工作流的 EGS 将导致流体消耗大约为注入率的 5%，CO_2损失可以估算为大约每兆瓦电功率 1kg/s，安装 1000MWe 的 EGS-CO_2可以达到封存 30 000MWe 火力发电站 CO_2的目标。

目前 CO_2-EGS 技术的成本普遍高于传统的地热发电成本，短期内不会改变。研究人员（毛永宁等，2013）评估了一个 10MW 的 CO_2-EGS 电厂的总成本，认为由于 CO_2的价格较高，导致采用 W-EGS 的成本更低，只有当 CO_2的损失低于 0.35% 时，CO_2-EGS 才具有经济可行性，但相应的减排效果就很微小。中期来看，随着钻井技术进步、热电转换效率的提高、CO_2价格的下降以及其他关键技术的发展，整个 CO_2-EGS 的综合成本也会逐渐下降。同时 CO_2源、地热场地以及发电系统的合理优化配置可以进一步有效降低 CO_2-EGS 技术的综合成本。

三、安全性及环境影响

在安全性上，由于干热岩资源发电或采热需要满足裂隙网络发育的前提条件，CO_2-EGS 工程中 CO_2的泄漏风险要高于 CO_2地质封存或 CO_2驱油。另外，CO_2-EGS 技术无法避免干热岩常规热储建造和开发过程中可能诱发地震的风险，需要在实际现场试验或工业应用中予以重点研发攻关。已有的 EGS 项目中通常采用水作为干热岩开采的流动换热工质，水在储层中流动换热存在一定的滤失，从而造成水资源的大量消耗，同时考虑到岩层中的矿物和水在高温环境下发生化学作用，造成水中掺杂矿物质，纯度降低，会对地面利用设备造成一定损害。

CO_2-EGS 技术若成功实施，将具备良好的环境和社会效益。第一，地热资源是重要的可再生清洁能源，可替代化石能源利用实现 CO_2间接减排；第二，封存 CO_2从而实现 CO_2的直接减排；第三，与 W-EGS 相比，可节约大量宝贵的水资源，有望大幅减少废水的产生和排放，具有较好的环境效益和社会效益。若 CO_2-EGS 技术能够广泛商业应用，将会成为优化我国能源结构、保证能源安全的重要支撑技术之一。

四、技术发展预测和应用潜力

虽然 CO_2采热技术有着巨大的应用前景，但也面临一系列重大科学问题。第一，运行中低温超临界 CO_2由井筒注入深部储层后，伴随着对深部地热的提取将在储层和井筒中发生复杂流态下的多相流流动、热传递和地球化学作用，使系统的运行和热能提取过程产生不稳定性；第二，目前的理论和模型预测尚未完善，需要通过大量的现场和室内实验进一步测试和改进；第三，CO_2采热的配套设施和技术不够完善，现阶段这些还只停留在起步阶段，需要很长的技术完善期才能投入应用，CO_2开发干热岩需要借鉴油气田压裂技术、防腐技术、钻井技术、储层改善技术等；第四，CO_2采热相关的监管和评价机制缺乏，亟需借鉴油气田开发相关技术和机制，建立针对 CO_2采热技术的监管评价机制（贺凯，2018）。

我国地热资源丰富，开发利用地热能对改善我国能源结构意义重大。但目前，干热岩开采以 W-EGS 为主。2011 年，中国地质调查局开展了陆区干热岩资源潜力评估。据估算，中国大陆 3～10km 深处干热岩资源总量为 2.52×10^{25}J，集中分布于藏南地区、东南沿海、华北（渤海湾盆地）、东北（松辽盆地）等地。2014 年我国首次在青海省贵德盆地 3km 深钻获 151℃的干热岩；2017 年共和盆地 GR1 井在 3705m 深处钻遇 236℃干热岩，实现干热岩资源勘查重大突破，证实了该地区优越的干热岩资源禀赋，能够为我国 CO_2采热先导性试验提供现场条件。

有学者根据《地热资源地质勘查标准》（GB/T11615—2010）对深度 4000m 以内的干热岩 CO_2-EGS 应用潜力进行了评估，结果表明应用 CO_2-EGS 技术可以实现 CO_2地质封存 29 亿 t，采热 5.8×10^7 GJ（Wei et al.，2015）。我国西南、华南和东南地区热流量大于 60MW/m^2的地区，适宜开展早期工程示范。预测通过 CO_2采热技术，到 2030 年综合减排潜力将达 40 万～100 万 tCO_2，到 2050 年综合减排潜力为 160 万～240 万 tCO_2。

当前我国 CO_2 采热技术尚处于基础研究阶段，预计在未来的一段时间内不会有较大突破，尚不具备显著的减排效益。

第五节　CO_2 强化深部咸水开采技术

沉积盆地内广泛发育的深部咸水层具有巨大的 CO_2 地质封存潜力，我国中东部及沿海区域集中分布有大量的火电、钢铁、水泥和化工等高排放碳源，两者之间的源汇匹配关系较好。在 CO_2 咸水层封存工程实施过程中，为优化调控 CO_2 注入过程中地层压力，提高封存的安全性，原 CO_2 咸水层封存技术从单一封存逐步发展为 CO_2 强化深部咸水开采与封存联合的技术。强化开采的深部咸水经淡化处理后，可有效缓解我国富能乏水区域的 CO_2 排放与水缺乏双重困境，是未来 CO_2 咸水层封存技术的发展趋势。同时，CO_2 强化深部咸水开采技术可应用于液体矿床，通过提取卤水或浓缩咸水内高附加值液体矿产资源和各种有价值元素，可在减少碳排放的同时产生明显的经济效益和社会效益。

一、技术介绍

CO_2 强化深部咸水开采（CO_2-enhanced water recovery，CO_2-EWR）技术是指将 CO_2 注入深部咸水含水层或卤水层，强化深部地下水及地层内高附加值溶解态矿产资源（如锂盐、钾盐、溴素等）的开采，同时实现 CO_2 在地层内与大气长期隔离的技术，开采原理如图 5-13 所示。

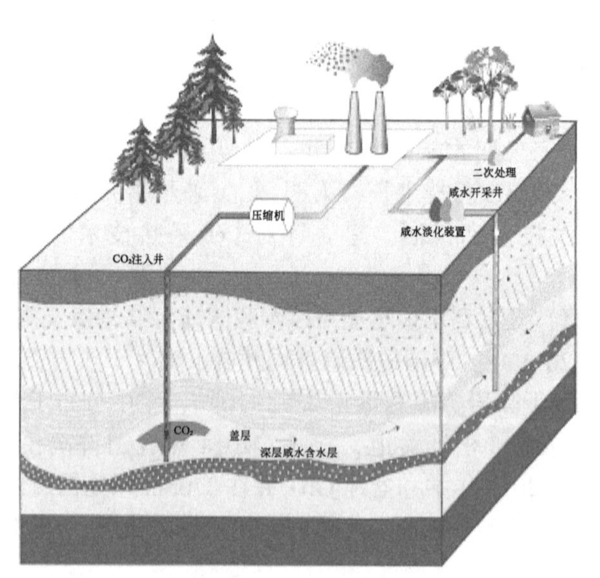

图 5-13　CO_2 强化深部咸水开采技术（CO_2-EWR）理念图

资料来源：Li et al.，2013b

CO_2 咸水层封存工程在大规模实施过程中会导致压力集聚和封存风险增加的问题，抽采深部咸水或控制地层压力是有效的解决手段，已获得广泛认可。相对于传统深部咸水层 CO_2 封存技术，该技术在封存 CO_2 的同时增采地下咸水与资源，是未来 CO_2 咸水层封存技术的发展趋势。

二、技术成熟度和经济可行性

1. 技术成熟度

国外部分发达国家CO_2强化深部咸水开采技术水平已经接近完全成熟，美国、挪威、澳大利亚等已经达到规模化应用水平。截至2019年底，包括深部CO_2咸水层封存技术在内，全球拟建和在建的CO_2强化咸水开采与封存项目有13个（表5-13），且正在从小规模示范向大规模集成过渡，包括多个CO_2捕集源集成的全链条CO_2-EWR项目（捕集、压缩、运输、封存一体化）、与燃煤电厂等结合的CCUS全链条示范项目等。其中，挪威正在运行的Sleipner和Snøhvit两个海底CO_2地质封存项目，累计注入CO_2已超过2000万t。2019年，美国伊利诺伊州启动了年百万吨级规模化CO_2地质封存项目。澳大利亚正式启动的Gorgon项目，是全球首个CO_2驱水商业工程，设计CO_2封存能力超过300万t/a。

表5-13　全球CO_2强化咸水开采与封存项目

项目类型	项目名称	陆上/海上	国家	规模	投运时间	累计注入量（Mt）
大规模集成项目	Sleipner	海上	挪威	1Mt/a	1996年	>16
	Snøhvit	海上	挪威	0.7Mt/a	2008年	>4
	Quest	陆上	加拿大	1.1Mt/a	2015年	>5
	Illinois	陆上	美国	1Mt/a	2019年	—
	Gorgon	陆上	澳大利亚	3.4～4.0Mt/a	2019年	—
试点示范项目	Nagaoka	海上	日本	—	2003～2005年	0.0104
	Frio	陆上	美国	177t/d	2004年，已结束	0.0016
	Ketzin	陆上	德国	0.06Mt/a	2008年	—
	Cranfield	陆上	美国	—	2009年	—
	Mountaineer	陆上	美国	—	2009年，2017年闭场	0.037
	Illinois Decatur	陆上	美国	—	2011～2014年，监测中	1
	鄂尔多斯CO_2咸水层封存	陆上	中国	0.1Mt/a	2011～2015年	0.3
	Tomakomai苫小牧示范项目	海上	日本	0.1Mt/a	2016年	0.3

国内CO_2强化深部咸水开采技术尚处于研发与示范阶段（表5-14），其中深部咸水层地质封存技术已经完成10万t/a规模示范，CO_2驱水与封存已经完成千吨级规模先导试验。神华CCS示范工程位于内蒙古自治区鄂尔多斯市伊金霍洛旗，是我国唯一的CO_2咸水层封存示范工程，也是世界上第一个基于煤化工的全流程CO_2咸水层封存示范项目。该工程于2015年4月，成功完成了封存30万tCO_2的设定目标。并且“地下—地表—大气”一

体化连续监测结果也表明，神华 CCS 示范工程未发现 CO_2 泄漏现象。2018 年 7 月，中国地质调查局水文地质环境地质调查中心与新疆油田合作，在准东彩南油田开发区块开展了 CO_2 驱水与封存先导性现场试验，注入 1010tCO_2，初步验证了 CO_2 驱水技术可行性。

表 5-14　我国政府支持的部分 CO_2 强化深部咸水开采技术研发项目

项目名称	资金来源/渠道	执行时间	主要参与单位
CO_2 减排、储存与资源化利用的基础研究	973 计划	2011～2015 年	中国石油集团科学技术研究院等
CO_2 的捕集与封存技术	863 计划	2008～2010 年	清华大学、华东理工大学、中国科学院地质与地球物理研究所等
基于 IGCC 的 CO_2 捕集、利用与封存技术研究与示范	863 计划	2011～2013 年	华能集团、清华大学、中国科学院热物理所等
30 万 t 煤制油工程高浓度 CO_2 捕集与地质封存技术开发与示范	国家科技支撑计划	2011～2014 年	神华集团、北京低碳清洁能源研究所、中国科学院武汉岩土力学所等
全国 CO_2 地质储存潜力评价与示范工程	国土资源部	2011～2014 年	中国地质调查局水文地质环境地质调查中心、吉林大学、中国科学院武汉岩土力学研究所等
深部咸水层 CO_2 地质封存技术关键技术研究	国土资源部	2012～2015 年	中国地质调查局水文地质环境地质调查中心、中国地质大学（武汉）、长安大学等
准噶尔等盆地 CO_2 地质储存综合地质调查	自然资源部	2016～2018 年	中国地质调查局水文地质环境地质调查中心
碳捕集、封存、利用的示范及新一代技术研发	国家重点研发计划	2016～2019 年	华中科技大学、中国科学院武汉岩土力学研究所等
碳捕集利用封存产业技术能力的提升与创新	国家重点研发计划	2020～2021 年	华中科技大学、中国科学院武汉岩土力学研究所等

CO_2 强化深部咸水开采技术的大部分次级技术属于深部地层资源开采的共性技术，可以借鉴 CO_2 驱油技术体系，但是在井场布局、注采工艺、水处理、风险评价等方面与 CO_2 驱油技术有着显著差别。目前 CO_2 驱水关键技术发展迅速，包括钻井、注采工艺、咸水淡化、场地监测与风险评估等技术；但在场地表征与筛选、大规模 CO_2 注入、深部 CO_2 运移监测技术、规模化封存的安全与风险评估及高效低成本的咸水处理技术方面仍需要深入研究和大规模工程验证。

2. 经济可行性

我国沉积盆地数量多、面积广，盆地内部深部咸水层 CO_2 地质封存潜力巨大。根据美国能源部（USDOE）的开放边界咸水层系统潜力计算方法和基于技术经济性的资源–容量金字塔（techno-economic resource-reserve pyramid）评价方法（CSLF，2008），以盆地为单位计算得出我国陆上咸水层理论 CO_2 地质封存潜力为 1.5 万亿～3.0 万亿 t，其规模化的成本范围为 10～60 元/t（Wei et al.，2013；2015）。

随着工程规模的增大和方法的进步，其成本会大幅度降低，100 万 t/a 以上规模的封存成本可下降至 5 ~ 50 元/tCO_2（由场地的封存容量、注入性和风险性共同决定）。CO_2增采咸水带来的收益尚不能够完全抵消成本，需要提供相应的减排或者咸水淡化相关的税收补贴政策来激励 CO_2强化深部咸水开采技术，例如，美国 45Q 法案给予的 50 美元/t 的碳收益或国家海水淡化的税收补贴等。另外，美国 2019 年发布的《迎接双重挑战：碳捕集、利用和封存规模化部署路线图》提出了更高的 CO_2地质封存补贴额度和年限，将大幅度提高该技术的经济可行性。

深部咸水淡化处理后，难以处理的浓缩咸水或盐分固体废弃物可能需要采用深井回灌技术或固体废弃物处置技术，将上述液体和固体废弃物重新注入/埋入深地，会额外增加 CO_2驱水项目的运行成本（Ziemkiewicz et al.，2016）。但随着咸水淡化处理技术的进步，深部咸水处置费用也在逐步降低，CO_2驱水技术在乏水区域和高水价区域，尤其是我国西北富煤乏水区域具有一定潜在成本优势。另外，在我国江汉盆地等富含卤水资源的地区，利用 CO_2驱水技术提高卤水开采率，或者能够溶解含水岩层中其他重要矿物（类似于铀矿浸出增采），可进一步提高经济效益。

三、安全性及环境影响

CO_2强化深部咸水开采技术由于采用注采平衡工艺实现压力控制，相比传统注入工艺，不太可能形成大规模的压力集聚，从而降低了压力集聚诱发的垂向泄漏、侧向迁移、地表大规模变形的风险，大幅度降低封存影响范围及通过废弃钻井泄漏的风险，并降至一般油气田开采水平，总体风险属于可控范围。尽管如此，CO_2强化深部咸水开采技术仍存在着一定的安全及环境风险，包括咸水淡化处理后的尾水回注技术难题，以及封存于深部咸水层的 CO_2可能会扩散并污染地下水，造成人类健康和安全风险。

四、技术发展预测和应用潜力

CO_2强化深部咸水开采技术在部分发达国家处于规模化工程应用阶段，国内总体处于研发与示范阶段，已具备实施每年百万吨大规模封存的技术与设备能力，目前亟需在适宜 CO_2强化深部咸水开采的咸水层场地与 CO_2排放源的源汇匹配条件较好的地方开展大规模工业示范。中国东部、北部沉积盆地与碳源分布空间匹配相对较好，如渤海湾盆地、鄂尔多斯盆地和松辽盆地等；西北地区封存地质条件相对较好，塔里木、准噶尔等盆地地质封存潜力巨大，但现状碳源分布相对较少。南方及沿海的碳源集中地区，能开展封存的沉积盆地面积小、分布零散，地质条件相对较差，陆上封存潜力非常有限；但在毗邻海域沉积盆地实施离岸地质封存可作为重要的备选。在当前 CO_2强化深部咸水开采与封存技术成本较高的背景下，我国北部与西北的富煤乏水区域具有较好的 CO_2强化深部咸水开采早期实施条件，特别是在煤化工和石油化工密集的内蒙古、宁夏、陕西、新疆等区域（图 5-14）。

尽管 CO_2强化深部咸水开采技术已经趋于成熟，在一定条件下经济可行，但政策制

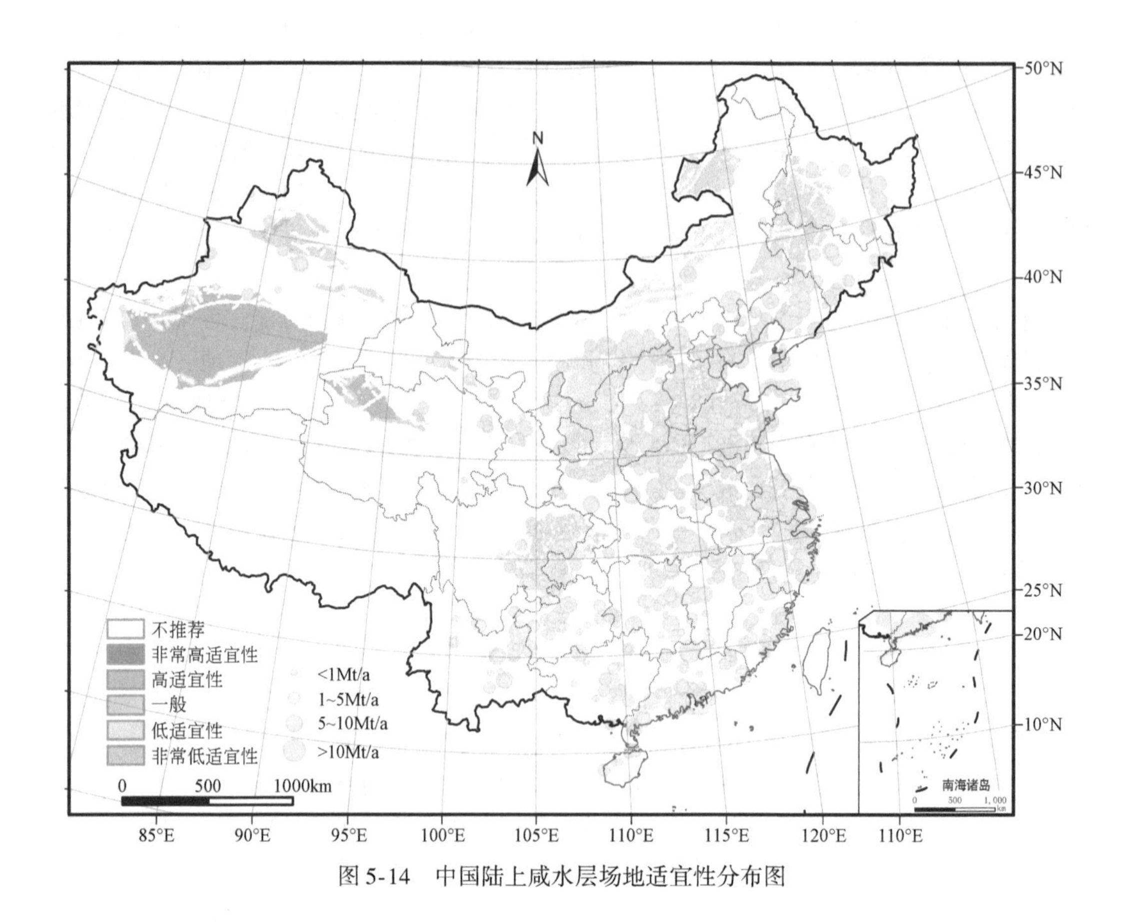

图 5-14　中国陆上咸水层场地适宜性分布图

定者与公众对其经济性和安全性的担忧是制约该技术规模化发展的主要障碍。中国国家能源集团、华能集团等企业均有开展技术开发与示范的意向，若有类似美国 45Q 法案、S. 383 条款或《迎接双重挑战：碳捕集、利用和封存规模化部署路线图》的激励政策，预计 2030 年我国 CO_2 强化深化咸水开采技术可能发展到工业应用或初步商业化水平，碳综合减排潜力达 0. 5 亿 ~ 1 亿 t；预计 2035 年，国内可能出现多个 CO_2 强化深化咸水开采示范项目，综合潜力达到 1 亿 ~ 2 亿 t；到 2050 年，CO_2 强化深化咸水开采能够实现商业化应用，综合减排潜力达到10 亿 t 量级。

第六节　CO_2 监测技术

CO_2 强化采油、强化开采 CH_4、浸采采矿、采热及强化深部咸水开采与封存等五大类 CO_2 地质利用与封存工程实施过程中，均需要应用钻探施工向地下储层中注入 CO_2 或混合流体。由于 CO_2 特殊的物理性质，遇水会形成酸，腐蚀钻井井筒等金属材料仪器设备，缩短工程寿命，甚至会发生 CO_2 泄漏风险，且地下井筒修复难度较大，极大地影响 CO_2 地质利用与封存工程的经济性和安全性。另外，为了降低 CO_2 泄漏、地面变形和诱发地震等安全及环境风险，保证 CO_2 地质利用与封存工程安全可靠地运行，需要监测预测封存 CO_2 及地层的状态。本节重点针对 CO_2 监测这一地质安全性保障共性关键技术进行介绍。

一、监测目的及对象

监测技术是 CO_2 地质利用与封存项目的关键技术。其目的是，为评估项目运行状况和应对措施提供信息，为量化核查 CO_2 地质封存量提供依据，为防控环境风险（泄漏对地下水、地表水、土壤、大气、生态等的影响）提供预警。一个完整的 CO_2 地质利用与封存工程动态监测周期包括：注入前、注入中、关闭期与关闭后4个阶段，不同阶段监测的目的和手段也不同（表5-15）。

表5-15 封存项目各阶段及其监测目的

项目阶段	持续时间	主要监测目的
注入前	3~5年	进行场地表征与场地评估
		获取安全、健康与环境和风险评估的基准情景
		开发地质模型与系统行为的预测模型
		开发有效的修复策略
		建立未来场地运行性能对比的基线数据
注入中	5~50年	监测、核查与报告制度需求
		验证封存的物质是否安全
		场地是否满足当地的健康、安全和环境性能标准
		为利益相关方提供信心，特别是项目早期与运行阶段
关闭		与注入期相同
		提供系统将按预测结果发展的证据，判定场址是否可关闭与移交
关闭后		除特殊情况无需特别监测，维持基本安全监测即可

二、主要监测技术

欧盟、美国、加拿大、日本、澳大利亚等国家或地区制定了 CO_2 地质封存监测的相关法律法规，而且一些研究或咨询机构也将 CO_2 地质封存监测工作单独列出，并提出工作目标以及合理的工作流程建议，但我国目前还没有明确的关于场地监测的法规和标准。

1. 空中监测技术

空中监测技术包括大气监测技术和卫星装载监测技术。大气监测技术主要是对大气 CO_2 浓度进行监测，采用遥感技术获取特定谱段的影像数据探测 CO_2 是否发生泄漏，如红外谱段。监测点主要布设在建设项目场地、影响范围内的环境敏感点，包括封井口附近、场地附近地势最低处和常年主导风向的下风处等。监测频率为一个月至少监测3次。卫星装载监测技术主要包括干涉合成孔径雷达（InSAR）、高光谱分析、重力测量等。根据美国国家能源技术国家实验室（NETL）的监测技术指南，大气监测技术详见表5-16所示（NETL，2012）。

表 5-16　大气监测技术

监测技术	监测目的	技术局限	应用阶段	技术成熟度
远程开放路径红外激光气体分析	空气中 CO_2 浓度分布	对于复杂的天气背景，难以准确计算浓度，不适于监测少量的泄漏	注入前、注入、注入后、闭场	成熟技术、研发技术
便携式红外气体分析器	空气中 CO_2 浓度分布	不能准确计算泄漏量	注入前、注入、注入后、闭场	成熟技术
机载红外激光气体分析	空气中 CO_2 浓度分布	距离地面较远，监测准确度受影响	注入前、注入、注入后、闭场	成熟技术
涡度相关微气象	地表空气中 CO_2 流量	准确地调查大型区域，费用高，耗时长	注入前、注入、注入后、闭场	成熟技术
红外二极管激光仪	地表空气中 CO_2 流量	应用范围小	注入前、注入、注入后、闭场	成熟技术

注：技术成熟度划分采用三级：成熟技术、研发技术与概念技术。成熟技术指在共性领域内成功商用的技术，在 CO_2 地质封存领域大规模应用，但仍然需要进一步改进与深化。研发技术指在共性领域内未成功商用的技术，在 CO_2 地质封存领域内仍需要大幅度改进才能够大规模应用。概念技术指在共性领域未大规模实施的技术，在 CO_2 地质封存领域还未示范

资料来源：张琪，2011

国内外 CO_2 地质封存项目的大气监测对象包括气象、空气质量、CO_2 浓度、^{13}C 稳定同位素、地面-大气 CO_2 通量等。中国神华 CO_2 深部咸水层封存项目采用的大气监测技术为近地表大气 CO_2 浓度监测、近地表连续 CO_2/SF6 浓度监测、涡度相关系统监测等相关技术。

2. 地表监测技术

地表监测技术是监测可能泄漏的 CO_2 对生态环境的影响，分析水、土壤成分的变化及地表生物呼吸、光合作用等。监测内容主要是地表形变监测、土壤气体监测和植被监测。表 5-17 是根据 NETL 的监测技术指南整理的 CO_2 地表监测技术。

以监测技术研究为目的的澳大利亚 CO_2CRC Otway 枯竭气田项目土壤气监测包括土壤 CO_2 通量和浓度监测、土壤气体组分监测、土壤气体 ^{13}C 稳定同位素比例监测。中国神华 CO_2 深部咸水层封存项目的地表监测方案包括地表浅层土壤 CO_2 通量的监测、D-InSAR 地表变形监测、地表植被的生长/健康状况监测。

表 5-17　地表 CO_2 监测技术

监测技术	监测目的和使用范围	技术局限	应用阶段	技术成熟度
卫星或机载光谱成像	地表植被健康情况和地表微小或隐藏裂缝裂隙发育	排除因素多，工作量大	注入前、注入、注入后、闭场	成熟技术
卫星干涉测量	地表海拔高度变化	可能受局部大气和地貌条件干扰	注入前、注入、注入后、闭场	成熟技术

续表

监测技术	监测目的和使用范围	技术局限	应用阶段	技术成熟度
土壤气体分析	浅层土壤内 CO_2 浓度和流量	准确地调查大型区域所需费用高，耗时长	注入前、注入、注入后、闭场	成熟技术
土壤气体流量	浅层土壤内 CO_2 流量	适用于在有限空间进行瞬时测量	注入前、注入、注入后、闭场	成熟技术
地下水和地表水水质分析	地下/地表水中 CO_2 含量及水质变化	需要考虑水流量的变化	注入前、注入、注入后、闭场	成熟技术
生态系统监测	生态系统的变化	泄漏后才发生显著变化，同时各生态系统对 CO_2 的敏感性不同	注入前、注入、注入后、闭场	研发技术
热成像光谱	CO_2 地表浓度	在地质封存方面没有大量经验	注入前、注入、注入后、闭场	研发技术
地面倾斜度/GPS监测	地表变形	通常要远程测量	注入前、注入、注入后、闭场	成熟技术
浅层二维地震	CO_2 在地表浅层的分布情况	在不平坦地面无法监测，对达到溶解平衡的 CO_2 无法监测	注入	成熟技术

资料来源：张琪，2011

3. 地下监测技术

地下监测与评估的对象包括：①钻孔的完整性与盖层密封性；② CO_2 与污染物运移范围；③地下压力积聚和地下水管理；④地球化学影响；⑤地质力学影响；⑥风险预测与评估；⑦风险管理。

地下监测技术是目前 CO_2 地质利用与封存工程技术发展面临的重要技术挑战之一，尽管各项深部地球物理技术、井下监测技术等总体成熟，但由于深部地质条件隐蔽性与不确定性，以及不同工程 CO_2 注入规模的制约，各项技术的应用效果差异较大（表5-18）。

表 5-18　地下监测技术

监测技术	监测目的和使用范围	技术局限	应用阶段	技术成熟度
三维地震	地层表征与地质结构；CO_2 分布等	若流体与溶解的岩石之间阻抗对比小，无法很好成像	注入前、注入、注入后、闭场	成熟技术
垂直井间地震(VSP)	CO_2 在井间的运移分布	仅限井间区域及井周区域	注入前、注入、注入后	成熟技术
微震	地层的微地震行为，获取裂隙扩展	背景噪声的剥离	注入前、注入、注入后、闭场	成熟技术

监测技术	监测目的和使用范围	技术局限	应用阶段	技术成熟度
监测井	监测 CO_2 晕、地下水流动；井底压力、温度和其他理化性质变化等	有些测试需要对套管一定间距进行射孔	闭场	成熟技术
电法	监测空隙流体的电阻变化	分辨率和深度范围有待提高	注入前、注入、注入后、闭场	成熟技术
地球化学方法	监测地层内流体组分	一般基于钻井取样技术监测地层内流体组分变化，监测范围有限	注入前、注入、注入后、闭场	成熟技术
井下压力/温度监测	地层内压力与温度变化	更换井下仪表代价较高	注入前、注入、注入后、闭场	成熟技术
环空压力监测	监测套管和油管的泄漏情况	测量时需要暂停注入	注入前、注入、注入后、闭场	成熟技术
大地电磁测量	监测海拔倾斜的微小变化	相对分辨率低，用于 CO_2 运移监测还不成熟	注入前、注入、注入后、闭场	成熟技术
电磁法	CO_2 分布运移；监测地下土壤、水、岩石的电导率	数据采集速度快，但金属矿物的影响较大，对 CO_2 敏感	注入前、注入、注入后、闭场	成熟技术
电磁感应成像	监测 CO_2 分布运移情况	要求非金属套管	注入前、注入、注入后、闭场	成熟技术
电阻层析成像	CO_2 运移与反应带运移；监测地下导电性变化	监测 CO_2 运移还不完善	注入、注入后、闭场	成熟技术
多参数测井	监测岩性和流体特征，通过伽马、中子、电阻、波速等多种参数演化	监测范围局限在钻井周边	注入前、注入、注入后、闭场	成熟技术
重力监测	监测 CO_2 垂直运移情况	对自由态 CO_2 分辨率低且对溶解态 CO_2 无法识别，同时精度有限	注入前、注入、注入后、闭场	研发技术
深井取样监测	CO_2 运移与反应带运移及演化	基于钻孔监测	注入前、注入、注入后、闭场	成熟技术
示踪监测	CO_2 运移与地下水运移	需要与深部取样监测同步	注入、注入后、闭场	成熟技术

资料来源：张琪等，2011

全球地下监测主要包括注入层位地下水、流体运移两个方面的监测。澳大利亚 CO_2-CRC Otway 枯竭气田项目的地下监测技术涉及水化学组分、气相组分、水位变化、示踪剂监测、地球化学变化、VSP、3D 地震勘探、微地震；加拿大 Weyburn CO_2 驱油油田项目的地下监测技术涉及水化学组分、气相组分、地球化学变化、VSP、3D 地震勘探、地层微电阻成像测井、微地震；澳大利亚 Gorgon、挪威 Sleipner 和 Snohvit 的近海深部咸水层项目的地下监测对象是 CO_2 羽流运移扩散特征以及 CO_2 注入对地层造成的影响，主要采用 3D 地震技术；中国神华 CO_2 深部咸水层封存项目的深部监测系统包括 VSP、多口监测井内井底温度压力监测、深井取样监测与示踪监测。

总体上，目前的 CO_2 监测技术能够支撑和保障地质利用与封存技术的发展，但具体技术在不同规模、类型工程场地的应用效果，有待通过进一步研发与示范应用评估与验证。CO_2 监测技术整体发展趋势表现为：①小型化、高覆盖范围、低成本和高可靠度，且能够满足长期监测要求的技术；②大范围、高精度与高分辨率的监测与解释技术，是未来的重点研发方向，如三维地震、VSP 等深部地球物理监测技术的高精度与高分辨率解释等。

第七节　本 章 小 结

CO_2 地质利用与封存技术能够实现大规模 CO_2 直接和长期减排，并且能够不同程度地提高石油、天然气、矿产、地热或水资源开采效率，降低 CCUS 技术成本，具有广阔的技术发展前景和应用潜力。

在我国 CO_2 地质利用与封存技术体系中，CO_2 驱油技术是目前最具商业化前景的技术，该技术在美国等发达国家已经实现广泛商业化，我国已经在多个油田开展了工业试验，是未来一段时间内 CO_2 地质利用与封存技术主要增长点。我国东北、西北和华北地区的大中型油气田具有较大的 CO_2 驱油发展潜力，预计到 2030 年能够建成 CO_2 年注入百万吨级工业示范项目，2050 年能够实现 CO_2 驱油技术广泛商业应用。CO_2 地浸采铀技术最为成熟，已实现工业应用，且我国具有较大的天然铀需求缺口，短期内该技术可能为铀矿开采广泛采用。

CH_4 作为一种重要的清洁能源，CO_2 强化开采 CH_4 技术亦有一定的发展潜力，但 CO_2 驱替煤层气、天然气、页岩气及置换天然气水合物中的 CH_4 四类技术总体发展缓慢，仅 CO_2 驱替煤层气处于小规模现场示范阶段，其他均处于基础研究或理论探索阶段。随着我国干热岩勘查、热储技术的不断突破，以及 CO_2-EGS 技术理论的不断成熟，预计到 2030 年，会开展 CO_2-EGS 技术的现场试验。

随着地质封存安全性和经济性研究的不断深入，早期概念的深部咸水层 CO_2 地质封存技术逐渐演化为 CO_2 驱水或具有驱水理念的 CO_2 地质封存技术。尽管该技术发展水平已经趋于成熟，但我国尚无百万吨规模的工业示范实例。在具有良好的政策激励和财政补贴条件下，我国西北富煤乏水地区具有良好的早期示范机会和广泛应用前景。

地质利用与封存环节决定并制约 CCUS 应用规模和减排贡献。根据《能源技术革命重点创新行动路线图》和《中国碳捕集利用与封存技术发展路线图（2019）》愿景，预计基准情景下，2030 年我国地质利用和咸水层封存综合减排潜力约为 0.6 亿 t 和 0.5 亿 t，2035 年减排潜力均为 1 亿 t，2050 年分别为 2 亿 t 和 4 亿 t；激励情景下，即 CO_2 利用补贴 250 元/tCO_2，地质封存补贴 350 元/tCO_2 的情景下，2030 年我国地质利用和咸水层封存综合减排潜力约为 1.35 亿 t 和 1 亿 t（中值），2035 年，2050 年分别为 4 亿 t 和 10 亿 t（表 5-19）。分别为 4 亿 t 和 2 亿 t 以上潜力的实现取决于产业规划以及配套政策的落实力度。

表 5-19　CO_2地质利用与封存技术中长期综合减排潜力预测汇总表

技术名称		技术成熟度			综合减排潜力（万 t）			工业产值（亿元）		
		2030 年	2035 年	2050 年	2030 年	2035 年	2050 年	2030 年	2035 年	2050 年
强化采油		4.5	5	5	1 800 ~ 3 600	3 600 ~ 6 000	6 000 ~ 12 000	233 ~ 467	467 ~ 778	778 ~ 1 556
强化开采甲烷（CH_4）	驱替煤层气	3.5	4	5	515 ~ 1 030	644 ~ 1 236	1236 ~ 2 472	55 ~ 111	69 ~ 133	133 ~ 266
	强化天然气开采	4	4.5	5	1 811	9 056 ~ 18 112	144 893 ~ 181 116	0.17	0.83 ~ 1.67	13.34 ~ 16.68
	强化页岩气开采	2.8	3.2	5	2 174	10 870	217 399	0.23	1.17	23.38
	置换天然气水合物中的甲烷（CH_4）	2	3	4	0	很少	很少	0	0	0
浸采采矿	铀矿浸出增采	5	5	5	4 000 ~ 8 000	6 750 ~ 13 500	13 500 ~ 27 000	40 ~ 80	67.5 ~ 135	135 ~ 270
	强化浸出稀土金属	2	3	4	0	很少	很少	0	0	0
采热	增强地热系统	2.8	3.2	5	20 ~ 50	40 ~ 80	80 ~ 120	—	—	—
	羽流地热系统	2.8	3.2	5	20 ~ 50	40 ~ 80	80 ~ 120	0	0	0
强化深部咸水开采与封存		4.5	5	5	5 000 ~ 10 000	10 000 ~ 20 000	100 000	2.5 ~ 5	5 ~ 10	50
共性关键支撑技术	腐蚀防护	5	5	5						
	监测	3	4	5						

注：低值表示基准情景，高值表示激励情景；其中利用 250 元/tCO_2，咸水层封存 350 元/tCO_2；“—”表示数据缺失或无法预测

参考文献

陈梅芳，花明，阳奕汉，等.2018. 循环经济视角下新疆地浸采铀浸出工艺的技术创新与实践. 中国矿业，27（3）：100-103.

杜志明，牛学军，苏学斌，等.2013. 内蒙古某铀矿床 CO_2+O_2 地浸采铀工业性试验. 铀矿冶，32（1）：1-4.

贺凯.2018. 二氧化碳开发干热岩技术展望. 现代化工，38（6）：56-58.

侯兆云，许天福，何斌，等.2016. 增强型地热系统中溶解二氧化碳对热储层溶蚀作用的实验研究. 可再生能源，34（1）：118-124.

冀光，贾爱林，孟德伟，等.2019. 大型致密砂岩气田有效开发与提高采收率技术对策——以鄂尔多斯盆地苏里格气田为例. 石油勘探与开发，46：602-612.

贾爱林.2018. 中国天然气开发技术进展及展望. 天然气工业，38（4）：77-86.

金晓辉，林青，傅宁，等.2013. 南海北部二氧化碳对天然气水合物形成与分布的影响. 石油实验地质，35（6）：634-639.

科学技术部社会发展科技司.2019. 中国碳捕集利用与封存技术发展路线图（2019 版）.

雷宏武.2014. 增强型地热系统（EGS）中热能开发力学耦合水热过程分析. 长春：吉林大学博士学位论文.

李静岩.2018. CO_2 羽流地热系统地热开采特性的数值模拟研究. 北京：北京工业大学硕士学位论文.

刘志坚，史建公，张毅.2017. 二氧化碳储存技术研究进展. 中外能源，22（3）：1-9.

毛永宁，汪小憨，呼和涛力，等.2013. 增强型地热系统能耗及 CO_2 排放强度的生命周期评价. 可再生能源，31（5）：95-98+102.

那金，许天福，魏铭聪，等.2015. 增强地热系统热储层-盐水-CO_2 相互作用. 吉林大学学报（地球科学版），45（5）：1493-1501.

秦积舜，李永亮，吴德斌，等.2020. CCUS 全球进展与中国对策建议. 油气地质与采收率，27（1）：20-28.

邵明攀，徐文青，郭旸旸，等.2016. 页岩气藏与无水压裂介质 CO_2 源汇匹配研究. 洁净煤技术，22（6）：116-122.

石思思，陈星州，马健，等.2019. 南海北部神狐海域 W19 井天然气水合物储层类型与特征. 特种油气藏，26（3）：24-29.

石岩.2014. 二氧化碳羽流地热系统运行机制及优化研究——以松辽盆地泉头组为例. 长春：吉林大学博士学位论文.

史云清，贾英，潘伟义，等.2017. 低渗致密气藏注超临界 CO_2 驱替机理. 石油与天然气地质，38：610-616.

苏学斌，韩青涛，谭亚辉，等.2005. 新疆某铀矿床 CO_2 地浸采铀试验研究. 铀矿冶，24（3）：129-134.

苏学斌，李喜龙，刘乃忠，等.2016. 环境友好型地浸采铀工艺技术与应用. 中国矿业，25（9）：97-100.

孙龙德，邹才能，贾爱林，等.2019. 中国致密油气发展特征与方向. 石油勘探与开发，46（6）：1015-1026.

汤庆四，杨俊泉，田超，等.2016. 松辽盆地砂岩型铀矿地浸采冶与生态保护——以钱家店铀矿为例. 地质调查与研究，39（2）：136-139.

田新军，沈红伟，陈雪莲，等.2006. 用二氧化碳减缓碱法地浸采铀中的化学沉淀堵塞. 铀矿冶，25（1）：15-20.

王昌龙.2016. 考虑流体损失的增强型地热系统（EGS）数值模拟研究. 合肥：中国科学技术大学博士学

位论文.
王海柱，沈忠厚，李根生. 2011. 超临界 CO_2 开发页岩气技术. 石油钻探技术，39（3）：30-35.
王林. 2018-11-14. 核电政策助推，矿业开发松绑：国际铀价创两年半新. 中国能源报.
吴金桥，高志亮，孙晓，等. 2014. 液态 CO_2 压裂技术研究现状与展望. 长江大学学报（自科版），11（10）：14-14.
曾国勤，张青林，周义朋，等. 2017. 一种 CO_2+O_2 地浸采铀加氧液体止回装置. 中国：专利批准号：CN206418175U.
张兵兵，王慧敏，曾尚红，等. 2012. 二氧化碳矿物封存技术现状及展望. 化工进展，31（9）：2075-2083.
张飞凤，苏学斌，邢拥国，等. 2012. 地浸采铀新工艺综述. 中国矿业，S1：9-12.
张建国，王海峰，姜岩，等. 2005. 美国碱法地浸采铀工艺技术概况. 铀矿冶，（1）：6-13.
张乐. 2017. 超临界压力 CO_2 在岩石裂隙和多孔介质内的对流换热研究. 北京：清华大学博士学位论文.
张琪，崔永君，步学朋，等. 2011. CCS 监测技术发展现状分析. 神华科技，9（2）：77-82.
张青林，张勇，费子琼. 2012. 新疆某铀矿床 CO_2+O_2 中性浸出试验研究. 中国矿业，21（S1）：435-438.
张炜，许天福，吕鹏，等. 2013. 二氧化碳增强型地热系统的研究进展. 地质科技情报，32（3）：177-182.
赵佳飞，樊震，宋永臣，等. 2013. 一种结合降压法的天然气水合物 CO_2 置换开采方法. 中国专利：CN103603638A.
中国 21 世纪议程管理中心. 2014. 中国二氧化碳利用技术评估报告. 北京：科学出版社.
中国产业调研网. 2019. 2018—2025 年中国天然气勘探行业现状分析与发展趋势研究报告.
中国二氧化碳地质封存环境风险研究组. 2018. 中国二氧化碳地质封存环境风险评估. 北京：化学工业出版社.
邹才能，董大忠，王社教，等. 2010. 中国页岩气形成机理，地质特征及资源潜力. 石油勘探与开发，37（6）：641-653.
邹才能，李君，杨慎，等. 2018 常规-非常规天然气理论技术和前景. 石油勘探与开发，45（4）：575-587.
Ahn Y，Kim J，Kwon J S I. 2020. Optimal design of supply chain network with carbon dioxide injection for enhanced shale gas recovery. Applied Energy，274：115334.
Al-Hasami，Ahemd S R，Tohidi B. 2005. CO_2 Injection for Enhanced Gas Recovery and Geo-Storage：Reservoir Simulation and Economics. SPE Europec/EAGE Annual Conference 2005.
Bai D S，Zhang X R，Chen G J，et al. 2012. Replacement mechanism of methane hydrate with carbon dioxide from microsecond molecular dynamics simulations. Energy & Environmental Science，5（5）：7033-7041.
Bobicki E R，Liu Q X，Xu Z H，et al. 2012. Carbon capture and storage using alkaline industrial wastes. Progress in Energy and Combustion Science，38（2）：302-320.
Cai C，Kang Y，Wang X，et al. 2018. Mechanism of supercritical carbon dioxide（Sc-CO_2）hydro-jet fracturing. Journal of CO_2 Utilization，26：575-587.
Chiang P C，Pan S Y，2017. Post-combustion Carbon Capture，Storage，and Utilization. Singapore：Springer.
Collett，T S，Boswell R，Cochran J R，et al. 2014. Geologic implications of gas hydrates in the offshore of India：Results of the National Gas Hydrate Program Expedition 01. Marine and Petroleum Geology，58：3-28.
CSLF，2008. Comparison between methodologies recommended for estimation of CO_2 storage capacity in geological media-phase Ⅲ report. Washington：Carbon Sequestration Leadership Forum.
Cuéllar-Franca R M，Azapagic A. 2015. Carbon capture，storage and utilisation technologies：A critical analysis and comparison of their life cycle environmental impacts. Journal of CO_2 Utilization，9：82-102.

Diao Y, Zhang S, Wang Y, et al. 2015. Short—term safety risk assessment of CO_2 geological storage projects in deep saline aquifers using the Shenhua CCS Demonstration Project as a case study. Environmental Earth Sciences, 73 (11): 7571-7586.

Ebinuma T. 1993. Method for dumping and disposing of carbon dioxide gas and apparatus therefore. US Patent, 07/846290.

Ersland G, Husebø J, Graue A, et al. 2010. Measuring gas hydrate formation and exchange with CO_2 in Bentheim sandstone using MRI tomography. Chemical Engineering Journal, 158: 25-31.

Ferguson R C, Nichols C, Leeuwen T V, et al. 2009. Storing CO_2 with enhanced oil recovery. Energy Procedia, 1 (1): 1989-1996.

Gambelli A M, Rossi F. 2019. Natural gas hydrates: Comparison between two different applications of thermal stimulation for performing CO_2 replacement. Energy, 172: 423-434.

Goff F, Lackner K S. 1998. Carbon dioxide sequestering using ultramafic rocks. Environmental Geosciences, 5 (3): 89-101.

Goldberg P, Chen Z Y, Connor W O, et al. 2001. CO_2 mineral sequestration studies in the US. National Energy Technology Laboratory, Pittsburgh, PA (United States) .

Hachikubo A, Miura T, Yamada K, et al. 2005. Phase equilibrium and comparison of formation speeds of CH_4 and CO_2 hydrate below the ice point. Fifth International Conference on Gas Hydrates.

Hasaneen R, Avalos A, Sibley N, et al. 2018. Techno- Economic Analyses and Policy Implications of Environmental Remediation of Shale Gas Wells in the Barnett Shales//Nimir O E, Mahmoud M El- Halwagi, loannis G E, et al. Natural Gas Processing from Midstream to Downstream. Chichester, West Sussex: Wiley.

Huijgen W J J, Witkamp G J, Comans R N J, et al. 2006. Mechanisms of aqueous wollastonite carbonation as a possible CO_2 sequestration process. Chemical Engineering Science, 61 (13): 4242-4251.

IEA. 2018. Whatever Happened to Enhanced Oil Recovery?

Jia Y, Shi Y, Pan W, et al. 2019. The feasibility appraisal for CO_2 enhanced gas recovery of tight gas reservoir: experimental investigation and numerical model. Energies, 12 (11): 2225-2225.

Jiang L, Li C, Wang C, et al. 2018. Utilization of flue gas desulfurization gypsum as an activation agent for high-volume slag concrete. Journal of Cleaner Production, 205: 589-598.

Khlebnikov V N, Antonov S V, Mishin A S, et al. 2016. A new method for the replacement of CH_4 with CO_2 in natural gas hydrate production. Natural Gas Industry B, 3 (5): 445-451.

Kodama S, Nishimoto T, Yamamoto N, et al. 2008. Development of a new pH-swing CO_2 mineralization process with a recyclable reaction solution. Energy, 33 (5): 776-784.

Koottungal L. 2014. 2014 worldwide EOR survey. Oil & Gas Journal, 112: 79-91.

Kuuskraa V, Wallace M. 2014. CO_2-EOR set for growth as new CO_2 supplies emerge. Oil & Gas Journal, 112: 92-105.

Lackner K S, Butt D P, Wendt C H. 1997. Progress on binding CO_2 in mineral substrates. Energy Conversion and Management, 38: 259-S264.

Lee B R, Koh C A, Sum A K. 2014. Quantitative measurement and mechanisms for CH_4 production from hydrates with the injection of liquid CO_2. Physical Chemistry Chemical Physics, 16 (28): 14922-14927.

Li Q, Wei Y-N, Liu G, et al. 2015. CO_2-EWR: a cleaner solution for coal chemical industry in China. Journal of Cleaner Production, 103: 330-337.

Li X S, Xu C G, Zhang Y, et al. 2016. Investigation into gas production from natural gas hydrate: A review. Applied Energy, 172: 286-322.

Matter J M, Stute M, Snæbjörnsdottir Ó S, et al. 2016. Rapid carbon mineralization for permanent disposal of anthropogenic carbon dioxide emissions. Science, 352 (6291): 1312-1314.

McGlade C, Sondak G, Han M, et al. 2018-11-28. Whatever happened to enhanced oil recovery? . Paris: International Energy Agency. https://www.iea.org/commentaries/whatever-happened-to-enhanced-oil-recovery.

Metz B, Davidson O, Coninck H D, et al. 2005. Special report on carbon capture and storage. Intergovernmental Panel on Climate Change (IPCC).

Middleton RS, Carey J W, Currier R P, et al. 2015. Shale gas and non-aqueous fracturing fluids: opportunities and challenges for supercritical CO_2. Applied Energy, 147: 500-509.

NETL. 2012. Best Pratice for Monitoring, Verification, and Accounting of CO_2 Stored in Deep Geologic Formations-2012 Update. National Energy Technology Laboratory, Pittsburgh, PA, USA.

NETL. 2020. Safe Geologic Storage Of Captured Carbon Dioxide: Two Decades of Doe'S Carbon Storage R&D Program In Review. National Energy Technology Laboratory, Pittsburgh, PA, USA.

NPC. 2019. Meeting the Dual Challenge: A Roadmap to At-Scale Deployment of Carbon Capture, Use, and Storage.

OECD-NEA, IAEA. 2018. Uranium 2018: Resources, Production and Demand. A Joint Report by the Nuclear Energy Agency and the International Atomic Energy Agency. https://www.oecd-nea.org/ndd/pubs/2018/7413-uranium-2018.pdf.

Ohgaki K, Takano K, Sangawa H, et al. 1996. Methane exploitation by carbon dioxide from gas hydrates-Phase equilibria for CO_2-CH_4 mixed hydrate system. Journal of Chemical Engineering of Japan, 29: 478-483.

Olajire A A. 2013. A review of mineral carbonation technology in sequestration of CO_2. Journal of Petroleum Science and Engineering, 109: 364-392.

Ota M, Abe Y, Watanabe M, et al. 2005. Methane recovery from methane hydrate using pressurized CO_2. Fluid Phase Equilibria, 229: 553-559.

Park A. 2019. Integration of the Recovery of Rare Earth Elements in the Steel Slags with the Slag Carbonation Process. https://parklab.engineering.columbia.edu/research-projects/carbon-capture-utilization-and-storage.

Peters L, Arts R, Brouwer G, et al. 2010. Results of the Brugge benchmark study for flooding optimization and history matching. SPE Reservoir Eval Eng., 13: 391-405.

Pierre J P, Young M H, Wolaver B D, et al. 2017. Time series analysis of energy production and associated landscape fragmentation in the Eagle Ford Shale Play. Environmental management, 60 (5): 852-866.

Power I M, Wilson S A, et al. 2013. Serpentinite Carbonation for CO_2 Sequestration. Elements, 9: 115-121.

Rillard J, Pourret O, Censi P, et al. 2019. Behavior of rare earth elements in an aquifer perturbed by CO_2 injection: Environmental implications. Science of the Total Environment, 687: 978-990.

Sanna A, Uibu M, Caramanna G, et al. 2014. A review of mineral carbonation technologies to sequester CO_2. Chemical Society Reviews, 43 (23): 849-888.

Seifritz W. 1990. CO_2 disposal by means of silicates. Nature, 345: 486-486.

Shao H, Qafoku N P, Lawter A R, et al. 2015. Coupled geochemical impacts of leaking CO_2 and contaminants from subsurface storage reservoirs on groundwater quality. Environmental Science & Technology, 49 (13): 8202-8209.

Snæbjörnsdóttir S Ó, Sigfússon B, Marieni C, et al. 2020. Carbon dioxide storage through mineral carbonation. Nature Reviews Earth & Environment, 1: 90-102.

Tayari F, Blumsack S, Dilmore R, et al. 2015. Techno-economic assessment of industrial CO_2 storage in depleted shale gas reservoirs. Journal of Unconventional Oil and GasResources, 11: 82-94.

Wan Y, Xu T, Song T. 2016. Numerical Study on CO_2-Brine-Rock Interaction of Enhanced Geothermal Systems with CO_2 as Heat Transmission Fluid, Engineering and Industry Technology Institute Proceedings of 2016

International Symposium on Materials Application and Engineering (SMAE 2016). Engineering and Industry Technology Institute, 67: 1001-1006.
Wang F, Dreisinger D, Jarvis M, et al. 2018. The technology of CO_2 sequestration by mineral carbonation: current status and future prospects. Canadian Metallurgical Quarterly, 57: 46-58.
Waters G, Ramakrishnan H, Daniels J, et al. 2009. SS: Unlocking the unconventional oil and gas reservoirs: utilization of real time microseismic monitoring and hydraulic fracture diversion technology in the completion of Barnett Shale Horizontal Wells. Houston, Texas: Offshore Technology Conference.
Wei N, Li X C, Fang Z M, et al. 2015. Regional resource distribution of onshore carbon geological utilization in China. Journal of CO_2 Utilization, 11: 20-30.
Wei N, Li X C, Wang Y, et al. 2013. A preliminary sub-basin scale evaluation framework of site suitability for onshore aquifer-based CO_2 storage in China. International Journal of Greenhouse Gas Control, 12: 231-246.
Wu G, Tian L, Chen D, et al. 2019. CO_2 and CH_4 Hydrates: Replacement or Cogrowth? The Journal of Physical Chemistry C, 123: 13401-13409.
Xiao T, Dai Z, Viswanathan H, et al. 2017. Arsenic mobilization in shallow aquifers due to CO 2 and brine intrusion from storage reservoirs. Scientific Reports, 7 (1): 1-9.
Xie H, Li X, Fang Z, et al. 2014. Carbon geological utilization and storage in China: Current status and perspectives. Acta Geotechnica, 9 (1): 7-27.
Xu C-G, Cai J, Lin F-H, et al. 2015. Raman analysis on methane production from natural gas hydrate by carbon dioxide-methane replacement. Energy, 79: 111-116.
Yu H, Jiang Q, Song Z, et al. 2017. The economic and CO_2 reduction benefits of a coal-to-olefins plant using a CO_2-ECBM process and fuel substitution. RSC Advances, 7 (79): 49975-49984.
Zevenhoven R, Fagerlund J, Songok J, et al. 2011. CO_2 mineral sequestration: developments toward large-scale application. Greenhouse Gases: Science and Technology, 1 (1): 48-57.
Zhang S, Jiang K, Yao S. 2018. Economic Evaluation of a Full Value Chain CO_2-ECBM Project in China. 14th Greenhouse Gas Control Technologies Conference Melbourne 21-26 October 2018 (GHGT-14).
Zhang X, Lu Y, Tang J, et al. 2016. Experimental study on fracture initiation and propagation in shale using supercritical carbon dioxide fracturing. Fuel, 190 (2): 370-378.
Zhao J, Xu K, Song Y, et al. 2012. A review on research on replacement of CH_4 in natural gas hydrates by use of CO_2. Energies, 5 (2): 399-419.
Zhou C. 2019. Enhanced Extraction of Alkaline Metals and Rare Earth Elements from Unconventional Resources during Carbon Sequestration. https://academiccommons.columbia.edu/doi/10.7916/d8-56d6-1q70.
Ziemkiewicz P, Stauffer P H, Sullivan-Graham J, et al. 2016. Opportunities for increasing CO_2 storage in deep, saline formations by active reservoir management and treatment of extracted formation water: Case study at the GreenGen IGCC facility, Tianjin, PR China. International Journal of Greenhouse Gas Control, 54: 538-546.
Zou C, Zhu R, Chen Z Q, et al. 2019. Organic-matter-rich shales of China. Earth-Science Reviews, 189: 51-78.

第六章

CCUS 全链条系统集成

CCUS 技术是一项复杂系统工程。从 CCUS 技术小系统的层面看，CO_2的捕集、压缩、储运、利用及地质封存都是 CCUS 环节技术，只有将这些环节组合为一条完整的 CCUS 链条，才能最终实现 CO_2减排的目标。从整个能源大系统的角度看，CCUS 只有与资源开采、能源生产、能源储运与能源利用过程相结合，才能发挥其减排 CO_2的作用。为此，本章将 CCUS 技术与其他能源的输运和利用过程相结合，在 CCUS 各环节全链集成的小系统层面和 CCUS 技术与能源—工业行业的大系统集成两个层面，针对 CO_2 捕集、压缩、运输、注入、全链条集成等技术单元之间的兼容性和集成优化两个关键问题，评估 CCUS 技术目前面临的问题、挑战与机遇。

第一节 CCUS 技术集成

一、全链集成增强 CCUS 技术可行性

不同工业过程开展 CCUS 技术均经过捕集、储运与利用及封存技术单元。CO_2在存在技术差异的技术单元之间传递，不仅各环节存在物质与能量的交换，需要考虑兼容问题，而且不同工业过程与相应 CCUS 过程也存在系统集成优化可能。CCUS 全链集成技术可通过兼顾单元与整体，在保证各环节正常运行的同时，通过能量与物质流动的链接将各技术环节集成为一体化的系统，增强 CCUS 技术的可行性。

由于 CO_2物流贯穿 CCUS 全环节，CCUS 的全链兼容性问题主要体现在下游环节对上游提供的 CO_2物流的物理化学性质的特殊要求。CO_2物流的品质（CO_2浓度及杂质含量）对捕集、输运以及利用和封存各环节的意义不同（Gale，2009）。对于一种 CO_2捕集技术，捕集 CO_2纯度的提高将引起捕集能耗和成本的上升。不同的 CO_2排放源以及不同的捕集技术生产的 CO_2品质不同：采用化学吸收法捕集分离后的 CO_2纯度较高而杂质相对较低，而膜分离技术、富氧燃烧、化学链等分离工艺的产品气体有可能需要进一步提纯。由于不同 CO_2排放源及产品要求导致了捕集技术的复杂性，难以给出捕集能耗和成本随 CO_2纯度变化的精确曲线关系，但 CO_2纯度超过某一阈值，捕集能耗与成本会急剧上升。例如：通过化学吸收等分离技术，燃煤发电厂捕集 CO_2的浓度可以达到 99% 以上，但通常电厂捕集 CO_2的浓度高于 97% 即可。

对 CO_2运输环节而言，CO_2运输要求 CO_2相态稳定，CO_2相平衡和临界参数受 N_2、H_2O、H_2S 等杂质含量的影响较大，需重点考虑 CO_2中杂质含量对管道运输效率、安全的影响，以及终端用户的需求。一般管道输运的管道气体标准如表 6-1 所示。

表 6-1　CO_2管道输运的气体杂质要求（推荐）

	组分	浓度限制	备注
满足终端用户需求（最低混相压力）	CO_2	≥95%	满足驱油混相要求
	N_2、CH_4、Ar 等	≤4%	
腐蚀控制及安全性	O_2	≤10ppm	
	H_2S	≤200ppm	建议
	SO_x	≤100ppm	建议
	CO	≤200ppm	建议
	H_2O	水露点	交接压力下，比最低环境温度低 5℃

资料来源：李玉星等，2014

不同 CO_2利用或封存方式对 CO_2品质的要求也各不相同，例如：CO_2驱油只要求品质不影响混相驱替即可，CO_2用于地质封存品质满足封存规范的要求即可；而食品级或原料级别的 CO_2利用则需要 99.9% 纯度或者更高的品质的 CO_2。目前，国际国内都还没有统一的 CO_2浓度标准。不过科研机构已经对 CO_2 的规格进行了研究（Li et al.，2009；Neele et al.，2017）。表 6-2 列举了一种可行的 CO_2规格分类方法。这种 CO_2分类方法可以被使用在具体项目中。

对于 CO_2捕集环节而言，CO_2捕集量取决于排放源的规模以及捕集率。以燃煤电厂等大规模集中排放源为例，目前随着燃煤发电单体设备规模（目前已可达 1000MW）的不断扩大，电厂规模可以高达数百万千瓦，相应的年捕集 CO_2量可达到数千万吨。因此，在没有形成大规模的 CCUS 输运网络之前，燃煤发电排放源有能力满足大部分类型的利用或封存环节的 CO_2需求。

应用于常规驱油的 CO_2最大需求量随着油田的规模与特性会有所不同。一般的 CCUS 驱油项目每年能够储存 50 万～900 万 tCO_2，通常大于 100 万 tCO_2/a。使用天然 CO_2排放源的驱油项目，其规模甚至更大，可以达到 3200 万 tCO_2/a，而且应用于驱油的 CO_2需求量是动态变化的。

表 6-2　CO_2规格分类方法

成分	EBTF 推荐（体积分数）	咸水层储存（体积分数）	驱油（体积分数）
CO_2	>90%	>90%	>90%
H_2O	<500ppm	<500ppm	<50ppm
H_2S	<200ppm	<1.5%	<50ppm
NO_x	<100ppm	不可有（NA）	NA
SO_x	<100ppm	NA	<50ppm
HCN	<5ppm	NA	NA
COS	<50ppm	NA	<50ppm
RSH	<50ppm	NA	>90%

成分	EBTF 推荐（体积分数）	咸水层储存（体积分数）	驱油（体积分数）
N_2、Ar、H_2^*	<4% *	<4% *	<4% *
CH_4	<2%	<4% *	<2%
CO *	<0.2%	<4% *	<4% *
O_2	<100ppm	<4% *	<100ppm

*：−x+Σxi<4%（v）= 不可压缩气体的总和。

资料来源：Neele et al.，2017；Abbas et al.，2013；Mahgerefteh et al.，2012

除了整个 CCUS 链条的 CO_2 设计流量的匹配问题，CCUS 各环节之间还存在 CO_2 流量的动态平衡与匹配问题，类似电力生产与消费之间通过电网的匹配平衡。首先，上游 CO_2 捕集环节需要满足下游 CO_2 利用及封存环节的即时需求。对捕集环节而言，CO_2 排放源以及 CO_2 分离技术的变负荷特性共同决定捕集环节的变负荷性能，燃煤电厂的变负荷能力优于煤化工与冶金行业，但大部分 CO_2 分离工艺通常没有变负荷运行的能力。在部分小规模示范工程中，采用了 CO_2 或烟气再循环的方式维持 CO_2 分离工艺的最低流量要求，但这种方式是以牺牲效率为代价换得 CO_2 捕集单元的变负荷稳定运行，而对于大规模 CO_2 捕集示范的变负荷问题的研究尚不深入。其次，不同 CO_2 利用及封存技术也可以灵活调整消耗量，实现 CO_2 的供需协调与兼容。再次，不同源汇组合形成的 CCUS 链条体系的 CO_2 存储能力不同，例如管道的存储与缓冲能力非常有限，而低温液态 CO_2 输运的缓冲能力较强。

二、全链集成提供 CCUS 技术低成本应用机会

依据烟气中 CO_2 浓度的高低，可将 CO_2 排放源划分为高浓度排放源和中低浓度排放源，其中高浓度排放源包括天然气加工厂、煤化工厂、氨/化肥生产厂、乙烯生产厂、甲醇、乙醇及二甲基乙醚生产厂等，其排放 CO_2 气体的纯度通常高于 70%。CO_2 捕集成本约占 CCUS 全链条成本的 60% ~80%，而高浓度排放源的 CO_2 捕集能耗与成本显著低于中低浓度排放源，因此高浓度排放源为早期 CCUS 示范提供了低成本机会。

1. 天然气加工与 CCUS

天然气通常要先进行加工，然后才能输送到天然气管网。根据气田资源条件的不同，其中含有 2% ~70% 的 CO_2，这些 CO_2 需要进行严格的脱除来满足运输管道的要求。一般采用常规技术，例如 MDEA 捕集来脱除 CO_2，生产出适合利用与封存的高浓度 CO_2。而使用膜分离技术的加工厂不能够生产出足够纯度的 CO_2。在过去的几十年间，中国天然气加工行业发展迅速。在陕西省，已探明的天然气储量巨大（陕北西部 700 亿 m^3，衡山和榆林 33 亿 m^3）（Daggash et al.，2019）。然而现在对天然气的规格和处理方法还没有足够的信息。需要对包括气田运营商在内的具体的案例进行具体分析，以此来证明 CO_2 脱除在这些气田的天然气生产中是否必要，捕集到的 CO_2 是否能够达到利用和封存的质量、数量要求。

2. 煤化工与 CCUS

煤化工技术是利用煤来制造清洁的液体/气体燃料的一系列技术，如汽油、柴油、石脑油；或替代燃料，如气态氢、二甲基乙醚等。发展煤制油技术的主要驱动力来自石油价格及能源供应安全的考量。另外，对于液体燃料而言，其单位产能所释放的 CO_2 要少于直接燃煤，因此如果在转化过程中集成 CCUS 技术，将产生的 CO_2 进行地下储存或者直接使用，可以实现 CO_2 的减排。

目前工业可行的煤制油技术可以分为两大类：直接液化和间接液化（Polfus et al., 2015），这两类技术都可以为 CCUS 的早期发展提供机会。间接液化技术路线中，首先通过气化炉将煤转化为合成气，而后通过脱除部分 CO_2 降低合成气的碳氢比，最后再利用合成气合成液体燃料。而煤直接液化技术路线则包括液化与制氢两个工艺单元，在液化工艺单元中，煤在高温、高压和催化剂的条件下直接裂解为原油。裂解过程和液体产品所需的浓缩过程都会用到制氢工艺单元生产的氢气，而煤制氢工艺单元则会排放高浓度 CO_2。无论直接液化还是间接液化，生产过程中大约 80% 的 CO_2 能够被储存下来而不需要额外的捕集成本。目前，神华集团基于其在内蒙古鄂尔多斯地区的“煤制油生产线”，利用膜分离技术分离 CO_2，CO_2 浓度由 87% 提高至 95%，并将 CO_2 封存于鄂尔多斯盆地的咸水层。

3. 氨/化肥生产与 CCUS

与世界其他国家相比，中国生产氨的主要原料是煤和煤焦（71%），其次才是天然气（21%）和石油（8%）。在煤制氨工艺流程中，原料通过气化和重整转化为合成气，合成气中的 CO_2 需要完全脱除。如果通过液体化学吸收剂吸收这部分 CO_2，可以得到高纯度的 CO_2，进而将其资源化利用或封存。氨生产由于规模较大（通常在 1000 万 tNH_3/a），其作为 CCUS 的大型示范项目十分有吸引力。在我国，合成氨流程产生的 CO_2 大约有一半被用作化肥的原料，将这部分得到的 CO_2 加工成为尿素是国际上普遍采用的技术，利用 CO_2 生产碳酸氢铵或碳酸氢钾技术已在陕西开展应用。这些利用 CO_2 生产碳基化肥的技术，将温室气体捕集后，加工成为碳基化肥，供植物吸收利用，通过光合作用将太阳能再度转化成为化学能，生产粮食或生物质，也同时为生物质负排放发展提供了原料。在利用天然气作为原料的情形中，从合成气中分离出来的大部分 CO_2 能够用来生产尿素。而利用煤或者石油作为原料，由于其生产出的 CO_2 要比尿素厂消耗的 CO_2 更多，因而对于这些原料，其产生的 CO_2 大约只有一半用于尿素生产。部分工厂利用变压吸附捕集产生的 CO_2，这种情况下 CO_2 中将含有惰性组分，不适用于进一步利用与封存。同样的，CO_2 中含有的 H_2S 对于驱油或者其他有特殊要求的封存利用方式而言，是不可以接受的。因此，CCUS 的可行性需要针对原料、分离方法、产品纯度，以及氨厂和尿素厂规模匹配等具体问题进行具体分析。

4. 乙烯生产与 CCUS

乙烯制备是化工生产的最重要的一个环节，生产聚乙烯的主要途径是利用石油裂解生产乙烯、CO_2、CH_4 和其他碳氢化合物等，再从中利用液相化学吸收剂脱除其中的

CO_2，然后将其中的乙烯回收，剩余的产品再进行回收或者再循环。其中分离出的 CO_2 由于浓度较高，适合用于 CCUS 早期示范。尽管生产的 CO_2 产量相对较高（1～1.6tCO_2/t 乙烯），现有工厂实际的 CO_2 排放量并不大，通常只有 15 万～25 万 t/a。这意味着乙烯厂 CCUS 项目通常规模较小且成本较高，除非能将其与其他 CO_2 排放源结合起来。生产乙烯的另一种方式是新型的甲醇制烯烃（MTO）反应，该反应利用煤代替石油裂解作为原料，首先生产甲醇，然后再将之转化为乙烯，在制甲醇的过程中可以实现 CO_2 的脱除。

5. 甲醇、乙醇及二甲基乙醚生产与 CCUS

甲醇、乙醇、二甲基乙醚都是化工原料加工的重要中间产物，而且甲醇和二甲基乙醚都可以作为替代的液体燃料。一般而言，从煤制得的合成气中的 CO/H_2 摩尔比不能够满足化工合成单元中化工产品合成的要求，因此需采用水煤气变换反应来调整 CO/H_2 摩尔比达到化学当量比的要求。为了防止化工合成反应中的催化剂中毒，原料气还需要进行酸性气体脱除的预处理，同时防止大量的 CO_2 作为惰性气体对合成反应造成不利的影响。因此，CO_2 需要在酸性气体净化单元中脱除，从而存在与 CCUS 技术集成的可能。相较低浓度排放源，高浓度排放源与 CCUS 集成的优势在于其投资成本和运行维护成本较低。如图 6-1 所示，天然气加工、化肥生产等高浓度排放源在初始投资成本及运行维护成本方面均具有明显优势。

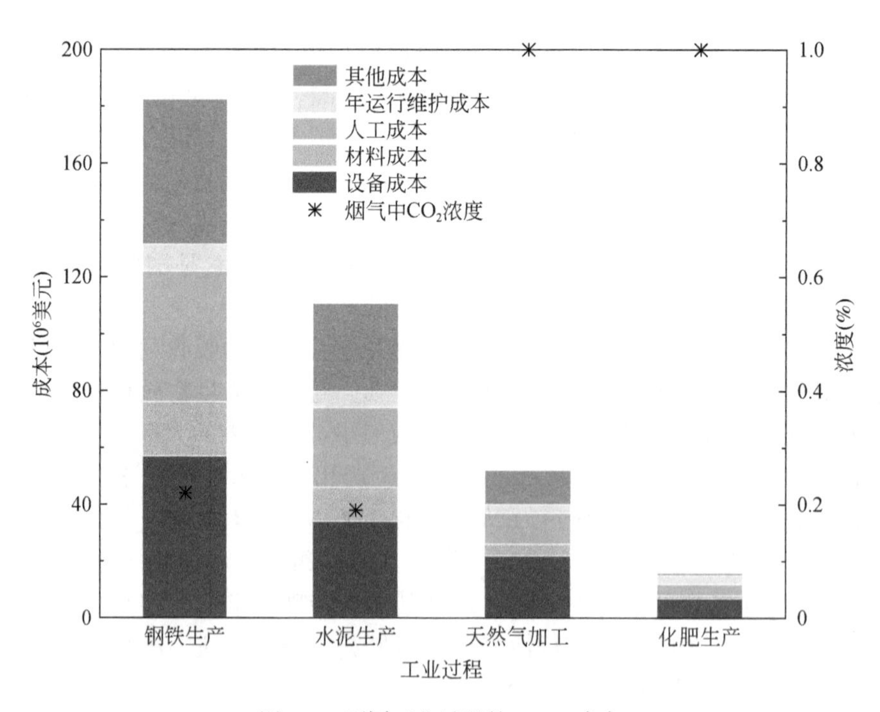

图 6-1 不同工业过程的 CCUS 成本

资料来源：Irlam，2017

通过工艺设计天然气加工和化肥生产可产生纯净的 CO_2 流

《中国碳捕集利用与封存技术发展路线图（2019版）》中明确指出，中国的早期CCUS示范项目优先采用高浓度排放源与EOR相结合的方式（科技部社会发展科技司和中国21世纪议程管理中心，2019）。CO_2-EOR通过提高石油采收率产生收益，当市场油价处于高位时，CO_2-EOR收益不仅可完全抵消CCUS成本，还可为CCUS相关利益方创造额外经济利润，即以负成本实现CO_2减排。有学者（魏一鸣等，2020）以煤制甲醇项目作为碳源，以陕西延长石油CO_2-EOR项目作为参考案例评估了全流程CO_2-EOR项目的收益，结果表明该项目在2020～2038年可创造6.47亿元的收益。事实上，我国存在大量可产生正向收益的CO_2-EOR项目，如图6-2所示（Dahowski et al.，2012）。从空间地理分布来看，我国的早期CO_2-EOR机会主要分布在松辽盆地、渤海湾盆地、准噶尔—吐哈盆地及珠江口盆地（图6-3）。

CCUS技术的上游与下游所涉及的环节通常是跨行业领域的，如电力与石油、化工与地质，且源汇之间的地理位置通常也有一定距离。这使得CCUS各环节之间的能量集成与资源的循环利用存在一定困难。但是，针对特定案例，如当源汇距离相对较近时，源汇之间同样存在能量集成的可能。在源汇距离较近的情况下，CO_2排放源企业和CO_2利用与封存企业之间的能量集成会大幅度提高CCUS链条的效率并降低运行成本。一方面，对于很多强化资源采收率的技术，如地质封存过程中CO_2强化采出的油气、地热等能源资源，可以与排放源集成以提高能源与资源利用效率和降低CO_2捕集成本；另一方面，以电厂为代表的能源和转化生产类CO_2排放源企业可以为CCUS全链条提供热量、电力能源或化学产品。比如，电厂为代表的能源生产类企业可通过热电联供为捕集系统、油气田、地下水处理提供热量，从而实现CCUS系统与排放源之间的集成优化，提升全系统能效，降低成本。

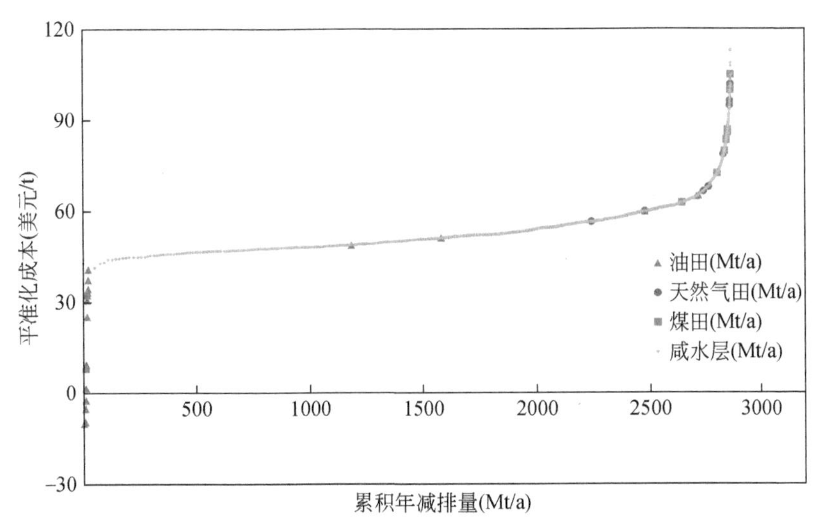

图6-2　不同地质封存类型对应的CCUS成本曲线

CCUS成本包括CO_2捕集、压缩、运输与封存

资料来源：Dahowski et al.，2012

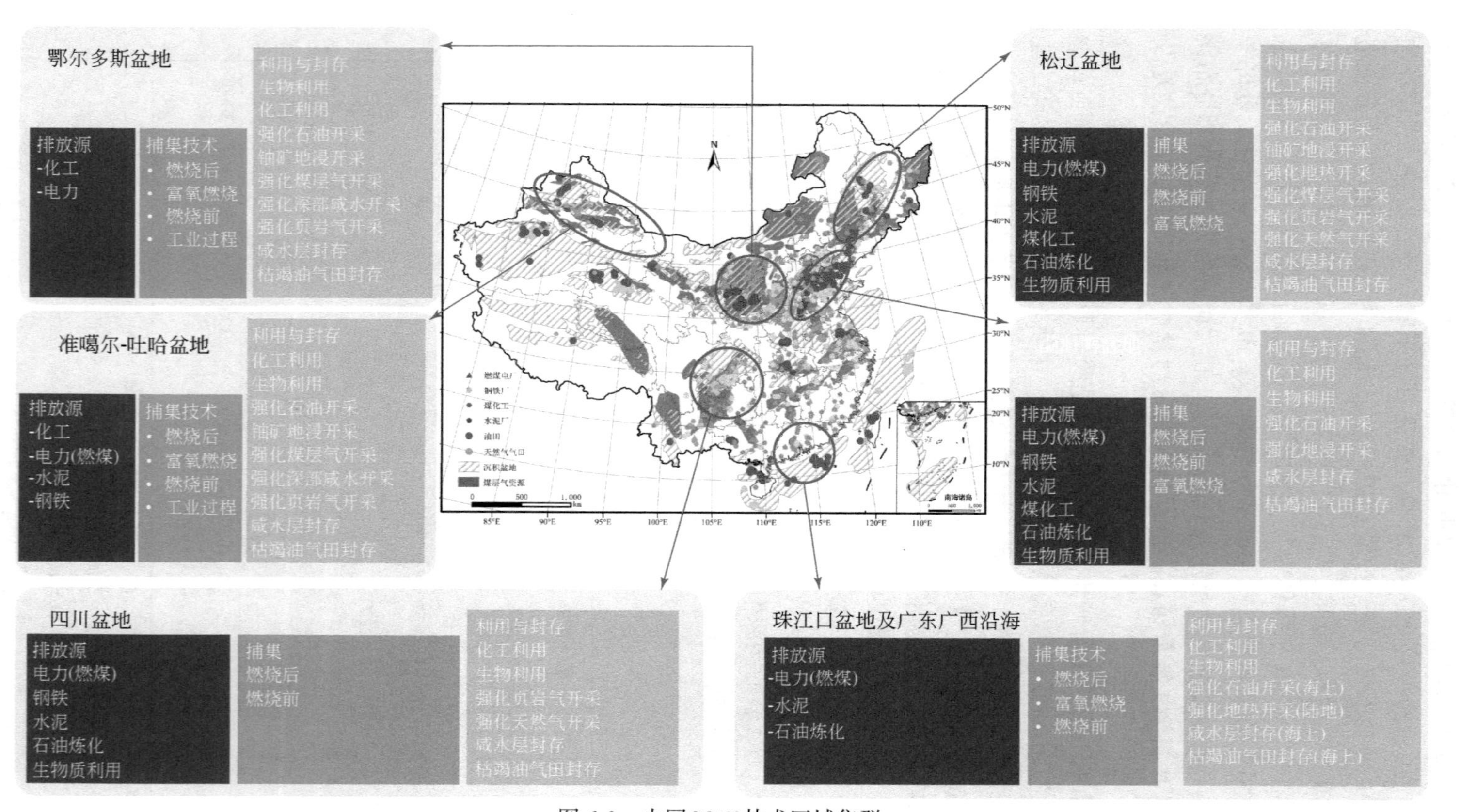

图 6-3　中国CCUS技术区域集群

资料来源：科技部社会发展科技司和中国21世纪议程管理中心，2019

第二节　CCUS 与燃煤电厂和工业过程的集成

火力发电等第二产业是我国主要的碳排放来源，碳排放占比超过73%，是未来我国碳减排的重点关注行业（于鹏伟等，2019）。与高浓度排放源相比，工业生产中具有代表性的产业，如电力、水泥、钢铁等行业均属于中低浓度排放源。电厂、水泥厂、钢铁厂等中低浓度排放源在我国数量众多且分布广泛，排放基数较大。CCUS 与这些行业的集成会大幅提高我国工业部门的减排潜力，同时为这些行业未来的低碳发展提供技术保障。

一、燃煤电厂与 CCUS 技术集成

燃煤电厂在中国的电力供给中扮演着至关重要的角色。截至 2020 年 1 月，中国现役燃煤发电机组装机容量约为 1005GW，约占全球煤电产能的 49%（GCPT，2020a）。巨大的煤电产能导致了严重的 CO_2 排放问题。2018 年中国燃煤电厂的 CO_2 排放量为 46 亿 t，占全国发电和供热 CO_2 总排放量的 97%，超过了欧盟和日本化石燃料燃烧所产生的 CO_2 排放总和（IEA，2020）。

中国拥有着世界上最高效的燃煤发电机组群，高效大功率的超临界、超超临界燃煤机组占总煤电装机的 44%（表 6-3），煤电机组平均供电煤耗为 306.4gce/kWh，平均服役年限却仅约为 12 年，总体呈现“存量大、机组新、效率高”的特征（IEA，2020）。2018 年中国燃煤发电机组的平均运行效率已达到 39%，运行效率的提高使发电的平均碳排放强度从 2000 年的 1128gCO_2/kWh 降至 2018 年的 900gCO_2/kWh（IEA，2020）。中国大规模且年轻的煤电机组群带来了巨大的碳排放压力。2018 年中国煤电机群的运行年龄约为 11.5 年，是全球煤电机组平均运行年龄的一半，这些年轻的煤电机组具有在未来几十年内锁定碳排放的风险。

表 6-3　中国燃煤发电各技术（含热电联产）平均运行效率

煤电技术	2000 年	2010 年	2018 年
燃煤发电机群	30.4%	35.4%	38.6%
循环流化床	30.9%	34.7%	37.0%
亚临界	30.3%	33.4%	35.2%
超临界	33.5%	38.3%	40.2%
超超临界	—	41.4%	44.2%

CCUS 技术能够实现深度电力脱碳，并保障燃煤电厂提供可调度的低排放电力。IEA 在《通过 CCUS 改造工业》（Transforming Industry through CCUS）报告中提出，为履行《巴黎协定》的相关减排要求，2060 年电力部门通过 CCUS 实现的 CO_2 减排累计量可达

560 亿 t（IEA，2019a）。2019 年中国煤电占总电力供应达到了 65%（中国电力企业联合会，2020），鉴于中国庞大而年轻的煤电机群和电力系统结构，在没有经济可靠的大规模储能技术支撑的情况下，目前迅速淘汰煤电是不现实的。碳约束条件下，煤电低碳化转型的压力正在逐步突显，先进煤电机组亟待结合 CCUS 技术实现低碳化利用，以平衡中国未来发展中对可负担的能源电力供应及环境可持续发展的双重要求。

CCUS 技术在燃煤电厂的广泛应用具有显著的现实意义，可以为国家减缓气候变化探索技术可行、成本可控的路径选择，为煤电行业实现低碳可持续发展提供技术支撑，保障国家能源安全供给。一方面，CCUS 技术有利于保障国家能源安全、气候与环境安全以及燃煤机组资产安全。通过“燃煤机组+CCUS 技术”的方法，可以在满足社会发展所必须的能源需求的基础上实现 CO_2 以及其他污染物的大规模减排。同时，通过 CCUS 技术支撑，传统煤电产业可以继续有效使用已经是沉没成本的先进机组，并向低碳和环境友好的方向发展，避免因减排而造成的煤电机组资产“贬值”。另一方面，CCUS 技术有利于履行国家气候变化承诺、保障电力稳定持续供应以及降低电力维护成本。CCUS 技术是实现 2030 年碳排放达峰以及尽快达峰的重要技术途径。与 CCUS 技术结合的燃煤电力不会增加额外的并网成本或风险，在低风速和弱阳光以及用电高峰时段，可以保障电力稳定持续供应，降低电力维护成本。

1. 技术介绍

燃煤电厂以煤炭为主要原料，通过煤炭燃烧时释放的热量将水加热生成蒸汽，将煤炭的化学能转变成热能，蒸汽压力推动汽轮机旋转，热能转换成机械能，然后汽轮机带动发电机旋转，最终将机械能转变成电能。燃煤电厂产生的 CO_2 是由煤炭中的碳元素经过氧化形成，且由于煤炭中碳元素的占比较大，煤炭燃烧将会产生大量的 CO_2 排放，其碳排放因子远高于石油和天然气。燃煤发电与 CCUS 集成技术通过燃烧前捕集、燃烧后捕集及富氧燃烧等技术将燃煤发电过程中产生的 CO_2 捕集并加以利用与封存，以降低电力生产行业的碳排放量。

燃煤电厂与 CCUS 技术耦合后，会显著扩大对应的碳减排规模，同时通过 CO_2 驱油等也会带来丰厚的盈利。对于分布于煤炭资源富集的中国西北部地区的燃煤电厂而言，大规模且高强度的能源及化工产业发展受到当地水资源相对短缺的约束和限制。通过实施 CCUS，增采地下咸水经过淡化净化处理后可供当地使用，在一定程度上有助于缓解当地工业用水紧缺等问题。因此，在燃煤电厂实施 CCUS 技术可以带来环境、经济以及社会等各方面的效益，既有利于燃煤电厂有效控制碳排放，也有助于煤炭等能源资源富集地区经济社会实现低碳可持续发展。

然而，目前燃煤电厂大规模部署 CCUS 技术仍然存在着诸多技术障碍和挑战。①由于部署 CCUS 技术会导致燃煤发电效率下降，如何弥补因此带来的附加损失值得深思；②进行材料优化，降低溶剂再生及捕集成本以提高可用性的相关研究亟待深入开展；③需要尽早确定采用 CO_2 捕集的锅炉和气化炉的最佳运行条件，并灵活集成到运行模式中；④改善发电循环，有效控制除 CO_2 以外的排放物；⑤进行燃煤电厂耦合 CCUS 技术的全面示范，以增强潜在未来投资者和公众的认识和信心。

2. 技术应用条件和经济可行性

技术适用性标准和成本是影响电厂（在役的）改造的主要影响因素。除此之外，其他因素如选择的有效性、市场结构和政策风险在本书中不做讨论。可改造的候选电厂需要满足技术适用性标准，并且增加的 CCUS 成本低于其他电厂减排的成本。技术适用性标准决定一个电厂是否可以成为改造的候选电厂。根据数据条件与评估精度，现阶段燃煤电厂改造需要考虑的技术适用性标准包括 CCUS 实施年份、机组容量、剩余服役年限、机组负荷率、捕集率设定、谷值/峰值等。成本因素影响 CCUS 的技术选择，影响改造可行性和成本的因素包括 CO_2 运输和封存成本、年限、规模、负荷因子。

服役电厂的特定特征对规模化发展应用电厂改造将产生极大的影响，特征包括电厂的年龄、规模、负荷和位置。针对这些特征，电厂 CCUS 改造的技术适用性标准如下所述：

1）年龄。在 CCUS 改造决策之前，把电厂的当前年龄作为规模化发展应用考虑是必要的，电厂当前的年龄用于排除那些可能达到经济寿命终点的电厂。

2）规模。在初期分析中，规模是规模化发展应用考虑重要的因素，根据《煤电节能减排行动与升级计划（2014—2020》（发改能源 2093 号文件），新建燃煤发电机组原则上采用 60 万 kW 及以上超超临界机组。

3）负荷因子。每年运行时间较长的电厂更能够快速地收回 CCUS 改造的前期投资成本。当前的负荷因子可以表明改造的电厂是否具有优势赚取利润偿还资本支出。需要确定合适的负荷因子来排除那些只提供峰值功率或不规则分派成本或是具有技术问题的电厂。

4）空间可用性。如果一个电厂没有充分的有效空间安装 CO_2 捕集设备，这个电厂就在技术上不能满足 CCUS 改造的条件。

5）当地政策和战略因素。中国 CCUS 改造的规模化发展应用机会依赖于不同省份的政策，这些政策对煤炭利用的相对吸引力或是低碳电力具有重要影响。

燃煤发电与 CCUS 集成的经济可行性取决于其对应的成本。总成本主要包括捕集成本、压缩成本、运输成本与封存成本等。

1）捕集成本。捕集成本反映与 CO_2 运输、封存相关的成本，包括年龄、规模和负荷因子及其在绝对适合性阈值内的变化。除成本要素外还包括效率、蒸汽循环设计，以及在合适的温度压力下从汽轮机提取蒸汽的易用性。CO_2 捕集主要的资本支出项目有 CO_2 捕集设施，包括 CO_2 吸收器、CO_2 分离器、泵和管道，对蒸汽和电力集成的微小修改，压缩机，增加 FGD、汽轮机改造或锅炉升级。第二代 CO_2 捕集技术以更低成本实现燃煤电厂的有效减排，大幅改善 CCUS 技术的经济性。新型膜分离、增压富氧燃烧及化学链燃烧等第二代捕集技术成熟后能耗和成本可比成熟后的第一代技术降低 30% 以上。

2）压缩成本。CO_2 压缩的固定投资包括 5 级 CO_2 压缩机、单级增压泵和辅助设施，运行维护费用则包括设备维护费用和能耗等。

3）运输与封存成本。分渠道 CO_2 地质封存技术以工程技术手段储存 CO_2，保障与大气长期隔绝的可靠性。目前 CO_2 地质封存主要划分为陆上咸水层封存、海底咸水层封存、枯竭油气田封存等方式。基于当前技术水平，并考虑关井后 20 年的监测费用，陆上咸水层封存成本约为 60 元/tCO_2，海底咸水层封存成本约为 300 元/tCO_2，枯竭油气田封存成本约为 50 元/tCO_2。

此外，多层次 CO_2 利用技术正在以额外收益促进 CO_2 的资源化利用和转化，提升整体产业链的商业性。地质利用技术方面，CO_2 驱油技术的累计注入量超过 150 万 t，累计原油产量超过 50 万 t，总产值约为 12.5 亿元；化工利用方面，已合成高附加值化学品的 CO_2 利用规模约为 10 万 t/a，产值约为 4 亿元/a；生物利用方面，CO_2 转化为食品和饲料的利用规模约为 0.1 万 t/a，产值约为 0.5 亿元/a（GCCSI，2019）。

加快推动捕集技术示范成熟和新型捕集技术的研发，减少捕集成本进而降低 CCUS 成本对未来大规模实施 CCUS 具有至关重要的作用。对捕集成本影响最大的因素是捕集系统的容量因子，容量因子越大，捕集成本越低，对捕集系统的利用率越高；运输成本虽然普遍不高，但源汇匹配性也会对 CCUS 的经济性产生较大影响；CO_2 驱油等利用方式由于可获得额外收益，可有效改善 CCUS 的经济性。

虽然相比目前规模化发展、技术成熟度高、发电成本已经大幅降低的陆上风电而言，实施 CCUS 技术的燃煤电厂度电成本并不具有优势。但是相比处于起步阶段的光热发电以及尚处于技术学习曲线中前期的海上风电而言，即使进一步提高燃煤电厂捕集率引致发电成本上升，燃煤电厂与 CCUS 集成 技术仍具有很强的竞争力。如果国家对于目前处于早期示范发展阶段的“煤电+CCUS”技术参照可再生能源扶持政策给予适当激励，会加快 CCUS 技术学习进步率，进一步提升和凸显其低碳竞争力。

3. 发展路径和早期机会

根据 IEA B2DS 情景，若想获得 50% 的机会使未来的气温增幅不超过 1.75℃，就需要中国在 2045 年时关闭其全部未升级的燃煤电厂（如未装备 CCUS 技术的电厂），并要求这些电厂在 2040 年就停止发电（IEA，2017）。中国的经济高度依赖煤炭，尽管近期国家尽最大努力限制其在能源结构中的比例，但在可预见的未来，煤炭仍将是主导能源，煤电在电力供给、能源安全中的作用至关重要。若未来全球及国内的 CO_2 减排政策趋紧，中国燃煤电厂的运营将面临巨大的挑战，甚至面临提前关闭的风险，这将造成大量煤电资产的搁浅，同时对我国的社会经济发展产生重大影响。

我国大部分的燃煤机组的投产时间为 2005～2015 年（Fan et al.，2018；科学技术部社会发展科技司和中国 21 世纪议程管理中心，2019），按 40 年寿命期限计算（Seto et al.，2016），煤电行业在 2035～2045 年间将迎来机组更新高峰。CCUS 改造对于燃煤电厂的剩余寿命有一定要求，以保证进行 CCUS 投资后能够在剩余寿命期内收回前期投资成本或实现盈利。分别假定燃煤电厂 CCUS 改造的投资回收期为 10～15 年，对应我国燃煤电厂 CCUS 改造潜力如图 6-4 所示。燃煤电厂在实施 CCUS 改造时，其剩余的寿命应长于 CCUS 投资回收期，否则其将不符合改造标准。随着时间推移，现役燃煤电厂的 CCUS 改造潜力将逐渐降低。假定 CCUS 投资回收期为 15 年，若 CCUS 技术能够在 2030～2035 年实现商业化应用，届时我国燃煤电厂的改造潜力为 144～431GW；若投资回收期缩短至 10 年，则相应的改造潜力将提升至 431～500GW（Fan et al.，2018）。综合考虑火电行业的发展规律与捕集技术的发展趋势，2035 年前应以采用第一代捕集技术的存量火电机组改造为主，2035 年后应以采用第二代捕集技术的新建火电机组为主，2035 年前后将是捕集技术实现代际升级的关键时期（科学技术部社会发展科技司和中国 21 世纪议程管理中心，2019）。CCUS 技术是目前煤电行业实现深度减排的唯一途径，因此燃煤电厂与 CCUS 集成技术将是保障未来燃煤电厂低碳、持续运行的关键措施，也是促进中国能源系统低碳转型的重要措施。若 CCUS 技术无法在燃煤电厂中商业化推广，未来中国的煤电行业将面临严峻的减排挑战，电力行业的供给格局届时可能也将发生深刻变化。

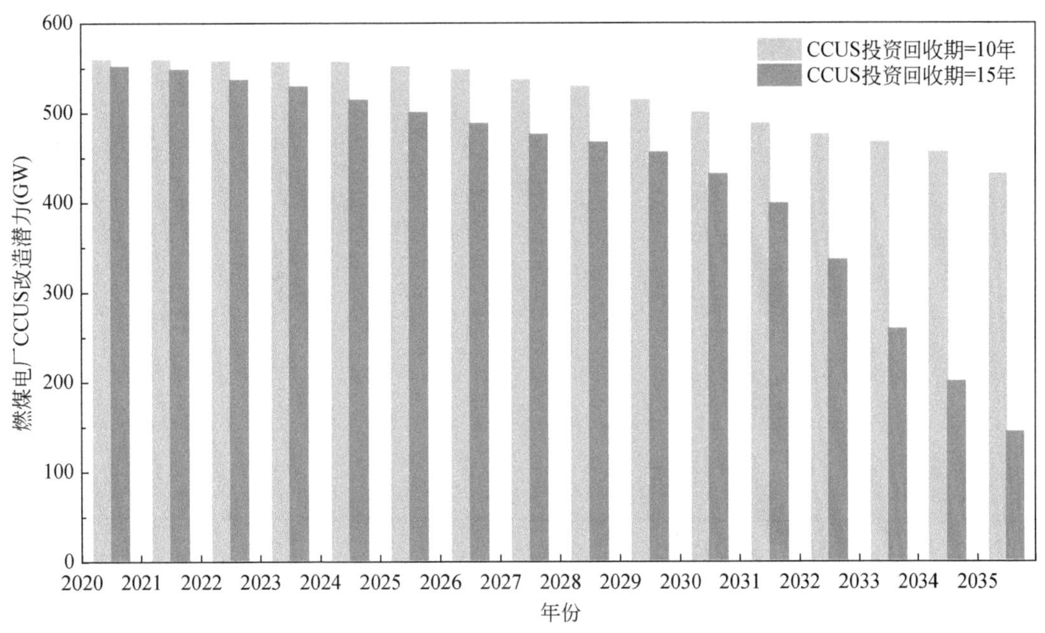

图 6-4　我国燃煤电厂 CCUS 改造潜力

资料来源：Fan et al.，2018

燃煤电厂作为中国碳排放的主要来源之一，其与 CCUS 集成后的减排潜力十分可观。据统计，中国现役燃煤电厂目前的 CO_2 排放规模为 47.68 亿 t/a（GCPT，2020b），现役电厂剩余寿命期内的总 CO_2 排放预计将高达 1334.73 亿 t（GCPT，2020c）。而我国 CO_2 封存潜力约为 2.4 万亿 t（GCCSI，2018），能够满足我国电力部门 500 年以上的排放需求，这为 CCUS 技术的广泛部署提供了前提与基础。然而，考虑到现实需求，中国仅需对部分燃煤电厂进行 CCUS 改造即可。已有研究表明，为实现 2℃ 温升目标，中国至少需要对 165 个燃煤电厂（总装机容量为 175GW）进行 CCUS 改造（图 6-5）；在这些燃煤电厂的剩余寿命期内，可通过 CCUS 技术累积减排 174.2 亿 tCO_2（Wang et al.，2020）。从 CCUS 部署层面来看，长三角地区、环渤海地区、东北地区及新疆、山西、陕西、内蒙古等地均存在大量的 CCUS 早期机会，其中 CO_2 利用主要以驱油为主（Wang et al.，2020；Fan et al.，2018）。

已有研究表明，控制能源系统的碳强度或非化石能源的份额，是实现中国碳排放达峰的关键；为实现中国 2030 年左右碳排放达到峰值的目标，2030 年非化石能源占比需控制在 25% 以上，并考虑在“十四五”规划中将 2030 年的非化石能源占比提高至 30%（目前规划值为 20%）（Qi et al.，2020）。在宏观减排政策的作用下，可再生能源的扩张势必会削减煤炭的消费占比。换而言之，如果无法实现煤炭的低碳利用，则其无法在未来的低碳综合能源系统中扮演重要角色，而 CCUS 技术是现阶段实现煤炭低碳化利用的重要途径。

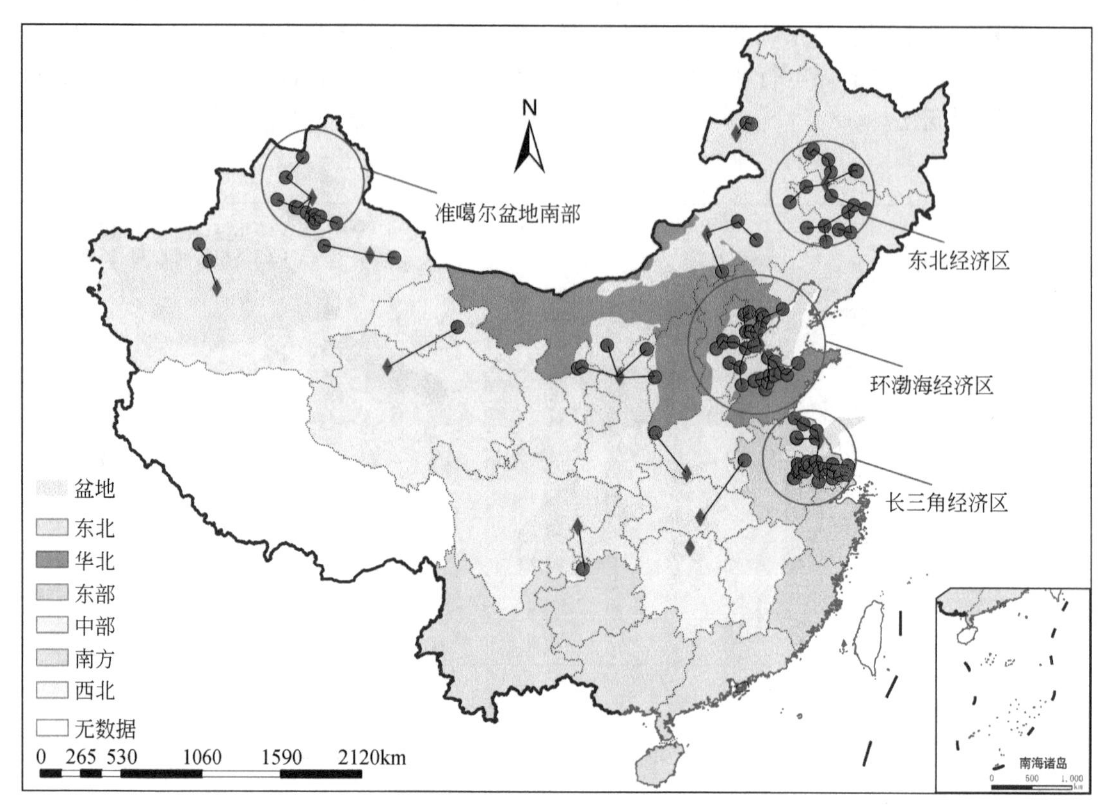

图 6-5 中国燃煤电厂 CCUS 改造潜力主要区域分布情况

资料来源：Wang et al.，2020

因此，未来煤炭消费产业需借助 CCUS 技术实现其低碳化发展，从而具备与其他低碳能源竞争的前提。

二、水泥行业与 CCUS 技术集成

中国是水泥生产大国，自 2009 年以来，我国水泥产量超过世界总产量的 50%。近年来我国水泥产量、水泥产量世界占比以及水泥生产碳排放持续上升。截至 2018 年，我国水泥生产量为 22.1 亿 t，仍占世界总产量的 53.15%。据 Carbon Brief（2018）推算，中国 2018 年水泥生产过程碳排放约为 7 亿 t，占全国总排放的 7%。因此，中国水泥行业减排对全球水泥行业减排目标的实现具有决定性作用。实现水泥行业减排的主要手段包括提高能源效率、使用替代燃料、降低水泥中熟料含量以及使用 CCUS 技术。水泥行业碳排放中有 60% 来自原料碳酸盐的分解，在 CO_2 排放无法避免且难以减排的情况下，CCUS 技术显示了出优异的减排效益，从水泥生产中捕集 CO_2 将是该行业减排的关键举措。

1. 技术介绍

水泥是通过将水泥熟料煅烧而来的重要建筑材料。水泥熟料的主要成分是粉状的原

料，如一定比例的石灰石、黏土和铁。原料通过在炉膛中连续加热，发生一系列的物理、化学反应从而变成水泥熟料。水泥制造流程可以分成原材料的开采、原材料的预处理、生料制备、熟料煅烧、碾磨以及运输等几个阶段。

水泥生产的CO_2排放主要来自两个工艺过程：原料（石灰石）的分解和含碳燃料的燃烧。石灰石和其他原料以及燃料（如煤）进入回转窑，通入空气，燃料燃烧过程中会释放出大量的热量。石灰石与其他原料会吸收热量，然后被煅烧成为氧化钙和CO_2。在回收热量、除尘和其他措施之后，从回转窑中释放的气体中含有15%～30%的CO_2。根据供给原料的不同，水泥生产中的CO_2排放量也存在差异。通常来讲，每生产1t水泥，会排放0.87～1.11tCO_2。水泥与CCUS技术集成是通过各类碳捕集措施将水泥熟料制备过程排放的CO_2和各阶段化石燃料燃烧产生的CO_2加以捕集、利用与封存。

2. 技术成熟度和经济可行性

对于水泥行业而言，CO_2来源包括碳酸盐分解过程释放的CO_2和化石燃料燃烧过程释放的CO_2，燃烧后捕集技术可以最大程度地减少对当前水泥厂的改造。在水泥窑尾气中进行CO_2捕集，其技术原理与燃煤电厂采用的燃烧后捕集技术并无差别，因此可以借鉴电力行业的技术经验。就现有水泥行业CO_2捕集技术而言，燃烧后捕集技术商业化程度最高。富氧燃烧捕集则需要针对窑炉和其他设备做较大改造，目前尚处于研发阶段，但是理论上富氧燃烧技术的经济性和能耗与燃烧后捕集技术性相比具有优势（Li et al.，2013）。水泥行业也存在一些已经实施和规划中的CCUS项目，捕集技术均采用燃烧后捕集方式。我国海螺集团白马山水泥厂以4500t/d水泥熟料生产线为依托，投资6000万元建设了一套年产5万t液态CO_2水泥窑烟气碳捕集纯化示范项目，并具备年产3万t食品级CO_2的生产能力。该项目从水泥窑中采集气体，气体进入脱硫水洗塔，使用燃烧后捕集技术，利用胺溶剂对CO_2进行捕集和吸附，依次通过吸收塔、解析塔、精馏塔，完成去杂质、提纯等各项工序后，最后以液态形式存储于罐车内。该项目通过CO_2利用提高能源、资源综合利用水平。作为世界水泥行业第一个示范项目，有助于推动水泥行业循环经济发展，为传统水泥行业注入新动力，改善生态环境，具有良好的社会效益和环境效益。挪威的全链条CCS项目（Norway full chain CCS）将从海德堡水泥的Norcem水泥厂和Oslo Varme废弃物转换工厂中进行CO_2的捕集，CO_2的捕集规模为0.8Mt/a，其中水泥厂的CO_2捕集采用燃烧后捕集技术。目前该项目处于高级开发阶段，预计2023～2024年投入使用。

与其他大型排放源相比，水泥行业与CCUS技术集成更具经济性。以广东省特定水泥厂为例，假设水泥熟料占比为86%，使用燃烧后捕集技术以85%的捕集率对水泥窑尾气的CO_2进行捕集时，CO_2避免成本为70美元/t。但与燃煤电厂燃烧后碳捕集改造相比，目前水泥行业CCUS技术应用的经济竞争力不足（Liang and Li，2012）。在现有工业排放源中，燃煤电厂CCUS技术应用的CO_2避免成本分别60～121美元/t，水泥行业大规模CCUS技术应用的CO_2避免成本为104～194美元/t，远远大于燃煤电厂（GCCSI，2017）。随着技术水平不断提高，相应技术成本也将逐渐下降，随着水泥行业碳捕集技术的应用，预计到2030年，从水泥生产中捕集CO_2的成本相较于燃煤发电将降低5%～20%（Zhou et al.，2016）。

3. 安全性及环境影响

水泥行业作为我国的重点难减行业，水泥行业与 CCUS 集成技术能够有效降低全球水泥碳排放水平，推动水泥行业绿色转型。此外新型的环保、低碳水泥所构建的生态混凝土还能够实现建筑在其使用周期内进行 CO_2的吸收与固定，这也有助于进一步提升水泥产业的环境友好水平。在我国水泥需求不断上升，低碳转型越发紧迫的情况下，CCUS 技术在水泥行业的应用既可以通过捕集减少 CO_2和 SO_2的排放，又可以通过 CO_2 的利用减少传统石灰石矿开采和生产过程中对资源的浪费和对环境的破坏，对保证我国能源安全和水泥行业低碳转型有着至关重要的作用。

4. 技术发展预测和应用潜力

根据 IEA 2DS 情景，要实现 2℃温升目标，2050 年全球水泥碳排放水平要较目前水平降低 24%，水泥行业累计减排量将达到 7.7Gt，相当于目前全球工业部门直接碳排放的 90% 左右（IEA，2018c）。水泥行业是我国重点难点行业，因为水泥工业的碳排放有 50% 以上是来自其主要原料石灰石的分解，这是水泥工艺过程所固有的。同时煤炭是我国水泥行业主要燃料来源。

近年来，在水泥行业快速发展的同时，我国也更加注重水泥行业的绿色和可持续发展。2001 ~ 2015 年，水泥产量增加了 255.22%，而 2015 年水泥行业的碳排放量仅较 2001 年增加 72.9%（Zhou et al.，2016；Wei et al.，2019）。2001 ~ 2015 年，提高能效、使用替代能源及降低水泥中的熟料占比在水泥行业低碳化发展中发挥较大作用，当今我国水泥行业传统减排手段实际上均已比较接近其理论减排值的“顶峰”，改进的余地有限。为推动水泥行业的进一步减排，从水泥生产中捕集 CO_2将是未来减少该行业碳排放的关键举措（Wei et al.，2019）。到 2030 年，CCUS 技术在水泥行业的减排贡献率将达到 50% ~ 60%（Zhou et al.，2016）。在碳减排总体目标下，水泥行业有望通过烟气 CO_2 捕集、富氧燃烧以及低钙水泥、镁基水泥和 CO_2养护混凝土技术等进行综合碳减排。烟气碳捕集和富氧燃烧回转窑技术有望直接控制 CO_2向大气中的排放，低钙水泥通过较低的煅烧温度（1200℃，低于传统波特兰水泥（OPC）熟料需要的 1450℃）可以实现碳排放的大幅降低；镁基水泥则具有更低的煅烧温度（700 ~ 800℃）；而结合低碳水泥、工业固废与 CO_2养护技术的生态混凝土则有望实现 CO_2的负排放（黄浩等，2019）。因此，水泥行业与 CCUS 技术的结合是我国水泥行业减排不减量的关键举措，也对我国能源系统低碳转型有推动意义。

三、钢铁产业与 CCUS 技术集成应用

我国钢铁业 2014 年排放 13.99 亿 ~ 20.57 亿 tCO_2，约占全国碳排放总量的 15% ~ 22%（宋清诗等，2017），到 2018 年，我国粗钢产量 9.3 亿 t，占全球粗钢总产量的 50.9%，钢铁工业能源消耗占全国能源消耗比例为 11%。中国钢铁工业碳排放量约占全球钢铁工业碳排放的 51%，占中国碳排放总量的 15% 左右（冶金规划研究院，2018）。因此，中国钢铁工业面临着巨大的减排压力。通过降低能耗实现钢铁行业的间接减排是目前

中国钢铁行业应对气候变化的普遍措施。节能减排对于技术水平较低的中小型钢铁企业非常有效，但对于技术水平较高的大型企业，节能不仅意味着面临重新平衡企业能量系统的挑战，而且随着企业能效的提高，节能空间也越来越小，减排的成本越来越高，难以满足钢铁行业长期减排的需求。CCUS 作为一项有着巨大潜力的大规模减排技术受到了社会的广泛关注，在钢铁行业减排的贡献将逐渐显现（IEA，2019c）。中国工业和信息化部于 2016 年发布的《钢铁工业调整升级规划（2016～2020 年）》也前瞻性地将 CCUS 技术纳入前沿储备的节能减排技术（工业和信息化部，2016）。将 CCUS 技术与钢铁行业集成，可以有效地降低钢铁生产过程中的 CO_2 排放量，使得钢铁生产过程更加的清洁。

1. 技术介绍

与燃煤发电不同的是，钢铁生产过程中的 CO_2 排放并不集中。通常情况下，钢铁厂的 CO_2 排放主要来自炼焦过程、高炉炼铁过程、炉膛和氧气顶吹转炉铁制造过程，其中高浓度 CO_2 气源的成分和条件如表 6-4 所示（GCCSI，2016），各制造过程的技术情况分别如下：炼焦过程是指将煤制成焦炭的过程，此过程中的 CO_2 排放来自焦炉煤气（煤挥发分释放）的燃烧。高炉铁制造过程是 CO_2 排放的又一来源，在此过程中，焦炭在与空气中的氧气以及铁矿石反应的过程中会生成 CO_2。高炉烟气中含有 20%～25% 的 CO_2。大规模的轧钢厂通常会再循环高炉烟气，而小型的轧钢厂则会在燃烧后将高炉烟气直接排放。在加热工艺过程中的 CO_2 排放来自燃料的燃烧。加热钢锭的热量一部分来自焦炉煤气的回收热，另一部分来自高炉气以及其他补燃物的燃烧放热。因此，加热过程中的 CO_2 排放浓度并不高，通常小于 15%。转炉是最主要的炼钢设备之一，为了使钢铁中的碳含量达到生产要求，铁水中的一部分碳在转炉中与氧气（由氧气喷枪提供）反应生产 CO_2。

表 6-4　钢铁厂各个气源的 CO_2 浓度

高浓度 CO_2 的气流	温度（℃）	CO_2 浓度（vol. %）
高炉煤气 TRT 前	100～350	20
高炉煤气 TRT 后	50～100	20
石灰窑	110	19.3
焦炉尾气	600～800	11
转炉煤气	1450～1500	15.1
热风炉尾气	258	28.5
自备电厂烟气	90～110	14

总体而言，生产 1t 钢铁的 CO_2 排放量大约是 1.3t。高炉炼铁流程排放的 CO_2 占整个钢铁生产过程的 60%～70%，占全国碳排放总量的 9%～15%（王尧，2018）。对于中国的钢铁企业而言，高炉煤气由于排放量大，CO_2 浓度相对较高，而且其热值经过脱除 CO_2 后可以显著提升。热风炉烟气 CO_2 的浓度最高，捕集的成本最低，而且，副产的氮气可以有一定的经济收益，石灰窑虽然烟气 CO_2 的浓度较低，但是副产的氮气收益较高，这三种气源可优先捕集。

2. 技术成熟度和经济可行性

与燃煤电厂的碳排放相比，钢铁厂的碳排放点分散在多个工艺流程（焦炉、高炉、能源中心等）（袁纯清，2013）。钢铁生产中大量的 CO_2 主要是燃烧后的烟气，因此包括吸收分离技术、吸附分离技术、膜分离技术、低温分离技术在内的多种燃烧后捕集技术均可适用。这些技术中吸收分离技术最为成熟，吸附分离技术在碳捕集应用方面也比较成熟；膜分离技术在气体分离工业中也广泛应用。目前正在实施的 CO_2 捕集工艺主要以化学吸收法和物理吸附法为主，例如阿联酋钢铁公司目前正在与阿布扎比国家石油公司和马斯达碳公司合作进行 CCUS 的开发，用胺液捕捉钢厂烟气中的 CO_2，CO_2 捕捉能力达到 80 万 t/a，捕捉的 CO_2 将被运输到位于穆斯法赫的存储点进行压缩和脱水。压缩后的 CO_2 纯度可达到 98%，然后再通过 45km 的管道网络，注入由阿布扎比国家石油公司经营的一处油田，在提高石油采收率的同时，将注入的 CO_2 存储在地下。中国钢铁行业的碳捕集研究也越来越受到关注，2014 年宝钢与中南大学合作开展烧结烟气脱硫渣碳酸化固定 CO_2 的研究，通过引入适当助剂，工业废气中的 CO_2 与脱硫渣中的钙反应，生成碳酸钙，从而实现 CO_2 的固定（毛艳丽等，2016）。

CCUS 技术与钢铁行业结合的经济性与燃煤电厂相当，在 90% 的捕集率下，钢铁厂 CCUS 技术应用的 CO_2 避免成本分别 60 ~ 119 美元/t，而燃煤电厂 CCUS 应用的避免成本为 60 ~ 121 美元/t（GCCSI，2017）。以我国特定钢铁厂宝钢湛江工厂为例，假设其应用 CCUS 技术，并达到 0.5MtCO_2/a 的捕集量，CO_2 避免成本为 62.4 美元/t（Liang et al., 2018）。在技术和政策等不确定性因素作用下，利用捕集的 CO_2 开采石油将提高项目的经济效益，通过提高驱油比系数和降低运行成本可以更加显著地提高 CCUS 项目的经济性，实现环境保护和经济效益的双赢。此外，CCUS 项目的投资巨大，收益受国际原油价格的影响也比较大，基于当前的捕集技术，国家的政策补贴或市场机制可为 CCUS 技术的经济性提供保障（王尧，2018）。

3. 安全性及环境影响

将 CCUS 与钢铁行业进行结合就是在钢铁厂生产过程中在产生 CO_2 浓度较高的生产环节加装 CO_2 捕集设备以捕集其排放的 CO_2，并将捕集的 CO_2 以管道或罐车运输的方式运输到油田或深部咸水层等特定的地点。一方面可以增加石油、水等资源的开发利用，另一方面又可以实现 CO_2 的永久封存减少空气中的 CO_2 浓度，从而产生较好的环境效益。关于 CCUS 与钢铁行业结合的安全性研究，从目前的示范性项目运行情况来看，并没有出现安全事故。

4. 技术发展预测和应用潜力

在 IEA 的 2DS 情景下，钢铁行业在 2017 ~ 2060 年需减排 67Gt，CCUS 技术占到减排贡献的 15%（IEA，2019c）。此外，从钢铁产业在我国工业生产的能耗及碳排放的占比来看，钢铁产业与 CCUS 技术集成将缓解我国巨大的钢铁工业减排压力。CCUS 技术能有效降低钢铁行业碳强度以及碳排放总量，满足其减排需求，有助于解决能源可持续问题和能源消费引起的气候变化等环境问题。

相较于通过技术革新降低碳排放，CCUS 技术的优点是可以快速实施，短期内实现碳减排的目标，并且不影响传统工艺的生产效率和产品质量，容易在行业内推广。此外，随着氢能技术的不断发展，氢能因其绿色、环保、可再生的特性而被视为“未来能源的终极形态”。而现阶段氢能的生产主要是基于碳基化石能源的制氢工艺技术；钢铁产业与CCUS技术集成同样也能够服务于氢能产业的发展。现阶段一种通过钢厂焦炉气制取低碳排放氢气的技术构想是利用钢铁产业的焦炉气快速大规模地制取氢气，同时利用CCUS技术捕集钢厂氢气生产过程中排放的CO_2，这是钢铁产业与CCUS技术在未来“氢能时代”的应用潜力所在。

未来我国城镇化的快速推进和大规模的基础设施建设需要消耗大量的钢铁，钢铁生产过程中因生产原料的不可以替代性而产生的CO_2排放难以消除，其在很大程度上需要依赖CCUS技术进行捕集、封存。因此，CCUS技术对钢铁产业低碳转型发展具有非常重要的作用。

第三节　CCUS技术与未来多元能源系统的集成

长期以来，CCUS技术一直被认为是应对气候变化的专门技术，通常与化石能源，尤其是以煤为代表的高碳化石能源捆绑在一起。久而久之，形成了一个认知误区，即CCUS技术是针对煤炭的专属技术。需要澄清的是，虽然CCUS技术是一项极其重要的可以实现高碳化石能源低碳化利用的技术，但这并不意味着CCUS技术只适用于高碳化石能源。通过系统集成技术，CCUS技术既可以解决高碳化石能源系统的碳排放问题，又可以与可再生等新能源技术相结合，实现系统低碳排放甚至负碳排放的效果。更为重要的是，CCUS技术可以与氢能技术相结合，解决未来多元能源体系面临的最严峻的挑战，即能源系统的安全稳定运行问题。

一、CCUS技术可促进高碳与低碳能源的协同发展

近些年来可再生能源在我国发展迅速，但受资源禀赋、能源安全及其他因素的影响，预计在未来相当长一段时间内以煤炭为主的化石能源仍是我国的主导能源。可再生能源与化石能源的重要区别之一即可再生能源存在时间与空间分布的不均匀性和不可控性：当化石能源从地下开采后，只需要占用一定场地空间，就可以满足能源生产者（如发电厂）数月甚至数年的燃料需求。而可再生能源却难以实现这种能量在空间或时间的蓄积。以太阳能为例，太阳能的能量密度以及强度随着空间（地域）与时间（季节与昼夜）的变化而波动，目前的太阳能利用技术很难改变这种波动。中国幅员辽阔，各地资源禀赋差异明显，可再生能源无法完全替代化石能源。未来低碳、清洁、高效、安全的能源体系的构建需要依赖化石能源和可再生能源的协同发展。在这个过程中CCUS技术需要与化石能源利用相结合以接入能源系统，降低化石能源利用产生的碳排放，在满足减排目标的同时保障能源供给。因此，未来CCUS技术和可再生能源技术在能源系统中的集成将在我国能源系统的低碳转型过程中扮演重要角色。

低碳多功能能源系统技术即是在这一背景下提出的新型能源利用技术。多功能能源系统以高碳化石能源与低碳可再生能源为输入，借助太阳能煤气化、煤与生物质共气化等协

同转化技术实现化石能源与可再生能源的优势互补，同时在能源系统的源头利用 CCUS 技术脱除化石能源中的碳，而在能源系统下游，通过将化工生产流程和动力循环整合为一个系统，同时生产能源（电力、热、冷等）和化工（氢气、替代燃料、化工产品等）产品(图 6-6)。

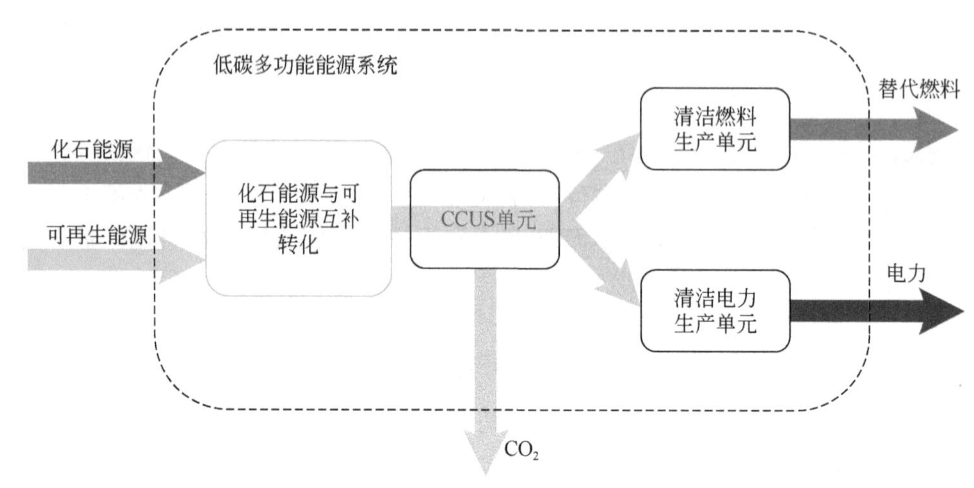

图 6-6　多能源互补、氢能与电力联合生产的低碳多功能能源系统

从区域层面来看，我国三北地区（华北、西北及东北）的化石能源储量及太阳能、风能等可再生资源均十分充足，是我国重要的能源供给基地。CCUS 技术与可再生能源技术在三北地区均有良好的应用基础，未来两者的应用前景将取决于多种因素博弈的结果，包括技术成本、技术可行性、政府政策以及相关法律法规等。在四川、贵州等西南地区，太阳能、风能资源相对匮乏，传统的化石能源和水力资源是该地区的主要能量来源，这也意味着相较太阳能和风能发电技术，CCUS 技术在该地区可能更具应用前景。在东南沿海地区，情况则可能恰恰相反。沿海经济发达地区的电力需求较大，且拥有良好的太阳能和风能资源，可再生能源发电相较 CCUS 脱碳发电更具成本优势（Fan et al., 2019）。

解决高碳化石能源的低碳利用难题。高碳化石能源必然以其资源丰富、技术成熟、稳定安全和价格低廉的优势在未来多元能源系统中占有重要的地位。但是，低碳将是未来多元能源系统必然具备的特征，以煤为代表的高碳化石能源要想实现低碳排放，CCUS 技术显然是必然选择。我国未来的能源技术体系应着眼国家能源战略安全，立足国内优势资源，促进传统化石能源与可再生能源的协同发展，并在此基础上实现 CCUS 技术与可再生能源技术的集成发展与应用，使其共同构成我国具有国际竞争力的低碳减排技术体系。

二、CCUS 技术与生物质能源的集成可实现负排放

IPCC 第四次评估报告指出，生物质能碳捕集和封存（Bioenergy with Carbon Capture and Storage，BECCS）是一个实现降低大气 CO_2 浓度目标的关键技术（Fischer et al., 2007)。BECCS 的主要吸引力在于它能够产生 CO_2 负排放的效果。所谓“负排放”是指结合生物质生产能源所具有的碳中性的特点与 CCUS 技术实现 CO_2 的整体排放效果为负的概念。直接空气捕集（DAC）技术也是负排放技术的一种，该技术直接从大气中捕集 CO_2，

捕集后 CO_2 被重新利用或封存以实现 CO_2 负排放。然而，DAC 技术的应用需要大量的额外能源和水资源，若仅仅依靠 DAC 碳移除技术，在 2050 年之前实现平均升温 1.5℃ 的目标需消耗当前全球能源消费的一半，其高成本使其在应用过程中备受争议（GCCSI，2019）。而 BECCS 技术在利用能源的过程中，通过 CO_2 形式释放的碳是由生物质在生长期间通过光合作用从大气中获取的。这部分的碳在利用过程中如果继续释放到大气中，则为“碳中性”。然而，在结合使用 CCUS 技术的情况下，这部分 CO_2 不会被释放回大气层，而是被捕集、运输和长期封存，从而实现 CO_2 从大气到地下的反向流动效果。因此，与其他技术相比，BECCS 具有更高的负排放潜力，更为重要的是，BECCS 提供了负排放和无碳能源的双重优势（Smith et al.，2016；Nasim et al.，2018）。2018 年，联合国政府间气候变化专门委员会（IPCC）《全球升温 1.5℃ 特别报告》中再次强调了 BECCS 技术是未来有望将全球升温稳定在低水平的关键技术（IPCC，2018）。

生物质资源作为生物质燃烧或转化的原料，是影响 BECCS 技术应用潜力的关键制约因素，也是影响 BECCS 减排潜力的关键因素。生物质资源主要可分为农业剩余物、林业剩余物、能源植物和固体废弃物（Smith et al.，2016），然而生物质资源可利用的土地面积、环境政策的制约和技术经济的发展等都会影响到生物质的可供应量。每年我国获取的生物质资源总量也存在较大差异，据常世彦等（2019）统计，我国农林剩余物生物质资源量为 7.5～19.95EJ/a。根据最新发布的可再生能源手册（图 6-7），中国 2020 年、2030 年和 2050 年生物质资源总量为 12.08EJ、14.58EJ 和 17.24EJ（国家可再生能源中心，2019）。此外，中国生物质资源还存在空间上分布不均匀（Meinrat，2019）的问题，不同地域之间的生物质资源丰富程度不同，也影响着不同地区的 BECCS 技术的减排潜力。

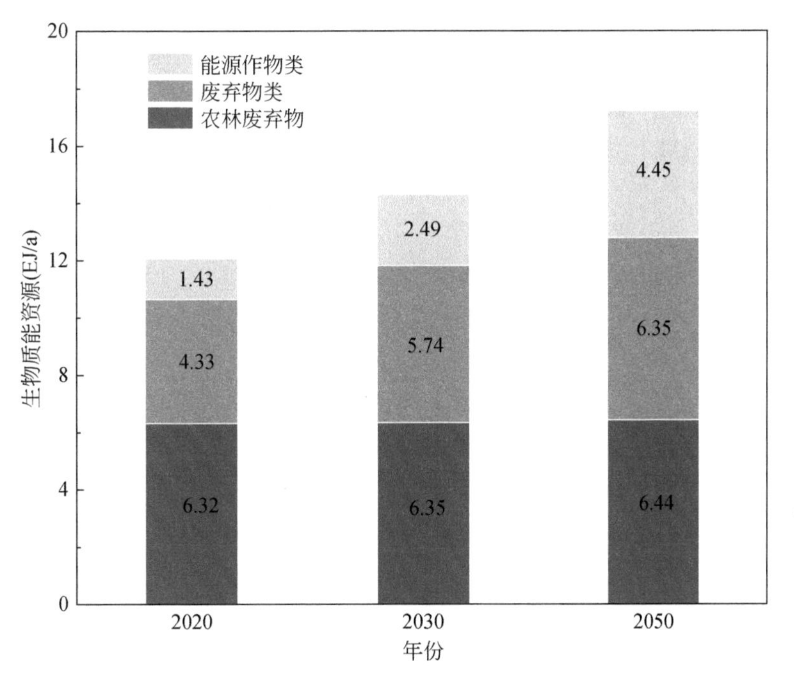

图 6-7　中国 2020 年、2030 年及 2050 年生物质能资源供应量

资料来源：可再生能源手册，2019；国家可再生能源中心，2019；作者整理

BECCS 技术将生物质能技术与 CCUS 技术相结合，具有很大的减排潜力。除了能够实现对温室气体 CO_2的减排，BECCS 技术包含了生物质能的生产和利用环节，对缓解我国能源压力、保障能源安全具有重要意义。充分利用生物质资源，有利于合理利用我国丰富的生物质废弃资源，实现资源的高效利用，降低农林业废弃物污染，具有重要的环保意义。BECCS 在实现 CO_2负排放的基础上，也对整体的环境保护、能源安全、粮食安全有着积极的作用。

未来生物质在中国的利用方式可能主要包括混燃（与煤炭）、直燃及生物天然气等，三种利用方式与 CCUS 技术集成后其减排潜力也有所不同。其中生物天然气是指以农作物秸秆、畜禽粪污、餐厨垃圾、农副产品加工废水等各类城乡有机废弃物为原料，经厌氧发酵和净化提纯产生的绿色低碳清洁可再生的天然气，也被称为生物甲烷。

燃煤电厂加装 CCUS 并与生物质混燃，能够实现 CO_2大幅减排甚至负排放，是中国 2060 年实现碳中和目标的重要技术保障。中国矿业大学（北京）和清华大学等机构的研究表明，通过系统化全流程评估模型，核算中国电厂级别燃煤发电行业的碳减排潜力和负排放潜力发现，在 250km 匹配距离情景下，2035 年前中国燃煤电厂可以实现每年 14 亿～15 亿 t 的总减排量，其中 BECCS 负减排量为 1.8 亿～1.9 亿 t；2025～2060 年累计减排量高达 340 亿 t 以上，其中 BECCS 累计负减排量为 40 亿 t 左右。

BECCS 部署时间对中国 CO_2的累积减排量影响巨大。推迟燃煤电厂 CCUS 技术应用时间5～10 年，将使累计减排量和 BECCS 累计负减排量分别降低 21.5%～43.8% 和 21.2%～43.5%。

BECCS 的减排潜力受封存距离的影响较大，导致了燃煤电厂的减排潜力具有明显的区域分布差异。约 46.8% 的燃煤电厂能在较低运输距离（100km）下实现封存，此类电厂主要集中在中部区域、东部沿海和北部沿海地区的部分省份，主要包括江苏、河南、山西、山东、安徽、河北、内蒙古 7 个省份。此外近 60% 的 CO_2封存量需通过跨省运输完成。因此未来应优先在源汇集中地区建立 CCUS 枢纽以实现基础设施共享和降低 CCUS 成本。

BECCS 减排潜力还受到注入能力和生物质混燃比例的影响。如果不考虑注入能力的约束，CO_2减排量将进一步增加。与不匹配生物质相比，燃煤电厂通过替代减排和 BECCS 多实现约为 13% 的减排量；若将最大混燃比例设为 30%，相比于 15% 的混燃比例，2025 年的减排量增加 12.4%，BECCS 负减排量增加 88.2%，2025～2060 年的累计减排量增加 12.9%。

沼气及生物天然气工业具有实现温室气体减排的潜力（32.9 亿～43.6 亿 t），其可将全球温室气体排放量降低 10%～13%（WBA，2019）。生物天然气生产过程中需要对沼气中 CO_2进行分离，如能将分离的 CO_2进行储存和利用，将能实现 CO_2直接减排。而当生物天然气用于替代传统天然气时，还可实现 CO_2间接减排。当生物天然气规模达到 2000 亿 m^3/a 时，生物天然气耦合 CCUS 技术的 CO_2间接减排与直接减排潜力之和将超过 6 亿 t/a。

与全球排放途径相似，中国 CO_2的碳排放量必须迅速减少，并于 2050 年至 2060 年期间达到净零排放，BECCS 是发电行业低碳排放的关键选择。为实现 1.5℃ 温升目标，到 2050 年我国生物质与 CCUS 相结合的发电装机容量需达到 250GW，用于发电的生物质主要来自树木的木柴；生物质总需求量达 4.2 亿 t，装备 CCUS 技术后其发电效率为 32%；

总的来说，2050 年发电产生的 CO_2 排放量将降到 4.14 亿 t，其中包括 BECCS 的负排放量（Jiang et al.，2018）。

三、CCUS 技术是实现低碳型氢储能的必然选择

近年来，氢能因其清洁、低碳和转化灵活等特点再次受到各方的广泛关注。目前，大部分氢气通过化石燃料制取，因生产过程伴随有碳排放而被称为“灰氢”。然而，将化石燃料制氢与 CCUS 技术相结合，可解决碳排放的问题，这一过程产生的氢气称为“蓝氢”。由于可再生电解水制氢（“绿氢”）的成本目前保持较高水平，而化石能源制氢是一个相对低成本的制氢解决方案。因此，国内短期及中期内的低碳制氢将仍以 CCUS 技术辅助的“蓝氢”为主。

1. CCUS 技术协助实现低碳化化石能源制氢的优势及可行性

CCUS 技术与化石燃料制氢相结合可实现低碳氢能的生产。尽管近年来可再生能源技术发展迅速，发电成本大幅下降，但在我国能源供应结构中所占比重不高。化石燃料仍然是未来一段时间内大规模生产氢气的主要原料。CCUS 技术在从“灰氢”到“蓝氢”的转变过程中，承担“桥梁”的过渡作用，其与化石燃料制氢的耦合，不但使制氢成本远低于可再生能源电解水制氢，而且还可以避免大量碳排放。

在经济性方面，相关文献数据表明（程婉静等，2020）：采用生命周期成本分析（LCC）方法，煤气化制氢工艺成本为 6.09 元/kg，而煤炭价格下降、外购电采用低谷电或可再生能源发电，会使煤气化制氢工艺成本进一步下降至 5 元/kg 左右的水平。与此同时，在煤制氢生产中引入 CCUS 技术预计将使资本支出和燃料成本增加 5%，运营成本增加 130%；在中国，由于煤矿业基础设施完备，且国内缺乏廉价的天然气供应，至少在中期内，配备 CCUS 技术的煤制氢可能是清洁氢生产中最经济的选择（IEA，2019b）。

与 CCUS 技术的结合，是化石能源制氢摆脱碳约束的关键选择。CO_2 的油田封存并提高原油采收率、合成燃料、矿化等 CO_2 利用方式可有效降低 CCUS 项目成本，甚至可以实现 CCUS 项目的盈利，是化石能源低成本、低碳化制氢的重要选择。制氢企业可结合其区位特点，基于 CO_2 利用技术实施 CCUS 项目。距离油田相对较近的制氢企业，可基于油田封存并提高原油采收率实施 CCUS 项目；而其他制氢企业可以基于结合 CO_2 化工利用、矿化利用、生物利用等方式的 CCU 技术，开展氢气低碳化生产。

2. 发展低碳氢能可推动 CCUS 项目的示范及推广

CCUS 技术是化石燃料低碳制氢的重要减排技术，反过来，化石燃料制氢技术也可从提供低捕集成本排放源、推动低成本 CCUS 项目集群建设、支撑 BECCS 技术发展等多维度推动 CCUS 技术的发展。化石燃料制氢技术特别是煤炭制氢技术排放的 CO_2 浓度高，捕集成本相比燃煤电厂、钢铁厂、水泥厂等低 50% 左右，从而为 CCUS 技术的低成本发展提供了更多的早期发展机会。

中国存在大量合成氨和石油精炼厂集群，合成氨主要在河南、山东、山西等省；石油精炼厂集中在环渤海地区、长三角地区、珠江口地区及各油田附近。相对集中的合成氨和

石油精炼厂必然拥有相对集中的化石燃料制氢工厂集群，进而为 CCUS 项目集群建设和发展提供了机会。CCUS 项目集群的运输管道网络化会有效降低运输成本，进而使依托制氢工厂的低成本 CCUS 项目以更低的成本运营。

生物质制氢是未来重要的制氢选项，其耦合 CCUS 技术，不仅可以生产更加低碳的氢气，而且可实现 CO_2的负排放。中国秸秆和林业剩余物的理论制氢潜力可达 0.6 亿～1.5 亿 t/a，结合 CCUS 技术可实现 7 亿～17.8 亿 tCO_2/a 的负排放。未来生物质制氢技术的广泛应用，将成为推动 BECCS 技术发展的重要支撑点

3. 构建 CCUS 与化石能源制氢耦合的低碳型产业集群

美国经验表明，低捕集成本的碳源、短距离 CO_2管道、CO_2驱替采油，是经济最优的独立 CCUS 项目。若众多此类项目形成管道网络和 CCUS 项目集群会使 CCUS 项目更具经济性。相比 CCUS 项目的点对点的管道运输，CCUS 项目集群可有效降低管道里程，提高管道运输规模，进而显著降低运输成本，提高氢能-CCUS 项目运营经济性。

鉴于中国天然气资源相对贫乏的现实，煤炭制氢仍是未来主要的化石燃料制氢技术。结合当前的合成氨与石油炼化厂分布，和对未来制氢工厂的部署格局预判，预计我国将实现以中原油田、胜利油田、辽河油田、江苏油田、华北油田、长庆油田、大港油田等为依托，形成若干捕集与封存规模达 500 万 tCO_2/a 以上的氢能-CCUS-EOR 项目集群；以延长油田、吉林油田、江汉油田、大庆油田、克拉玛依油田、四川油田等为依托，将形成若干捕集与封存规模达 100 万 tCO_2/a 以上的氢能-CCUS-EOR 项目集群。

中国潜在深部咸水层盆地分布广泛，但考虑到 CO_2封存的泄漏风险，中国较为适宜 CO_2封存的深部咸水层盆地主要集中在西北和东北地区，包括鄂尔多斯咸水层盆地、松辽咸水层盆地、塔里木咸水层盆地、准噶尔咸水层盆地等。部分不适宜将捕集的 CO_2 用于油田封存的化石燃料制氢工厂，可选择与附近燃煤电厂、水泥厂、钢铁厂等形成咸水层封存的 CCUS 项目集群。

4. 通过可再生能源与 CCUS 的耦合拓展新型储能模式

可再生能源（如水能、风能、太阳能）具有开发潜力巨大、低碳绿色、低污染等优点，是全球低碳绿色发展的重要能源依托。然而，可再生能源电力具有地域分布不均衡、间歇性强等特点。中国风电集中于西北、华北和东北地区；太阳能电力集中于西北、华北和华东地区；水电集中在四川和云南两省。集中且大规模的可再生能源电力难以由当地有效消纳，且电网外送输电通道容量有限而无法有效外送，出现了部分电力无法上网的局面，解决弃风、弃光和弃水等问题迫在眉睫。通过储能技术可将本应弃掉的电力形成稳定的电力，或转换成为其他能源。电解水制氢技术，是相对成熟的制氢技术，也是通过氢能储存电能的储能技术。另外，利用弃掉的可再生能源电力制氢，相比其他制氢方式具有显著的经济优势。

CO_2加氢制取甲醇技术也可视作新型的储能形式，具有相当可观的应用前景。这一新兴绿色化工技术是利用 H_2与 CO_2在催化剂的作用下反应制取甲醇，以减少 CO_2的排放量。若 H_2来自可再生能源电解水，则可实现可再生能源到化学能的转变，将波动的可再生能源转变为稳定的化学能储存在甲醇中。CO_2加氢制甲醇技术近些年在国内外发展较为迅速。

2016年中国科学院上海高等研究院与上海华谊集团合作在前期1200h的CO_2加氢制甲醇单管试验研究基础上，完成了10万~30万t/a的CO_2加氢制甲醇工艺包编制；2018年7月中国科学院大连化学物理研究所与兰州新区石化等合作签署了千吨级“液态阳光”CO_2加氢合成甲醇技术开发项目合作协议，即建立利用太阳能等可再生能源电解水制氢以及CO_2加氢制甲醇的千吨级工业化示范，2020年1月，千吨级CO_2加氢制甲醇装置成功开车。2020年，宁夏宝丰能源集团股份有限公司一体化太阳能电解水制氢储能及综合应用示范项目在宁夏开工建设，该项目是目前国际顶级的制氢储能项目。

第四节 本章小结

CCUS技术的主要作用是减排CO_2，而这一目标的实现需要依赖CCUS技术各环节的集成；从整个能源系统的大角度看，CCUS技术只有与资源开采、能源生产、能源储运与能源利用过程相结合，才能发挥其减排CO_2的作用。综上，本章从CCUS技术各环节间全链集成、CCUS技术与工业过程的集成和CCUS技术与未来多元能源系统的集成三个维度评估了CCUS技术目前面临的问题、挑战和机遇。

从CCUS技术各环节间全链集成的层面看，CO_2的捕集、压缩、储运、利用及地质封存都是CCUS技术环节，只有将这些环节组合为一条完整的CCUS链条，才能最终实现CO_2减排的目标。此外CCUS全链集成技术可通过兼顾单元与整体，保证各环节正常运行的同时通过能量与物质流动的链接将各技术环节集成为一体化的系统，进而保障CCUS技术可行性、降低技术成本。高浓度排放源的CO_2捕集能耗与成本显著低于中低浓度排放源，因此，煤化工、天然气开采等高浓度排放源为早期CCUS技术示范提供了低成本机会。

从CCUS技术与能源—工业行业集成的层面看，CCUS技术在煤电、水泥、钢铁等行业具有十分可观的应用潜力，CCUS技术一方面能够为上述行业的低碳发展提供技术保障，同时也为行业的低碳创新带来新的机遇。从减排角度看，为实现2℃温升目标，以煤电、水泥和钢铁行业为代表的大规模集中排放源将借助CCUS技术累积减排数百亿吨CO_2。从重点减排行业的低碳发展角度看，CCUS技术是现阶段实现高碳能源低碳化利用的重要途径，未来煤炭消费产业需借助CCUS技术实现低碳化发展，从而具备与可再生能源等低碳能源竞争合作的前提。

从CCUS技术与未来多元能源系统集成的层面看，通过系统集成CCUS技术既可以解决高碳化石能源系统的碳排放问题，又可以与可再生能源、氢能技术相结合，实现系统碳减排甚至负碳排放的效果，解决未来多元能源体系面临的能源系统稳定安全等最严峻挑战。生物质能源与CCUS技术的集成可形成巨大的负排放潜力，BECCS是将成为发电行业低碳排放的关键选择。在2050~2060年中国达到净零排放的情景下，到2050年生物质与CCUS技术相结合的发电装机容量达250GW，生物质总需求量达4.2亿t。CCUS技术与煤制氢工艺的结合，能够实现“灰氢”到“蓝氢”的转变，同时氢能为CCUS提供了更多的利用空间。此外CCUS与氢能的结合有助于开发新型储能形式，与氢能共同构成多功能能源系统。CCUS技术将在我国从化石能源为主向多元能源体系转化的能源变革过程中扮演至关重要的角色。

参 考 文 献

常世彦，郑丁乾，付萌．2019. 2℃/1.5℃温控目标下生物质能结合碳捕集与封存技术（BECCS）．全球能源互联网，2（3）：277-87.

程婉静，李俊杰，刘欢，等．2020. 两种技术路线的煤制氢产业链生命周期成本分析．煤炭经济研究，40（3）：4-11.

工业和信息化部．2016. 钢铁工业调整升级规划（2016–2020年）．

国际能源署．2020. 中国碳排放交易体系—设计高效的配额分配方案．

国家可再生能源中心．2019. 可再生能源数据手册．

国家统计局．2019. 水泥产量．1997-2018. http://data.stats.gov.cn/search.htm? s.

黄浩，王涛，方梦祥．2019. 二氧化碳矿化养护混凝土技术及新型材料研究进展．化工进展，38（10）：4363-4373.

吉力强，赵英朋，王凡，等．2019. 氢能技术现状及其在储能发电领域的应用．金属功能材料，26（6）：23-31.

科学技术部社会发展科技司，中国21世纪议程管理中心．2019. 中国碳捕集利用与封存技术发展路线图（2019版）．

李玉星，刘梦诗，张建．2014. 气体杂质对CO_2管道输送系统安全的影响．天然气工业，34：108-113.

林海周，罗志斌，裴爱国，等．2020. CO_2与氢合成甲醇技术和产业化进展．南方能源建设，7（2）：14-19.

毛艳丽，曲余玲，李博，等．2016. 钢厂烟气CO_2捕捉技术的开发及其应用前景分析．钢铁，51（8）：6-10.

宋清诗，张永杰，陈国军．2017. 高炉煤气碳捕获技术浅析．宝钢技术，3：53-58.

王尧．2018. 基于钢铁厂碳捕集的CCUS-EOR全流程项目技术经济评价研究．北京：华北电力大学（北京）硕士学位论文．

魏一鸣，等．2020. 气候工程管理：碳捕集与封存技术管理．北京：科学出版社．

冶金规划研究院．2018. 中国钢铁工业节能低碳发展报告（2018）．北京：冶金规划研究院．

于鹏伟，张豪，魏世杰，等．2019. 2017年中国能源流和碳流分析．煤炭经济研究，39（10）：15-22.

俞红梅，衣宝廉．2018. 电解制氢与氢储能．中国工程科学，20（3）：58-65.

袁纯清．2013. CCUS在钢铁生产中的应用．工程机械．

中国电力企业联合会．2020. 中国电力行业年度发展报告．

Abbas Z, Mezher T, Abu-Zahra M R M. 2013. Evaluation of CO_2 purification requirements and the selection of processes for impurities deep removal from the CO_2 product stream. Energy Procedia, 37: 2389-2396.

Carbon Brief. 2018. Guest post: China's CO_2 emissions grew slower than expected in 2018. https://www.carbonbrief.org/guest-post-chinas-CO_2-emissions-grew-slower-than-expected-in-2018.

Daggash H A, Heuberger C F, Mac Dowell N. 2019. The role and value of negative emissions technologies in decarbonising the UK energy system. International Journal of Greenhouse Gas Control, 81: 181-198.

Dahowski R T, Davidson, C L, Li X C, et al. 2012. A $70/t CO_2 greenhouse gas mitigation backstop for China's industrial and electric power sectors: insights from a comprehensive CCS cost curve. international Journal of Greenhouse Gas Control, 11: 73-85.

Fan J L, Wei S J, Yang L, et al. 2019. A comparison of the regional investment benefits of CCS retrofitting of coal-fired power plants and renewable power generation projects in China. International Journal of Greenhouse Gas Control, 92: 102-858.

Fan J L, Xu M, Li F Y, et al. 2018. Carbon capture and storage (CCS) retrofit potential of coal-fired power plants in China: the technology lock-in and cost optimization perspective. Applied Energy, 229: 326-334.

Fischer B S, Nakicenovic N, Alfsen K. 2007. Issues related to mitigation in the long term context//Climate Change 2007: Mitigation. Contribution of Working Group Ⅲ to the Fourth Assessment Report of the Inter-governmental Panel on Climate Change. Cambridge: Cambridge University Press.

Gale J. 2009. Impure thoughts. International Journal of Greenhouse Gas Control, 3: 1-2.

GCCSI. 2016. The Global Status of CCS.

GCCSI. 2017. Global Costs of Carbon Capture and Storage.

GCCSI. 2018. The Global Status of CCS 2018.

GCCSI. 2019. Global Status of CCS 2019 Targeting Climate Change.

Global Coal Plant Tracker (GCPT). 2020a. Coal Plants by Country (MW). https://docs.google.com/spreadsheets/d/1.

Global Coal Plant Tracker (GCPT). 2020b. Coal Plants by Country: Annual CO_2. https://docs.google.com/spread.

Global Coal Plant Tracker (GCPT). 2020c. Coal Plants by Country: Lifetime CO_2. https://docs.google.com/spread.

IEA. 2008. CO_2 Capture and Storage: A key Carbon Abatement Option.

IEA. 2017. Energy Technology Perspectives 2017.

IEA. 2018. Technology Roadmap Low-Carbon Transition in the Cement Industry.

IEA. 2019a. Transforming Industry through CCUS.

IEA. 2019b. The Future of Hydrogen 2019.

IEA. 2019c. Putting CO_2 to Use Creating Value from Emissions.

IPCC. 2018. IPCC Special Report: Global Warming of 1.5℃.

Irlam L. 2017. Global Costs of Carbon Capture and Storage 2017 Update.

Jiang K J, He C M, Dai H C, et al. 2018. Emission scenario analysis for China under the global 1.5℃ target. Carbon Management, 9 (5): 481-491.

Kang Y, Yang Q, Bartocci P, et al. 2020. Bioenergy in China: Evaluation of domestic biomass resources and the associated greenhouse gas mitigation potentials. Renewable and Sustainable Energy Reviews, 127: 109842.

Li H, Yan J, Yan J, et al. 2009. Impurity impacts on the purification process in oxy-fuel combustion based CO_2 capture and storage system. Applied Energy, 86: 202-13.

Li J, Tharakan P, Macdonald D, et al. 2013. Technological, economic and financial prospects of carbon dioxide capture in the cement industry. Energy Policy, 61: 1377-1387.

Li X, Wei N, Liu Y, et al. 2019. CO_2 point emission and geological storage capacity in China. Energy Procedia, 1: 2793-2800.

Liang X, Li J. 2012. Assessing the value of retrofitting cement plants for carbon capture: A case study of a cement plant in Guangdong, China. Energy Conversion and Management, 64: 454-465.

Liang X, Lin Q G, Muslemani H, et al. 2018. Assessing the economics of CO_2 capture in China's iron/steel sector: A case study. Energy Procedia, 158: 3715-3722.

Mahgerefteh H, Brown S, Denton G. 2012. Modelling the impact of stream impurities on ductile fractures in CO_2 pipelines. Chemical Engineering Science, 74: 200-210.

Meinrat O A. 2019. Emission of trace gases and aerosols from biomass burning-An update assessment. Atmospheric Chemistry and Physics, 19 (13): 8523-8546.

Nasim P, Webley P A, Peter J C. 2018. Opportunities for application of BECCS in the Australian power sector. Applied Energy, 224: 615-635.

Neele F, Koornneef J, Jakobsen J P. 2017. Toolbox of effects of CO_2 impurities on CO_2 transport and storage systems. Energy Procedia, 114: 642-653.

Polfus J M, Xing W, Fontaine M L, et al. 2015. Hydrogen separation membranes based on dense ceramic composites in the $La_{27}W_5O_{55.5}$-$LaCrO_3$ system. Journal of Membrane Science, 479: 39-45.

Qi Y, Nicholas S, He J K et al. 2020. The policy-driven peak and reduction of China's carbon emission advances in climate change research. Advances in Climate Change Research, 11 (2): 65-71.

Seto K C, Davis S J, Mitchell R B, et al. 2016. Carbon lock-in: Types, causes, and policy implications. Annual Review of Environment & Resources, 41 (1): 425-452.

Smith P, Davis S J, Creutzig F, et al. 2016. Biophysical and economic limits to negative CO_2 emissions. Nature Climate Change, 6: 42-50.

Smoliński A. 2010. Coal-based hydrogen production with CO_2 capture in the aspect of clean coal technologies. Green Energy and Technology, 1: 227-237.

US Geological Survey (USGS). 2019. Cement Statistics and Information. https://cdiac.ess-dive.lbl.gov/trends/emis/overview_2014.html.

Voldsund M, Jordal K, Anantharaman R. 2016. Hydrogen production with CO_2 capture. International Journal of Hydrogen Energy, 41 (9): 4969-4992.

Wang P T, Wei Y M, Yang B, et al. 2020. Carbon capture and storage in China's power sector: optimal planning under the 2℃ constraint. Applied Energy, 263: 114694.

Wei J, Cen K, Mitigation Y G J. 2019. Evaluation and mitigation of cement CO_2 emissions: projection of emission scenarios toward 2030 in China and proposal of the roadmap to a low-carbon world by 2050. Mitigation and Adaptation Strategies for Global Change, 24 (2): 301-328.

World Biogas Association (WBA). 2019. Global Potential of Biogas.

Yoshino Y, Harada E, Inoue K, et al. 2012. Feasibility study of "CO_2 Free Hydrogen Chain" utilizing australian brown coal linked with CCS. Energy Procedia, 29: 701-709.

Zhou W, Jiang D, Chen D, et al. 2016. Capturing CO_2 from cement plants: A priority for reducing CO_2 emissions in China. Energy, 106: 464-474.

第七章

CCUS 技术的成本效益评估

全球气候变化是人类共同面临的一项重大挑战。未来全球变暖若进一步加剧，其对人类社会的影响将持续增大。例如，基础设施更易受到破坏（Melvin et al.，2017），农作物和农产品的生产量降低（Ashenfelter and Storchmann，2016），经济系统承受巨大损失（Hasegawa et al.，2016）。有研究表明气候变化损失成本增速预计将高于全球 GDP 增速（Chen and Mu，2019）。采用 CCUS 技术以减缓全球气候变化虽会付出相应的成本，但有助于减少气候变化造成的损失。随着 CCUS 各环节技术逐步成熟，高成本、高能耗已成为 CCUS 技术应用与推广的主要约束。因此，有必要针对 CCUS 技术的成本效益展开科学、客观、系统的评估分析。

第一节　CCUS 技术成本

一、影响 CCUS 技术成本的因素

CCUS 技术目前仍处在研发示范阶段，高昂的实施成本是其大规模商业化推广面临的挑战之一。研究 CCUS 技术的成本构成及成本影响因素，并由此分析 CCUS 技术的完全价值链成本，对后续 CCUS 激励政策的制定及相关示范项目的开展具有重要意义。

CCUS 技术是一个复杂的链式技术群，从技术环节来看，其包括 CO_2 捕集、运输（含脱水与压缩）、封存（场地勘查、建设、运行与维护、监测与评估）与利用等多个技术环节，技术流程十分复杂。其中，捕集、运输、封存及监管等环节是纯成本消耗行为，利用环节则根据 CO_2 的具体利用方式产生相应的成本及收益。因此，CCUS 技术整体的成本将取决于 CO_2 利用收益与其他所有成本的代数叠加结果。大多数情况下，CCUS 技术的成本高于其收益，故技术经济性不高。影响 CCUS 成本的因素众多，不但涉及所有技术环节（表 7-1），而且与减排规模、排放源类型以及源汇匹配条件等有关。

表 7-1　影响 CCUS 技术成本的因素

技术环节	影响成本的因素	说明
捕集环节	CO_2 排放源的浓度	一般来说，排放源 CO_2 浓度越高，捕集成本越低
	CO_2 捕集技术（燃烧前捕集，燃烧后捕集，富氧燃烧）	燃烧后捕集技术应用最为广泛，燃烧前捕集技术成本较为高昂，目前只适用于 IGCC 电厂，富氧燃烧目前尚没有大规模的示范项目
运输环节	运输方式	一般来说，长距离、大规模运输 CO_2 时管道运输是最经济的方式
	运输距离	

续表

技术环节	影响成本的因素	说明
封存环节	封存地距排放源的距离	一般来说，封存距离越短、封存地质条件越好，封存成本越低。封存监管属于纯耗费行为，监管年限越长，成本越高
	封存地的地质条件	
	封存后监管的年限	

CO_2捕集处于CCUS技术的最前端，目的是把化石燃料利用产生的CO_2分离出来。不同捕集技术，其成本、技术流程以及适用范围等均存在差异。燃烧前捕集技术主要应用于IGCC发电系统和多联产系统。在燃烧前捕集、富氧燃烧技术和燃烧后捕集三种捕集技术中，IGCC与燃烧前捕集技术结合的系统能耗较低，供电效率较高，改造后效率损失为5%~10.3%，而普通燃煤（PC）电厂进行CCUS改造后效率损失为8%~15.4%（Page et al.，2009；Hammond et al.，2011；Goto et al.，2013）。但IGCC面临的障碍是系统较为复杂，建设成本较高。富氧燃烧技术适用于新建和改造机组，该技术的优点是可以降低锅炉的热损失，同时能够协同减排污染物。中国在富氧燃烧技术方面已开展了大量的研究，其中华中科技大学与国华电力公司共同开展的35MW_{th}富氧燃烧技术研究与示范项目为我国首个富氧燃烧工业性示范工程，该项目于2011年投入运行，于2015年9月完成全部试验研究，并形成了具有自主知识产权的富氧燃烧关键技术（毛宇等，2017）。富氧燃烧技术发展的障碍主要是空分系统和CO_2纯化压缩系统的投资成本和能耗较高，因此低能耗、大规模制氧技术是降低能耗的关键。燃烧后捕集技术相对成熟，适用范围广（韩涛等，2017），与现有工业技术的融合度较好，赋予了燃煤电厂较高的捕集灵活性。主要的捕集方法包括化学吸收法、吸附法及膜分离法，其中化学吸收法应用最为广泛。我国已建成了捕集规模为10万t/a的燃烧后捕集示范项目，在技术方面与发达国家差距不大。制约燃烧后捕集技术大规模推广的主要因素是高能耗与高成本，开发新型、高效的吸收剂并降低溶剂再生能耗是降低成本的关键。

CO_2运输可以采用公路、铁路、及船舶等多种运输方式。大规模、长距离运输CO_2时，管道运输是最为经济的方式，但其初始投资和运行成本较高。罐车运输是将CO_2以液态的形式存储于低温绝热的液罐中运输到目的地，其中公路罐车适合短途和小量的运输，也是目前我国CCUS项目CO_2运输的主要方式。船舶运输适合大规模运输和长距离运输，在进行离岸封存时具有较大的经济优势，但其投资大，运行成本高，对辅助设施要求高，受气候因素影响较大。

从CCUS的商业层级来看，技术商业化可能带动的产业链非常庞大，主要可分为三个层次：主产业、次产业和支持产业。主产业涉及CO_2的捕集、运输和封存的全流程，该产业链的商业模式将决定整个CCUS产业的发展。次产业主要是CO_2的利用和设备、技术、材料供应商，以及项目管理、封存监测和事故应急等服务提供商，该产业链是主产业链的受益者，包括：①CO_2的利用：油气、煤炭、食品、农业、各工业领域；②设备、技术、材料供应商：化工（如吸收剂/吸附剂）、大型设备制造（如捕集设备和注入设备）、油田服务（如封存潜力评估、注入及注入后监测）、科研机构（技术改良和合作研发）。支持产业主要是涉及CCUS项目的融资和管理，包括提供融资的各类金融机构、保险机构以及项目管理机构。

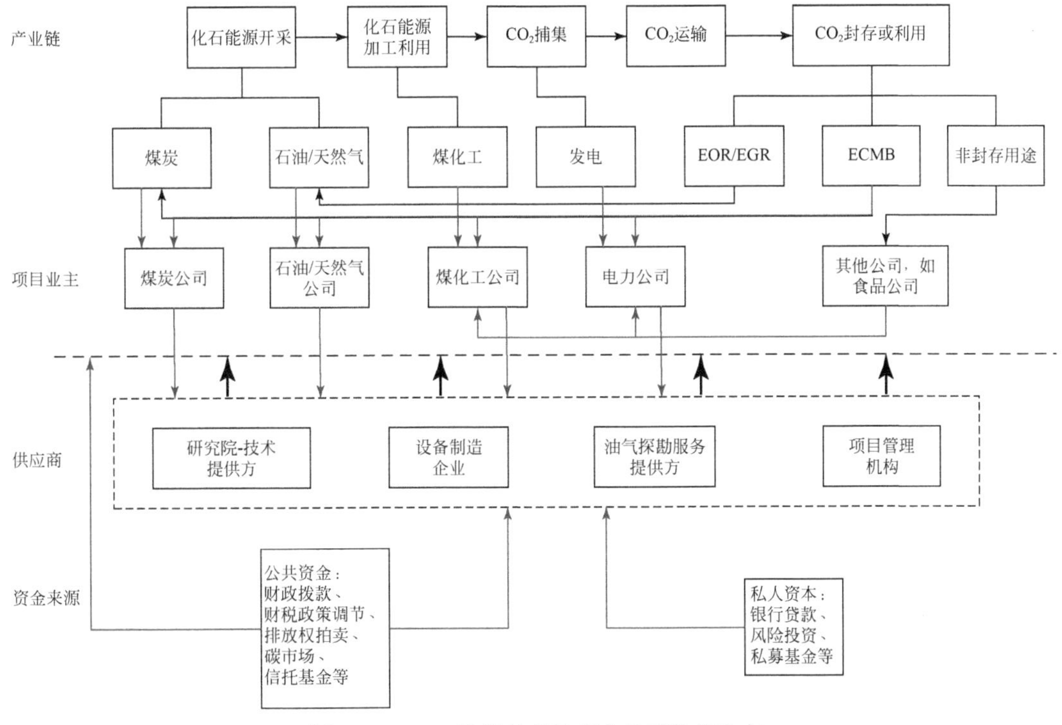

图 7-1　CCUS 涉及的相关产业及利益相关方

由于行业属性和企业需求的差异，有效衔接各环节，促进跨行业和跨部门的合作也成为发展 CCUS 项目的重大挑战（Yao et al.，2018）。电力、油气和煤化工企业将扮演最主要的角色。分析发现，由于产业特点不同，这几个行业分处产业链上的不同位置，对其他行业的依赖度存在明显差异。电力和煤化工行业捕集到大量的 CO_2，必须依赖下游产业帮助消化，但目前 CO_2工业化利用市场容量还很小，这迫使电力和煤化工行业向油气企业寻求合作。但是由于 CO_2在油气企业的应用目前仅限于 EOR/EGR，用量不大，油气企业的自备电厂产生的，或是从油气中现场分离的 CO_2已经能够满足需求，从电力和煤化工行业外购 CO_2的动力明显不足。这样就形成了典型的买方市场，低价格或许能吸引油气企业，但这与 CO_2捕集的高成本无法平衡。

目前来看，CCUS 技术的研发成本高，大部分 CCUS 示范项目在现阶段难以通过商业渠道给投资者带来收益，考虑到 CCUS 高昂的成本以及技术的不确定性，企业不具有独自承担投入 CCUS 研发和示范的风险的能力（ViškovićA et al.，2014）。CCUS 技术缺乏政策指导、法律法规体系待健全，法律法规的欠缺加大了企业投资的财务风险，不明确的职责分配和不统一的技术标准阻碍企业投资积极性。在现有的市场和政策环境下，大型排放源企业之间存在明显的利益分配问题，产业链上任何一个环节企业的消极对待，都将直接影响 CCUS 的发展进程（Yao et al.，2018）。此外，由于公众认知程度低、接受能力差，可能会阻断对 CCUS 技术的私人投资，进一步加大了 CCUS 项目的融资难度（Chen et al.，2015）。

二、CCUS 成本概述

1. CCUS 各环节成本

在全流程 CCUS 系统中，CO_2 捕集和压缩成本占比最大，约为 60%（刘佳佳等，2018）。以燃煤电厂和燃气电厂为例，其 CO_2 捕集成本分别为 41 ~ 62 美元/t 和 52 ~ 100 美元/t（2015 年不变价）(Simbolotti，2010；ZEP，2011；GCCSI，2011；Kuehn et al.，2013；Fout et al.，2015)。降低捕集、压缩环节的成本与能耗是降低 CCUS 技术成本的重点和关键。由于煤炭占主导地位的能源禀赋以及其他洁净煤发电技术的局限性，未来传统的 PC 电厂在我国仍将保持重要地位（Zeng et al.，2014；He et al.，2017）。IGCC 作为一种先进的洁净煤发电技术，在满足严格环境标准的同时，具有较高的能量转化率和效率（Cormos，2012）。随着成本的降低，IGCC 电厂的数量将继续扩大，并可能成为燃煤电厂的主要类型之一。天然气联合循环（NGCC）电厂以天然气为原料，排放低且发电效率较高（Xiang et al.，2018）。这三种类型的电厂代表了中国未来电厂的主要发展方向，是 CCUS 技术在电力行业应用的重要主体。

从发电成本角度来看，IGCC 电厂与燃烧前捕集技术结合的平准化发电成本（Levelized Cost of Energy，LCOE）最高，为 135 美元/MWh，NGCC 电厂为 130.7 美元/MWh，富氧燃烧电厂为 124.25 美元/MWh，燃烧后捕集的 PC 电厂为 117.5 美元/MWh（GCCSI，2017）。从发电成本来看，PC 电厂与燃烧后捕集技术结合竞争力相对较大。

目前国内 CO_2 罐车运输已进入商业应用阶段，主要应用于小规模量级（10 万 t/a 以下）CO_2 的输送，成本约为 1.1 元/(t·km)。我国已有部分 CCUS 示范项目采用公路罐车运输 CO_2，如中石化山东胜利油田 CO_2-EOR 项目。但是在大规模运输 CO_2 的情况下，CO_2 罐车（公路和铁路）运输不太可能成为具有吸引力的选择方案（IPCC，2005）。此外，随着运输距离的增加，CO_2 运输管道初始投资及运输成本基本都呈现出线性增长的趋势（Dahowski et al.，2012）。利用船舶运输 CO_2 与运输液化天然气（LNG）相似，在特定条件下是经济可行的。但与液化天然气强劲的全球市场需求不同，CO_2 船舶运输需求是相对有限的，因此目前还只是小规模进行。船舶运输具有一定的灵活性，在捕集量不稳定的地方或是排放源靠近海岸、内陆航道时，船舶运输是一种潜在的可行选择。

若有新电厂或其他排放源建设，将建设地点布局在与封存地点距离合理的区域内可以有效降低 CO_2 运输的建设成本和运营成本。在大规模商业化推广 CCUS 技术时，合理地规划不同排放源与各个封存地间的运输流量，达到最佳的排放源与封存地间的匹配，可有效降低 CCUS 技术成本。CCUS 技术的大规模商业化推广将依赖庞大且复杂的 CO_2 运输基础设施，即通过利用管道、船舶以及罐车等不同方式将多个 CO_2 排放源和多个 CO_2 封存、利用场地连接起来，形成一个运输共享网络。与传统的点对点的 CO_2 运输系统相比，共享运输网络可节约 25% 以上的成本支出，具体情况取决于运输网络的规模（聂立功等，2016）。共享运输网络的建立可显著减少未来 CCUS 项目的投资障碍，加快当地 CCUS 项目的部署进度。但需要注意的是，建立超大流量的共享运输网络需要面临由初期大量投资所带来的财政风险。

在 CO_2 地质封存方面，我国已启动 CO_2 封存选址、封存潜力、适宜性评价与源汇匹配等研究。中国已建成了数个 CO_2 地质封存示范项目，在验证技术可行性的同时大大加强了工程实践能力。若干关键核心技术取得了重大突破，已具备大规模集成示范的基础。其中，陆上咸水层封存技术完成了 10 万 t/a 规模的示范，未来将进一步扩大规模；海底咸水层封存、枯竭油田、枯竭气田封存技术完成了中试方案设计与论证。基于当前技术水平，并考虑关井后 20 年的监测费用，陆上咸水层 CO_2 封存成本约为 60 元/t，海底咸水层 CO_2 封存成本约为 300 元/t，枯竭油气田 CO_2 封存成本约为 50 元/t（科学技术部社会发展科技司和中国 21 世纪议程管理中心，2019）。EOR 等 CO_2 利用技术可降低 CCUS 技术的应用成本，在特定情况下还可实现盈利（CO_2 减排成本为负）。我国虽已针对 CO_2 地质封存开展了大量研究工作并取得了一定的进展，但目前与国际先进水平仍存在较大差距。未来应继续加大对相关理论的研究以及对重大设备的研发，不断积累大规模 CO_2 封存工程经验，建立 CO_2 封存的监测、风险预警与安全管理综合平台，降低封存成本。

2. 不同排放源的 CCUS 技术成本

从不同电厂发电成本角度来看，燃煤电厂采用燃烧后捕集技术、富氧燃烧技术和燃烧前捕集技术的电力成本分别为 111 ~ 266 美元/MWh（IEA，2011；Irlam，2015），111 ~ 265 美元/MWh（Bassi et al.，2015；EIA，2016）和 111 ~ 278 美元/MWh（Font-Palma et al.，2016；Nemitallah et al.，2017）。

由表 7-2 可以看出，我国传统 PC 电厂进行 CCUS 改造的成本处于国际较低水平，而以 NGCC 为代表的燃气电厂装备 CCUS 的发电成本处于国际中高水平。这是因为中国煤炭价格和超临界、超超临界机组的技术成本较低，而燃气电厂 CCUS 技术能耗和成本较高。此外，我国天然气严重依赖进口，价格较高，燃气发电成本受天然气价格影响较大，其平准化发电成本（LCOE）远高于加拿大（70 美元/MWh）、美国（75 美元/MWh）和澳大利亚（110 美元/MWh）等天然气资源丰富且价格较低的国家。我国 IGCC 电厂的 LCOE 处于国际中低水平，但受技术及建造成本影响，其在三类电厂中发电成本最高。

表 7-2　不同类型电厂采用 CCUS 技术后的 LCOE

电厂类型	捕集技术	LCOE（美元/MWh）		
		最小值	最大值	中国参考值
PC 电厂	燃烧后捕集	111	266	117.5
	富氧燃烧	111	265	124.25
NGCC 电厂	燃烧后捕集	61	181	130.7
IGCC 电厂	燃烧前捕集	111	278	135

注：此处 LCOE 指电厂装备 CCUS 技术后的全流程发电成本

由于不同排放源的产出和减排技术路线存在差异，此处 CO_2 避免成本作为分析不同排放源 CCUS 成本的指标，该成本包括捕集、运输和封存等流程的成本。CO_2 避免成本是用来比较不同碳减排方案有效性的标准度量，其定义为“在保证产品产出量不变（与进行 CCUS 改造前相比）的前提下减少向大气中排放 CO_2 的成本”（GCCSI，2009）。

(1) 电厂采用 CCUS 技术的 CO_2 避免成本

传统燃煤电厂采用 CCUS 技术的 CO_2 避免成本为 53 ~ 121 美元/t（Fout et al.，2015；

GCCSI，2017），IGCC 电厂的 CO_2避免成本为 60～148 美元/t（Rubin et al.，2015；GCCSI，2017），NGCC 电厂的 CO_2避免成本为 67～160 美元/t（Rubin and Zhai，2012）。三类电厂比较来看，PC 电厂的 CO_2避免成本相对较低。

（2）煤制油行业采用 CCUS 技术的 CO_2避免成本

为减少石油对外依存度、保障国家能源安全，煤制油技术成为解决石油供应的实用选择（Gao et al.，2018）。煤制油技术是一个化学过程，从技术上讲主要有两种将煤转化为液体燃料的方法：直接煤液化（DCL）方法是通过在高温下溶解煤炭直接从煤中生产液体燃料，并通过添加额外的氢来增加水含量（Qi et al.，2012）；间接煤液化（ICL）方法是首先将煤气化为氢气和一氧化碳的混合物，然后通过费托合成将其转化为油（Hao et al.，2017）。中国近些年来一直支持煤制油行业，建成了世界上最大的煤制油工厂。据中国国家能源局预计，到 2020 年中国煤制油的生产能力将达到每年 1300 万 t（NEA，2017）。然而，煤制油技术会伴随较高的 CO_2排放，CCUS 技术的应用可以有效降低其碳密度。煤制油行业应用 CCUS 技术的 CO_2避免成本为 30～70 美元/t（Zhou et al.，2013；Leeson et al.，2017；Budinis et al.，2018）。

（3）钢铁行业采用 CCUS 技术的 CO_2避免成本

中国粗钢产量占全球产量的 50% 以上，钢铁行业碳排放占到中国总排放的 12%，钢铁行业碳排放主要来源于焦炭还原铁矿石，首钢京唐钢铁 CCUS 小规模示范项目的避免成本为 43.1～50.8 美元/t（GCCSI，2015）。目前，阿拉伯联合酋长国正在建设世界上第一个大规模应用 CCUS 的钢铁项目，从直接还原铁工艺中捕集 CO_2，通过管道运输到油田进行驱油。根据 GCCSI 评估结果，对于一个钢铁产能为 40 t/h 的钢铁厂，捕集率为 90%、管道运输距离为 100km 时，应用 CCUS 技术的 CO_2避免成本为 52～120 美元/t，其中中国的参考值约为 74 美元/t（GCCSI，2017）。

（4）天然气加工采用 CCUS 技术的 CO_2避免成本

消费者消费的天然气和地下开采的天然气有很大差别，天然气加工是使用一系列工艺手段将杂质去除，加工后的天然气几乎完全由甲烷组成。地下开采的原始天然气中除甲烷外，还包括水、石油流体、CO_2、氮气、硫化合物和其他碳氢化合物气体（丙烷和丁烷）。20 世纪 30 年代以来，原始天然气中的 CO_2通常情况下大部分被排放到了大气中。天然气生产过程中产生的 CO_2浓度高，安装捕集装置将有效减少排放到大气中的 CO_2。挪威的 Sleipner 和 Snøhvit 项目的 CO_2源均来自天然气加工过程。根据 GCCSI 评估结果，对于一个产能为 1100Sm^3/h 的天然气加工厂，加装 CCUS 设备且管道运输距离为 100km 时，天然气加工的 CO_2 避免成本为 19.7～26.9 美元/t，中国的参考值约为 24.2 美元/t（GCCSI，2017）。

（5）水泥行业采用 CCUS 技术的 CO_2避免成本

水泥行业是能源密集程度最高的行业之一，约占人为 CO_2排放的 5%。在 IEA 的 2℃情景中，到 2050 年，水泥行业碳排放要降低 16.15%。中国水泥产量占世界总产量的 60%左右（Li et al.，2013；Xu et al.，2014），水泥行业碳排放主要来自原料碳酸盐的分解（59%）、燃料燃烧（26%）和电力消耗（12%），其排放量超过中国工业过程碳排放的 70%（刘虹和姜克隽，2010）。水泥行业的碳排放拥有较大的减排潜力。水泥窑尾气 CO_2浓度为 15%～30%，海螺水泥白马山水泥厂 CCUS 示范项目水泥窑尾气 CO_2浓度约为

22%。水泥生产线窑尾烟气成分较为复杂，为了进一步提高 CO_2 的捕集和纯化，需对废气中的其他杂质成分进行脱除，因此在水泥行业应用 CCUS 燃烧后捕集技术时，除安装 CO_2 分离、压缩、纯化等装置外，还要在捕集装置前安装脱硫装置。而脱硫装置的成本和高能耗会削弱 CO_2 高浓度带来的成本优势，水泥行业 CCUS 技术应用的成本竞争力目前来看小于电力行业（Liang and Li，2012）。根据 GCCSI（2017）评估结果，对于一个水泥产能为 40t/h 的水泥厂，加装 CCUS 设备捕集率为 90%，管道运输距离为 100km 时，CO_2 避免成本为 104 ~ 194 美元/t，中国水泥行业大规模应用 CCUS 技术的避免成本约为 129 美元/t。

由图 7-2 可以看出，中国各产业 CCUS 全流程 CO_2 减排成本与其他国家相比处于低位水平，特别是 PC、IGCC 电厂应用 CCUS 技术的减排成本处于世界最低水平。现有不同大型排放源采用 CCUS 技术（非发电行业），天然气加工等高浓度碳源行业成本竞争力较高。各类电厂中，PC 电厂应用 CCUS 技术的 CO_2 避免成本优势较大，而 NGCC 电厂应用 CCUS 技术的 CO_2 避免成本较高，经济竞争力不足。在上述行业中，现有大型排放源中，水泥行业应用 CCUS 技术的 CO_2 避免成本最高，目前其成本竞争力最弱。

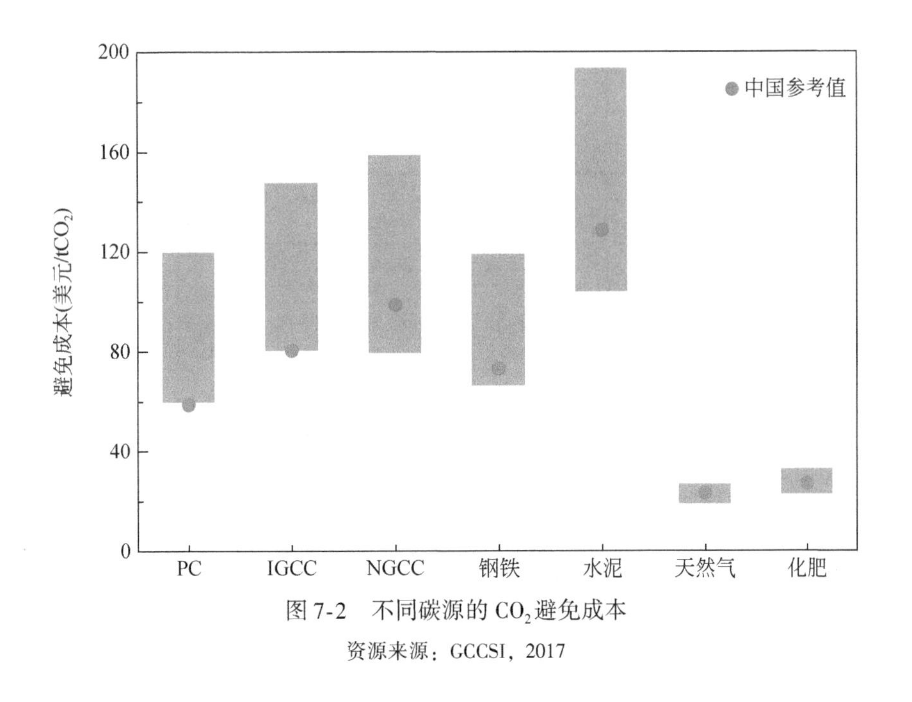

图 7-2 不同碳源的 CO_2 避免成本

资源来源：GCCSI，2017

第二节 工业产值

目前各类 CCUS 技术发展水平差距较大，部分 CO_2 利用技术已接近或达到商业化应用水平，但大部分仍处在研发或中试阶段。按照现有趋势发展，CCUS 各环节技术将在 2030 年、2035 年和 2050 年发挥越来越大的减排潜力，并增加相应行业的产值，2030 ~ 2050 年 CCUS 各环节技术工业产值预测值如表 7-3 所示。

表 7-3　2030～2050 年 CCUS 各环节技术工业产值预测

技术分类	具体技术	2030 年工业产值（亿元）	2035 年工业产值（亿元）	2050 年工业产值（亿元）	相应的市场占有率（%）	相应的市场占有率（%）	相应的市场占有率（%）
CO_2捕集技术	燃烧前捕集技术（溶液吸收法）	95	100	140	—	—	—
	燃烧前捕集技术（固体吸收法）	14	18	25	—	—	—
	燃烧前捕集技术（低温分馏法）	6	13	37	—	—	—
	燃烧后捕集技术（化学吸收法）	390	450	1200	—	—	—
	燃烧后捕集技术（化学吸附法）	50	150	290	—	—	—
	燃烧后捕集技术（物理吸附法）	28	49	97	—	—	—
	燃烧后捕集技术（膜分离法）	10	18	67	—	—	—
	富氧燃烧技术	11	570	840	—	—	—
	化学链燃烧技术	0.8	37.5	130	—	—	—
	小计	604.8	1405.5	2826	—	—	—
CO_2化学利用技术	CO_2重整甲烷制备合成气	90～140	140～180	220～360	—	—	—
	CO_2制备液体燃料技术	1～3	3～5	10～20	—	—	—
	CO_2加氢合成甲醇技术	250～380	380～500	750～1000	—	—	—
	CO_2加氢直接制烯烃技术	40～60	120～150	400～699	—	—	—
	CO_2光电催化转化技术	0.5～1	1～1.5	5～10	—	—	—
	CO_2合成有机碳酸酯技术	125～175	200～225	250～300	—	—	—
	CO_2合成可降解聚合物材料技术	10～200	160～300	300～500	—	—	—
	CO_2合成异氰酸酯/聚氨酯技术	1400～1600	1600～1800	1800～2200	—	—	—
	CO_2制备聚碳酸酯/聚酯材料技术	120～180	180～230	370～520	—	—	—
	小计	2036.5～2739	2784～3391.5	4105～5609	10～20	20～30	30～50

续表

技术分类	具体技术	2030年工业产值（亿元）	2035年工业产值（亿元）	2050年工业产值（亿元）	相应的市场占有率（%）	相应的市场占有率（%）	相应的市场占有率（%）
CO_2矿化利用技术	钢渣矿化利用CO_2	45~70	90~110	220~270	—	—	—
	磷石膏矿化利用CO_2技术	30~40	50~70	140~210	—	—	—
	钾长石加工联合CO_2矿化技术	15~20	30~35	140~180	—	—	—
	小计	90~130	170~215	500~660	10~20	20~30	40~50
CO_2生物利用技术	CO_2微藻生物利用技术	10~20	25~30	80~110	—	—	—
	CO_2气肥利用技术	10~20	20~30	60~120	—	—	—
	微生物固定CO_2合成苹果酸	20~40	40~60	80~120	—	—	—
	小计	40~80	85~120	220~350	5~15	20~30	30~50
CO_2增采能源技术	强化采油	233~467	467~778	778~1556	—	—	—
	驱替煤层气	55~111	69~133	133~266	—	—	—
	强化天然气开采	0.17	0.83~1.67	13.34~16.68	—	—	—
	强化页岩气开采	0.23	1.17	23.38	—	—	—
	置换天然气水合物中的甲烷	0	0	0	—	—	—
	小计	288.4~578.4	538~913.84	947.72~1862.06	—	—	—
CO_2增采资源技术	铀矿浸出增采	40~80	67.5~135	135~270	—	—	—
	强化浸出稀土金属	0	0	0	—	—	—
	增强地热系统	—	—	—	—	—	—
	羽流地热系统	0	0	0	—	—	—
	强化深部咸水开采与封存	2.5~5	5~10	50	—	—	—
	小计	42.5~85	72.5~140	185~320	—	—	—
总计		3102.2~4217.2	5055~6045.84		—	—	—

注：“—”表示数据缺失或无法预测

CCUS各环节技术种类繁多，尤其是CO_2利用技术，其终端产品种类多样、附加值较高，具有减排和增加经济收益的双重效应。例如，通过CO_2利用技术可以提高能源（石油、煤层气等）采收率、开采稀有矿产资源、增产农作物，还能够通过与其他物质合成获得化工材料、化学品、生物农产品等生活必须消费品（表7-3），其中：

1）CO_2捕集技术，预计到2030年其工业产值将达到604.8亿元；

2）有机化学品生产利用技术生产过程产出的多为大宗平台化学品（如甲醇等）或具有广泛用途的高价值高分子材料，因此该类技术具有显著的经济效益。预计到2030年，技术市场占有率预期达到10%～20%，CO_2化学利用技术的工业产值将达到2036.5～2739亿元；

3）无机化学品及材料加工类CO_2利用技术所建成的大规模产业化示范工程，预计到2030年，技术市场占有率预期达到10%～20%，将实现产值90亿～130亿元。

4）对于生物农产品技术，预计到2030年，技术市场占有率预期达到5%～15%，该类技术产业化装置将实现产值40亿～80亿元。

5）包括强化驱油在内的众多增采能源技术，预计到2030年，该类技术产业化装置将实现产值288.4亿～578.4亿元。

6）包括铀矿浸出增采、咸水开采在内的增采资源技术，预计到2030年，该类技术产业化装置将实现产值42.5亿～85亿元。

第三节　CCUS技术成本的竞争性比较

一、CCUS代际技术竞争性比较

随着CCUS技术的发展进步，各种新型CCUS技术不断涌现，其中第二代CO_2捕集技术的出现为大幅降低CCUS技术的应用成本提供了条件。与胺基吸收剂、常压富氧燃烧等第一代CO_2捕集技术相比，诸如新型膜分离技术、新型吸收技术、新型吸附技术、增压富氧燃烧技术、化学链燃烧技术等第二代CO_2捕集技术，在其技术成熟后能耗和成本可比成熟后的第一代CO_2捕集技术降低30%以上（科学技术部社会发展科技司和中国21世纪议程管理中心，2019）。目前全球范围内的CCUS项目所采用的均为第一代CO_2捕集技术，且技术渐趋成熟，但第二代CO_2捕集技术尚处于实验室研发或小试阶段，2035年前后有望大规模推广应用。不同代际的CO_2捕集技术边界和划分依据如表7-4所示，技术应用成本和能耗如图7-3所示。

低能耗的第二代CO_2捕集技术可大幅改善CCUS技术的经济性，以更低的成本实现煤电和煤化工等产业的有效减排（APGTF，2011）。但是，由于目前两代捕集技术的技术成熟度和商业化时间不同，现有大型排放源将面临CO_2代际技术的选择问题。以减排潜力最大的电力工业为例，按照改造成本最优的原则，我国燃煤电厂CO_2捕集技术的代际更替应在2030～2035年的最佳改造期内完成（图7-3）。第二代CO_2捕集技术的商业化时间过晚或将导致我国的燃煤电厂面临被第一代CO_2捕集技术锁定的风险，从而使燃煤电厂改造的整体成本大幅上涨。其原因在于我国大部分燃煤电厂建于“十一五”期间，而第二代CO_2捕集技术若晚于2035年实现商业化推广，届时上述燃煤电厂的剩余寿命将难以支撑其进行第二代CO_2捕集技术改造投资；在强减排政策的约束下，2035年前第一代CO_2捕集技术是燃煤电厂实现深度减排的唯一选择，这极有可能导致我国的燃煤电厂被第一代CO_2捕

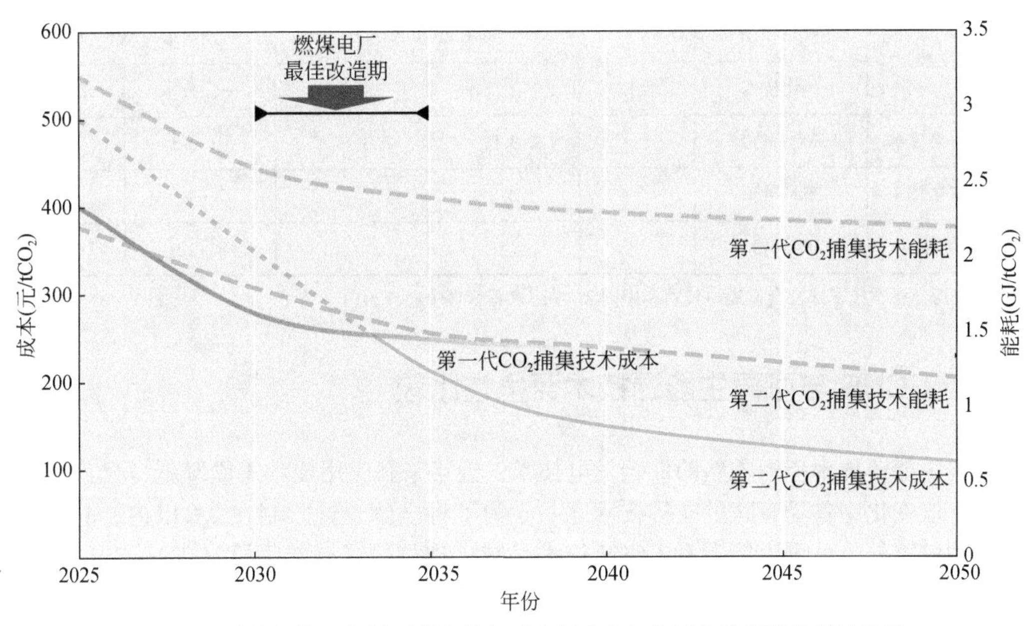

图 7-3 碳捕集技术代际更替及其电厂应用成本与能耗变化预期前景示意图

资料来源：科学技术部社会发展科技司和中国 21 世纪议程管理中心，2019

集技术大面积锁定而无法采用第二代 CO_2 捕集技术，从而大大降低 CCUS 技术整体的减排效率并增加减排成本（Fan et al.，2018）。不同代际 CO_2 捕集技术成本能耗特点如表 7-5 所示。

表 7-4 CO_2 捕集技术边界及代际划分依据

捕集方式	一代捕集技术	可能的二代/三代捕集技术
IGCC+燃烧前捕集	溶剂或固体吸附剂 低温空气分离装置	氧气与合成气的膜分离 富氢低 NO_x 气体涡轮机
富氧燃烧	低温空气分离装置 压缩前低温 CO_2 提纯装置 烟气循环	新的更加有效的空分装置 优化锅炉系统 氧燃烧涡轮机 化学链燃烧—反应系统和氧载体
燃烧后捕集	烟气 CO_2 分离 CO_2 化学或物理吸附	新的吸附剂 二/三代胺剂（再生能耗更少） 二/三代吸附处理设施和设计 物理吸附技术 膜吸附技术 水合物 低温技术

资料来源：CSLF，2013

表 7-5 CO_2捕集技术边界及代际划分依据

捕集技术	成本（元/tCO_2）		能耗（GJ/tCO_2）		发电效率损失（%）	
	一代技术	二代技术	一代技术	二代技术	一代技术	二代技术
燃烧后捕集技术	300～450		3.0	2.0～2.5	10～13	5～8
燃烧前捕集技术	250～430		2.2	1.6～2.0	7～10	3～7
富氧燃烧技术	300～400				8～12	5～8

资料来源：科学技术部社会发展科技司和中国 21 世纪议程管理中心，2019

二、CCUS 与可再生能源技术竞争性比较

可再生能源技术作为成熟的低碳发电技术，近年来其应用成本不断降低，已经成为全球应对气候变化中备受青睐的减排技术之一。为了将全球温升限制在 2℃以内，除了提高能源利用效率外，可再生能源和 CCUS 技术是减少排放的最有效手段（IEA，2017b），特别是对于电力行业，两者在一定程度上成为相互竞争的减排技术。在 2℃温升情景下，到 2050 年可再生能源和 CCUS 技术可分别贡献电力行业减排量的 44% 和 14%（IEA，2015）。

可再生能源和 CCUS 技术在减排方面各具特点。作为一种清洁发电技术，可再生能源发电通过替代使用化石能源并促进能源结构调整来减少 CO_2 排放。但是由于光伏和风力发电的电力输出经常变化，将间歇性电源连接到电网会不可避免地对电能质量、电力调度控制和可靠性带来挑战（Shivashankar et al.，2016）。由于电力系统运行的技术局限性以及发电结构、市场结构和运行规则的限制，许多风能和太阳能发电的电量在并入电网时会受到限制从而产生弃风弃光现象（Bird et al.，2016；Gu and Xie，2013）。与之相比，使用 CCUS 的火电项目具有稳定的电力供应，并且其电力产出易于连接到电网，这在电网经济性方面是有利的。此外在确保依托现有大容量火力发电的能源安全的同时，还能够减少 CO_2 排放量。尽管中国已经探索了火电厂的 CCUS 改造并进行了工程示范，但 CCUS 高昂的成本及其技术发展带来的不确定性为吸引投资（Sanders et al.，2013）和快速推广（Zhou et al.，2013）带来了障碍。

从政策角度看，可再生能源发电得到了大量补贴和政策的支持，如财政补贴、税收优惠和价格优惠政策（Zhang et al.，2009）。与可再生能源发电项目相比，火电厂 CCUS 改造还没有明确的补贴政策和良好的投资环境。以燃煤电厂和可再生能源发电技术的基准投资成本情况为例，考虑二者都能通过核证减排量获得收益，考虑煤价波动和运输距离的远近，装备燃烧后捕集技术的新建燃煤电厂的平准化发电成本（捕集率为 90%，咸水层封存）为 0.418～1.218 元/kWh，CCUS 过程产生的 LCOE 增量为原有燃煤电厂平准化发电成本的 73%～439%，运输成本受 CO_2 输送距离的影响巨大，在 100～800km 运输距离变化范围内占所有增量成本的 27%～77%（Fan et al.，2019a）。若不考虑可再生能源上网电价补贴的抵消作用，我国陆上风电、太阳能光伏发电以及生物质直燃发电的 LOCE 分别为 0.576 元/kWh、0.806 元/kWh 和 0.595 元/kWh（Fan et al.，2019a）。整体来看，在低煤价和短运输距离情况下，燃煤电厂配备 CCUS 的发电成本优于可再生能源发电技术，运输距离和原料价格对于提高 CCUS 技术竞争力来说十分重要。

我国幅员辽阔，地区资源的差异决定了不同低碳技术发展的适宜性。依托我国以煤为主的资源禀赋，燃煤电厂 CCUS 具有低成本发展的潜在优势，特别是在电煤价格较低的省份优势更加明显。以太阳能光伏发电、风力发电和生物质直燃发电为代表的可再生能源发电技术在国家明确的补贴政策推动下取得了快速发展，规模效应促使成本在全国范围内快速下降。可再生能源技术发展也取决于区域的自然资源条件，资源条件的不同也体现在标杆电价的差异上。

受燃煤电厂分布、煤炭资源分布、电厂到适宜封存地的距离、太阳能年辐射量分布、风力资源分布和生物质能源分布等多种因素的影响，燃煤电厂与光伏、陆上风电和生物质直燃发电的 LOCE 优势存在区域差异（表 7-6、表 7-7 和表 7-8）（Fan et al.，2019a）。燃煤电厂与 CCUS 结合较可再生能源发电在山西、内蒙古、吉林、黑龙江、贵州、甘肃、宁夏和新疆等地区具有 LOCE 优势，主要原因在于这些省份具有丰富的煤炭资源，燃料成本相对较低，其中新疆最为显著。光伏的 LOCE 相对较高，因此应部署在太阳能资源较为丰富的地区以降低成本，如青海（Fan et al.，2019a；Fan et al.，2019b）。此外，青海燃煤电厂分布较少，不具备大规模发展 CCUS 技术的基础。生物质直燃发电较燃煤电厂匹配 CCUS 在福建、江西、广东、广西和青海等省份具有成本优势；由于风电的初始投资较低且我国的风力资源相对丰富，风力发电较燃煤电厂匹配 CCUS 在大部分省份具有成本优势（Fan et al.，2019a）。

表 7-6　燃煤电厂 CCUS 和光伏发电的 LCOE 省份比较　（单位：元/kWh）

省份	燃煤电厂 CCUS LCOE	光伏发电 LCOE	LCOE 差距
天津	0.535	1.828	-1.293
河北	0.519	0.729	-0.210
山西	0.479	0.610	-0.131
内蒙古	0.452	0.597	-0.146
辽宁	0.541	0.742	-0.201
吉林	0.526	0.755	-0.229
黑龙江	0.519	0.607	-0.087
上海	0.558	1.022	-0.464
江苏	0.553	0.798	-0.245
浙江	0.562	0.869	-0.306
安徽	0.565	1.009	-0.445
福建	0.878	1.398	-0.520
江西	0.592	1.296	-0.704
山东	0.566	0.803	-0.238
河南	0.548	1.285	-0.737
湖北	0.563	0.972	-0.409
湖南	0.568	—	0.568
广东	0.886	1.436	-0.550

省份	燃煤电厂 CCUS LCOE	光伏发电 LCOE	LCOE 差距
广西	0. 921	0. 924	-0. 002
海南	0. 889	0. 665	0. 224
重庆	0. 565	—	0. 565
四川	0. 564	0. 588	-0. 024
贵州	0. 532	0. 885	-0. 353
云南	0. 541	0. 726	-0. 185
陕西	0. 515	0. 731	-0. 216
甘肃	0. 508	0. 891	-0. 383
青海	0. 797	0. 623	0. 174
宁夏	0. 541	0. 702	-0. 161
新疆	0. 434	1. 005	-0. 571

注：北京、西藏、香港、澳门、台湾不在比较范围

表 7-7　燃煤电厂 CCUS 和陆上风电的 LCOE 省份比较　（单位：元/kWh）

省份	燃煤电厂 CCUS LCOE	陆上风电 LCOE	LCOE 差距
天津	0. 535	0. 483	0. 052
河北	0. 519	0. 483	0. 036
山西	0. 479	0. 518	-0. 038
内蒙古	0. 452	0. 548	-0. 096
辽宁	0. 541	0. 520	0. 021
吉林	0. 526	0. 752	-0. 226
黑龙江	0. 519	0. 602	-0. 082
上海	0. 558	0. 464	0. 095
江苏	0. 553	0. 506	0. 047
浙江	0. 562	0. 464	0. 099
安徽	0. 565	0. 475	0. 089
福建	0. 878	0. 400	0. 477
江西	0. 592	0. 474	0. 118
山东	0. 566	0. 536	0. 029
河南	0. 548	0. 527	0. 021
湖北	0. 563	0. 486	0. 077
湖南	0. 568	0. 472	0. 096
广东	0. 886	0. 542	0. 343
广西	0. 921	0. 424	0. 498
海南	0. 889	0. 563	0. 326

续表

省份	燃煤电厂 CCUS LCOE	陆上风电 LCOE	LCOE 差距
重庆	0.565	0.626	-0.062
四川	0.564	0.446	0.118
贵州	0.532	0.555	-0.023
云南	0.541	0.451	0.090
陕西	0.515	0.514	0.001
甘肃	0.508	0.921	-0.413
青海	0.797	0.581	0.216
宁夏	0.541	0.645	-0.104
新疆	0.434	0.777	-0.343

注：北京、西藏、香港、澳门、台湾不在比较范围

表 7-8 燃煤电厂 CCUS 和生物直燃发电的 LCOE 省份比较（单位：元/kWh）

省份	燃煤电厂 CCUS LCOE	生物直燃发电 LCOE	LCOE 差距
天津	0.535	0.677	-0.142
河北	0.519	0.597	-0.078
山西	0.479	0.590	-0.111
内蒙古	0.452	0.581	-0.130
辽宁	0.541	0.608	-0.066
吉林	0.526	0.595	-0.069
黑龙江	0.519	0.589	-0.070
上海	0.558	0.659	-0.100
江苏	0.553	0.651	-0.098
浙江	0.562	0.657	-0.095
安徽	0.565	0.572	-0.007
福建	0.878	0.618	0.260
江西	0.592	0.589	0.003
山东	0.566	0.611	-0.045
河南	0.548	0.575	-0.027
湖北	0.563	0.594	-0.031
湖南	0.568	0.581	-0.013
广东	0.886	0.632	0.253
广西	0.921	0.565	0.356
海南	0.889	0.588	0.301
重庆	0.565	0.569	-0.005
四川	0.564	0.572	-0.008

省份	燃煤电厂 CCUS LCOE	生物直燃发电 LCOE	LCOE 差距
贵州	0.532	0.542	-0.010
云南	0.541	0.550	-0.009
陕西	0.515	0.554	-0.039
甘肃	0.508	0.544	-0.036
青海	0.797	0.553	0.244
宁夏	0.541	0.567	-0.026
新疆	0.434	0.610	-0.176

三、CCUS 技术与天然气发电技术竞争性比较

天然气作为一次化石能源，与煤炭和石油相比具有更低的排放，燃气发电与燃煤发电已成为化石能源发电行业的两类主要技术，PC 电厂、IGCC 电厂和 NGCC 电厂亦是电力部门 CCUS 改造示范和相关研究的主要对象（GCCSI，2017）。有些国家要求新建燃煤电厂安装 CCUS 设备，有的要求燃煤电厂排放标准要参考天然气发电来设定。例如，英国于 2014 年实施碳排放绩效标准，要求碳排放达到 450gCO_2/kWh 时，所有的新建燃煤电厂必须安装 CCUS 装置。加拿大于 2015 年实施排放新规，要求 2015 年之后新建或翻新的燃煤电厂必须满足严格的温室气体排放限制，燃煤电厂排放水平要与燃气电厂相当。燃煤电厂装备 CCUS 技术，CO_2排放可达到与燃气电厂相同的水平甚至更低。因此，从减排角度来看，燃煤电厂（包括 PC 和 IGCC 电厂）匹配 CCUS 和燃气电厂均可作为降低电力行业碳排放的技术选择。

三类电厂在我国的发展阶段不同，CCUS 改造经济性差距较大。PC 电厂是我国传统的燃煤电厂，应用占比较高且应用广泛，在未来若干年仍然占有一定的比重（Li et al.，2011）。IGCC 是先进的清洁煤发电技术，其将清洁的煤气化技术与高效的燃气-蒸汽联合循环发电系统结合，能量转换率高，能够满足严格的环保标准（Xu et al.，2014）。虽然目前中国 IGCC 电厂的建设成本约为 PC 电厂的两倍，尚处于示范运营阶段，但随着技术进步 IGCC 成本将逐渐降低（Broek et al.，2008），在我国煤炭主导的资源禀赋条件和提高能效的政策号召下，IGCC 电厂的应用比重将不断升高，有可能成为 2020 年之后煤电发展的重点对象（Cormos，2012）。燃气发电与燃煤发电相比，污染物排放水平低且 CO_2的排放量仅为燃煤发电的 40% 左右。而 NGCC 技术较其他燃气发电技术具有更高的能源利用效率和发电效率，是最具前景的燃气发电方式，中国燃气发电机组中 NGCC 技术应用比例会逐渐增加。

三类电厂发电技术不同，采用的捕集技术不尽相同。燃烧后捕集技术从燃烧后的烟气中捕集 CO_2，技术相对成熟。我国 PC 电厂和 NGCC 电厂的 CCUS 改造示范项目多采用燃烧后捕集技术，该技术能耗和增量成本都比较高（许世森等，2009），其中 NGCC 电厂烟气中 CO_2浓度更低，能耗比 PC 电厂更高。IGCC 电厂采用燃烧前捕集技术，且燃烧前捕集技术目前只适用于新建的 IGCC 电厂，与燃烧后捕集技术相比，捕集运行成本和增量成本

较低，能耗较小。PC 电厂和 IGCC 电厂是煤基电厂，可通过 CCUS 改造使得 CO_2 排放水平与普通的 NGCC 电厂排放水平相当或更低，在相同发电量下，三类电厂达到相同的 CO_2 排放水平的减排成本不同。

从燃煤电厂本身来看，PC 电厂与 IGCC 电厂相比，在只考虑 CCUS 部分增量成本的情况下，IGCC 电厂装配 CCUS 更具经济性。Sekar 等（2007）分析了美国排放处罚是否存在的情况下 PC 电厂和 IGCC 电厂装备 CCUS 的经济性，得出排放处罚机制存在的情况下 IGCC 电厂装备 CCUS 比 PC 电厂更具经济性。张正泽（2010）以 PC 和 IGCC 电厂作为基准电厂，应用实物期权模型分析了不确定性因素对电厂 CCUS 改造投资决策的影响，探讨了投资的临界条件，得出 PC 电厂的投资临界条件略大于 IGCC 电厂，IGCC 电厂具有良好的发展前景。若考虑建厂成本，IGCC 电厂装配 CCUS 的成本优势将消失。Wu 等（2013）分析了 PC 电厂和 IGCC 电厂的 CCUS 投资的临界碳价，结果表明考虑两类电厂的建厂成本时，PC 电厂的投资临界碳价为 61 美元/t，IGCC 电厂的投资临界碳价为 72 美元/t。

从燃气电厂来看，其加装 CCUS 技术要求在较高碳价水平下才具有经济性。也有部分学者对 NGCC 的投资决策做出了分析，例如运用净现值方法，Lambert 等（2016）分析了 NGCC 电厂 CCUS 改造的投资决策，考虑了碳价和政府投资对电厂盈利能力的影响，结果证明 NGCC 装备 CCUS 技术要求高碳价水平和政府投资水平。Luo 和 Wang（2016）分析了 NGCC 电厂装备 CCUS 技术的平准化发电成本，重点分析了碳价对总成本的影响，结果表明，CO_2 价格超过 100 欧元/t 时才可抵消 NGCC 采用 CCUS 技术的成本，超过 120 欧元/t 时，NGCC 电厂的捕集率才能达到 90%，若保持电厂的 CO_2 捕集率，则需要更高的 CO_2 价格。Elias 等（2018）运用实物期权的方法，在市场管制、电价和天然气价格不确定的情况下，对现有燃气电厂的 CCUS 改造进行了投资决策评估，结果表明，如果碳价格达到 140 ~ 185 美元/t，电厂会选择燃烧后捕集技术，如果碳价进一步上升，选择富氧燃烧技术投资收益更大。

从燃煤电厂与燃气电厂比较来看，燃煤电厂采用燃烧后捕集技术、富氧燃烧技术和燃烧前捕集技术将碳排放水平降低至与燃气电厂相同时，其全流程发电成本分别为 111 ~ 266 美元/MWh、111 ~ 265 美元/MWh 和 111 ~ 278 美元/kWh；燃气电厂的成本则为 54 ~ 102 美元/MWh（Luo and Wang，2016；Rubin and Zhai，2012；Fan et al.，2019a），相较前者具有成本优势。在当前的政策及市场条件下，燃煤电厂缺乏进行 CCUS 技术改造的经济动力。与燃气电厂相比，燃煤电厂装备 CCUS 技术在 CO_2 运输距离较短和煤炭价格较低时将具有更优的经济性水平，研究人员比较了燃煤电厂装备 CCUS 技术和燃气电厂的平准化发电成本，考虑了煤价变动和碳价变动的影响（Fan et al.，2019a），结果表明在相同装机容量下，煤炭价格低于 426 元/t 且运输距离小于 250km 时，燃气电厂的平准化发电成本与燃煤电厂装备 CCUS 相比，高出 3% ~ 36%。若燃煤电厂和燃气电厂都装备 CCUS，燃煤电厂将具有更优的经济性，考虑碳价变动影响，在相同减排量下，燃气电厂装备 CCUS 的临界碳价比燃煤电厂高出 13.4%。

第四节　促进 CCUS 技术发展的商业模式

CCUS 技术产生的主要目的是为了减少 CO_2 排放，充分挖掘 CO_2 的利用价值。CO_2 作为商品的实际价值体现在捕集、运输、利用或封存等不同阶段作为原材料或生产工具所创造的价值。通过对全流程 CCUS 项目可能涉及的电力、煤炭、化工、油气和运输等多个行业及众多利益相关方的分析，我们发现要进一步推动 CCUS 的商业化和规模化发展，需要促进跨行业多企业合作，形成可持续的商业模式。

以 CO_2 价值链为基础，促进 CCUS 快速发展的商业模式包含（图 7-4）：

（1）国有企业模式

国有企业模式是一种垂直一体化的商业模式，针对 CCUS 技术推广初期的高研发投入与高成本问题，通过借助我国大型能源类国有企业的优势可将捕获、运输、利用或封存连为一个整体，使得风险与利润在多部门间可以较为灵活地分担，并且与各部门间的协调相较跨企业商业模式更容易实现，具有较低的交易成本，可以很好地适应 CCUS 技术发展初期的条件（Yao et al.，2018）。

（2）联合经营企业模式

联合经营企业模式适用于不具有一体化要求的相关企业，受到相关政策法规支持的激励以参股的方式成立联合经营企业共同承担一些开放特定的 CCUS 项目，通过专业化运作进一步降低 CCUS 成本。这种商业模式虽然较国有企业模式具有更高的交易成本，但是由于对一体化程度的限制程度相对较小，具有更好的推广前景（Yao et al.，2018）。

（3）CCUS 运营商模式

CCUS 运营商模式主要适用于电力行业，在 CCUS 工程示范已初具规模的基础上，引入专业化的运营企业参与到 CCUS 项目的经营中。运营企业负责 CCUS 设备的投资与建设，并且可以根据不同地区的资源条件，开展初步的源汇匹配工作，更高效地利用管道等设备，通过运输和销售 CO_2 获取利润，从而带动整个 CCUS 项目通过规模效应降低成本。在这种商业模式下，由于涉及更多的利益相关方，交易成本较国有企业模式和联合经营模式高，但由于电力行业在整个经济体系中的重要性，其被认为是未来 CCUS 技术大规模推广最可能的方式（梁大鹏，2009）。

（4）CO_2 独立运输商模式

CCUS 运营商主要通过 CO_2 销售获得利润，其盈利性有可能会造成较高的交易成本。在 CO_2 独立运输商模式下，运输商仅承担 CO_2 运输工作，较 CCUS 运营商将承担更低的经营风险。同时随着 CCUS 技术进一步成熟，CCUS 项目实践的进一步推广，利用 CO_2 独立运输商模式的特点，源汇匹配工作具有进一步开展的条件，可以实现多捕集源对应多需求方的 CO_2 交易市场，并根据市场价格决定捕集的 CO_2 用于利用还是封存（Muslemani et al.，2021）。

（5）全流程固定价格模式

在这种固定价格模式是基于包含了碳源和运输与封存两个主体的相对完善的商业化运行网络，项目资金主要来自投资者在合同期限内（一般为 15 年）支付的既定成交价格，且所有建设和重大运营风险均由投资者承担。但这种模式在应用主体方面具有局限性（如电厂和运输与封存风险偏好不同），并可能增加 CCUS 项目协调成本。

（6）政府调控模式

政府对电力市场的价格补贴、适当延长发电小时数、调控碳市场相关配额以及通过优先审批项目等为 CCUS 示范项目提供潜在支持，均可在很大程度上影响电厂的收益和项目的顺利运行。例如，对中国电力部门研究表明，若燃煤电厂进行 CCUS 改造，可通过适当延长运行时间来降低因 CCUS 改造升级增加的发电成本（Yang et al., 2019）。同时，政府若成立专门机构作为第三方协调管理部门也可降低项目运营过程中的交易和协调成本。

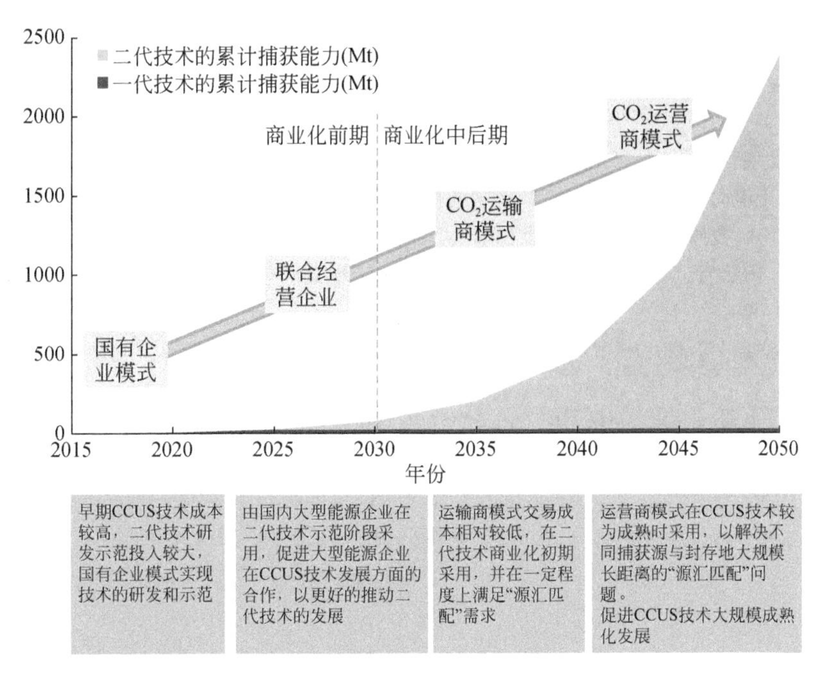

图 7-4　各商业模式在不同 CCUS 技术阶段的发展规划

各种商业模式均在不同程度上依赖于电网补贴与碳市场的收益（Yao et al., 2018）。国有企业模式可以最灵活地实现各环节之间的利益补偿，同时在交易与获取资金方面成本最低，因此能应对较为极端的低油价情景，然而受限于地理与资源因素，国有企业模式的推广潜力不大。除了国有企业模式之外，交易成本最低的是 CO_2 独立运输商模式，由于 CO_2 运输商仅承担运输工作，相较以盈利目的出售 CO_2 的联合经营与 CCUS 运营商模式，谈判较为容易，并且合同的稳定性较高，因此交易成本相对较低，在同等市场条件下盈利能力可以趋近国有企业模式。联合经营模式与 CCUS 运营商模式的弊端均为较高的交易成本，而 CCUS 运营商模式相比联合经营模式存在更高的资金成本，因此在面临低油价情景时，更容易出现亏损。全流程固定价格模式主要存在市场环境下不同主体跨链相互依存的风险以及项目运营过程中由于市场价格的波动引起的收益损失。政府调控模式虽降低了交易和协调成本，但如果管理不当同时也可能使企业行为与市场脱钩。

在 CCUS 两代技术发展中，在不同的发展阶段推广不同的商业模式，以充分调动不同利益相关方的参与积极性，可以解决 CCUS 技术发展的资金问题。国有企业模式可以最灵活地实现各环节之间的利益补偿，同时在交易与获取资金方面成本最低，适合在早期 CCUS 技术成本较高、二代技术研发示范投入较大的条件下采用。而联合经营企业模式适合由国内大型能源企业在二代技术示范阶段采用，以更好地推动二代技术的发展。CO_2 运输商模式交易成本相对较低，可以在二代技术商业化初期采用。CCUS 运营商模式则更加适合在 CCUS 技术较为成熟时采用，以解决不同捕集源与封存地大规模长距离的“源汇匹配”问题。

参考文献

韩涛，赵瑞，张帅，等. 2017. 燃煤电厂二氧化碳捕集技术研究及应用. 煤炭工程，49（S1）：24-28.

科学技术部社会发展科技司，中国 21 世纪议程管理中心. 2011. 中国碳捕集、利用与封存（CCUS）技术发展路线图研究.

科学技术部社会发展科技司，中国 21 世纪议程管理中心. 2019. 中国碳捕集利用与封存技术发展路线图（2019 版）.

科学技术部社会发展科技司. 2019. 中国碳捕集利用与封存技术发展路线图（2019）.

梁大鹏. 2009. 基于电力市场的中国 CCS 商业运营模式及仿真研究. 中国软科学，(2)：151-163.

刘虹，姜克隽. 2010. 我国钢铁与水泥行业利用 CCS 技术市场潜力分析. 中国能源，32（2）：34-37.

刘佳佳，赵东亚，田群宏，等. 2018. CO_2 捕集、运输、驱油与封存全流程建模与优化. 油气田地面工程，45（4）：20-24，29.

毛宇，柳朝晖，陈灿，等. 2017. 富氧燃烧工程示范系统集成研发及运行性能. 东方电气评论，31（2）：17-23.

聂立功，姜大霖，毛亚林，等. 2016. 全球 CCS 技术商业化路径研究. 北京：煤炭工业出版社.

魏一鸣，等. 2020. 气候工程管理：碳捕集与封存技术管理. 北京：科学出版社.

许世森，郜时旺. 2009. 燃煤电厂二氧化碳捕集、利用与封存技术. 上海节能，(9)：8-13.

张正泽. 2010. 基于实物期权的燃煤电站 CCS 投资决策研究. 哈尔滨：哈尔滨工业大学硕士学位论文.

Abanades J C，Arias B，Lyngfelt A，et al. 2015. Emerging CO_2 capture systems. International Journal of Greenhouse Gas Control，40：126-166.

Abbas Z，Mezher T，Abu-Zahra M R M. 2013. Evaluation of CO_2 purification requirements and the selection of processes for impurities deep removal from the CO_2 product stream. Energy Procedia，37：2389-2396.

Adanez J A，bad A，Mendiara T，et al. 2018. Chemical looping combustion of solid fuels. Progress in Energy and Combustion Science，65：6-66.

APGTF. 2011. Cleaner Fossil Power Generation in the 21st Century-Maintaining a Leading Role. Advanced Power Generation Technology Forum.

Ashenfelter O，Storchmann K. 2016. The economics of wine，weather，and climate change. Review of Environmental Economics Policy，10（1）：25-46.

Bassi S，Boyd R，Buckle S，et al. 2015. Bridging the gap：improving the economic and policy framework for carbon capture and storage in the European Union.

Bird L，Lew D，Milligan M，et al. 2016. Wind and solar energy curtailment：a review of international experience. Renewable & Sustainable Energy Reviews，65：577-586.

Broek M，Faaij A，Turkenburg W. 2008. Planning for an electricity sector with carbon capture and storage：case of the Netherlands. International Journal of Greenhouse Gas Control，2（1）：105-129.

Budinis S，Krevor S，Dowell N M，et al. 2018. An assessment of CCS costs，barriers and potential. Energy Strategy Reviews，22：61-81.

Chen Y，Mu T C. 2019. Conversion of CO_2 to value-added products mediated by ionic liquids. Green Chemistry，21（10）：2544-2574.

Chen Z A，Li Q，Liu L C，et al. 2015. A large national survey of public perceptions of CCS technology in China. Applied Energy，158：366-377.

Cormos C C. 2012. Integrated assessment of IGCC power generation technology with carbon capture and storage

(CCS). Energy, 42 (1): 434-445.
Cormos C C. 2012. Integrated assessment of IGCC power generation technology with carbon capture and storage (CCS). Energy, 42 (1): 434-445.
CSLF. 2008. Comparison between methodologies recommended for estimation of CO_2 storage capacity in geological media-phase III report. Washington: Carbon Sequestration Leadership Forum.
CSLF. 2012. Technical Group: Phase I Final Report by the CSLF Task Force on CO_2 Utilization Options.
CSLF. 2013. Carbon Sequestration Technology Roadmap. Carbon Sequestration Leadership Forum.
CSLF. 2016. Technical Group: Final Report by the CSLF Task Force on CCS Technology Opportunities and Gaps.
CSLF. 2017. Carbon Sequestration Technology Roadmap.
Dahowski R T, Davidson C L, Li X C, et al. 2012. A $70/t CO_2 greenhouse gas mitigation backstop for China's industrial and electric power sectors: Insights from a comprehensive CCS cost curve. International Journal of Greenhouse Gas Control, 11: 73-85.
EIA. 2016. Levelized cost and levelized avoided cost of new generation resources in the annual energy outlook 2016. Washington DC.
Elias R S, Wahab M, Fang L. 2018. Retrofitting carbon capture and storage to natural gas-fired power plants: a real-options approach. Journal of Cleaner Production, 192 (10): 722-734.
Fan J L, Xu M, Li F Y, et al. 2018. Carbon capture and storage (CCS) retrofit potential of coal-fired power plants in China: The technology lock-in and cost optimization perspective. Applied Energy, 229: 326-334.
Fan J L, Wei S J, Yang L, et al. 2019a. Comparison of the LCOE between coal-fired power plants with CCS and main low-carbon generation technologies: Evidence from China. Energy, 176: 143-155.
Fan J L, Xu M, Yang L, et al. 2019b. Benefit evaluation of investment in CCS retrofitting of coal-fired power plants and PV power plants in China based on real options. Renewable and Sustainable Energy Reviews, 115: 109350.
Font-Palma C, Errey O, Corden C, et al. 2016. Integrated Oxyfuel Power Plant with Improved CO_2 Separation and Compression Technology for EOR application. Process Safety & Environmental Protection, 103: 455-465.
Fout T, Zoelle A, Keairns D, et al. 2015. Cost and performance baseline for fossil energy plants-volume 1a: bituminous coal (PC) and natural gas to electricity-Revision 3, National Energy Technology Laboratory.
Gale J. 2009. Impure thoughts. International Journal of Greenhouse Gas Control, 3.
Gambelli A M, Rossi F. 2019. Natural gas hydrates: Comparison between two different applications of thermal stimulation for performing CO_2 replacement. Energy, 172: 423-434.
Gan Z X, Cui Z, Yue H R, et al. 2016. An efficient methodology for utilization of K-feldspar and phosphogypsum with reduced energy consumption and CO_2 emissions. Chinese Journal of Chemical Engineering, 24 (11): 1541-1551.
Gao D, Ye C, Ren X, et al. 2018. Life cycle analysis of direct and indirect coal liquefaction for vehicle power in China. Fuel Process Technology, 169.
Gao P, Li S G, Bu X X, et al. 2017. Direct conversion of CO_2 into liquid fuels with high selectivity over a bifunctional catalyst. Nature Chemistry, 9 (10): 1019-1024.
GCCSI. 2009. Strategic Analysis of the Global Status of Carbon Capture and Storage Report 5.
GCCSI. 2011. Economic Assessment of Carbon Capture and Storage Technologies 2011 Update.
GCCSI. 2015. Applying Carbon Capture and Storage to a Chinese Steel Plant.
GCCSI. 2017. Global Costs of Carbon Capture and Storage.
GCCSI. 2018. The Global Status of CCS-2018.
GCPT. 2020a. Coal Plants by Country (MW). https://docs.google.com/spreadsheets/d/1W-gobEQugqTR_

PP0iczJCrdaR-vYkJ0DzztSsCJXuKw/edit#gid=0.

GCPT. 2020b. Coal Plants by Country: Annual CO_2. https://docs. google. com/spread sheets/d/1I8GeKEfxPpwkQ_t0GQZx1GQm6MASclEtEtrQX3Y1nNc/edit#gid=0.

GCPT. 2020c. Coal Plants by Country: Lifetime CO_2. https://docs. google. com/spread sheets/d/1GK80KD3ktaM2_CFF_aWTTKSQsw1ozqFbOeKAbF6Hl4/edit#gid=0.

Gonzalo P. 2017. Carbon Dioxide Hydrogenation into Higher Hydrocarbons and Oxygenates: Thermodynamic and Kinetic Bounds and Progress with Heterogeneous and Homogeneous Catalysis. ChemSusChem, 10 (6): 1056-1070.

Goto K, Yogo K, Higashii T. 2013. A review of efficiency penalty in a coal-fired power plant with post-combustion CO_2 capture. Applied Energy, 111: 170-720.

Group of Chief Scientific Advisors. 2018. Scientific advice mechanism (SAM): Novel carbon capture and utilisation technologie.

Gu Y, Le X . 2013. Fast sensitivity analysis approach to assessing congestion induced wind curtailment. IEEE Transactions on Power Systems, 29 (1): 101-110.

Hammond G P, Akwe S S O, Williams S. 2011. Techno-economic appraisal of fossil-fuelled power generation systems with carbon dioxide capture and storage. Energy, 36 (2): 975-984.

Hao H, Liu Z, Zhao F, et al. 2017. Coal-derived alternative fuels for vehicle use in China: A review. Journal of Cleaner Production, 141: 774-790.

Hasegawa T, Park C, Fujimori S, et al. 2016. Quantifying the economic impact of changes in energy demand for space heating and cooling systems under varying climatic scenarios. Palgrave Communications, 2 (1): 1-8.

He G, Zhang H, Xu Y, et al. 2017. China's clean power transition: Current status and future prospect. Resources, Conservation and Recycling, 121: 3-10.

IEA. 2008. CO_2 capture and storage: a key carbon abatement option.

IEA . 2011. Cost and Performamce of Carbon Dioxide Capture from Power Generation.

IEA. 2012. Technology Roadmap: Carbon Capture and Storage in Industrial Applications.

IEA. 2013. Technology Roadmap: Carbon capture and Storage.

IEA. 2015. Energy Technology Perspectives 2015: Mobilising Innovation to Accelerate Climate Action.

IEA. 2016. Energy Technology Perspectives 2016-Analysis.

IEA. 2017. Energy Technology Perspectives 2017.

IEA. 2018a. Energy Technology Perspectives 2018.

IEA. 2018b. Whatever Happened to Enhanced Oil Recovery?

IEA. 2018c. Technology Roadmap Low-Carbon Transition in the Cement Industry.

IEA. 2019a. Transforming Industry through CCUS.

IEA. 2019b. The Future of Hydrogen 2019.

IEA. 2019c. Global Energy & CO_2 Status Report 2019. Paris: International Energy Agency.

IPCC. 2005. Special report on carbon dioxide capture and storage//Metz B, Davidson O, de Coninck H C. Prepared by Working Group III of the Intergovernmental Panel on Climate Change. Cambridge and New York: Cambridge University Press.

IPCC. 2007. Intergovernmental Panel on Climate Change, Fourth Assessment Report. Cambridge and New York: Cambridge University Press.

IPCC. 2014. Climate Change 2014: Mitigation of Climate Change. Contribution of Working Group III to the Fifth Assessment Report of the Intergovernmental Panel on Climate Change. New York.

IPCC. 2018. IPCC Special Report: Global Warming of 1. 5℃.

Irlam. 2015. The Costs of CCS and Other Low-carbon Technologies in the United States: 2015 Update.

Kuehn N, Mukherjee K, Phiambolis P, et al. 2013. Current and future technologies fLambert T H, Hoadley A F, Hooper B. 2016. Flexible operation and economic incentives to reduce the cost of CO_2 capture. International Journal of Greenhouse Gas Control, 48: 321-326.

Leeson D, Fennell P, Shah N, et al., 2017. A techno-economic analysis and systematic review of carbon capture and storage (CCS) applied to the iron and steel, cement, oil refining and pulp and paper industries. International Journal of Greenhouse Gas Control, 61: 71-84.

Li J, Gibbins J, Cockerill T, et al. 2011. An assessment of the potential for retrofitting existing coal-fired power plants in China. Energy Procedia, 4 (1): 1805-1811.

Li J. Tharakan P, Macdonald D, et al. 2013. Technological, economic and financial prospects of carbon dioxide capture in the cement industry. Energy Policy, 61: 1377-1387.

Li Z, Chen W Y, Zhang X L, et al. 2013. Simulation and economic analysis of indirect coal-to-liquid technology coupling carbon capture and storage. Industrial & Engineering Chemistry Research, 52 (29): 9871-9878.

Liang X, Li J. 2012. Assessing the value of retrofitting cement plants for carbon capture: A case study of a cement plant in Guangdong, China. Energy Conversion & Management, 64: 454-465.

Luo X, Wang M. 2016. Optimal operation of MEA-based post-combustion carbon capture for natural gas combined cycle power plants under different market conditions. International Journal of Greenhouse Gas Control, 48: 312-320.

Melvin A M, Larsen P, Boehlert B, et al. 2017. Climate change damages to Alaska public infrastructure and the economics of proactive adaptation. Proceedings of the National Academy of Sciences, 114 (2): E122-E131.

Muslemani H, Liang X, Kaesehage K, et al. 2021. Opportunities and challenges for decarbonizing steel production by creating markets for ‘green steel’ products. Journal of Cleaner Production, 315: 128127.

Nemitallah M A, Habib M A, Badr H M, et al. 2017. Oxy- fuel combustion technology: Current status, applications, and trends. International Journal of Energy Research, 41: 1670-1708.

or natural gas combined cycle (NGCC) power plants.

Page S C, Williamson A G, Mason I G. 2009. Carbon capture and storage: Fundamental thermos dynamics and current technology. Energy Policy, 37 (9): 112-119.

Qi T, Zhou L, Zhang X, et al. 2012. Regional economic output and employmentimpact of coal-to-liquids (CTL) industry in China: An inputeoutput analysis. Energy, 46 (1): 259-263.

Rubin E S, Davison J E, Herzog H J. 2015. The cost of CO_2 capture and storage. International Journal of Greenhouse Gas Control, 40: 562-574.

Rubin E S, Zhai H. 2012. The Cost of Carbon Capture and Storage for Natural Gas Combined Cycle Power Plants. Environmental Science & Technology, 46: 76-84.

Sanders M, Fuss S, Engelen P J . 2013. Mobilizing private funds for carbon capture and storage: An exploratory field study in the Netherlands. International Journal of Greenhouse Gas Control, 19: 595-605.

Sekar R C, Parsons J E, Herzog HJ, et al. 2007. Future carbon regulations and current investments in alternative coal-fired power plant technologies. Energy Policy, Elsevier, 35 (2): 1064-1074.

Shivashankar S, Mekhilef S, Mokhlis H, et al. 2016. Mitigating methods of power fluctuation of photovoltaic (PV) sources: a review. Renewable and Sustainable Energy Reviews, 59 (7): 1170-1184.

Simbolotti G. 2010. CO_2 capture and storage, IEA ETSAP, 2010 Technology Brief.

Van Der Meer, L G H. 1992. Investigations regarding the storage of carbon dioxide in aquifers in the Netherlands. Energy Conversion and Management, 33 (5): 611-618.

ViškovićA, Franki V, ValentićV. 2014. CCS (carbon capture and storage) investment possibility in South East

Europe: A case study for Croatia. Energy, 70: 325-337.
Wu N, Parsons J E, Polenske K R . 2013. The impact of future carbon prices on CCS investment for power generation in China. Energy Policy, 54 (3): 160-172.
Xiang Y, Cai L, Guan Y, et al. 2018. Study on the configuration of bottom cycle in natural gas combined cycle power plants integrated with oxy-fuel combustion. Applied Energy, 212: 465-477.
Xu J H, Fleiter T, Fan Y, et al. 2014. CO_2 emissions reduction potential in China's cement industry compared to IEA's Cement Technology Roadmap up to 2050. Applied Energy, 130: 592-602.
Yang L, Xu M, Yang Y, et al. 2019. Comparison of subsidy schemes for carbon capture utilization and storage (CCUS) investment based on real option approach: Evidence from China. Applied Energy, 255: 113828. 1-113828. 12.
Yao X, Zhong P, Zhang X, et al. 2018. Business model design for the carbon capture utilization and storage (CCUS) project in China. Energy Policy, 121: 519-533.
Zeng M, Ouyang S, Zhang Y, et al. 2014. CCS technology development in China: Status, problems and counter measures—Based on SWOT analysis. Renewable and Sustainable Energy Reviews, 39: 604-611.
ZEP. 2011. The costs of CO_2 capture, transport and storage. EU: European Technology Platform for Zero Emission Fossil Fuel Power Plants.
Zhang P D, Yang Y L, Shi J, et al. 2009. Opportunities and challenges for renewable energy policy in China. Renewable & Sustainable Energy Reviews, 13 (2): 439-449.
Zhou C. 2019. Enhanced extraction of alkaline metals and rare earth elements from unconventional resources during carbon sequestration. https://academiccommons.columbia.edu/doi/10.7916/d8-56d6-1q70.
Zhou L, Chen W, Zhang X, et al. 2013. Simulation and economic analysis of indirect coal-to-liquid technology coupling carbon capture and storage. Industrial & Engineering Chemistry Research, 52 (29): 9871-9878.
Zhou W, Jiang D, Chen D, et al. 2016. Capturing CO_2 from cement plants: A priority for reducing CO_2 emissions in China. Energy, 106: 464-474.

第八章

建议与展望

一、CCUS 技术发展早期机会

1）从代际更替角度来看，CO_2捕集技术是 CCUS 技术发展的基础和首要条件，依据现有条件，建议未来加快从第一代捕集技术向第二代低成本捕集技术的转化。目前第一代捕集技术趋于成熟，但大规模系统集成改造缺乏工程经验；第二代捕集技术处于实验室研发或小试阶段，而第三代捕集技术多数处于原理验证阶段。从 CCUS 技术全链条成本来看，捕集环节的成本占比最高，要占 CCUS 总成本的 60% ~70%，且不同捕集技术的成本有较大差异。随着二代低成本捕集技术不断发展成熟，未来其成本和能耗将明显低于一代捕集技术，为了进一步降低 CO_2捕集成本，捕集技术的代际更替应加快推进。

以燃煤电厂为例，燃烧前捕集技术仅用于新建 IGCC 电厂，所需运营成本和资金成本高于其他捕集技术，我国目前还缺乏燃烧前捕集技术的相关工程实践经验。燃烧后捕集是较为主流的 CO_2捕集技术，发展相对成熟。该技术将烟气中较低浓度的 CO_2采用化学或物理方法选择性富集，只需在下游增加燃烧后 CO_2捕集系统，无需对工程进行大面积的改造。因此这一技术受到了国内外的广泛关注，并进行了大量的研究和开发。燃烧后捕集技术主要采用吸附分离法、膜分离法、低温分离法以及化学吸收法分离 CO_2，其中化学吸收法发展较为成熟、应用潜力最大，伴随其先进吸收剂、工艺等技术的发展，预期到 2030 年左右具备产业化能力，其捕集成本及能耗与现有水平相比降幅显著，分别可达 15% 和 25%。

富氧燃烧技术的推广约束因素主要包括技术成熟度、经济性、应用场景约束等。从技术成熟度看，富氧燃烧碳捕集技术已经具备建设 200 ~600 MW 商业规模示范电站的基础。然而，较高的附加投资成本、运行成本以及碳捕集成本仍是富氧燃烧技术研发和推广过程中面临的关键难点。未来随着从低能耗和低成本制氧、稳定放大富氧燃烧器、酸性气体共压缩、空分系统—锅炉系统—压缩纯化系统耦合优化、加压富氧燃烧技术等方面不断加强科研攻关力度，实现捕集成本的大幅降低。

化学链燃烧在降低 CO_2捕集能耗和成本方面极具优势。化学链燃烧技术的推广需要综合考虑技术成熟度、经济性、应用场景等多重因素的影响。从技术成熟度来看，化学链燃烧目前处于半工业化试验发展阶段。未来向第二代低成本捕集技术的转化过程中，应重点突破工业示范装置的自热运行与优化、工艺过程放大及与发电系统耦合集成、高性能和低成本载氧体的研发和批量制备等技术发展的关键和难点。

火电行业是我国 CO_2的最主要排放源，综合考虑火电行业的发展规律与捕集技术的发展趋势，2035 年前应主要改造基于燃烧后捕集技术的存量火电机组。同时，随着以富氧燃烧和化学链燃烧为代表的第二代低成本捕集技术不断发展成熟，至 2035 年前后，其成本和能耗将明显低于第一代捕集技术。因此，未来应加快从第一代捕集技术向第二代低成本捕集技术的转化，促使更多第二代低成本捕集技术被广泛利用，成为未来我国火电行业实现低碳排放的主力技术（图 8-1）。

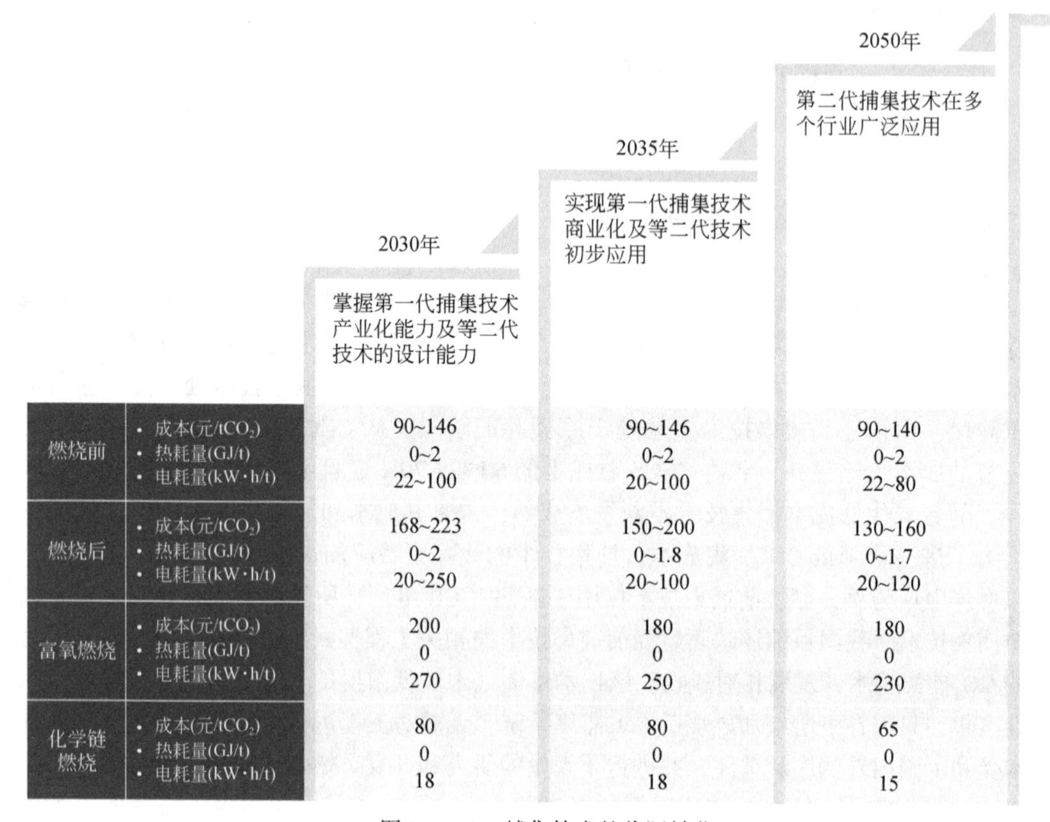

		2030年	2035年	2050年
燃烧前	成本(元/tCO_2)	90~146	90~146	90~140
	热耗量(GJ/t)	0~2	0~2	0~2
	电耗量(kW·h/t)	22~100	20~100	22~80
燃烧后	成本(元/tCO_2)	168~223	150~200	130~160
	热耗量(GJ/t)	0~2	0~1.8	0~1.7
	电耗量(kW·h/t)	20~250	20~100	20~120
富氧燃烧	成本(元/tCO_2)	200	180	180
	热耗量(GJ/t)	0	0	0
	电耗量(kW·h/t)	270	250	230
化学链燃烧	成本(元/tCO_2)	80	80	65
	热耗量(GJ/t)	0	0	0
	电耗量(kW·h/t)	18	18	15

图 8-1　CO_2 捕集技术的代际转化

2）从技术发展成本角度来看，建议未来优先开展低成本的高浓度排放源的 CCUS 示范项目。相较低浓度排放源，高浓度排放源与 CCUS 技术集成的优势在于其投资成本和运行维护成本较低。天然气加工、煤化工等高浓度排放源在初始投资成本及运行维护成本方面均具有明显优势。

依据烟气中 CO_2 浓度的高低，可将 CO_2 排放源划分为高浓度排放源和中低浓度排放源，其中高浓度排放源包括天然气加工厂、煤化工厂、氨/化肥生产厂、乙烯生产厂、甲醇生产厂、乙醇及二甲基乙醚生产厂等，其排放 CO_2 气体的纯度可高达 70%。随着烟气中 CO_2 浓度升高，反应能耗/热耗降低，反应动力学特性得到优化，CO_2 的捕集工艺得以简化，从而有效减少 CCUS 技术设备采购及维护、人工、材料方面的投资，显著降低 CCUS 捕集成本。

《中国碳捕集利用与封存技术发展路线图（2019 版）》中明确指出，中国的早期 CCUS 示范项目优先采用高浓度排放源与 EOR 相结合的方式。将煤化工、化肥生产及天然气等低成本高浓度的 CO_2 排放源与成熟的 CO_2 地质、化工、生物利用技术根据地域禀赋进行互补结合，不仅可发挥高浓度 CO_2 排放源低成本的捕集优势，而且还可以通过增加资源开采率、提高化工产品和农产品产量来抵消 CCUS 项目投资成本和运行维护成本，为 CCUS 利益相关方创造额外经济效益。

3）从源汇匹配角度来看，CO_2 利用和封存是 CCUS 技术发展的最终目标，建议未来鼓励因地制宜优先发展较为成熟的利用技术，优先在东部、南部地区开展 CO_2 化工与生物利用技术的早期应用，在中西部及东北地区开展 CO_2 地质利用与封存技术的早期应用（表 8-1）。在源汇距离较近的情况下，CO_2 排放源企业和 CO_2 利用与封存企业之间的能量物质集成将会大幅提高 CCUS 链条的效率并降低项目运行成本。近年来 CO_2 利用和封存技术发展较快，部分技术已进入规模化示范阶段，逐渐具备经济可行性。到 2030 年，CO_2 化工和生物利用技术，以及 CO_2 强化采油、铀矿浸出增采、驱煤层气等地质利用技术在无碳收益情况下能够具备一定经济竞争力，应优先推进发展。2030～2035 年，CO_2 化工利用技术将逐渐达到商业应用水平。到 2050 年，CO_2 生物利用技术、部分较成熟的地质利用与封存技术的经济可行性也将逐渐摆脱外部条件制约，达到商业应用水平。同时 CO_2 化工和生物利用技术与我国东南地区源汇匹配条件较好，CO_2 地质利用与封存技术与我国东北、中西部具有较好的地域互补性，东部、北部沉积盆地与碳源分布空间匹配相对较好，如渤海湾盆地、鄂尔多斯盆地和松辽盆地等；西北地区封存地质条件相对较好，塔里木、准噶尔等盆地地质封存潜力巨大，结合 CO_2 排放源及地区产业分布特点，CO_2 化工与生物利用技术可优先在东部、南部开展早期应用，CO_2 地质利用与封存技术可优先在中西部及东北地区开展早期应用。

表 8-1　利用技术早期机会区域或行业利用技术建议区域

技术分类	具体技术	区域或行业
CO_2 化学和生物利用技术	合成有机碳酸酯	溶剂、汽油添加剂、锂离子电池电解液等
	重整制备合成气	石油和天然气化工以及煤化工等
	制备液体燃料	可再生能源行业等
	合成甲醇	有机合成、医药、农药、涂料、染料、汽车和国防等
	合成可降解聚合物材料	食品和医用包装等
	合成聚合物	多元醇聚氨酯领域
	合成异氰酸酯/聚氨酯	大宗工程塑料、煤化工、天然气化工等
	钢渣矿化利用	混凝土、水泥等
	石膏矿化利用	硫铵、混凝土、砌块与喷涂建材等
	低品位矿加工	联合矿化建材、钾肥、高值金属与材料等
	转化为化学品和生物燃料	可再生能源行业等
	转化为生物肥料	生态农业等
	转化为食品和添加剂	食品行业、保健品行业等
	气肥利用	农业等
CO_2 地质利用与封存技术	强化石油开采	鄂尔多斯盆地、松辽盆地、渤海湾盆地、准噶尔盆地、海拉尔盆地等
	驱替煤层气	沁水盆地、鄂尔多斯盆地、准噶尔盆地等
	强化天然气开采	四川盆地、鄂尔多斯盆地、塔里木盆地等
	强化页岩气开采	四川盆地、鄂尔多斯盆地等
	铀矿地浸开采	伊犁盆地、吐哈盆地、鄂尔多斯盆地、松辽盆地等
	增强地热系统	青海、福建、吉林、西藏等省区
	强化深部咸水开采与封存	准噶尔盆地、吐哈盆地、鄂尔多斯盆地等

4）从产业集群角度来看，CCUS 产业集群可有效降低技术成本并增强技术应用的可行性，CCUS 与未来能源系统的集成有望推动构建新型多元能源系统，建议未来应合理规划 CCUS 产业集群分布。CCUS 产业集群具有基础设施可共享、项目系统性强、技术代际关联度高、能量资源交互利用、工业示范与商业应用衔接紧密等优势，是一种高效费比的发展途径，未来可形成具有中国特色的 CCUS 新业态。通过 CCUS 与能源转化、化工品生产、地质利用等工业过程的集成优化，一方面可以降低 CO_2 捕集成本，强化资源采收，提高能源与资源利用效率，另一方面可以为 CCUS 全链条提供热量、电力及化学产品，增强 CCUS 技术的可行性，降低其综合减排成本。我国鄂尔多斯盆地、准噶尔—吐哈盆地、四川盆地、松辽盆地、渤海湾盆地及珠江口盆地具有形成特色 CCUS 集群的有利条件。CCUS 技术将成为链接化石能源与可再生能源的重要节点技术，在解决高碳化石能源低碳利用难题的同时，还能与氢能协同，缓解多元能源系统供需不平衡的矛盾。结合当前的合成氨与石油炼化厂分布，和对未来制氢工厂的部署格局预判，构建 CCUS 与化石能源制氢耦合的低碳型产业集群。预计我国未来将实现以中原油田、胜利油田、辽河油田、江苏油田、华北油田、长庆油田、大港油田等为依托，形成若干捕集与封存规模达 500 万 tCO_2/a 以上的氢能-CCUS-EOR 项目集群；以延长油田、吉林油田、江汉油田、大庆油田、克拉玛依油田、四川油田等为依托，将形成若干捕集与封存规模达 100 万 tCO_2/a 以上的氢能-CCUS-EOR 项目集群。

二、相关科技政策建议

（1）加大 CCUS 科技投入，支持 CCUS 关键核心技术的研发与应用

建议加大科技投入，重点突破低能耗、低成本的 CO_2 捕集材料和技术，开发高效率、高通量、低成本的大型分离设备，开展工艺过程强化和整厂能量系统耦合研究；突破安全的大规模 CO_2 长管道运输、资源采收协同的地质封存技术和低成本的全方位监测与风险管控技术，形成核心地球物理监测技术与装备；突破 CO_2 高效转化合成燃料、建材、化学品等大宗工业产品技术，发展与新能源耦合的零碳乃至负碳解决方案。

（2）加强统筹规划和系统部署，将 CCUS 纳入科技创新中长期发展规划

加快更新《二氧化碳捕集、利用与封存环境风险评估技术指南（试行）》，制定推动 CCUS 示范项目产业化发展政策；制定 CCUS 行业规范以及应用评价和标准体系，加强产业链协作机制研究；明确 CCUS 技术税收优惠和补贴激励政策，加大资金投入力度；制定科学合理的涵盖 CCUS 建设、运营、监管及终止的制度法规和标准体系，拓展融资渠道，集中资金对关键核心技术进行重点支持、重点突破，牢牢把握 CCUS 技术的发展前沿。

（3）加快开展大规模集成示范，加速推进 CCUS 产业化集群建设

选择资源条件良好（如煤炭、水、生物质等）、源汇匹配、地方政府态度积极的地区（如陕西、内蒙、新疆等地区），积极有序开展 CCUS 全链条工程示范。2030 年之前，突破全流程工程技术优化方法，建设 3 ~ 5 个百万吨级 CCUS 全流程示范项目，突破特大型反应器设计、长距离大规模 CO_2 管道输送等核心技术；到 2035 年建成 5 ~ 10 个百万吨级 CCUS 商业化工程项目。以驱油/气、固废矿化、化工利用等 CO_2 利用技术的大规模示范为牵引，积极支持油气、能源、化工等相关行业 CCUS 产业示范区建设，逐步将 CCUS 技术纳入能源和矿业等绿色发展技术支撑体系。

（4）积极参与并深化 CCUS 技术多边机制合作，加强技术联合研发与知识共享

积极开展 CCUS 技术国际合作交流。在进行技术研发和保护自主知识产权的前提和基础上，积极开展国际合作，创立 CCUS 知识体系，通过知识共享缩短研发周期；研究发达国家向发展中国家的资金及技术转移机制，发起创建 CCUS 多边合作机制，加强技术合作研发与转移。依托中国 CCUS 产业技术创新战略联盟、中国环境学会 CCUS 专委会等平台开展中美 CCUS 交流，学习美国 CCUS 技术实践和项目管理经验，加速推进我国 CCUS 技术进步。同时应积极参与并深化国际多边合作，在碳收集领导人论坛（CSLF）、清洁能源部长级会议（CEM）、创新使命部长级会议（MI）、油气气候倡议组织（OGCI）、国际能源署（IEA）等框架下开展联合研发和知识共享。